“十三五”国家重点出版物出版规划项目
“航天机构高可靠设计技术及其应用”丛书

空间机械臂使用可靠性系统控制理论与优化控制方法

谭春林　陈　钢　著

科 学 出 版 社
北　京

内 容 简 介

本书阐述空间机械臂使用可靠性系统控制的基本原理和方法，主要内容有空间机械臂使用可靠性系统控制基本概念、使用可靠性系统控制模型、使用可靠性影响因素与控制变量映射关系，以及空间机械臂任务规划方法、轨迹优化方法、运动控制方法和故障自处理策略。

本书适合航天器设计、空间技术等相关领域科技人员参考使用，也可作为高校相关专业的研究生教材。

图书在版编目(CIP)数据

空间机械臂使用可靠性系统控制理论与优化控制方法/谭春林，陈钢著. —北京：科学出版社，2019.2

(航天机构高可靠设计技术及其应用丛书)

“十三五”国家重点出版物出版规划项目

ISBN 978-7-03-060095-0

Ⅰ.①空… Ⅱ.①谭… ②陈… Ⅲ.①空间机械臂-控制系统 Ⅳ.①TP241

中国版本图书馆 CIP 数据核字(2018)第 292104 号

责任编辑：魏英杰 / 责任校对：郭瑞芝

责任印制：吴兆东 / 封面设计：铭轩堂

科学出版社出版

北京东黄城根北街 16 号

邮政编码：100717

http://www.sciencep.com

北京九州迅驰传媒文化有限公司 印刷

科学出版社发行 各地新华书店经销

*

2019 年 2 月第 一 版 开本：720×1000 B5

2019 年10月第二次印刷 印张：16

字数：319 000

定价：98.00 元

(如有印装质量问题，我社负责调换)

前　　言

目前我国载人航天工程已经完成无人/有人入轨返回、多人协同出舱、交会对接等一系列任务，下一步将建造长期在轨运行的空间站；我国深空探测工程在实现月球环绕与着陆后，还要进一步开展月表取样任务，以及更远的火星探测计划。在这些人类探索宇宙的空间任务中，空间机械臂将代替航天员完成众多复杂而富有挑战性的工作。空间机械臂具备精确操作和视觉识别能力，既可自主工作，也可由航天员遥控，是集机械、视觉、力学、电子和控制等学科于一体的高端航天装备。随着我国航天技术的发展，航天应用任务日益多样，空间机械臂将大量应用。空间机械臂的广泛使用不但使空间探索的成本大大降低，而且保证了航天员的生命安全。

空间机械臂作为航天器上的一种复杂机电系统，面临一般航天器共有的工作环境恶劣、维修保养困难等问题。研制可靠性高、长期工作稳定的空间机械臂产品，是我国航天技术面临的主要难题之一。空间机械臂可靠性的提升可以从固有可靠性和使用可靠性两方面着手，尤其是使用可靠性的维护与保持问题已逐渐引起行业的重视。使用可靠性系统控制是空间机械臂固有可靠性的延伸与应用，通过引入使用可靠性影响因素，围绕任务规划、轨迹优化和容错控制等技术，实现空间机械臂正常状态执行任务代价最小化、非正常状态完成任务概率最大化和服役周期内机构性能衰减最小化。在空间机械臂服役周期内，如何通过控制策略的自适应调整与优化，延缓空间机械臂各执行单元的性能衰减；在空间机械臂部分故障状态下，如何通过控制补偿，继续保持机械臂原有的功能与性能，是空间机械臂使用可靠性系统控制理论中的重点问题。

本书主要介绍空间机械臂使用可靠性系统控制的基本原理和具体方法，按照如下思路安排章节顺序：首先对空间机械臂使用可靠性系统控制的基本概念进行必要的介绍，继而结合空间机械臂自身性能特点和任务特点讨论使用可靠性系统控制模型的建立方法。为建立空间机械臂使用可靠性与控制之间的联系，梳理了使用可靠性影响因素并介绍其与控制变量间映射关系的构建方法。在此基础上，采用空间机械臂多约束多准则任务规划方法、多约束多目标轨迹优化方法，以及时变动态约束下运动控制方法对空间机械臂整个任务过程从全局到局部进行分层优化控制。最后，考虑空间机械臂关节故障这一典型异常工况，介绍故障自处理与控制参数调整策略。

本书是团队研究的成果、集体智慧的结晶。北京邮电大学的孙汉旭、贾庆轩、王一帆、高欣、褚明等老师参与了部分章节的撰写或讨论，在此对他们表示由衷的谢意。

本书的研究工作得到了国家重点基础研究发展计划(2013CB733000)的资助，在此表示诚挚的谢意。

限于作者水平，书中不妥之处在所难免，恳请广大读者和专家予以批评和指正。

作　者

目　　录

前言
第1章　空间机械臂使用可靠性系统控制基本概念……1
1.1　空间机械臂使用可靠性系统控制概念提出……1
1.2　空间机械臂应用过程特征分析……1
1.3　空间机械臂使用可靠性系统控制概念内涵……2
1.4　基于使用可靠度的空间机械臂使用可靠性建模……3
1.4.1　基于贝叶斯估计的空间机械臂实时可靠性评价……3
1.4.2　基于粒子滤波的空间机械臂实时可靠性评价……13
1.4.3　小结……23
1.5　本章小结……24
第2章　空间机械臂使用可靠性系统控制模型……25
2.1　引言……25
2.2　使用可靠性多约束多变量综合优化模型……26
2.3　使用可靠性系统控制模型……27
2.4　空间机械臂运动平稳性优化方法……29
2.5　空间机械臂使用可靠性系统控制调度策略……42
2.6　本章小结……47
第3章　空间机械臂使用可靠性影响因素与控制变量映射关系……48
3.1　引言……48
3.2　使用可靠性影响因素梳理……48
3.2.1　使用可靠性影响因素……49
3.2.2　控制变量……49
3.2.3　中间响应层因素……50
3.3　使用可靠性影响因素与控制变量映射关系……53
3.3.1　中间响应层因素与控制变量间的数学关系……53
3.3.2　使用可靠性影响因素与控制变量间的数学关系……61
3.4　控制变量灵敏度分析……62
3.5　本章小结……83

第 4 章　多约束多准则空间机械臂任务规划方法 …… 84
4.1　引言 …… 84
4.2　空间机械臂任务规划框架构建 …… 85
4.3　空间机械臂任务剖面分析 …… 87
4.3.1　分层任务网络规划器介绍 …… 87
4.3.2　空间机械臂分层任务网络规划域 …… 89
4.3.3　空间机械臂分层任务网络求解 …… 92
4.4　空间机械臂任务中间点规划及优化 …… 94
4.4.1　A* 算法介绍 …… 94
4.4.2　基于改进 A* 算法任务中间点规划 …… 95
4.4.3　基于虚拟障碍的双臂任务中间点规划 …… 102
4.5　仿真验证 …… 103
4.5.1　物体转移任务剖面分析算例 …… 104
4.5.2　移动任务中间点规划仿真 …… 105
4.5.3　多臂系统任务中间点规划仿真 …… 106
4.6　本章小结 …… 108
第 5 章　多约束多目标空间机械臂轨迹优化方法 …… 109
5.1　引言 …… 109
5.2　空间机械臂多约束多目标轨迹优化问题建模 …… 110
5.2.1　多约束多目标优化问题数学模型 …… 110
5.2.2　空间机械臂任务约束条件分析 …… 111
5.2.3　空间机械臂任务优化目标分析 …… 113
5.2.4　最优化问题求解方法 …… 116
5.3　空间机械臂多约束多目标轨迹优化方法应用 …… 118
5.3.1　面向大负载点到点任务的空间机械臂轨迹优化 …… 119
5.3.2　考虑动力学特性的空间机械臂轨迹优化 …… 136
5.4　本章小结 …… 145
第 6 章　时变动态约束下空间机械臂运动控制方法 …… 146
6.1　引言 …… 146
6.2　空间机械臂关节动力学模型 …… 146
6.2.1　空间机械臂关节非线性特性分析 …… 146
6.2.2　引入摩擦和迟滞非线性的空间机械臂关节动力学模型 …… 150
6.2.3　空间机械臂非线性关节的动力学模型仿真 …… 153
6.3　关节动态参数辨识与补偿 …… 156
6.3.1　空间机械臂关节的摩擦辨识与补偿 …… 156

6.3.2 空间机械臂关节的迟滞辨识与补偿 …… 162
6.3.3 空间机械臂关节的摩擦和迟滞辨识与补偿仿真 …… 168
6.4 动态时变约束下关节运动控制策略 …… 172
6.5 本章小结 …… 176
第 7 章 空间机械臂故障自处理与参数调整策略 …… 177
7.1 引言 …… 177
7.2 空间机械臂关节故障自处理策略分析 …… 177
7.3 空间机械臂故障后性能评估 …… 179
7.3.1 基于蒙特卡罗法的机械臂容错空间分析 …… 179
7.3.2 基于关节可靠性的可靠容错工作空间 …… 180
7.3.3 基于可操作度指标的空间机械臂灵巧性分析 …… 183
7.4 空间机械臂故障后模型重构方法 …… 187
7.4.1 关节和连杆的标号规则 …… 187
7.4.2 基于 DH 参数方法运动学建模 …… 189
7.4.3 单关节锁定下的模型重构 …… 193
7.4.4 数值仿真验证 …… 199
7.5 考虑故障容错性能的空间机械臂轨迹优化 …… 201
7.5.1 空间机械臂关节构型集合求解方法 …… 202
7.5.2 基于多项式插值的关节轨迹规划 …… 203
7.5.3 基于多目标粒子群的全局容错轨迹优化过程 …… 205
7.5.4 数值仿真验证 …… 209
7.6 关节故障后参数突变抑制方法 …… 212
7.6.1 基于动力学可操作度的冗余度机械臂关节参数突变抑制 …… 213
7.6.2 关节失效时空间机械臂参数突变抑制控制策略研究 …… 222
7.7 本章小结 …… 237
第 8 章 总结与展望 …… 239
参考文献 …… 243

第1章　空间机械臂使用可靠性系统控制基本概念

1.1　空间机械臂使用可靠性系统控制概念提出

航天机构使用可靠性系统控制基础理论研究是国家重点基础研究发展计划(973计划)项目“航天工程中机构可靠性及其动力学和系统控制基础研究”的课题之一，面向以实现航天机构在轨服役过程中正常状态执行任务代价最小化、非正常状态完成任务概率最大化、服役周期内机构性能衰减最小化三类任务，提出的一种新的理论方法，以解决航天机构在轨使用过程中的规划和控制问题。其着眼于航天机构使用可靠性系统控制技术体系、航天机构使用可靠性系统控制理论方法研究和航天机构使用可靠性系统控制验证技术研究三大方面。使用可靠性系统控制技术体系作为该项目研究的两大理论支撑之一，是项目中航天机构固有可靠性研究成果的延伸与应用。在航天机构服役阶段引入使用可靠性控制体系，可以延缓航天机构固有可靠性在服役过程中的衰减，达到服役阶段使用可靠性保持与提升的目标。

航天机构使用可靠性系统控制通过分析航天机构使用可靠性影响因素，建立航天机构使用可靠性描述函数，提出航天机构故障自处理策略，建立考虑航天机构使用可靠性系统控制的多目标多准则任务规划模型，突破航天机构任务规划过程中控制模型重构与在线调整技术，提出适用航天机构使用可靠性系统控制的机构控制方法，形成航天机构使用可靠性系统控制的基础理论体系。

在本书的讨论中，不失一般性地选取典型复杂航天机构——空间机械臂作为研究对象。为了在空间机械臂中引入使用可靠性控制体系，需要分析梳理影响空间机械臂在轨服役的使用可靠性因素，建立该使用可靠性影响因素与控制变量之间的映射关系，并以此为基础，构建空间机械臂使用可靠性系统控制模型；依据该模型，在各控制层次中引入使用可靠性，并开展相关控制方法研究，形成使用可靠性系统控制的基础理论体系，从而构建空间机械臂使用可靠性控制的技术体系。

1.2　空间机械臂应用过程特征分析

空间机械臂在执行空间任务过程中，需依次进行任务规划、路径规划和机械臂运动部件的位置、速度等的控制。任务规划层作为控制系统的最高层，负责任务目标的接收、分析和拆解，将复杂任务目标划分成一系列机械臂可以直接规划执行的动作序列。由于机械臂完成任务途径的多样性，任务规划中还涉及对机械臂系统各类资源的调度，优化整个任务过程中的资源消耗，最终以任务中间点及各阶段资源分配方案的形式给出规划结果。路径规划层主要功能为在具有障碍物的环境中，按照一定的评价标准，寻找一条从起始状态到目标状态的无碰撞路径。控制变量通常包括关节、末端运动变量，对于自由漂浮的机械臂而言，有时还包括基座相关变量，如关节角速度、角加速度、关节力矩、末端(角)速度、末端(角)加速度、基座(角)速度、基座(角)加速度、时间。目标为终止时刻的状态或者为运行过程中的某些状态，同时需满足机械臂自身的约束，如关节角度、关节力矩、末端输出力/力矩、末端位姿、基座姿态、时间、能耗、距离。运动控制层主要通过对机械运动部件的位置、速度等进行实时的控制管理，使其按照预期的运动轨迹和规定的运动参数进行运动。运动控制层的参数可以分为控制器参数和控制目标。控制器参数描述控制规律，通常包含偏离度、最大动态偏差、余差、响应时间、调节时间、运行周期、延迟时间、稳定性、超调量。控制目标为描述机械臂特性的某些量，如负荷能力、定位精度、重复精度、跟踪精度、条件数、灵巧性、冗余度、可靠性、可操作度、系统扰动。后面主要是在建立空间机械臂使用可靠性系统控制模型的基础上，通过分析和优化任务规划层、路径规划层与运动控制层三大层面，达到提升空间机械臂使用可靠性，延长在轨服役寿命的目标。

1.3 空间机械臂使用可靠性系统控制概念内涵

空间机械臂使用可靠性系统控制通过分析空间机械臂使用可靠性影响因素，建立空间机械臂使用可靠性描述函数，提出空间机械臂故障自处理策略，建立考虑空间机械臂使用可靠性系统控制的多目标多准则任务规划模型，突破空间机械臂任务规划过程中控制模型重构与在线调整技术，提出适用空间机械臂使用可靠性系统控制的机构控制方法，形成空间机械臂使用可靠性系统控制的基础理论体系，从而构建空间机械臂使用可靠性的技术体系。

空间机械臂的使用可靠性实际上是以时间的方式来描述机械臂的产品质量，其经典的定义是：在规定的条件下和规定的时间内满意地完成规定功能的概率。可靠性通常分为固有可靠性和使用可靠性。固有可靠性是指产品在设计、制造过程中被赋予的固有属性，决定于生产厂家。使用可靠性是指产品在实际使用过程中表现出的可靠性，除固有可靠性的影响因素外，还要考虑安装、操作使用、维修保障等方面因素的影响，使用可靠性决定于用户。本书主要研究如何通过决策分析和优化控制提升空间机械臂的使用可靠性。

1.4　基于使用可靠度的空间机械臂使用可靠性建模

在执行规定任务 T_i 的同时考虑控制系统的使用可靠性，可以通过一个反馈通道对系统的使用可靠度进行闭环控制。在控制中，首先依据系统当前运行状态对系统的使用可靠性进行实时评价，得到使用可靠度；然后比较系统当前可使用可靠度和任务要求的使用可靠度。当系统使用可靠度不能满足要求时，需要根据一个控制变量调整策略计算系统控制变量是否需要调整，以及调整量。此调整量作为机械臂执行任务的补偿量叠加在原有控制变量上对机械臂进行控制，引导机械臂以更高的使用可靠度执行任务。

1.4.1　基于贝叶斯估计的空间机械臂实时可靠性评价

基于以上描述，本节介绍一种基于贝叶斯估计计算实时可靠度的使用可靠性控制方法。首先给出基于规定任务的机械臂使用可靠度量化方法，然后建立针对量化的使用可靠度的控制模型。使用状态空间方程对控制过程进行描述，并采用贝叶斯方法对过程参数实时更新，在此基础上推导出系统实时使用可靠度的表达式。基于统计过程控制理论设计考虑调整成本的控制变量的调整策略。现有控制方法只关注执行单次任务的性能，没有考虑机械臂长时间服役期间的使用可靠性。因此，本节提出的控制方法，通过引入实时使用可靠性评价和控制变量调整环节，引导机械臂以更高的使用可靠度执行任务。

空间机械臂的使用可靠性是描述空间机械臂在实际使用过程中表现出来的可靠性，由于空间机械臂是一种可控装置，因此空间机械臂的使用可靠性取决于其控制方法。空间机械臂使用可靠性是指空间机械臂执行规定的任务时，采用规定的控制方法成功完成任务的能力，并通过使用可靠度进行量化。空间机械臂的工作由一系列任务的集合组成，以 T 表示机械臂的任务集合，即

$$T=\{T_i|i=1,2,\cdots,n\} \tag{1-1}$$

对于任意一项给定的任务 T_i，由 m 个因素决定任务的成功或失败，用集合 I_i 表示决定任务 T_i 成功的所有因素的值，即

$$I_i=\{I_{ij}|j=1,2,\cdots,m\} \tag{1-2}$$

对于任意任务 T_i 的每个成功决定因素 I_{ij}，均有规定的精度要求，用区间 E_{ij} 表示，即

$$E_{ij}=[\lambda_{ij}-\varepsilon_{ij},\lambda_{ij}+\varepsilon_{ij}] \tag{1-3}$$

其中，λ_{ij} 为 I_{ij} 的期望值；$\varepsilon_{ij}\in[0,+\infty)$ 为 I_{ij} 的误差允许量。

当任务 T_i 执行结束，且满足 $I_{ij} \in E_{ij}(i=1,2,\cdots,n,j=1,2,\cdots,m)$时，则任务 T_i 执行成功。

用非负随机变量 X_{ij} 表述机械臂采用规定的控制方法执行任务 T_i 结束后的 I_{ij} 值，X_{ij} 的分布函数为

$$F_{ij}(\lambda_{ij})=P\{X_{ij}<\lambda_{ij}\}, \quad j=1,2,\cdots,m \tag{1-4}$$

在此基础上，可以表示 X_{ij} 符合任务 T_i 精度要求的概率，即

$$R(E_{ij}) = P\{\bigcap_{j=1}^{m} X_{ij} \in E_{ij}\} \tag{1-5}$$

其中，$R(E_{ij})$为空间机械臂的使用可靠度。

由式(1-5)可知，使用可靠度是机械臂执行任务各项因素达到规定精度要求的概率。因此，空间机械臂的使用可靠度也可以定义为机械臂采用规定的控制方法执行规定的任务，成功完成任务的概率。I_{ij} 也可称为可靠性影响因素，根据任务的不同，I_{ij} 可以是机械臂末端位姿、末端速度、末端力等。

如图 1-1 所示，给出一种使用可靠性控制模型，在执行规定任务 T_i 的同时考虑控制系统的使用可靠性，通过一个反馈通道对系统的使用可靠度进行闭环控制。正常状态下，首先进行任务规划，包括如下步骤。

① 对规定的任务进行任务剖面分析，确定运动过程中的约束条件和优化准则。

② 根据任务优化准则，将规定的任务划分为若干个任务阶段。

③ 判断任务阶段的划分是否可行，即是否违反位置相关约束，最终输出任务中间点。

然后，根据得到的任务中间点进行路径规划，包括如下步骤。

① 建立多类别、多准则融合优化目标函数。

② 使用搜索算法搜索空间机械臂的最优路径。

最后，在考虑动态时变约束的条件下，使用最优控制策略，执行路径规划方案。

在机械臂运行的过程中，依据系统当前运行状态对系统的使用可靠性进行实时评价，得到使用可靠度 $R(E_{ij})$；然后比较系统当前使用可靠度和任务要求的使用可靠度。当系统使用可靠度不能满足要求时，根据一个控制变量调整策略计算系统控制变量是否需要调整，以及调整量。此调整量作为机械臂执行任务的补偿量叠加在路径规划输出的控制变量上对机械臂进行控制，使机械臂真实的执行结果与规划方案更相近，即机械臂成功完成任务的概率最大化。

故障情况下，故障诊断模块根据系统状态检测模块的检测信息，判断故障源及相关故障信息。针对不同的故障模式，故障自处理和模型重构模块进行在线调整，使用重构后的模型重新进行任务规划。

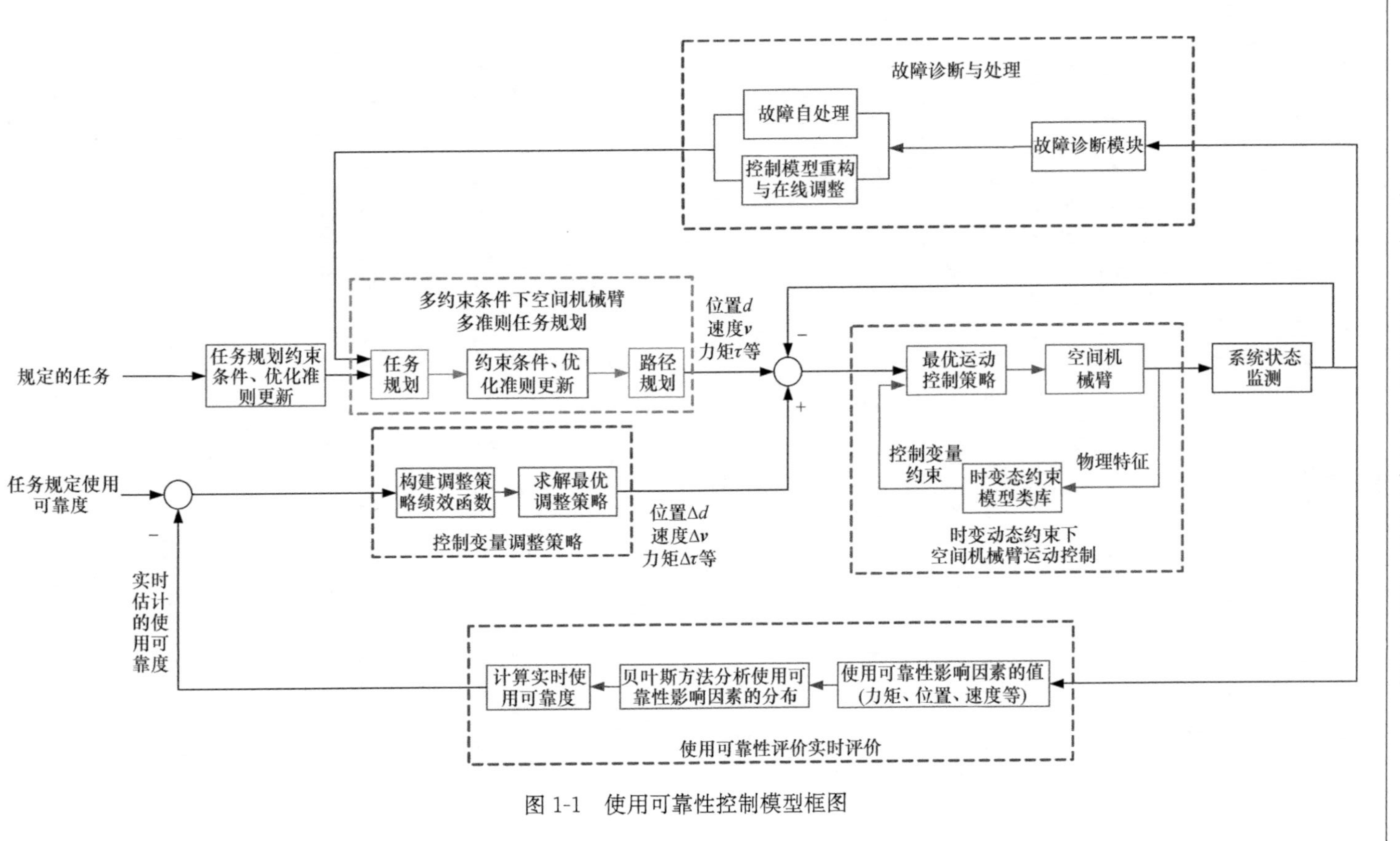

图 1-1　使用可靠性控制模型框图

本节建立的使用可靠性控制系统模型首先在任务规划中考虑执行任务代价最小，得出最优且可行的规划方案；其次在任务的执行过程中，考虑系统自身误差和环境的干扰，采取控制变量调整策略，使执行结果与规划方案相符的概率最大化。通过以上两个方面能够保证执行任务代价最小下的完成任务概率最大化，提高机械臂的使用可靠性。

根据空间机械臂在轨应用需求，可以将其在轨服务任务划分为四类典型任务，即转移任务、搬运任务、捕获任务和装配任务。更复杂的任务由这四类典型任务构成。下面以转移任务为例说明使用可靠性控制方法的实现过程。转移任务是指机械臂无负载时两构型之间的过渡运动，主要服务于机械臂从压紧态的展开，执行任务前的构型预调整，任务完成后机械臂的回撤等事件。影响转移任务成功的指标只有末端位置精度，典型控制变量为机械臂各关节的角度。

在任务执行过程中，通过传感器获得各个关节的角度信息，根据DH参数及坐标系之间的变换关系有坐标系$\{i\}$相对于坐标系$\{i-1\}$的连杆变换矩阵${}^{i-1}_{i}\boldsymbol{T}$的一般表达式，即

$$
{}^{i-1}_{i}\boldsymbol{T}=\begin{bmatrix} \cos\theta_i & -\sin\theta_i & 0 & a_{i-1} \\ \sin\theta_i\cos\alpha_{i-1} & \cos\theta_i\cos\alpha_{i-1} & \sin\alpha_{i-1} & -d_i\sin\alpha_{i-1} \\ \sin\theta_i\sin\alpha_{i-1} & \cos\theta_i\cos\alpha_{i-1} & \cos\alpha_{i-1} & d_i\cos\alpha_{i-1} \\ 0 & 0 & 0 & 1 \end{bmatrix} \tag{1-6}
$$

末端连杆坐标系$\{n\}$相对于坐标系$\{0\}$的变换矩阵为

$$
{}^{0}_{n}\boldsymbol{T}={}^{0}_{1}\boldsymbol{T}\,{}^{1}_{2}\boldsymbol{T}\,{}^{2}_{3}\boldsymbol{T}\cdots{}^{n-1}_{n}\boldsymbol{T}=\begin{bmatrix} {}^{0}_{n}\boldsymbol{R} & {}^{0}\boldsymbol{P} \\ 0\quad 0\quad 0 & 1 \end{bmatrix} \tag{1-7}
$$

位置矢量$\boldsymbol{P}$表示末端连杆的位置，旋转矩阵$\boldsymbol{R}=[\boldsymbol{n}\quad \boldsymbol{o}\quad \boldsymbol{a}]$代表末端连杆的方位。由此建立末端连杆的位姿与关节角之间的关系，得到末端位置在基坐标系中的坐标表示，即

$$
\boldsymbol{r}_o={}^{0}\boldsymbol{P}^{\mathrm{T}}=(d_x d_y d_z)^{\mathrm{T}} \tag{1-8}
$$

由机械臂的任务规划和路径规划算法得到机械臂运动过程中每个阶段的目标末端位置$\boldsymbol{r}_t$。用$\boldsymbol{y}$表示机械臂末端位置误差的观测值；用$\boldsymbol{\theta}$表示机械臂末端误差的实际值，即

$$
\boldsymbol{y}=\boldsymbol{r}_o-\boldsymbol{r}_t \tag{1-9}
$$

$$
\boldsymbol{\theta}=\boldsymbol{r}_r-\boldsymbol{r}_t \tag{1-10}
$$

其中，$\boldsymbol{r}_o$为由传感器检测到的关节角经运动学正解得到的末端位置；$\boldsymbol{r}_r$为机械臂实际的末端位姿。

受限于机械臂各组成部件的加工工艺、装配工艺，以及使用环境中的各类干扰，$\boldsymbol{y}$与$\boldsymbol{\theta}$之间存在噪声，通过传感器测量并计算得到的末端位置误差$\boldsymbol{y}$并不能反映实际的机械臂的末端执行状态。因此，以$\boldsymbol{y}$作为训练样本，基于贝叶斯方法估计

参数 $\boldsymbol{\theta}$，使用估计得到的 $\boldsymbol{\theta}$ 根据式(1-5)评价系统当前的使用可靠度。

将系统当前使用可靠度与任务预设的目标使用可靠度比较，判断系统运行状态的可靠度是否满足任务要求。当可靠度低于任务要求时，通过控制变量调整策略计算在当前 $\boldsymbol{\theta}$ 估计值下末端位置需要调整的量。最后，通过机械臂运动学反解得到各个关节角的调整量，并用于机械臂的控制过程修正。

针对机械臂闭环控制系统，建立以下状态空间方程，用以描述控制过程，即

$$\begin{cases}\boldsymbol{\theta}_i=\boldsymbol{\theta}_{i-1}+\boldsymbol{x}_{i-1}\\ \boldsymbol{y}_i=\boldsymbol{\theta}_i+\boldsymbol{v}_i\end{cases},\quad i=1,2,\cdots,N \tag{1-11}$$

其中，$\boldsymbol{\theta}_i$ 为第 i 周期可靠性影响因素的值，即第 i 控制周期实际末端位置误差，$\boldsymbol{\theta}_i=(d'_{ix},d'_{iy},d'_{iz})^{\mathrm{T}}$；$\boldsymbol{y}_i$ 为第 i 周期可靠性影响因素观测值，即第 i 控制周期由运动学正解得到的带有噪声的末端位置误差，$\boldsymbol{y}_i=(d_{ix},d_{iy},d_{iz})^{\mathrm{T}}$；$\boldsymbol{x}_i$ 为第 i 控制周期计算得到的控制变量调整量，$\boldsymbol{x}_i=(\Delta d_{ix},\Delta d_{iy},\Delta d_{iz})^{\mathrm{T}}$；$\boldsymbol{v}_i$ 为观测误差波动，服从高斯分布 $\boldsymbol{v}_i\sim N(0,\Sigma)$；$\boldsymbol{\theta}_i,\boldsymbol{x}_i,\boldsymbol{y}_i,\boldsymbol{v}_i$ 维数均相等。

状态空间方程中某些参数未知，需要根据任务的进程在线对参数进行估计。根据状态空间方程中各参数的先验分布和每个控制周期检测得到的 $\boldsymbol{y}_i$ 利用贝叶斯公式推导各参数的后验分布。在得到实际末端位置误差 $\boldsymbol{\theta}_i$ 的后验分布，即概率密度函数 $f(\boldsymbol{\theta}_i|\boldsymbol{y}_i)$后，根据式(1-5)计算系统实时使用可靠度。

贝叶斯估计的基本思想是将所有的未知量都当做随机变量，并结合未知量的认知情况及从实际中得到的数据信息，利用贝叶斯定理对未知量的值进行估计。利用贝叶斯方法对过程的未知参数向量 $\boldsymbol{\theta}_i$ 进行推断，并据此对过程进行调整。基于此，假设下面的正态共轭先验模型，即

$$\boldsymbol{\theta}_0\sim N_p(\boldsymbol{\mu}_0,\boldsymbol{\Lambda}_0) \tag{1-12}$$

$$\boldsymbol{y}_1|\boldsymbol{\theta}_0\sim N_p(\boldsymbol{\theta}_0+\boldsymbol{x}_0,\Sigma) \tag{1-13}$$

根据贝叶斯方法有

$$p(\boldsymbol{\theta}_0\mid\boldsymbol{y}_1)=\frac{p(\boldsymbol{y}_1\mid\boldsymbol{\theta}_0)p(\boldsymbol{\theta}_0)}{\int p(\boldsymbol{y}_1\mid\boldsymbol{\theta}_0)p(\boldsymbol{\theta}_0)\mathrm{d}\boldsymbol{\theta}_0} \tag{1-14}$$

求解得到的 $\boldsymbol{\theta}_0|\boldsymbol{y}_1$ 分布为

$$\boldsymbol{\theta}_0|\boldsymbol{y}_1\sim N_p\left(\frac{\Sigma^{-1}(\boldsymbol{y}_1-\boldsymbol{x}_0)+\boldsymbol{\Lambda}_0^{-1}\boldsymbol{\mu}_0}{\Sigma^{-1}+\boldsymbol{\Lambda}_0^{-1}},\frac{\Sigma\boldsymbol{\Lambda}_0}{\Sigma+\boldsymbol{\Lambda}_0}\right) \tag{1-15}$$

由 $\boldsymbol{\theta}_i=\boldsymbol{\theta}_{i-1}+\boldsymbol{x}_{i-1}$，得

$$\boldsymbol{\theta}_1|\boldsymbol{y}_1\sim N_p(\boldsymbol{\mu}_1,\boldsymbol{\Lambda}_1) \tag{1-16}$$

其中

$$
\begin{aligned}
\boldsymbol{\mu}_1 &= \boldsymbol{\mu}_1' + \boldsymbol{x}_0 \\
&= \frac{\Sigma^{-1}(\boldsymbol{y}_1 - \boldsymbol{x}_0) + \boldsymbol{\Lambda}_0^{-1}\boldsymbol{\mu}_0}{\Sigma^{-1} + \boldsymbol{\Lambda}_0^{-1}} + \boldsymbol{x}_0 \\
&= \frac{\Sigma^{-1}\boldsymbol{y}_1 + \boldsymbol{\Lambda}_0^{-1}(\boldsymbol{\mu}_0 + \boldsymbol{x}_0)}{\Sigma^{-1} + \boldsymbol{\Lambda}_0^{-1}}
\end{aligned} \tag{1-17}
$$

据此迭代得到第 i 控制周期实际末端位置误差 $\boldsymbol{\theta}_i$ 的后验分布，即

$$
\boldsymbol{\theta}_i \mid \boldsymbol{y}_i \sim N_p(\boldsymbol{\mu}_i, \boldsymbol{\Lambda}_i) \tag{1-18}
$$

其中

$$
\begin{cases}
\boldsymbol{\mu}_i = \dfrac{\Sigma^{-1}\boldsymbol{y}_i + \boldsymbol{\Lambda}_{i-1}^{-1}(\boldsymbol{\mu}_{i-1} + \boldsymbol{x}_{i-1})}{\Sigma^{-1} + \boldsymbol{\Lambda}_{i-1}^{-1}} \\
\boldsymbol{\Lambda}_i = \dfrac{\Sigma\boldsymbol{\Lambda}_{i-1}}{\Sigma + \boldsymbol{\Lambda}_{i-1}}
\end{cases} \tag{1-19}
$$

第 $i+1$ 控制周期输出值的先验为 $\boldsymbol{y}_{i+1} \mid \boldsymbol{\theta}_i \sim N_p(\boldsymbol{\theta}_i + \boldsymbol{x}_i, \Sigma)$。

完成第 i 控制周期的调整后，第 $i+1$ 控制周期 $\boldsymbol{y}_{i+1} \mid \boldsymbol{y}_i, \boldsymbol{x}_i$ 的概率密度函数为

$$
p(\boldsymbol{y}_{i+1} \mid \boldsymbol{y}_i, \boldsymbol{x}_i) = \int p(\boldsymbol{y}_{i+1} \mid \boldsymbol{\theta}_i) p(\boldsymbol{\theta}_i \mid \boldsymbol{y}_i, \boldsymbol{x}_i) \mathrm{d}\boldsymbol{\theta}_i \tag{1-20}
$$

因此，$\boldsymbol{y}_{i+1}$ 的后验分布 $p(\boldsymbol{y}_{i+1} \mid \boldsymbol{y}_i, \boldsymbol{x}_i)$ 服从正态分布，即

$$
\boldsymbol{y}_{i+1} \mid \boldsymbol{y}_i \sim N(\boldsymbol{x}_i + \boldsymbol{\mu}_i, \boldsymbol{\Lambda}_i + \Sigma) \tag{1-21}
$$

由式(1-19)，得

$$
\boldsymbol{\mu}_i \mid \boldsymbol{y}_{i-1} \sim N(\boldsymbol{x}_{i-1} + \boldsymbol{\mu}_{i-1}, (\Sigma^{-1} + \boldsymbol{\Lambda}_{i-1}^{-1})^{-1}\Sigma^{-1}(\boldsymbol{\Lambda}_{i-1} + \Sigma)((\Sigma^{-1} + \boldsymbol{\Lambda}_{i-1}^{-1})^{-1}\Sigma^{-1})^{\mathrm{T}}) \tag{1-22}
$$

根据 1.3 节中对使用可靠性的表述，第 i 控制周期的实时使用可靠度为实际末端位置误差 $\boldsymbol{\theta}_i$ 的后验分布落在规定精度范围内的概率。根据式(1-18)和式(1-19)可以写出 $\boldsymbol{\theta}_i \mid \boldsymbol{y}_i$ 的概率密度函数，即

$$
f(\boldsymbol{\theta}_i \mid \boldsymbol{y}_i) = \frac{1}{\sqrt{2\pi\boldsymbol{\Lambda}_i}} \exp\left\{-\left[\frac{(\boldsymbol{\theta}_i - \boldsymbol{\mu}_i)^2}{2\boldsymbol{\Lambda}_i}\right]\right\} \tag{1-23}
$$

规定精度范围 $\boldsymbol{\Theta} = [\boldsymbol{\theta}_{i1}, \boldsymbol{\theta}_{i2}]$，$\boldsymbol{\theta}_{i1}$ 为精度阈值下限，$\boldsymbol{\theta}_{i2}$ 为精度阈值上限。根据式(1-5)，系统当前的使用可靠度为

$$
\begin{aligned}
R(\boldsymbol{\Theta}) &= P\{\boldsymbol{\theta}_{i1} \leqslant \boldsymbol{\theta}_i \leqslant \boldsymbol{\theta}_{i2}\} \\
&= \int_{\boldsymbol{\theta}_{i1}}^{\boldsymbol{\theta}_{i2}} f(\boldsymbol{\theta}_i \mid \boldsymbol{y}_i) \mathrm{d}\boldsymbol{\theta}_i \\
&= \int_{\boldsymbol{\theta}_{i1}}^{\boldsymbol{\theta}_{i2}} \frac{1}{\sqrt{2\pi\boldsymbol{\Lambda}_i}} \exp\left\{-\left[\frac{(\boldsymbol{\theta}_i - \boldsymbol{\mu}_i)^2}{2\boldsymbol{\Lambda}_i}\right]\right\} \mathrm{d}\boldsymbol{\theta}_i
\end{aligned} \tag{1-24}
$$

由于控制系统中各环节扰动和噪声的存在，机械臂在运行中实际末端位置处

于预设精度范围内时，过度的调整控制变量会带入更多的系统扰动，将由此带来的精度损失定义为调整成本。构建绩效函数为

$$L=E\left[\sum_{i=1}^{N}\boldsymbol{y}_i^{\mathrm{T}}\boldsymbol{y}_i+c\delta(\boldsymbol{x}_{i-1})\right] \tag{1-25}$$

其中，$E[\cdot]$为数学期望；c为归一化的调整成本。

因此，在同时考虑末端位置误差和调整成本的条件下，机械臂的最优控制策略为使绩效函数L最小的控制变量调整量序列$\{\boldsymbol{x}_i, i=1,2,\cdots,N\}$。

为方便表述，令$\boldsymbol{y}_i=(d_{ix},d_{iy},d_{iz})^{\mathrm{T}}=(y_{i1},y_{i2},y_{i3})^{\mathrm{T}}$；$L_i^*(\boldsymbol{\mu}_i)$为第$i$周期偏差为$\boldsymbol{\mu}_i$时，从第$i+1$周期到结束的最小期望损失；$L_i(\boldsymbol{\mu}_i)$为第$i$周期偏差为$\boldsymbol{\mu}_i$时，不进行调整情况下从第$i+1$周期到结束的最小期望损失。

① 考虑$i=N-1$时，$L_i^*(\boldsymbol{\mu}_i)$的值。

当$i=N-1$，即完成第$N-1$周期后，最小期望质量损失为

$$\begin{aligned}&L_{N-1}^*(\boldsymbol{\mu}_{N-1})\\&=\min_{x_{N-1}}\{E[\boldsymbol{y}_N^{\mathrm{T}}\boldsymbol{y}_N+c\delta(\boldsymbol{x}_{N-1})]\}\\&=\min_{x_{N-1}}\left\{\sum_{j=1}^{3}[E^2(\boldsymbol{y}_{Nj})+\mathrm{Var}(\boldsymbol{y}_{Nj})]+c\delta(\boldsymbol{x}_{N-1})\right\}\end{aligned} \tag{1-26}$$

又根据式(1-21)，有

$$L_{N-1}^*(\boldsymbol{\mu}_{N-1})=\mathrm{tr}(\Sigma+\boldsymbol{\Lambda}_{N-1})+\min_{x_{N-1}}\{\|\boldsymbol{\mu}_{N-1^2}\|,c\} \tag{1-27}$$

由此可得$\|\boldsymbol{\mu}_{N-1}\|^2>c$为调整边界，即$N-1$控制周期后的最优调整策略为

$$\boldsymbol{x}_{N-1}=\begin{cases}-\boldsymbol{\mu}_{N-1}, & \|\boldsymbol{\mu}_{N-1}\|^2>c\\ \boldsymbol{0}, & \|\boldsymbol{\mu}_{N-1}\|^2\leqslant c\end{cases} \tag{1-28}$$

② 考虑$i\in[0,N-1)$时，$L_i^*(\boldsymbol{\mu}_i)$的值。

考虑$i\in[0,N-1)$时的最小期望损失$L_i^*(\boldsymbol{\mu}_i)$，可以将$L_i^*(\boldsymbol{\mu}_i)$写成如下递归式，即

$$\begin{aligned}L_i^*(\boldsymbol{\mu}_i)=\min_{x_i}\Big\{&\|\boldsymbol{\mu}_i+\boldsymbol{x}_i\|^2+\mathrm{tr}(\Sigma+\boldsymbol{\Lambda}_i)+c\delta(x_i)\\&+\int L_{i+1}^*(\boldsymbol{\mu}_{i+1})f(\boldsymbol{\mu}_{i+1}\mid\boldsymbol{y}_i,\boldsymbol{x}_i)\mathrm{d}\boldsymbol{\mu}_{i+1}\Big\}\end{aligned} \tag{1-29}$$

其中，$f(\cdot)$为概率密度函数。

因此，有

$$\begin{aligned}L_{N-2}^*(\boldsymbol{\mu}_{N-2})=&\mathrm{tr}(\Sigma+\boldsymbol{\Lambda}_{N-2})+\mathrm{tr}(\Sigma+\boldsymbol{\Lambda}_{N-1})+c\\&+\min_{\boldsymbol{x}_{N-2}}\Big\{\|\boldsymbol{\mu}_{N-2}+\boldsymbol{x}_{N-2}\|^2+c\delta(\boldsymbol{x}_{N-2})\\&+\int_{[\|\boldsymbol{\mu}_{N-1}\|^2<c]}(\|\boldsymbol{\mu}_{N-1}\|^2-c)f(\boldsymbol{\mu}_{N-1}\mid\boldsymbol{y}_{N-2},\boldsymbol{x}_{N-2})\mathrm{d}\boldsymbol{\mu}_{N-1}\Big\}\end{aligned} \tag{1-30}$$

根据积分中值定理,存在 $\boldsymbol{\mu}_{N-1}^0 \in [\|\boldsymbol{\mu}_{N-1}\|^2 < c]$满足下式,即

$$\int_{[\|\boldsymbol{\mu}_{N-1}\|^2<c]} (\|\boldsymbol{\mu}_{N-1}\|^2 - c) f(\boldsymbol{\mu}_{N-1} \mid \boldsymbol{y}_{N-2}, \boldsymbol{x}_{N-2}) \mathrm{d}\boldsymbol{\mu}_{N-1}$$
$$= (\|\boldsymbol{\mu}_{N-1}^0\|^2 - c)_{[\|\boldsymbol{\mu}_{N-1}\|^2<c]} \int_{[\|\boldsymbol{\mu}_{N-1}\|^2<c]} f(\boldsymbol{\mu}_{N-1} \mid \boldsymbol{y}_{N-2}, \boldsymbol{x}_{N-2}) \mathrm{d}\boldsymbol{\mu}_{N-1} \tag{1-31}$$

根据式(1-22),有

$$\boldsymbol{\mu}_{N-1} | Y^{N-2}, X^{N-2} \sim N(\boldsymbol{\mu}_{N-2} + x_{N-2}, (\boldsymbol{\Lambda}_{N-2}^{-1} + \Sigma^{-1})^{-1}$$
$$\Sigma^{-1}(\boldsymbol{\Lambda}_{N-2} + \Sigma)((\boldsymbol{\Lambda}_{N-2}^{-1} + \Sigma^{-1})^{-1}\Sigma^{-1})^{\mathrm{T}})$$

由于积分区间$[\|\boldsymbol{\mu}_{N-1}\|^2 < c]$关于$\boldsymbol{\mu}_{N-1} = \mathbf{0}$对称,又 $f(\boldsymbol{\mu}_{N-1} | \boldsymbol{y}_{N-2}, \boldsymbol{x}_{N-2})$服从期望是 $\boldsymbol{\mu}_{N-2} + \boldsymbol{x}_{N-2}$ 的正态分布,所以当 $\boldsymbol{\mu}_{N-2} + \boldsymbol{x}_{N-2} = \mathbf{0}$,即 $\boldsymbol{x}_{N-2} = -\boldsymbol{\mu}_{N-2}$ 时,式(1-31)取得最小值,因此有

$$\begin{aligned} L_{N-2}^*(\boldsymbol{\mu}_{N-2}) &= \min_{x_{N-2}} \{ \mathrm{tr}(\Sigma + \boldsymbol{\Lambda}_{N-2}) + \|\boldsymbol{\mu}_{N-2}\|^2 \\ &\quad + \int L_{N-1}^*(\boldsymbol{\mu}_{N-1}) f(\boldsymbol{\mu}_{N-1} \mid \boldsymbol{y}_{N-2}, \boldsymbol{x}_{N-2} = \mathbf{0}) \mathrm{d}\boldsymbol{\mu}_{N-1}, \mathrm{tr}(\Sigma + \boldsymbol{\Lambda}_{N-2}) \\ &\quad + c + \int L_{N-1}^*(\boldsymbol{\mu}_{N-1}) f(\boldsymbol{\mu}_{N-1} \mid \boldsymbol{y}_{N-2}, \boldsymbol{x}_{N-2} = -\boldsymbol{\mu}_{N-2}) \mathrm{d}\boldsymbol{\mu}_{N-1} \\ &= \min_{x_{N-2}} \{ L_{N-2}(\boldsymbol{\mu}_{N-2}), c + L_{N-2}(\mathbf{0}) \} \end{aligned} \tag{1-32}$$

假设

$$L_i^*(\boldsymbol{\mu}_i) = \min\{L_i(\boldsymbol{\mu}_i), c + L_i(\mathbf{0})\} \tag{1-33}$$

已经证明 $i = N-1, N-2$ 时成立,易证明 $i-1$ 控制周期时也成立,利用数学归纳法,易证明式(1-33)成立。

从而有

$$\boldsymbol{x}_i(\boldsymbol{\mu}_i) = \begin{cases} -\boldsymbol{\mu}_i, & \|\boldsymbol{\mu}_i\|^2 > (\boldsymbol{\mu}_i^*)^2 \\ \mathbf{0}, & \|\boldsymbol{\mu}_i\|^2 \leqslant (\boldsymbol{\mu}_i^*)^2 \end{cases} \tag{1-34}$$

其中,$\boldsymbol{\mu}_i^*$ 为满足 $L_i(\boldsymbol{\mu}_i) = c + L_i(\mathbf{0})$的 $\|\boldsymbol{\mu}_i\|$。

因为末端位置误差 $\boldsymbol{\mu}_i$ 越大,精度损失越大,$L_i(\boldsymbol{\mu}_i)$越小,所以 $L_i(\mathbf{0})$最小。因此,对于 $L_i^*(\boldsymbol{\mu}_i)$,调整边界 $\boldsymbol{\mu}_i$ 为满足 $L_i(\boldsymbol{\mu}_i) = c + L_i(\mathbf{0})$的 $\|\boldsymbol{\mu}_i\|$。

根据控制过程进行调整,在完成第 i 周期后,根据观测向量 $\boldsymbol{y}_i$ 更新 $\boldsymbol{\mu}_i$,将 $\|\boldsymbol{\mu}_i\|$ 与 $\boldsymbol{\mu}_i^*$ 进行比较,只有当 $\|\boldsymbol{\mu}_i\|^2 > (\boldsymbol{\mu}_i^*)^2$ 时才进行调整,否则不进行调整。调整界限不是恒定不变的,而是随周期 i 变化的。

根据式(1-34),对于控制过程中任意阶段,求解方程 $L_i(\boldsymbol{\mu}_i) = c + L_i(\mathbf{0})$,未知变量 $\boldsymbol{\mu}_i$ 的解为调整边界。由式(1-29)、式(1-19)、式(1-33)、式(1-22)可构建以调整边界为未知数的递归方程组,即

$$
\begin{cases}
L_i(\boldsymbol{\mu}_i) = c + L_i(\mathbf{0}) \\
L_i(\boldsymbol{\mu}_i) = L_i^*(\boldsymbol{\mu}_i, \boldsymbol{x}_i = \mathbf{0}) \\
L_i^*(\boldsymbol{\mu}_i) = \min\{L_i(\boldsymbol{\mu}_i), c + L_i(\mathbf{0})\} \\
L_i^*(\boldsymbol{\mu}_i) = \min\limits_{x_i} \left\{ \begin{aligned} & \|\boldsymbol{\mu}_i + \boldsymbol{x}_i\|^2 + \operatorname{tr}(\Sigma + \boldsymbol{\Lambda}_i) + c\delta(\boldsymbol{x}_i) \\ & + \int L_{i+1}^*(\boldsymbol{\mu}_{i+1}) f(\boldsymbol{\mu}_{i+1} \mid \boldsymbol{y}_i, \boldsymbol{x}_i) \mathrm{d}\boldsymbol{\mu}_{i+1} \end{aligned} \right\}
\end{cases}
\tag{1-35}
$$

在实际控制中，方程采用数值方法求解，将 $\boldsymbol{\mu}_i$ 在其分布的$\pm 3\sigma$ 范围内离散化，离散化精度根据实际需要确定。对每个离散值分别计算 $L_i(\boldsymbol{\mu}_i)$和 $c+L_i(\mathbf{0})$，取满足 $L_i(\boldsymbol{\mu}_i)=c+L_i(\mathbf{0})$最小的 $\boldsymbol{\mu}_i$ 离散值作为调整边界。

(1) 单次任务仿真实验

对于一个有 9 个控制周期的空间机械臂空载转移任务，规定任务精度要求$\pm$1mm，使用可靠度要求达到 0.9 或更高。置初始末端误差 7mm，实际末端位置误差服从先验分布 $\boldsymbol{\theta}_0 \sim N(0,1)$。在每个控制周期检测计算实际末端位置误差时，引入高斯噪声 $\boldsymbol{v}_0$，且服从分布 $\boldsymbol{v}_0 \sim N(0,1)$，分别使用考虑和不考虑使用可靠性的控制方法对上述任务进行单次仿真。

图 1-2 显示考虑使用可靠性的控制方法进行调整的过程。机械臂末端位置误差的估计值逐渐向实际末端位置误差收敛；整个控制过程分别在第 1、2、6 周期对控制变量进行了调整；实际末端位置误差逐渐向 0 收敛，收敛过程平缓且没有波动。

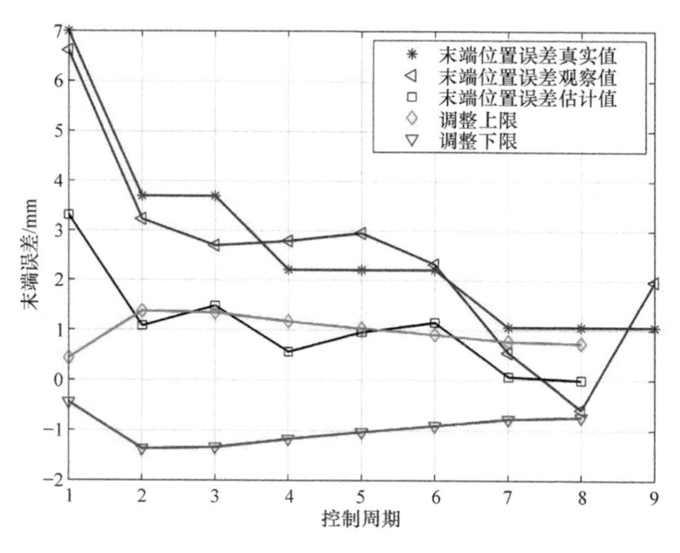

图 1-2　采用使用可靠性控制方法进行单次实验末端误差曲线

图 1-3 显示考虑使用可靠性的控制方法进行调整的过程中估计的实时使用可靠度,可以看出系统的使用可靠度随控制过程的进行总体呈增加趋势,且收敛于 1。

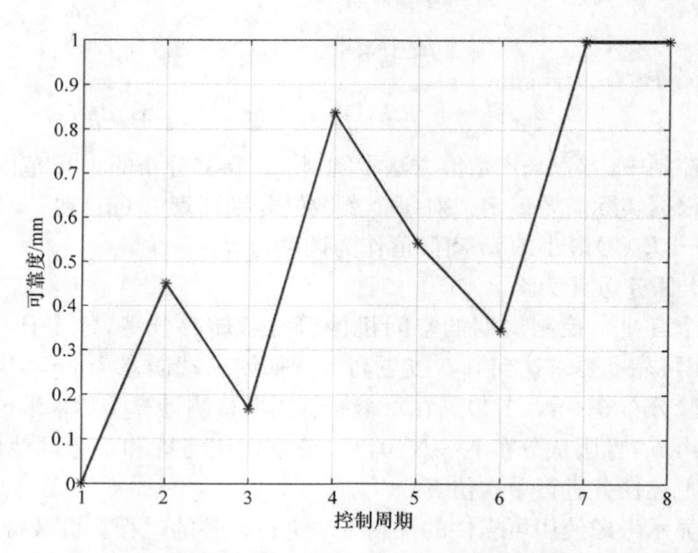

图 1-3 采用使用可靠性控制方法进行单次实验可靠度变化曲线

图 1-4 显示没有考虑使用可靠性的控制方法,即只根据检测误差进行调整的过程。由于末端位置误差的检测值存在噪声,即使在每个控制周期均对控制变量进行调整,机械臂末端误差仍然持续波动不能收敛。

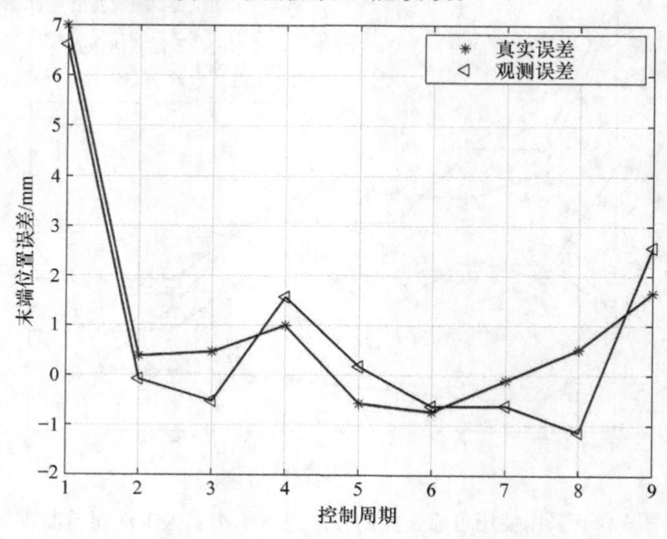

图 1-4 未采用使用可靠性控制方法进行单次实验末端误差曲线

(2) 多次任务仿真实验

图 1-5 为重复完成 10 000 次任务的执行结果精度分布。横坐标是精度值，纵坐标是落在横坐标对应精度的次数，规定任务精度要求±1mm。统计得到考虑使用可靠性的控制方法执行任务的成功概率为 99.03%，即可靠度为 0.99；未考虑使用可靠性的控制方法执行任务的成功概率为 71.03%，即可靠度为 0.71。由两条曲线看出，考虑使用可靠性后执行任务的精度分布方差变小，机械臂执行任务结果的波动明显减小。

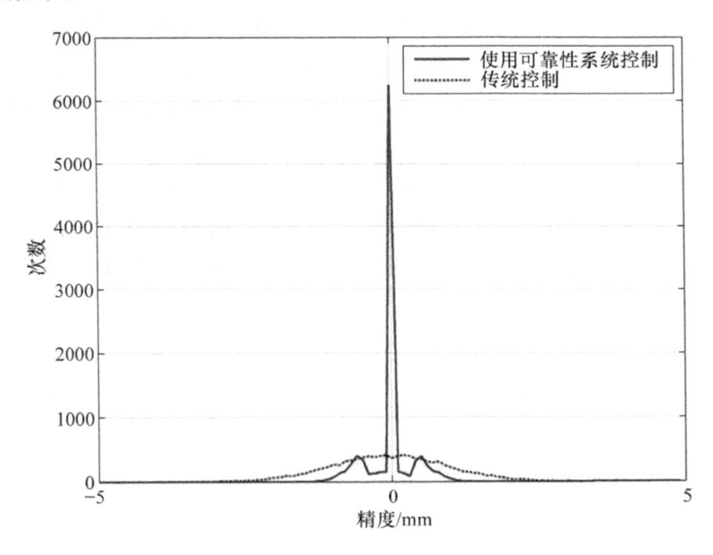

图 1-5　10 000 次实验末端精度分布对比图

1.4.2　基于粒子滤波的空间机械臂实时可靠性评价

本节介绍一种基于粒子滤波计算实时使用可靠度的使用可靠性系统控制方法。结合可靠性理论和空间机械臂的控制特点，在给出空间机械臂的使用可靠性及使用可靠度定义的基础上，建立控制系统的状态空间方程；结合粒子滤波算法原理和控制系统特征，实现在任意观测噪声分布下对空间机械臂末端位置误差分布的估计以及使用可靠度的实时计算；建立基于质量损失原理的控制过程绩效模型，得到控制绩效函数，根据绩效函数实现空间机械臂末端位置调整量的计算。该方法在执行规定任务的同时计算空间机械臂的使用可靠度，并根据使用可靠度对机械臂的控制进行调整，从而提高空间机械臂的使用可靠性，提高机械臂的工作效率。仿真结果表明，本节提出的控制方法相比传统控制方法和基于贝叶斯估计的控制方法，在任务成功率上都有明显提高，能够有效提高机械臂的使用可靠性。

如图 1-1 所示，空间机械臂的使用可靠性系统控制建立在一般空间机械臂控制系统的基础之上，使用可靠度的实时计算作为一般控制系统的一个反馈环节。其基本工作原理是在运动控制环节之后，检测空间机械臂的末端位置与规定位置之间的误差值，根据误差值估计空间机械臂系统的使用可靠度，并根据使用可靠度计算机械臂控制量的调整量，对机械臂的控制量进行微调，以达到减小误差和提升系统使用可靠性的目的。

加入使用可靠性控制的空间机械臂控制系统，首先任务规划环节根据规定的任务和任务约束获得一系列子任务，各个子任务输入到路径规划，路径规划计算出完成任务的最优路径，从而给出机械臂的各种控制参数，如位置、速度、力等，这些控制参数输入到运动控制环节，运动控制求得最优控制策略，进而驱动执行器控制机械臂完成任务。控制系统有三个反馈回路，第一个反馈回路用于运动控制环节实时监控机械臂运动情况；第二个反馈回路用于空间机械臂发生故障时实时评估和处理故障，并根据故障情况对控制任务进行调整；第三个反馈回路为使用可靠性控制回路，用于实时评估空间机械臂的使用可靠性，并据此对机械臂的控制参数进行修正，如图 1-6 所示。

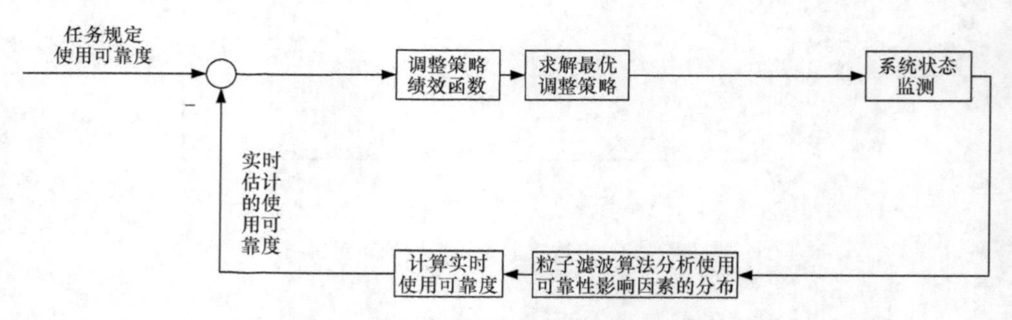

图 1-6 空间机械臂使用可靠性控制回路框图

空间机械臂使用可靠性控制的工作过程为，首先根据系统状态监测环节获得使用可靠性影响因素的观测量，然后使用粒子滤波算法分析使用可靠性影响因素的真实分布情况，并根据分布情况计算使用可靠度，再将计算出的使用可靠度与规定的使用可靠度进行比较，根据比较情况求解最优调整策略，从而对空间机械臂的控制量进行调整。其中，使用可靠度的实时计算和最优调整策略的求解是系统两大关键环节。

粒子滤波算法的基本思想是使用粒子和粒子权值两个集合对目标状态进行描述，其中粒子表示目标状态的一些样本，粒子权值表示样本，即粒子与目标状态的相似程度。在目标参数变化的过程中，可以通过不断修正粒子和权值对目标状态进行跟踪和预测。

结合状态空间模型和粒子滤波算法原理，采用$\{\boldsymbol{z}_i^j, j=1,2,\cdots,N_s\}$和$\{\omega_i^j, j=1,2,\cdots,N_s\}$两个集合对末端位置误差$\boldsymbol{\theta}_i$的分布进行描述。$\{\boldsymbol{z}_i^j, j=1,2,\cdots,N_s\}$是与$\boldsymbol{\theta}_i$相同形式的一组样本数据（粒子），$N_s$为粒子数量。$\{\omega_i^j, j=1,2,\cdots,N_s\}$是粒子对应的权值，表示粒子$\boldsymbol{z}_i^j$与$\boldsymbol{\theta}_i$的相关程度，且规定$\sum_{j=1}^{N_s}\omega_i^j=1$。

此外，采用如下正态分布模型作为$\boldsymbol{\theta}_i$的先验概率分布，即

$$\boldsymbol{\theta}_0 \sim N(\boldsymbol{\mu}_0, \boldsymbol{\Lambda}_0)$$

其中，$\boldsymbol{\theta}_0$为空间机械臂末端空间位置的实际误差初始值；$\boldsymbol{\mu}_0$为$\boldsymbol{\theta}_0$先验概率分布的期望；$\boldsymbol{\Lambda}_0$为$\boldsymbol{\theta}_0$先验概率分布的协方差矩阵。

然后，根据系统状态空间方程和先验分布进行粒子滤波，其主要步骤如下。

① 初始化。对于任务第一个控制周期，根据$\boldsymbol{\theta}_0$的先验概率分布产生数量为N_s的随机量，作为初始粒子集$\{z_0^j, j=1,2,\cdots,N_s\}$，并使其对应权值为$\{\omega_0^j, j=1,2,\cdots,N_s\}$；对于第二控制周期及以后的控制周期，根据上一控制周期的粒子及其权值$\{\omega_{i-1}^j, j=1,2,\cdots,N_s\}$，使用重采样的方法获得粒子集，即

$$\begin{cases} \boldsymbol{z}_i^j = \boldsymbol{z}_{i-1}^k + \boldsymbol{x}_{i-1}, & \sum_{j=1}^{k}\omega_i^j \geqslant e_i^j \text{ 且} \sum_{j=1}^{k-1}\omega_i^j \leqslant e_i^j \\ \omega_i^j = \dfrac{1}{N_s} \end{cases} \tag{1-36}$$

其中，e_i^j为一随机数，服从0～1的均匀分布。

② 根据重要性函数更新权值。重要性函数使用先验分布模型，即

$$\omega_i^j \propto \omega_{i-1}^j p(\boldsymbol{y}_i | \boldsymbol{z}_i^j) \tag{1-37}$$

由于使用重采样方法，粒子权值$\omega_{i-1}^j=\dfrac{1}{N_s}$，因此有

$$\omega_i^j \propto p(\boldsymbol{y}_i | \boldsymbol{z}_i^j) \tag{1-38}$$

$p(\boldsymbol{y}_i|\boldsymbol{z}_i^j)$与噪声分布有关，设噪声$v_i$服从分布$\boldsymbol{\Phi}$，$\boldsymbol{\Phi}$的概率密度函数为$h(\rho)$，则$\omega_i^j$的计算函数为

$$H(\boldsymbol{z}_i^j) = h(\boldsymbol{y}_i - \boldsymbol{z}_i^j) \tag{1-39}$$

即$\omega_i^j = h(\boldsymbol{y}_i - \boldsymbol{z}_i^j)$。

③ 权值归一化，即$\sum_{j=1}^{N_s}\omega_i^j=1$。

根据以上方法可以得到空间机械臂末端位置误差的概率分布函数$f(\boldsymbol{\theta}_i|\boldsymbol{y}_i)$，即

$$f(\boldsymbol{\theta}_i \mid \boldsymbol{y}_i) \approx \sum_{j=1}^{N_s}\omega_i^j\delta(\boldsymbol{\theta}_i - \boldsymbol{z}_i^j) \tag{1-40}$$

其中，$\delta(x)$为

$$\delta(x)=\begin{cases}1, & x\neq 0\\ 0, & x=0\end{cases} \tag{1-41}$$

然后，依据 $f(\boldsymbol{\theta}_i|\boldsymbol{y}_i)$，并利用式(1-40)，可以获得空间机械臂的使用可靠度，即

$$P\{\boldsymbol{\theta}_{i1}\leqslant\boldsymbol{\theta}_i\leqslant\boldsymbol{\theta}_{i2}\}=\int_{\boldsymbol{\theta}_{i1}}^{\boldsymbol{\theta}_{i2}} f(\boldsymbol{\theta}_i \mid \boldsymbol{y}_i)\mathrm{d}\boldsymbol{\theta}_i=\sum_{j=1}^{N_s}\begin{cases}\omega_i^j, & \boldsymbol{\theta}_{i1}\leqslant\|\boldsymbol{z}_i^j\|\leqslant\boldsymbol{\theta}_{i2}\\ 0, & \text{其他}\end{cases} \tag{1-42}$$

其中，$\boldsymbol{\theta}_{i1}\leqslant\boldsymbol{\theta}_i\leqslant\boldsymbol{\theta}_{i2}$为预设的精度范围；$\boldsymbol{\theta}_{i1}$为精度范围的下限值；$\boldsymbol{\theta}_{i2}$为精度范围上限值，且 $\boldsymbol{\theta}_{i2}\geqslant\boldsymbol{\theta}_{i1}$。

对于控制环节的第 i 个控制周期，建立如下绩效函数评价控制策略，即

$$L_i=E[\boldsymbol{y}_{i+1}^{\mathrm{T}}\boldsymbol{y}_{i+1}+c\delta(\boldsymbol{x}_i)] \tag{1-43}$$

其中，$\boldsymbol{y}_{i+1}$ 表示第 $i+1$ 控制周期的空间机械臂末端位置误差的观测值；$\boldsymbol{x}_i$ 为控制量的调整量。

在 $\boldsymbol{\theta}_i$ 一定的情况下，式(1-43)可认为是关于 $\boldsymbol{x}_i$ 的函数。因此，控制过程的最佳调整策略就是求出最优的 $\boldsymbol{x}_i$ 取值，使上述绩效函数的取值尽可能小。

设 $L_i^*(\boldsymbol{\mu}_i)$为在空间机械臂末端位置误差估计值为 $\boldsymbol{\mu}_i$ 时，对末端位置进行调整的情况下，第 $i+1$ 个控制周期最小期望损失。$L_i(\boldsymbol{\mu}_i)$为在空间机械臂末端空间位置误差估计值为 $\boldsymbol{\mu}_i$ 时，不对末端位置进行调整的情况下，第 $i+1$ 个控制周期最小期望损失。为简化计算，令调整量为 $\boldsymbol{x}_i=k_i\boldsymbol{\mu}_i$，$k_i$ 为一标量。

由 L_i 的定义可得下式，即

$$L_i=\min\{L_i(\boldsymbol{\mu}_i),L_i^*(\boldsymbol{\mu}_i)\} \tag{1-44}$$

根据定义有

$$L_i^*(\boldsymbol{\mu}_i)=\min_{\boldsymbol{x}_i}\{E[\boldsymbol{y}_{i+1}^{\mathrm{T}}\boldsymbol{y}_{i+1}+c\delta(\boldsymbol{x}_i)]\} \tag{1-45}$$

根据状态方程

$$\begin{cases}\boldsymbol{\theta}_i=\boldsymbol{\theta}_{i-1}+\boldsymbol{x}_{i-1}\\ \boldsymbol{y}_i=\boldsymbol{\theta}_i+\boldsymbol{v}_i\end{cases} \tag{1-46}$$

得

$$\begin{aligned}L_i^*(\boldsymbol{\mu}_i)&=\min_{x_i}\{E[(\boldsymbol{\theta}_{i+1}+\boldsymbol{v}_{i+1})^{\mathrm{T}}(\boldsymbol{\theta}_{i+1}+\boldsymbol{v}_{i+1})+c\delta(\boldsymbol{x}_i)]\}\\&=\min_{k_i}\Big\{(1+k_i)^2\ \|\boldsymbol{\mu}_i\|^2+(1+k_i)(\boldsymbol{\mu}_i^{\mathrm{T}}\boldsymbol{\alpha}+\boldsymbol{\alpha}^{\mathrm{T}}\boldsymbol{\mu}_i)\\&\qquad+\mathrm{tr}(\boldsymbol{\beta}+\boldsymbol{\Lambda}_i)+\|\boldsymbol{\alpha}\|^2+c\delta(k_i)\Big\}\end{aligned} \tag{1-47}$$

即 $L_i^*(\boldsymbol{\mu}_i)=\mathrm{tr}(\boldsymbol{\beta}+\boldsymbol{\Lambda}_i)+\|\boldsymbol{\alpha}\|^2+\min\limits_{k_i}\{(1+k_i)^2\ \|\boldsymbol{\mu}_i\|^2+(1+k_i)(\boldsymbol{\mu}_i^{\mathrm{T}}\boldsymbol{\alpha}+\boldsymbol{\alpha}^{\mathrm{T}}\boldsymbol{\mu}_i)+$

$c\delta(k_i)\}$。

令 $R(\boldsymbol{\mu}_i)=\min\limits_{k_i}\{(1+k_i)^2\ \|\boldsymbol{\mu}_i\|^2+(1+k_i)(\boldsymbol{\mu}_i^{\mathrm{T}}\boldsymbol{\alpha}+\boldsymbol{\alpha}^{\mathrm{T}}\boldsymbol{\mu}_i)+c\delta(k_i)\}$，可知当 $k_i=0$ 时，有

$$R(\boldsymbol{\mu}_i)=\|\boldsymbol{\mu}_i\|^2+\boldsymbol{\mu}_i^{\mathrm{T}}\boldsymbol{\alpha}+\boldsymbol{\alpha}^{\mathrm{T}}\boldsymbol{\mu}_i \tag{1-48}$$

此时，有 $L_i^*(\boldsymbol{\mu}_i)=L_i(\boldsymbol{\mu}_i)$。

当 $k_i\neq 0$ 时，有

$$R(\boldsymbol{\mu}_i)=\min_{k_i}\{(1+k_i)^2\ \|\boldsymbol{\mu}_i\|^2+(1+k_i)(\boldsymbol{\mu}_i^{\mathrm{T}}\boldsymbol{\alpha}+\boldsymbol{\alpha}^{\mathrm{T}}\boldsymbol{\mu}_i)+c\} \tag{1-49}$$

相当于求关于 k_i 的二次函数的最小值。

由于 $\|\boldsymbol{\mu}_i\|^2>0$，因此最小值在对称轴处，即

$$k_i=-1-\frac{\boldsymbol{\mu}_i^{\mathrm{T}}\boldsymbol{\alpha}+\boldsymbol{\alpha}^{\mathrm{T}}\boldsymbol{\mu}_i}{\boldsymbol{\mu}_i^2} \tag{1-50}$$

此时，有 $L_i^*(\boldsymbol{\mu}_i)=L_i((1+k_i)\boldsymbol{\mu}_i)+c$，即

$$L_i^*(\boldsymbol{\mu}_i)=\min\{L_i(\boldsymbol{\mu}_i),c+L_i((1+k_i)\boldsymbol{\mu}_i)\} \tag{1-51}$$

所以，有

$$\min\{L_i(\boldsymbol{\mu}_i),L_i^*(\boldsymbol{\mu}_i)\}=\min\{L_i(\boldsymbol{\mu}_i),c+L_i((1+k_i)\boldsymbol{\mu}_i)\} \tag{1-52}$$

可得空间机械臂末端位置的调整量为

$$\boldsymbol{x}_i(\boldsymbol{\mu}_i)=\begin{cases}k_i\boldsymbol{\mu}_i, & L_i(\boldsymbol{\mu}_i)\geqslant c+L_i((1+k_i)\boldsymbol{\mu}_i)\\ 0, & L_i(\boldsymbol{\mu}_i)\leqslant c+L_i((1+k_i)\boldsymbol{\mu}_i)\end{cases} \tag{1-53}$$

其中，根据粒子滤波算法可得 $\boldsymbol{\mu}_i$，即

$$\boldsymbol{\mu}_i=\sum_{j=1}^{N_s}\omega_i^j\boldsymbol{z}_i^j \tag{1-54}$$

根据使用可靠性控制系统模型，以及相应的控制方法，使用 MATLAB 建立仿真实验系统对其控制效果进行验证。仿真系统的基本工作流程为：相关参数初始化，如建立粒子和其权值的集合、确定误差初始取值；粒子滤波算法估计空间机械臂末端位置误差分布并计算使用可靠度；根据使用可靠度计算调整量取值。图 1-7 为仿真系统的一个控制周期的工作流程图。

(1) 基本实验

根据空间机械臂使用可靠性系统控制模型的结构，建立仿真控制系统来对其控制效果进行验证。其中，末端位置误差的初始值为 7mm，选取粒子初始分布为 $\theta_0\sim N(7,1)$，设定任务的控制周期总数为 9，规定的精度上下限为 ±1mm，使用可靠度阈值为 0.9。本节采用的观测噪声分布曲线如图 1-8 实线所示。

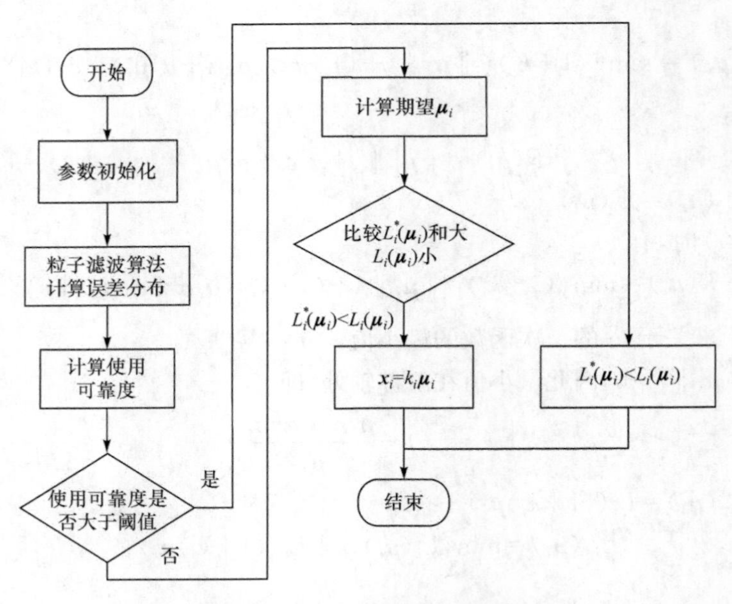

图 1-7　仿真控制系统流程图

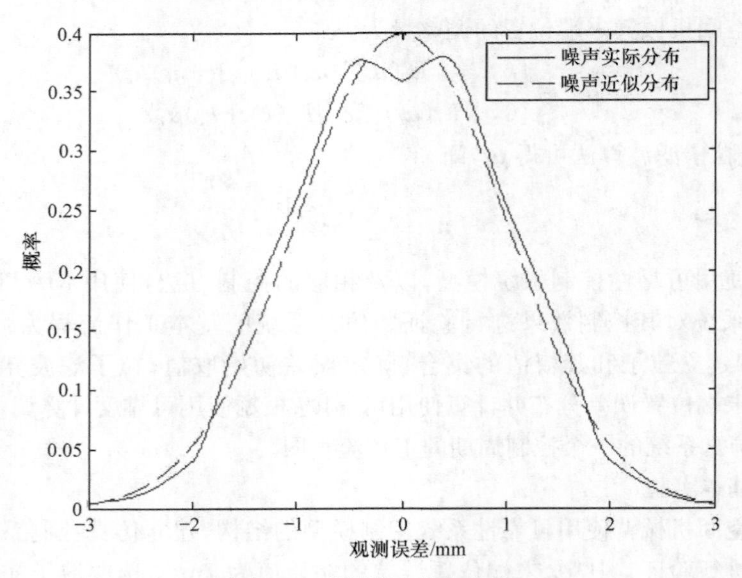

图 1-8　观测噪声分布曲线

使用仿真系统进行单次实验，任务执行误差如图 1-9 所示。从图中可以看出，空间机械臂的末端位置误差的观测值由于存在噪声，存在较大波动；实际末端位置误差在控制过程中逐渐趋近于 0 且没有波动；末端位置误差的预测值相对观测值比较平稳且逐渐接近真实值。图 1-10 为任务过程中空间机械臂使用可靠度变化曲线,可以看出,空间机械臂的使用可靠度在控制过程中不断提高且逐渐收敛于 1。

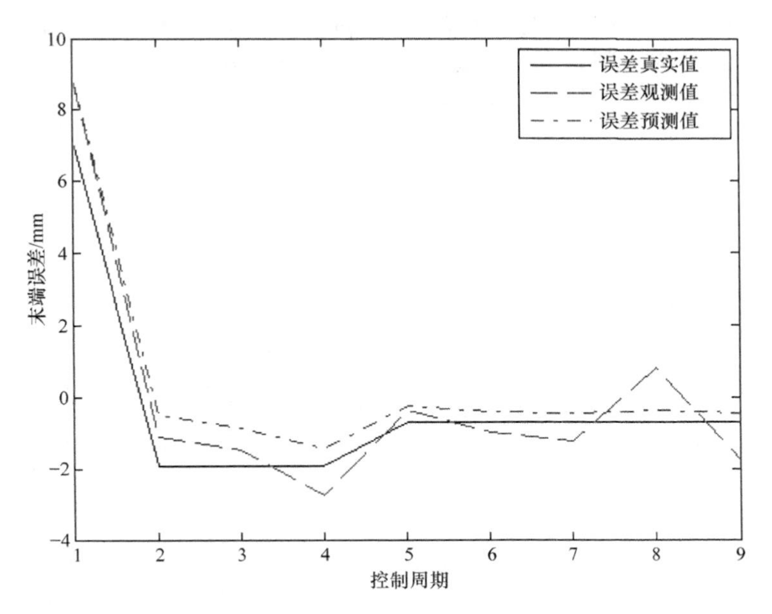

图 1-9　基于粒子滤波的空间机械臂实时可靠性评价单次实验误差曲线

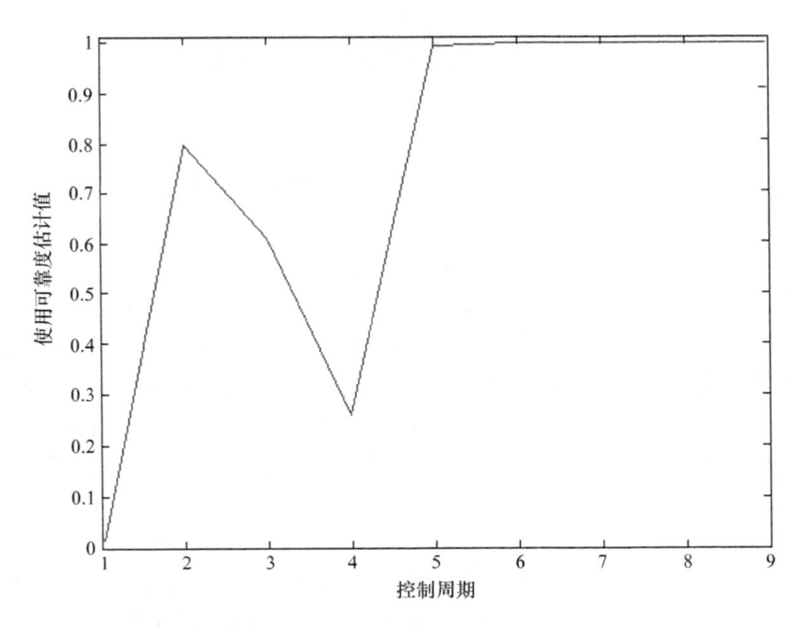

图 1-10　基于粒子滤波的空间机械臂实时可靠性评价单次实验可靠度曲线

对上述实验进行 1000 次仿真，得到的实验结果如图 1-11 所示。图中的横坐标轴是精度值，纵坐标轴是执行结果的精度落在横坐标轴对应精度的次数，规定执行结果的精度位于±1mm 范围内，即一次控制任务空间机械臂的末端位置误差最终值在±1mm范围内则认定任务成功，得到的任务成功率为 87%。

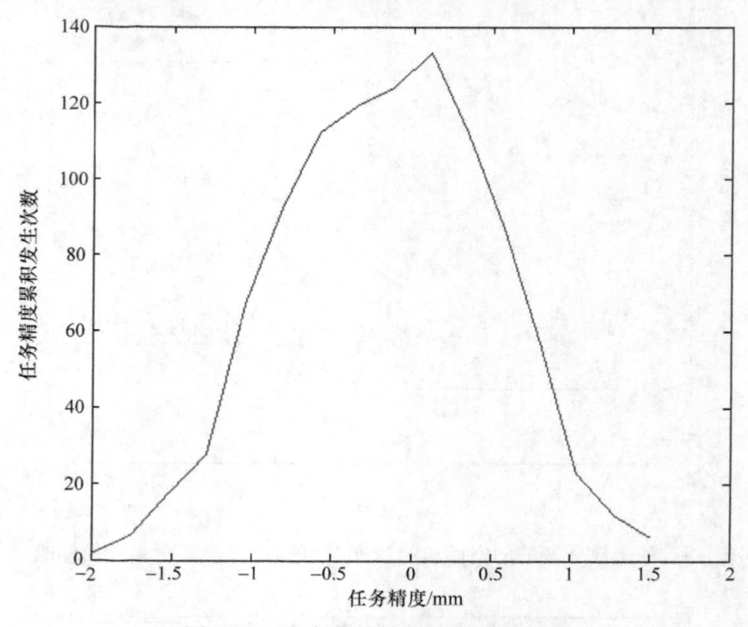

图 1-11　多次实验结果精度分布曲线

(2) 对比实验

① 传统反馈控制方法仿真实验。

传统反馈控制方法不计算使用可靠度，直接根据末端位置误差的观测值进行调整，即

$$\boldsymbol{x}_i = -\boldsymbol{y}_i$$

分别进行单次和多次实验，得到实验结果如图 1-12 和图 1-13 所示。

由图 1-12 所示的单次实验结果可以看出，在不对末端误差进行估计及计算使用可靠度的情况下，空间机械臂的末端实际误差虽然会逐渐减小，但不会收敛，而是在 0 附近波动。图 1-13 为 1000 次实验的结果精度分布曲线，由曲线计算出传统控制方法任务的成功率为 60%。相比之下，本节提出方法的控制效果优于传统控制方法。

② 贝叶斯估计法仿真实验。

贝叶斯估计理论也是基于概率分布的估计方法，其基本原理是，将未知参数 x 作为一个随机变量，并引入它的先验分布 $p(x)$，然后根据量测数据及贝叶斯定理对 $p(x)$进行修正，从而获得参数 x 的后验概率密度函数。使用贝叶斯法对空间机

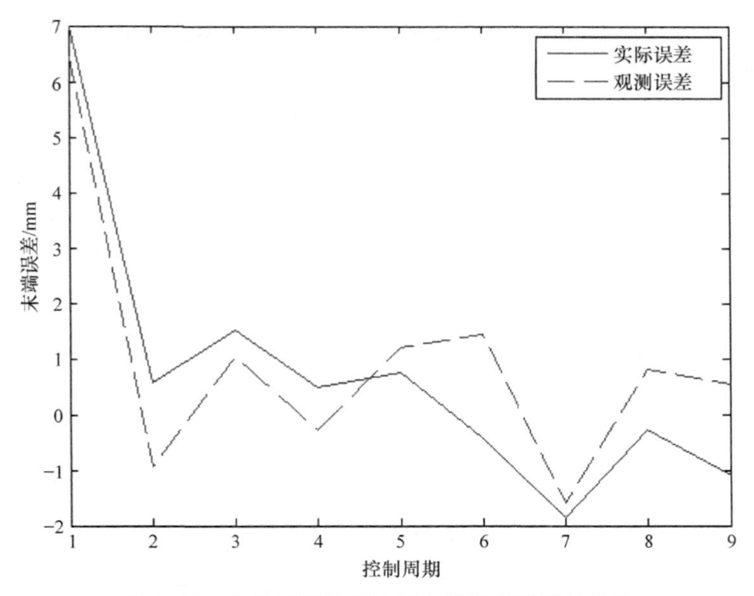

图 1-12　传统反馈控制法单次结果实验误差曲线

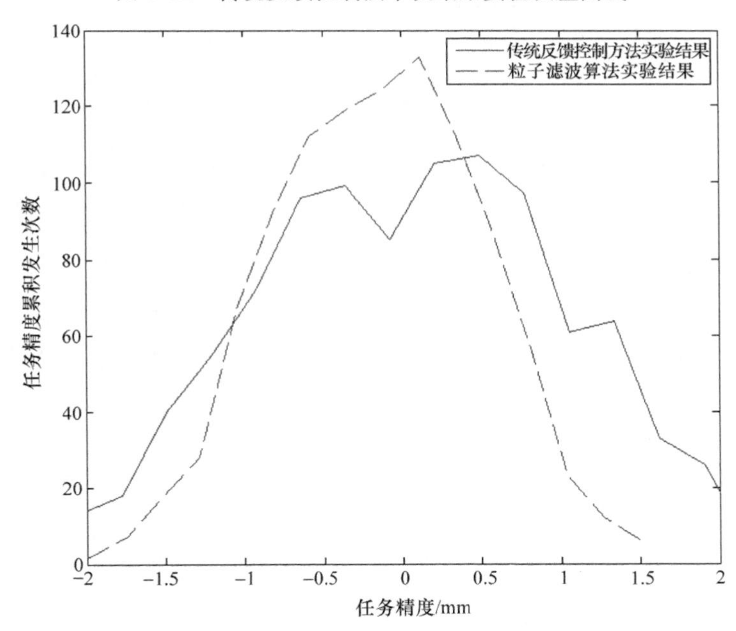

图 1-13　传统反馈控制法多次实验结果精度分布曲线

械臂末端位置误差分布进行估计时，需要对本节使用的噪声分布进行近似处理。近似后的噪声分布曲线为如图 1-13 虚线所示的正态分布曲线，其期望为 0，方差为 1。

依据以上方法进行仿真实验，得到的单次实验和多次实验结果如图 1-14～图 1-16 所示。

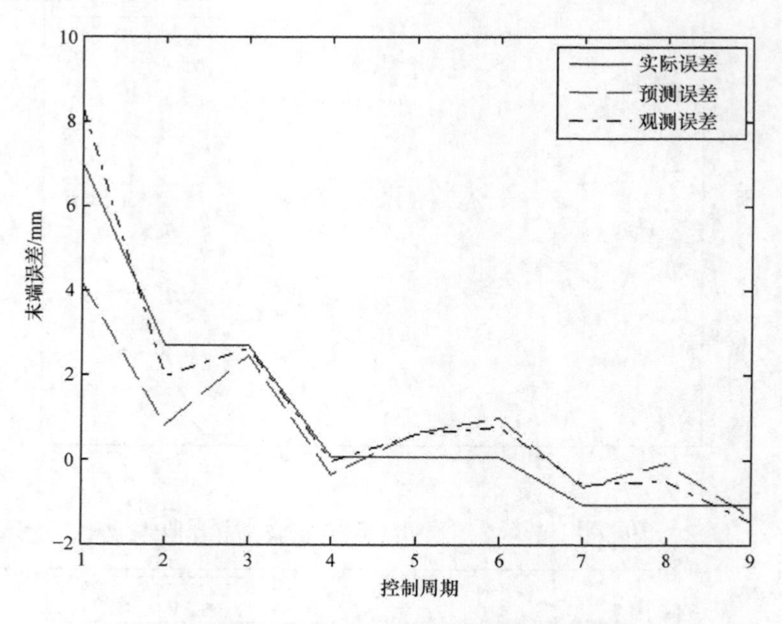

图 1-14　贝叶斯估计算法单次实验结果误差曲线

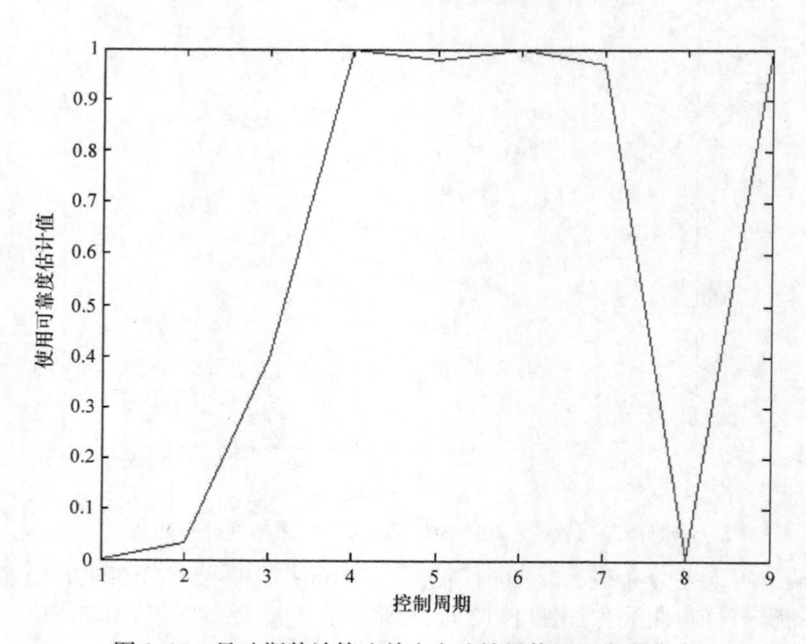

图 1-15　贝叶斯估计算法单次实验结果使用可靠度曲线

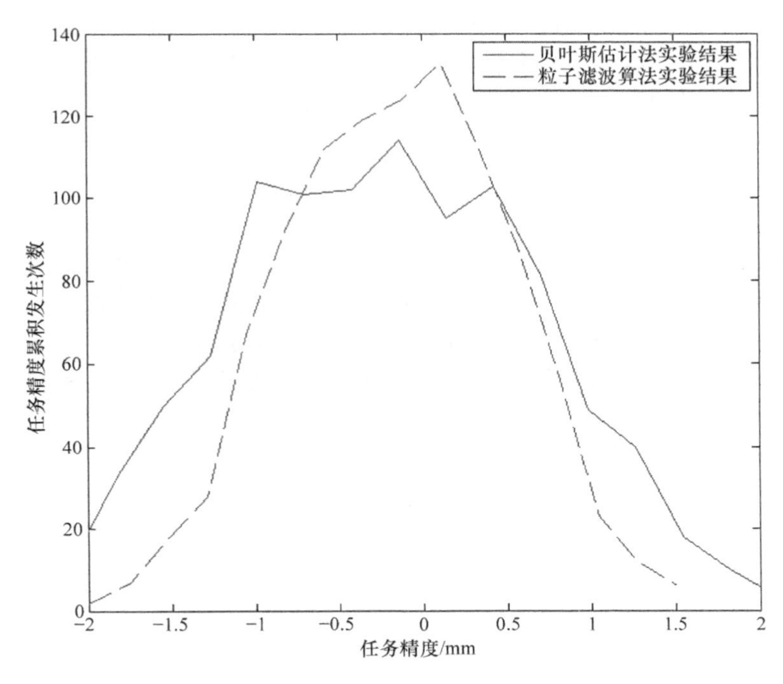

图 1-16　贝叶斯估计算法多次实验结果精度分布曲线

从单次仿真结果可以看出，控制过程中空间机械臂末端误差的实际值稳定减小且没有波动，误差的预测值也逐渐收敛于实际值，但是末端误差收敛于－1mm 附近，与理想情况的 0 附近有一定的误差。另外，从使用可靠度曲线可以看出，贝叶斯估计的使用可靠度虽然逐渐提高，但过程中有较大波动，而且由于估计存在误差，其计算的使用可靠度也不一定准确。

进行 1000 次任务实验，得到贝叶斯估计法得到的任务成功率为 66％。对比粒子滤波算法，粒子滤波算法的任务成功率和总损失都优于贝叶斯估计方法，因此在观测误差非标准分布的情况下，基于粒子滤波的方法相对贝叶斯估计法性能更加优越，能够更有效地提高机械臂使用可靠性。

1.4.3　小结

针对现有空间机械臂控制方法没有考虑使用可靠性因素，导致空间机械臂在服役期间不能持续可靠地完成任务，提出一种基于使用可靠度的使用可靠性系统控制模型，在执行规定任务的同时考虑控制系统的使用可靠性，通过一个反馈通道对系统的使用可靠度进行闭环控制。在此基础上分别提出一种基于贝叶斯估计和基于粒子滤波计算实时可靠度的使用可靠性控制方法，以及一种实时使用可靠性不满足任务需要时的控制变量调整策略。

通过仿真实验发现经所述控制方法改进后,影响机械臂执行任务结果的指标波动明显减小,可以有效地提高执行任务的成功率。因此,使用可靠性系统控制方法对机械臂进行控制可以使机械臂更可靠地执行规定的任务。

1.5 本章小结

本章系统地介绍了空间机械臂使用可靠性系统的概念和内涵,研究其执行任务过程并提出将任务分为任务规划、路径规划和运动控制三个层次。针对现有空间机械臂控制方法没有考虑使用可靠性因素的问题,分别提出一种基于贝叶斯估计和基于粒子滤波计算实时可靠度的使用可靠性控制方法,以及一种控制变量调整策略。通过仿真实验验证了采用使用可靠性控制方法进行机械臂控制可以提高系统的使用可靠性,使机械臂执行任务更为可靠。

第2章 空间机械臂使用可靠性系统控制模型

2.1 引 言

实现航天机构高可靠、长寿命在轨服役是顺利完成我国载人航天、深空探测等国家重大专项任务的基础，也是世界航天技术的主要难点之一[1]。航天机构系统可靠性的提升应从固有可靠性和使用可靠性两个方面着手，尤其是使用可靠性的保持与维护问题应该引起足够的重视。

在航天机构控制过程中，其控制变量和所需考虑因素众多，而现有的控制模型大多只关注与任务执行效果相关的影响因素，很少考虑与航天机构寿命相关的使用可靠性影响因素，且目前还没有一种从系统层面同时考虑任务执行效果相关影响因素和寿命相关使用可靠性影响因素的控制方法，导致航天机构服役周期受使用可靠性相关因素影响而缩短。因此，有必要研究一种面向航天机构的使用可靠性系统控制方法，在综合考虑航天机构在轨服役期间影响其任务执行效果和导致机构性能衰减等诸多因素的基础上，梳理使用可靠性影响因素与控制变量的映射关系，构建航天机构使用可靠性系统控制模型，通过对控制变量的主动调控实现空间机构正常状态执行任务代价最小化、非正常状态完成任务概率最大化及服役期内机构性能衰减的最小化，最终形成一套航天机构使用可靠性系统控制技术体系和理论方法，为达到空间机构在轨服役期间的长寿命、高可靠要求提供基础理论保证和有效实施手段。

根据以上研究思路，开展航天机构使用可靠性系统控制模型研究。以空间机械臂这种典型航天机构作为研究对象，在梳理使用可靠性影响因素和控制变量映射关系的基础上，提出一种引入使用可靠性影响因素的分层系统控制模型，将控制过程分为任务规划、路径规划和运动控制三个层次；构建多约束条件下航天机构多准则任务规划模型、考虑柔性影响的航天机构路径规划模型及时变动态约束下的航天机构运动控制模型，令使用可靠性影响因素以优化目标和优化准则的形式影响和调整任务规划、路径规划和运动控制三个控制层次，每个控制层次采用不同的策略进行调整或修正。在任务规划层、路径规划层中通过改变控制变量约束条件和优化准则的形式调整规划方案。在运动控制层中，通过修正控制器参数以提高性能。

同时,通过异常诊断模块对来自传感器等监测模块的数据进行分析,建立以关节位置信息、关节力矩信息、关节速度信息三大控制变量为故障预测指标的预测体系,判断是否出现故障和故障来源,实现在轨故障的准确判别。引入使用可靠性概念,以故障后任务完成概率最大化和任务可完成时完成效果最优化为目标,建立空间机械臂容错控制策略,最终形成包含故障预测、故障分析、任务评估及容错策略在内的故障自处理策略。若故障源功能失效,则进行故障自处理,包括对机械臂进行控制模型的在线调整重构和参数突变抑制调整。当机械臂进行模型重构与在线调整后,重新判断任务阶段划分是否可行,若不可行,更新任务约束和优化准则并重新规划任务。

2.2　使用可靠性多约束多变量综合优化模型

根据使用可靠性理论梳理空间机械臂系统使用可靠性影响因素,将其划分为任务相关因素和任务执行代价相关因素等若干类,而系统使用可靠性高的必要不充分条件是任务执行质量高且任务执行代价低。

对于任务相关因素,根据空间机械臂在轨任务需求,将其典型在轨操作任务分为空载转移、捕获、搬运、装配四种;然后针对每种典型在轨操作任务,分析影响任务可完成性及完成效果的主要因素(如末端定位和定姿精度等)作为任务相关因素。

对于任务执行代价相关因素,首先根据空间机械臂工作特点及工程经验对任务执行代价进行分类,如磨损、电子元件性能衰减与失效、机构形变等;然后在此基础上分别分析每种执行代价影响因素,如负载、速度、温度对磨损的影响,功耗、温度、使用频率对电子元件性能衰减的影响,碰撞、过载对机构形变的影响等因素。

综合以上分析,最终确定使用可靠性影响因素。基于此,分别建立每种因素的数学模型,确定模型参数的种类,将模型参数划分为可控变量和不可控变量。根据每种因素的数学模型和划分的控制变量建立使用可靠性影响因素与控制变量的映射关系。

基于以上分析,构建以提高使用可靠性为目标的多约束多变量综合优化模型,如图 2-1 所示。根据上述优化模型,在空间机械臂的控制过程中采用调整控制变量的手段提高系统的使用可靠性,进而提高任务执行的成功率并延长设备使用寿命。

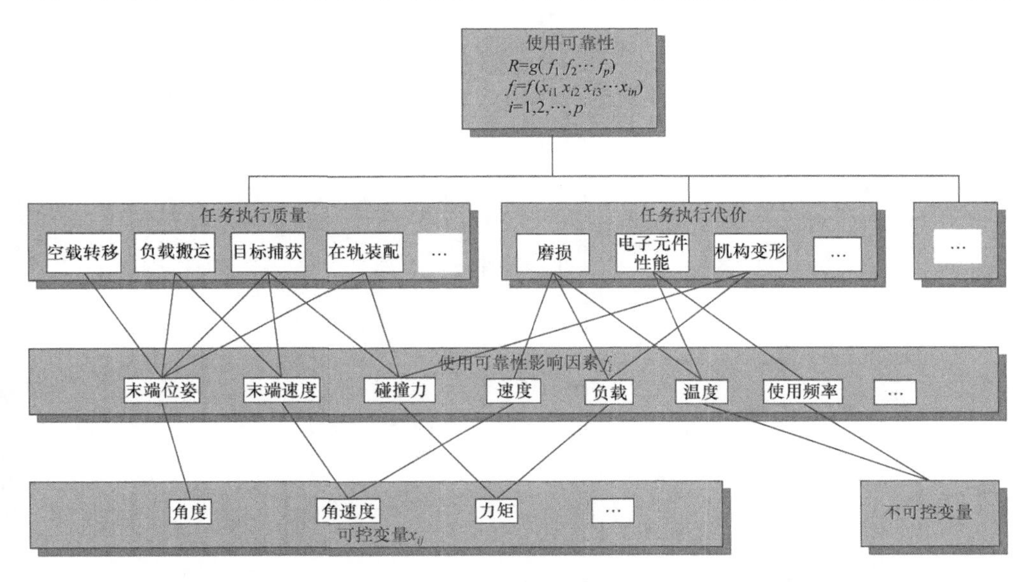

图 2-1　多约束多变量综合优化模型

2.3　使用可靠性系统控制模型

如图 2-2 所示，构建一种引入使用可靠性影响因素的分层系统控制模型。使用任务规划、路径规划和运动控制三个控制层次完成机械臂的基本控制，使用可靠性影响因素以优化目标和优化准则的形式影响和调整三个控制层次，每个控制层次采用不同的策略进行调整或修正，延缓服役期内航天机构性能衰减；当系统发生故障时，使用故障自处理模块对系统状态进行评估，当故障部分分别处于性能衰减或功能失效两种状态时，分别使用噪声抑制方法或模型重构方法调整控制系统。

(1) 三层控制结构

将空间机械臂控制分为任务规划、路径规划和运动控制三个层次。空间机械臂控制的输入为指定任务，任务规划模块将任务进行拆分，划分任务中间点。路径规划模块根据任务规划得到的中间点，规划每两个相邻中间点的路径，并在时域内离散化为关节角序列。运动控制模块根据路径规划得到的关节角序列，控制电机使得关节运动至目标角度。

(2) 引入使用可靠性影响因素的控制层次调整

根据多约束多变量综合优化模型中机械臂各使用可靠性影响因素与控制变量的映射关系，选取任务执行质量高且任务执行代价低下的使用可靠性影响因素，通过映射关系得到相应控制变量的约束范围。以此约束作为任务规划、路径规划的约束条件，以优化目标、优化准则的形式影响和调整三个控制层次，每个控制层次

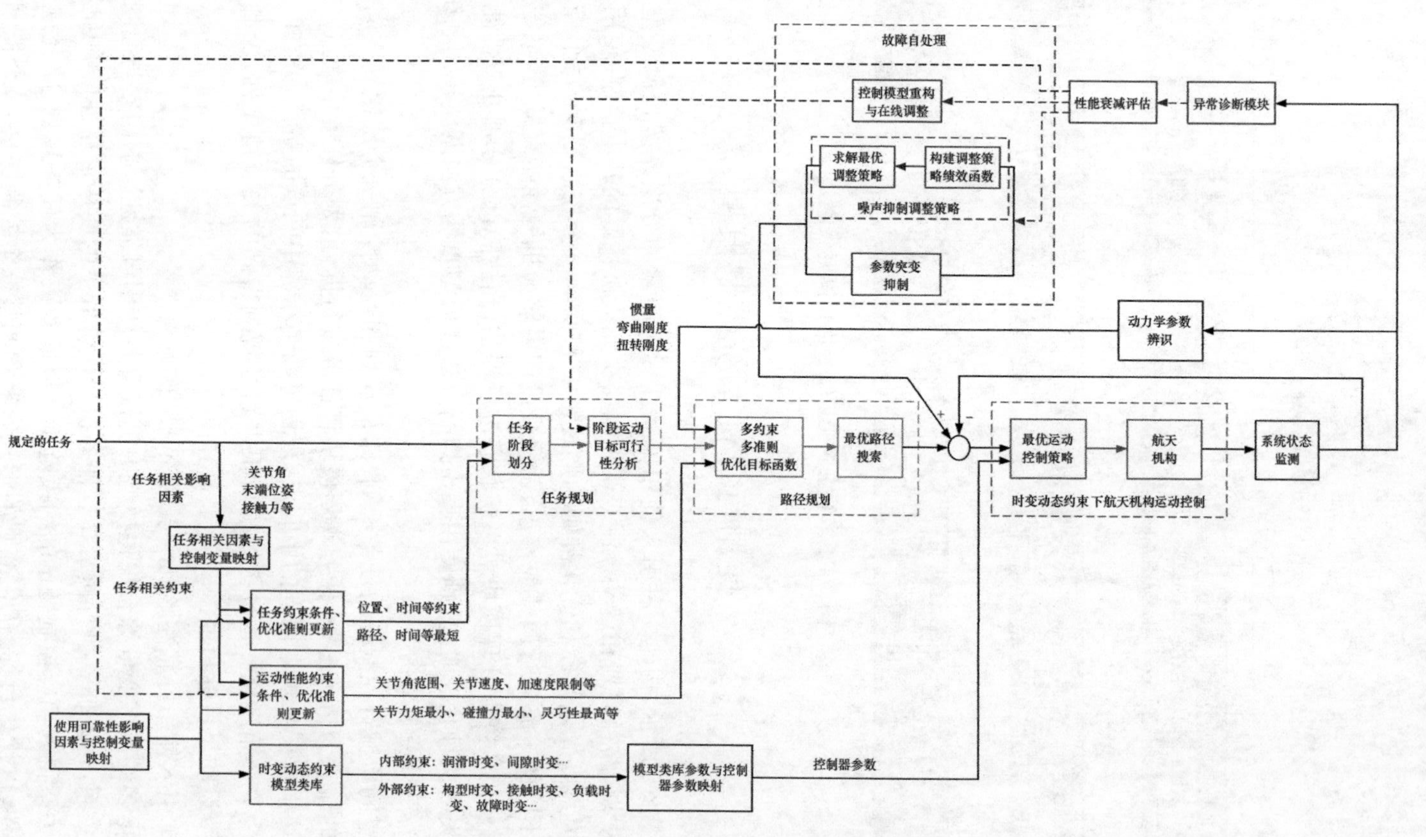

图 2-2　空间机械臂使用可靠性系统控制模型

采用不同的策略进行调整或修正。任务规划层、路径规划层通过改变控制变量约束条件和优化准则对规划方案进行调整。运动控制层通过修正控制器参数来提高性能。

(3) 故障自处理

通过异常诊断模块对来自传感器等监测模块的数据进行分析,针对故障种类复杂繁多的特点,基于空间机械臂在轨故障树,利用使用可靠性影响因素分析,建立以关节位置信息、关节力矩信息、关节速度信息三大控制变量为故障预测指标的预测体系,开展空间机械臂关节故障预测研究,实现在轨故障的准确判别。

针对故障类型,对机械臂的操作能力和运动灵巧性进行分析,并在此基础上实现对空间机械臂在轨任务的可完成性评估。引入使用可靠性概念,以故障后任务完成概率最大化和任务可完成时完成效果最优化为目标,建立空间机械臂容错控制策略,最终形成包含故障预测、故障分析、任务评估及容错策略在内的故障自处理策略。

若故障源功能失效,则进行故障自处理,包括对机械臂进行控制模型的在线调整重构和参数突变抑制调整。机械臂的模型重构主要包括运动学模型和动力学模型重构。在线调整既包含控制模型的调整,也包含运行参数的调整。对控制模型的调整包括约束条件的调整、控制目标的调整、参数数学关系的重新梳理和数学模型的重新解算。针对运动参数的调整,主要包含由于关节故障或者模型重构导致的运行参数突变的调整,通过引入补偿项,实现空间机械臂运行参数在模型重构和调整过程中的平滑过渡。

2.4　空间机械臂运动平稳性优化方法

以机械臂执行空载转移任务为例,在保证末端精度的前提下,应当从提升使用可靠性的角度出发,尽量减小使用不当给机械臂带来的损耗,延缓其部件性能衰减。在这一过程中,机械臂的使用可靠性影响因素可以由轴承间隙、齿轮位置误差、轴承运动误差等影响因素来表征。同时,这些影响因素的衰减和退化可以由中间响应层因素间接反映,而中间响应层因素又可通过对控制变量层的变量进行主动控制加以影响。因此,通过对控制变量层的关节力矩、关节角速度、角加速度等施加新的约束,进行主动调控以达到提高机械臂使用可靠性的目的。

根据以上分析,机械臂在执行空载转移任务时使用可靠性影响因素与控制变量间的映射关系如图 2-3 所示。

进一步来讲,中间响应层因素与控制变量间的关系可以由以下公式给出。

机械臂系统能耗 f 的数学表达式为

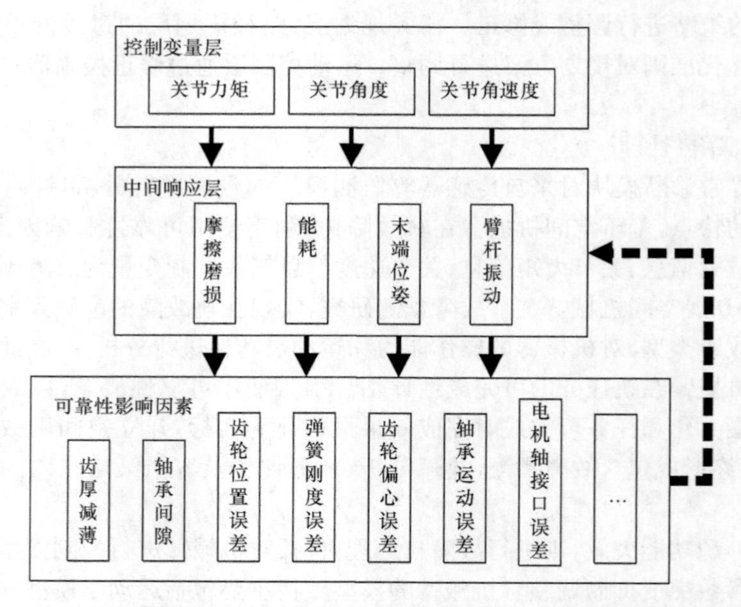

图 2-3 空载转移任务过程中使用可靠性影响因素与控制变量间映射关系图

$$f=\sum_{i=1}^{n}\int_{t_0}^{t_f}[\dot{\boldsymbol{q}}_i(t)\boldsymbol{\tau}_i(t)]^2\mathrm{d}t \tag{2-1}$$

其中，$\dot{\boldsymbol{q}}_i(t)$为机械臂第 i 个关节的关节角速度；$\boldsymbol{\tau}_i(t)$为第 i 个关节的关节驱动力矩；t_0 为任务起始时间；t_f 为任务终止时间。

摩擦磨损与可控变量之间的关系为

$$\mu\dot{\boldsymbol{q}}=\boldsymbol{J}\ddot{\boldsymbol{q}}-mgl\cos\boldsymbol{q} \tag{2-2}$$

其中，μ 为摩擦系数；$\boldsymbol{J}\ddot{\boldsymbol{q}}$ 为关节输出力矩；$mgl\cos\boldsymbol{q}$ 为机械臂重力力矩。

由以上分析并结合相关资料调研结果可知，对于机电产品，柔和、平缓的使用和操作，无论对延缓机械结构的损耗，还是延长电气单元的使用寿命都能起到积极影响，对机械臂平稳性进行优化则可提高任务完成质量、降低其使用代价，从而使机械臂的使用可靠性得到有效保持[2]。速度、加速度，以及关节力矩这些可控变量则是机械臂的运动平稳性在控制变量层上的映射。关节力矩大小直接反映机械臂在整个任务过程中的能耗，并且可以作为机械臂关节机构摩擦磨损的衡量指标。过大的能耗或剧烈的摩擦磨损会使机械臂轴承的间隙变大，齿厚减薄的速率加快[3]。关节最大驱动力矩与关节机构的摩擦磨损直接相关，瞬时的驱动力矩过大带来的摩擦磨损会加大电机轴接口误差，带来关节力矩超限等问题，并影响机械臂末端的负载能力。

从机械臂长期在轨工作情况来看，当速度和加速度数值较平稳、波动较小，跃度(加速度的导数)数值水平较低，关节力矩分配比较均匀时，能使机械臂关节输出力矩变化趋缓，减小机械臂臂杆振动的范围，从而降低臂杆振动带来的关节磨损，可以在一定程度上提高机械臂的运动平稳性，相应地提高机械臂的使用可靠性。

因此，在保证空载转移任务完成的前提下，从提高空间机械臂使用可靠性的角度出发，本节考虑以机械臂关节力矩的均值和最小、关节最大驱动力矩最小及关节跃度最小作为优化准则，将其作为新的约束条件引入使用可靠性系统控制模型的路径规划层。基于 NSGA-II 算法进行优化，并据此做出相应调整，以期达到降低空间机械臂任务执行代价、延缓其性能衰减的目标，提高机械臂的使用可靠性。

1. *动力学模型的建立*

本节采用的动力学基本方程就是基于如图 2-4 所示的模型建立的。机械臂由 n 个机械臂关节和连杆组成，为了满足基于空间算子代数的递推关系，定义机械臂杆件编号从末端到底座依次为 0 到 n，并规定由机械臂末端向机械臂底座递推计算为向内递推，主要包括力和力矩的递推；从底座到机械臂末端为向外递推，主要包括速度和加速度的递推。当机械臂带有基座时，可将基座视为第 $n+1$ 个连杆。

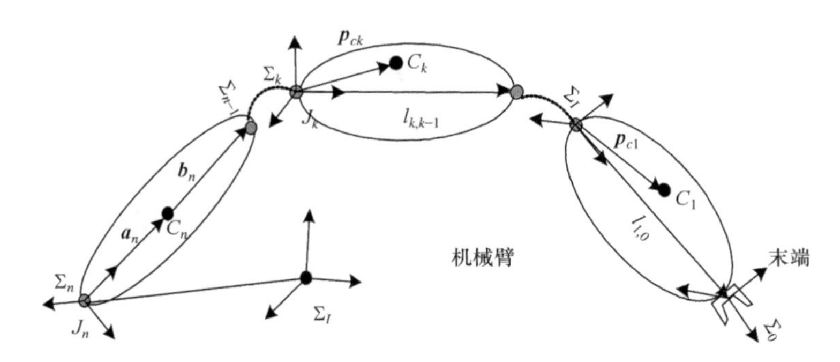

图 2-4　基于空间算子描述的多自由度空间机械臂模型

由图 2-4 可以得到本节依据的空间机械臂系统的各符号表示，Σ_I 为惯性坐标系，机械臂所有递推运算均是相对于惯性坐标系进行的；Σ_k 为第 k 杆坐标系，定义在关节处；J_k 为关节 k；J_n 为机械臂底座；J_0 为机械臂末端与外界相连处；C_k 为第 k 杆质心位置；$\boldsymbol{a}_k$ 为关节 J_k 到 k 杆质心 C_k 的向量；$\boldsymbol{b}_k$ 为 k 杆质心 C_k 到关节 J_{k+1} 的向量；$\boldsymbol{P}_k$ 为惯性系原点到关节 k 的向量；m_k 为第 k 杆质量；$\boldsymbol{P}_{ck}$ 为点 J_k 到 C_k 的向量。

各关节力矩可以基于空间算子描述的机械臂逆动力学递推计算得出，递推计算流程如图 2-5 所示，即

$$\boldsymbol{T}=\boldsymbol{M}_G\ddot{\boldsymbol{q}}+\boldsymbol{C} \tag{2-3}$$

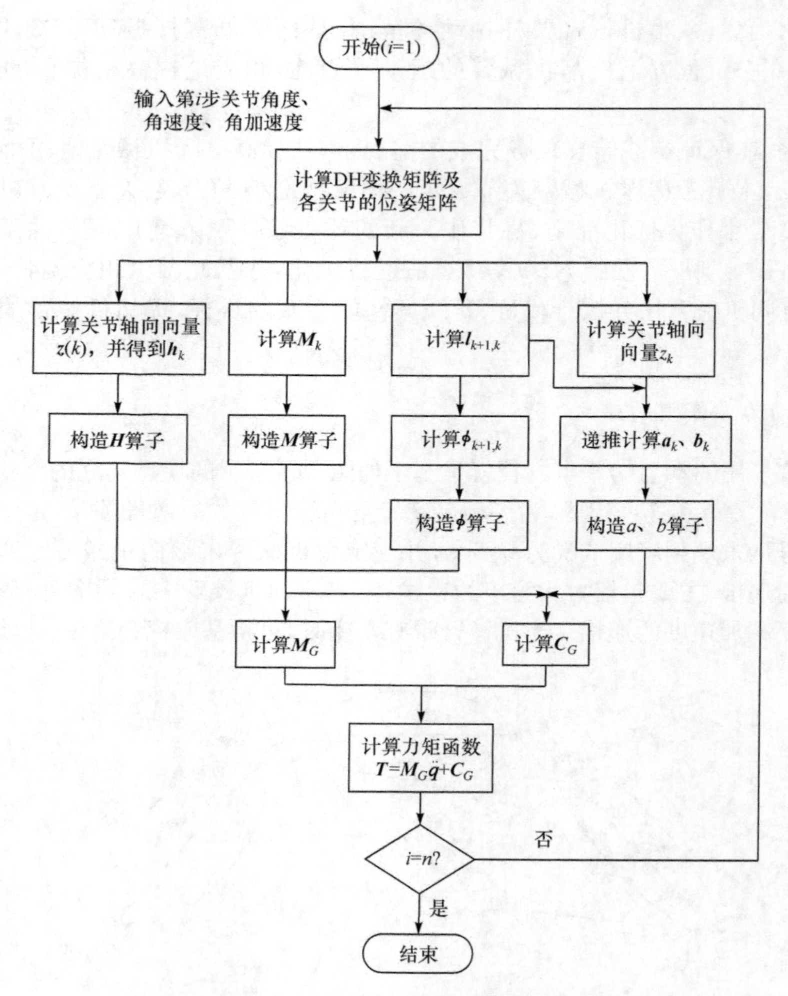

图 2-5 基于空间算子代数的逆动力学计算流程图

其中，$\boldsymbol{M}_G=\boldsymbol{HfMf}^{\mathrm{T}}\boldsymbol{H}^{\mathrm{T}}$，表示机械臂的广义质量矩阵；$\boldsymbol{C}=\boldsymbol{Hf}(\boldsymbol{Mf}^{\mathrm{T}}\boldsymbol{a}+\boldsymbol{b})$，表示机械臂的非线性力矩阵；$\boldsymbol{a}$、$\boldsymbol{b}$、$\boldsymbol{f}$ 和 $\boldsymbol{T}$ 分别为机械臂的科氏力算子、离心力算子、力算子和力矩算子；$\boldsymbol{M}$ 是机械臂质量矩阵算子；$\boldsymbol{H}$ 是状态投影矩阵算子。

2. 优化问题的描述

(1) 对机械臂关节变量进行参数化处理

本节利用正弦七次多项式插值方法对各个关节进行插值遍历，根据空间机械臂轨迹连续、速度连续等要求，基于多项式插值法得出空间机械臂关节角表达式，再利用机械臂执行点到点的转移任务时初始、终止状态的关节角度、角速度、角加速度约束条件将多项式系数用其中的某几个系数表示。这些系数可以作为优化算法的决策变量对目标问题进行求解。

使用正弦七次多项式插值法获得的空间机械臂关节角的表达式为

$$\begin{aligned}\theta_i(t) &= c_{i1}\sin\Big(\sum_{j=0}^{7} a_{ij}t^j\Big)+c_{i2}\\ &= c_{i1}\sin(a_{i7}t^7+a_{i6}t^6+a_{i5}t^5+a_{i4}t^4+a_{i3}t^3+a_{i2}t^2+a_{i1}t+a_{i0})+c_{i2}\end{aligned} \tag{2-4}$$

其中，$q_i(t)$表示第 i 个关节的关节角，$i=1,2,\cdots,n$；$a_{i0},a_{i1},\cdots,a_{i7}$为七次多项式系数；$c_{i1}=(\theta_{i\_\max}-\theta_{i\_\min})/2$；$c_{i2}=(\theta_{i\_\max}+\theta_{i\_\min})/2$，$\theta_{i_\max}$和$\theta_{i_\min}$分别为机械臂在满足任务要求条件下第 i 个关节角的最大值和最小值。

(2) 优化控制参数的选定

利用机械臂执行点到点转移任务时的初始、终止关节角度、角速度、角加速度约束条件建立关节角约束方程为

$$\begin{aligned}&\boldsymbol{q}_{\text{ini}}=\boldsymbol{\theta}_{\text{ini}}\\ &\boldsymbol{q}_{\text{des}}=\boldsymbol{\theta}_{\text{des}}\\ &\dot{\boldsymbol{q}}_{\text{ini}}=\ddot{\boldsymbol{q}}_{\text{ini}}=\boldsymbol{0}\\ &\dot{\boldsymbol{q}}_{\text{des}}=\ddot{\boldsymbol{q}}_{\text{des}}=\boldsymbol{0}\end{aligned} \tag{2-5}$$

其中，$\boldsymbol{q}_{\text{ini}}$、$\dot{\boldsymbol{q}}_{\text{ini}}$和$\ddot{\boldsymbol{q}}_{\text{ini}}$分别为空间机械臂初始关节角度、角速度和角加速度；$\boldsymbol{q}_{\text{des}}$、$\dot{\boldsymbol{q}}_{\text{des}}$和$\ddot{\boldsymbol{q}}_{\text{des}}$分别为空间机械臂终止关节角度、角速度和角加速度；$\boldsymbol{\theta}_{\text{ini}}$和$\boldsymbol{\theta}_{\text{des}}$是任务给定的初始和终止的关节角度。

将 a_{i6}和 a_{i7}选为优化算法的决策变量，对机械臂关节角进行正弦七次多项式插值，得到的多项式系数均可以通过 a_{i6}和 a_{i7}两个未知参数表示，即

$$\begin{aligned}&a_{i0}=\arcsin\Big(\frac{\theta_{i\text{-ini}}-c_{i2}}{c_1}\Big)\\ &a_{i1}=a_{i2}=0\\ &a_{i3}=\frac{10\Big[\arcsin\Big(\frac{\theta_{i\text{-des}}-c_{i2}}{c_{i1}}\Big)-\arcsin\Big(\frac{\theta_{i\text{-ini}}-c_{i2}}{c_{i1}}\Big)\Big]-a_{i6}t^6-3a_{i7}t^7}{t^3}\\ &a_{i4}=\frac{-15\Big[\arcsin\Big(\frac{\theta_{i\text{-des}}-c_{i2}}{c_{i1}}\Big)-\arcsin\Big(\frac{\theta_{i\text{-ini}}-c_{i2}}{c_{i1}}\Big)\Big]+3a_{i6}t^6+8a_{i7}t^7}{t^4}\\ &a_{i5}=\frac{6\Big[\arcsin\Big(\frac{\theta_{i\text{-des}}-c_{i2}}{c_{i1}}\Big)-\arcsin\Big(\frac{\theta_{i\text{-ini}}-c_{i2}}{c_{i1}}\Big)\Big]-3a_{i6}t^6-6a_{i7}t^7}{t^5}\end{aligned} \tag{2-6}$$

其中，t_f 为规划时间。

参数序列可以表示为 $\boldsymbol{a}=[a_{16},a_{17},a_{26},\cdots,a_{76},a_{77}]$。

(3) 优化问题描述

考虑机械臂，将其各关节力矩均值和、最大关节力矩，以及各关节跃度的均值和作为优化目标，即

$$\begin{cases} \min f_1(x),f_2(x),f_3(x) \\ \text{s. t.} \quad x=a_{i6},a_{i7},i=1,2,\cdots,7 \\ |q_i(t)|\leqslant q_{i\text{-max}} \\ |\dot{q}_i(t)|\leqslant \dot{q}_{i\text{-max}} \\ |\ddot{q}_i(t)|\leqslant \ddot{q}_{i\text{-max}} \\ |\tau_i(t)|\leqslant \tau_{i\text{-max}} \end{cases} \tag{2-7}$$

其中，关节力矩均值和 Z 记为 $f_1(x)$；力矩最大值 $T_{\max}$ 记为 $f_2(x)$；关节跃度均值和 $\dddot{q}_z(t)$ 记为 $f_3(x)$；$q_i(t)$、$\dot{q}_i(t)$ 和 $\ddot{q}_i(t)$ 分别为第 i 个关节的关节角度、角速度和角加速度；$\tau_i(t)$ 为当前运行路径下机械臂第 i 个关节所需要的驱动力矩；$q_{i\text{-max}}$、$\dot{q}_{i\text{-max}}$ 和 $\ddot{q}_{i\text{-max}}$ 分别为第 i 个关节的关节角度、角速度和角加速度的给定约束；$\tau_{i\text{-max}}$ 为机械臂第 i 个关节的关节力矩的给定约束。

关节力矩均值计算公式为

$$Z=\sum_{i=1}^{n}\bar{\tau}_i \tag{2-8}$$

其中，$i=1,2,\cdots,n$ 表示机械臂的第 i 个关节；Z 为机械臂在任务执行过程中所有关节力矩的均值和；$\bar{\tau}_i$ 为机械臂的第 i 个关节在任务执行过程中力矩的均值。

机械臂第 i 个关节力矩的均值 $\bar{\tau}_i$ 为

$$\bar{\tau}_i=\frac{\int_0^{t_f}|\boldsymbol{\tau}_i|\,\mathrm{d}t}{t_f} \tag{2-9}$$

其中，$\boldsymbol{\tau}_i$ 为空间机械臂的关节力矩矢量 $\boldsymbol{\tau}=(\boldsymbol{\tau}_1,\boldsymbol{\tau}_2,\cdots,\boldsymbol{\tau}_n)^{\mathrm{T}}$ 中的第 i 个分量；t_f 为规划时间。

关节力矩矢量 τ 可由空间机械臂在关节空间的动力学基本方程求得，所述空间机械臂在关节空间的动力学基本方程为

$$\boldsymbol{D}(\boldsymbol{q})\ddot{\boldsymbol{q}}+\boldsymbol{H}(\boldsymbol{q},\dot{\boldsymbol{q}})+\boldsymbol{G}(\boldsymbol{q})=\boldsymbol{\tau} \tag{2-10}$$

其中，$\boldsymbol{q}\in\mathbf{R}^{n\times 1}$ 表示关节角序列，为 n 维列向量；$\boldsymbol{D}(\boldsymbol{q})\in\mathbf{R}^{n\times n}$ 为其关节空间中惯性矩阵；$\boldsymbol{H}(\boldsymbol{q},\dot{\boldsymbol{q}})\in\mathbf{R}^{n\times 1}$ 为其哥氏力和离心力矢量矩阵；$\boldsymbol{G}(\boldsymbol{q})\in\mathbf{R}^{n\times 1}$ 为其重力项。

任务执行过程中机械臂关节驱动力矩的最大值 $T_{\max}$ 表达式为

$$T_{\max}=\mathrm{Max}(\tau_i) \tag{2-11}$$

机械臂第 i 个关节的跃度表达式可以由机械臂关节角加速度的表达式求导得

到，即

$$\dddot{q}_i(t)=-c_{i1}\sin\left(\sum_{j=0}^{7}a_{ij}t^j\right)\cdot\left(\sum_{j=1}^{7}ja_{ij}t^{j-1}\right)^3-3c_{i1}\sin\left(\sum_{j=0}^{7}a_{ij}t^j\right)$$
$$\cdot\left(\sum_{j=1}^{7}ja_{ij}t^{j-1}\right)\cdot\left(\sum_{j=2}^{7}j(j-1)a_{ij}t^{j-2}\right)$$
$$+c_{i1}\cos\left(\sum_{j=0}^{7}a_{ij}t^j\right)\left(\sum_{j=3}^{7}j(j-1)(j-2)a_{ij}t^{j-3}\right) \tag{2-12}$$

跃度的均值和定义为

$$\dddot{q}_z(t)=\sum_{i=1}^{7}\frac{1}{t_f}\int_0^{t_f}|\dddot{q}_i(t)|\,\mathrm{d}t \tag{2-13}$$

其中，$\dddot{q}_i(t)$表示第 i 个关节的跃度。

3. 利用 NSGA-II 进行优化求解

本节选用 NSGA-II 算法[4]对空间机械臂运行轨迹进行优化求解，获得 Pareto 非支配解集。从该 Pareto 非支配解集中按一定原则选取解，该解所描述的运行轨迹能使机械臂关节力矩均值和、最大关节力矩和关节跃度均值和同时得到优化。

利用所述 NSGA-II 算法进行多目标优化的具体步骤如下。

① 初始化 NSGA-II 算法所需参数，种群个体数量 NIND、变异算子大小 Pm、选择算子大小 Pc、交叉算子大小 GGAP，最大迭代次数 Gen，并随机生成 NIND 个个体。

② 选定多项式系数序列 $\boldsymbol{a}=[a_{16},a_{17},a_{26},\cdots,a_{76},a_{77}]$作为决策变量，并且对该序列进行编码，作为种群中的一个个体，序列中每个系数编码的长度为 20，共 14 个多项式系数，即每个个体长度为 280，获得初始种群 $P_t(t=0)$。

③ 对 P_t 计算目标函数值，得到由三个适应度值构成的向量($f_1(x)$，$f_2(x)$，$f_3(x)$)，依据所述适应度向量对个体进行快速非支配排序，得到非支配集。在每个非支配集中分别对每个个体计算拥挤度值，具体计算步骤如下。

第 1 步，每个点的拥挤度 i_d 置为 0。

第 2 步，随机选取适应度向量的一个分量，依据该分量排序，将边界的两个体拥挤度记为无穷，即 $o_d=i_d=\infty$。

第 3 步，对其他个体进行拥挤度的计算，即

$$i_d=\sum_{j=1}^{m}(|f_j^{i+1}-f_j^{i-1}|) \tag{2-14}$$

其中，f_j^{i+1} 表示 $i+1$ 个个体的第 j 个适应度分量；f_j^{i-1} 表示 $i-1$ 个个体的第 j 个适应度分量。

④ 依据个体所处的非支配集和拥挤度，通过锦标赛法进行选择，得到的个体用于进行之后的交叉、变异操作。锦标赛法的具体步骤如下。

第 1 步，从种群中随机选出 NIND×Pc 个个体。

第 2 步，依据选出个体所处的非支配集合和拥挤度，优先选择处于支配地位集合中的个体，再从这些个体中选出拥挤度较大的个体，重复直至选出 NIND 个个体。

⑤ 对步骤③得到的种群依概率 GGAP 进行交叉操作，依概率 Pm 进行变异操作，得到子代种群 Q_t。

⑥ 合并子代种群 Q_t 和父代种群 P_t 作为新种群 I，令 $t=t+1$。

⑦ 对种群 I 中的所有个体计算目标函数值，得到适应度向量。依据适应度向量对个体进行快速非支配排序，得到非支配集 Z_i，在每个非支配集中分别对每个个体计算拥挤度值，依规则得出新父代种群 P_t，具体步骤如下。

第 1 步，考察非支配集 $Z_i(i=1)$。

第 2 步，若 Z_i 中个体数量 N 大于 NIND，则将 Z_i 中拥挤度值较大的 NIND 个放入新父代种群 P_t，进行步骤⑨。

第 3 步，若 Z_i 中个体数量 N 等于 NIND，则将 Z_i 中个体放入种群 P_t，进行步骤⑨。

第 4 步，若 Z_i 中个体数量 N 小于 NIND，则将 Z_i 中个体放入种群 P_t，令 $\text{NIND}=\text{NIND}-N$，$i=i+1$，继续从步骤②开始判断。

⑧ 判断 t 是否达到最大遗传代数 Gen，若满足转向步骤⑨；否则，转向步骤③。

⑨ 输出 P_t 中的所有个体作为问题的 Pareto 非支配解集，算法停止。

从获得的 Pareto 非支配解集中依照一定原则选取最优解，作为空间机械臂关节角表达式的系数，得到优化后的空间机械臂运行路径。例如，空间机械臂在执行大负载转移任务时，关节输出力矩会相应增大，为保证机械臂的末端带负载能力，需要优先选择使最大关节力矩较小的解。当空间机械臂在执行空载转移任务时，为使其能耗降低，则可将关节力矩均值和作为主要优化目标，在选取最优解时优先选取使关节力矩均值和较小的解，再从这些解中选取使其他两个优化目标最优的解。

4. 仿真分析

(1) 仿真条件

以七自由度空间机械臂为具体研究对象进行数值仿真研究。该空间机械臂由七个旋转关节和两根长直臂杆连接组成，机械臂的结构具有对称性，其 DH 坐标系如图 2-6 所示。

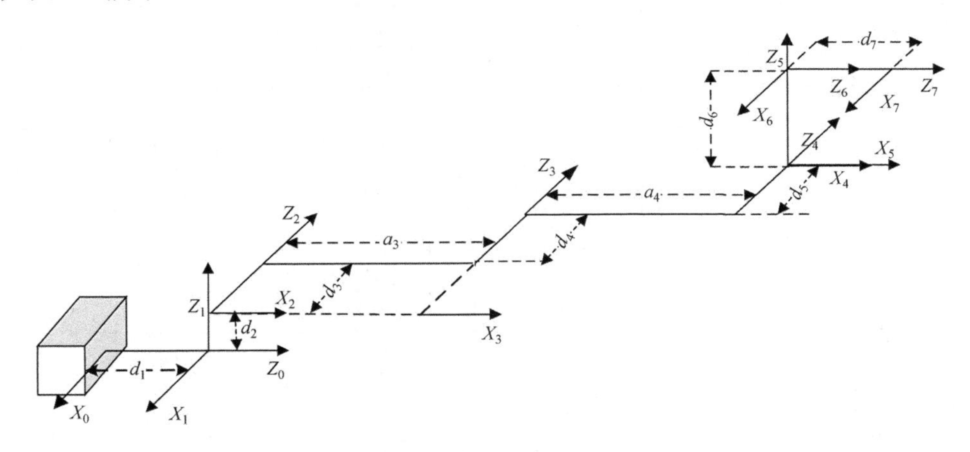

图 2-6　七自由度空间机械臂 DH 坐标系

图 2-6 中机械臂各杆件的长度为 $d_1=1.2\text{m}$，$d_2=0.53\text{m}$，$d_3=0.53\text{m}$，$d_4=0.52\text{m}$，$d_5=0.53\text{m}$，$d_6=0.53\text{m}$，$d_7=1.2\text{m}$，$a_3=5.8\text{m}$，$a_4=5.8\text{m}$。表 2-1 为空间机械臂 DH 参数表。

表 2-1　空间机械臂 DH 参数表

连杆 i	$\theta_i/(°)$	d_i/m	a_{i-1}/m	$\alpha_{i-1}/(°)$
1	$\theta_1(0)$	d_1	0	90
2	$\theta_2(90)$	d_2	0	−90
3	$\theta_3(0)$	0	a_3	0
4	$\theta_4(0)$	$d_3+d_4+d_5$	a_4	0
5	$\theta_5(0)$	0	0	90
6	$\theta_6(-90)$	d_6	0	−90
7	$\theta_7(0)$	d_7	0	0

此外，机械臂第一个关节坐标系位置相对于基座坐标系中心的坐标为 $\text{rca}_0=[0.2,0,2]^{\text{T}}$，姿态偏差为 $[0,0,0]^{\text{T}}$。

表 2-2 为空间机械臂质量特性参数表，可以得到机械臂系统的惯性质量参数，以及质心坐标参数。

表 2-2　空间机械臂质量特性参数表

参数		基座	杆件 1	杆件 2	杆件 3	杆件 4	杆件 5	杆件 6	杆件 7
质量/kg		50 000	30	30	70	75	30	30	40
$^{l}a_i$/m		—	0	−0.265	2.9	2.7	0	0	0
		—	−0.265	0	0	0	0	0	0
		—	0	0	0	0.5	0.265	0.265	0.6
$^{l}b_i$/m		−0.2	0	−0.265	2.9	3.1	0	0	0
		0	−0.265	0	0	0	0	0	0
		2	0	0	0	0.02	0.265	0.265	0.6
转动惯量/(kg·m²)	I_{xx}	6000	0.98	0.57	1.32	1.91	0.98	0.98	5.18
	I_{yy}	6000	0.57	0.98	197.2	243.4	0.98	0.98	5.18
	I_{zz}	6000	0.98	0.98	197.2	242.9	0.57	0.57	0.75
	I_{xy}	0	0	0	0	0	0	0	0
	I_{yz}	0	0	0	0	0	0	0	0
	I_{zx}	0	0	0	0	−4	0	0	0

在关节空间中，所述空间机械臂点到点的转移任务设定如下：设定机械臂在运行过程中的一组初始关节角度为 $\theta_{\text{ini}}=[-20°,0,-10°,-100°,120°,180°,70°]$，一组期望的终止关节角度为 $\theta_{\text{des}}=[0,15°,-30°,-110°,140°,165°,90°]$，规划时间为 $t=20\text{s}$。

利用本节提到的方法，以机械臂处在固定基座模式为例，以多项式系数为决策变量，结合动力学模型中计算方程，以任务中机械臂各关节力矩均值和最小关节驱动力矩最大值最小及关节跃度均值和最小为优化目标，利用粒子群算法对给定机械臂关节空间轨迹进行优化计算，并通过 MATLAB 软件进行仿真实验。给定机械臂负载参数和粒子群算法中相关参数为，末端负载质量 $m_{\text{load}}=500\text{kg}$、惯性张量 $I_{\text{load}}=\{[16,0,0],[0,137,0],[0,0,146]\}$、最大迭代次数为 100 次、种群规模 NIND＝30、变异算子大小 Pm＝0.03、选择算子大小 Pc＝0.7、交叉算子大小 GGAP＝0.85。任务执行过程中的约束条件为，关节角度 q_i 的范围为 $[-180°,180°]$、关节角速度的大小范围为 $-1\text{rad/s}\leqslant\dot{q}_i\leqslant1\text{rad/s}$，关节角加速度的大小范围为 $-0.5\text{rad/s}^2\leqslant\ddot{q}_i\leqslant0.5\text{rad/s}^2$。

(2) 结果分析

利用本节所述方法进行迭代寻优求解，种群每次迭代得到的目标函数值 $f_1(x)$、$f_2(x)$，以及 $f_3(x)$ 对个体数量的均值随迭代次数的变化分别如图 2-7 所示。

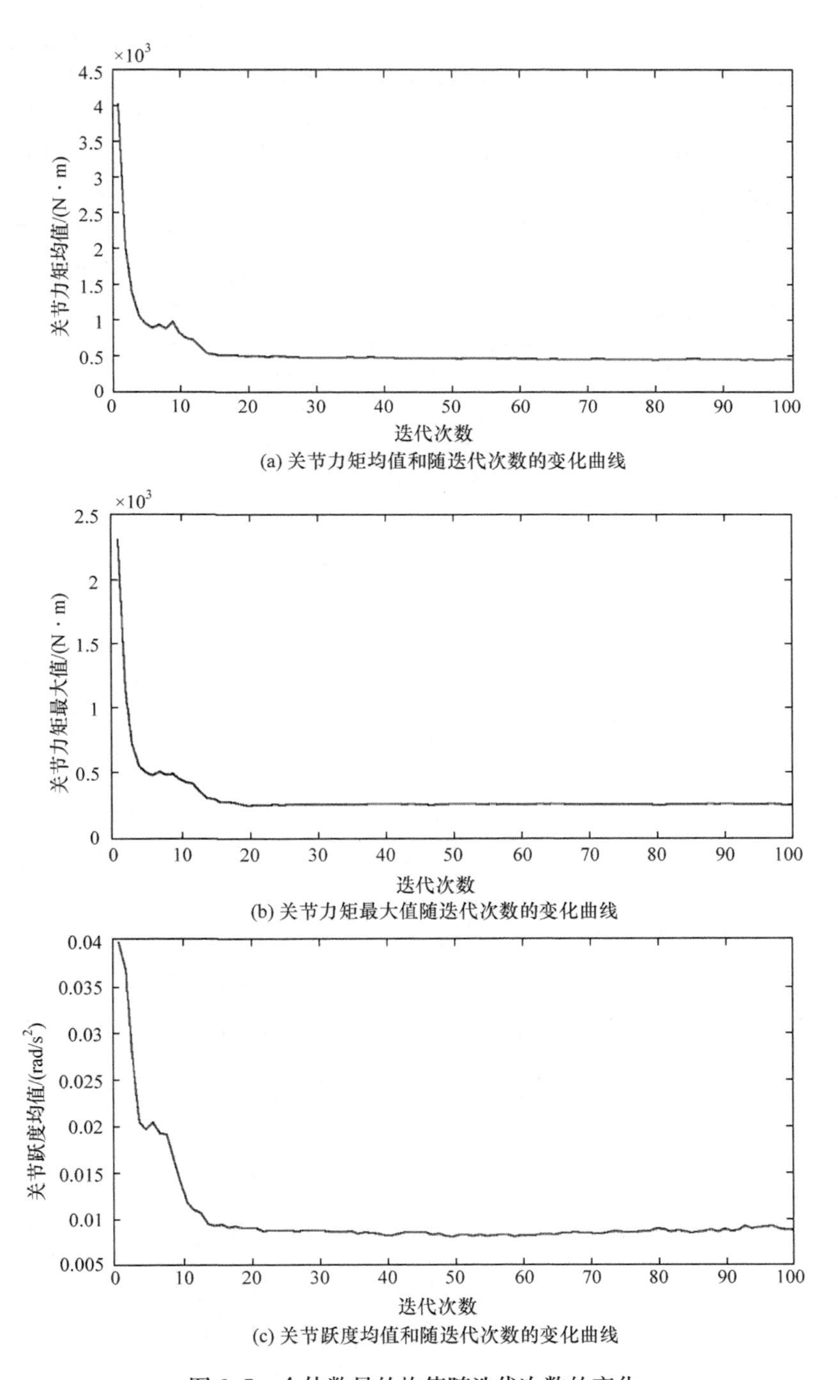

(a) 关节力矩均值和随迭代次数的变化曲线

(b) 关节力矩最大值随迭代次数的变化曲线

(c) 关节跃度均值和随迭代次数的变化曲线

图 2-7　个体数量的均值随迭代次数的变化

由图 2-7 可以得出，力矩均值和、最大力矩均值，以及跃度均值和都随迭代次数而收敛，最终分别收敛到 453.1N·m、221.9N·m，以及 0.0087 rad/s^3。

假设当前任务为空载转移任务，主要考虑能耗问题，为使执行任务的代价最低，优先选取最优解集中力矩均值和最小的解，以该解作为关节角多项式的系数从而确定运行路径。

选取的最优解对应的关节力矩均值和为 414.9N·m，该解对应的关节力矩的最大值为 244.6N·m，对应的跃度均值和为 0.0106rad/s^3，各关节的关节力矩变化曲线如图 2-8 所示。

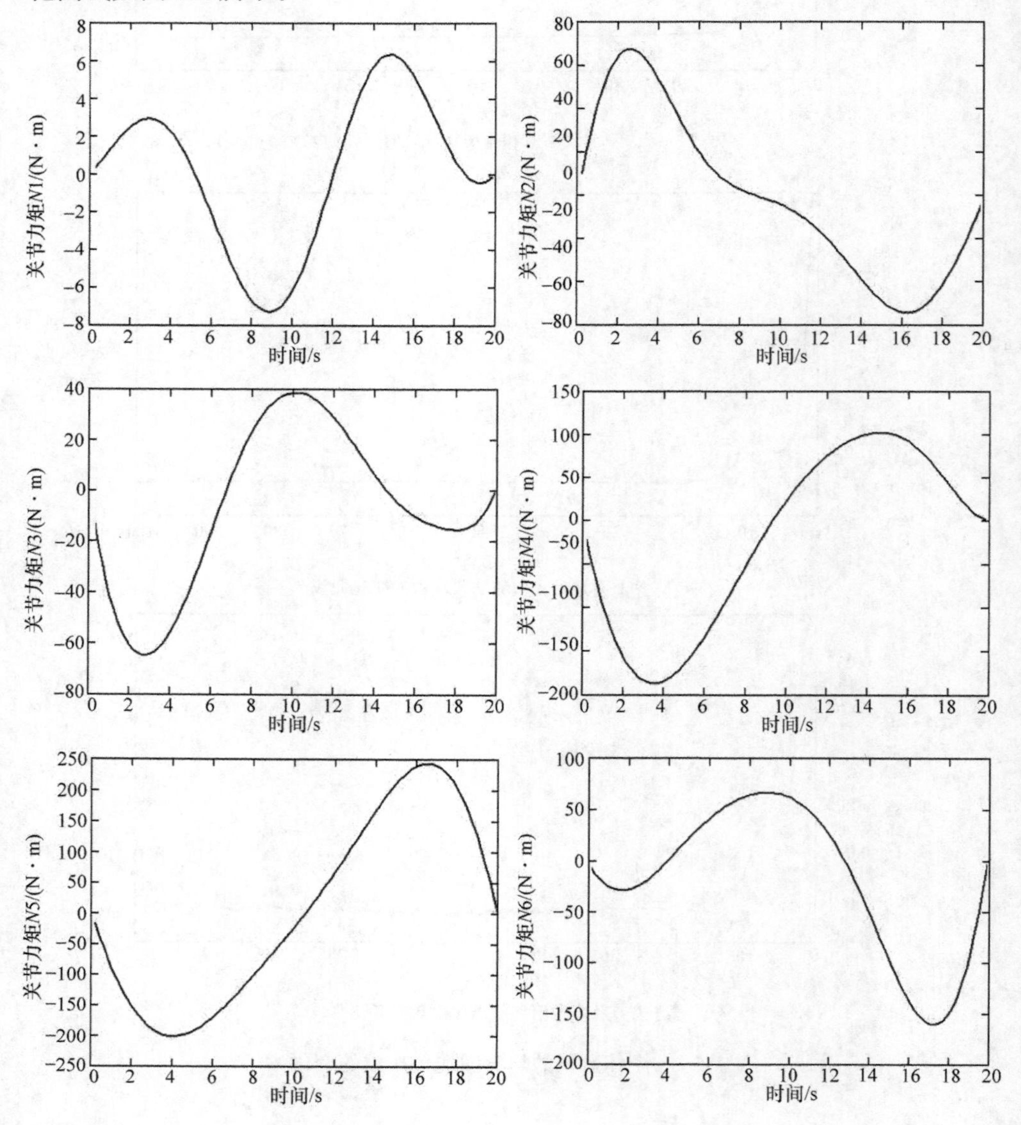

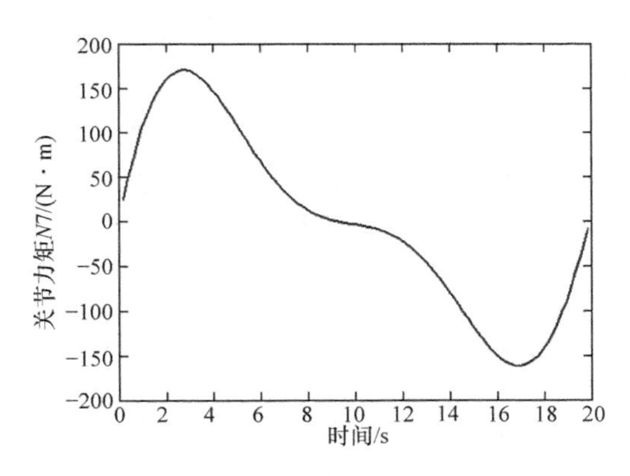

图 2-8　各关节的关节力矩变化(一)

以关节力矩均值和为优化目标利用遗传算法进行单目标优化求解，其中最大迭代次数为 100 次，种群中个体数量为 30，变异算子大小为 0.03、选择算子大小为 0.7、交叉算子大小为 0.85。优化求解得出力矩均值和的最小值约为 424.1N · m，计算得出该最优解对应的最大关节力矩为 312.1N · m，跃度均值和为 0.0225rad/s^3。各关节的关节力矩变化曲线如图 2-9 所示。

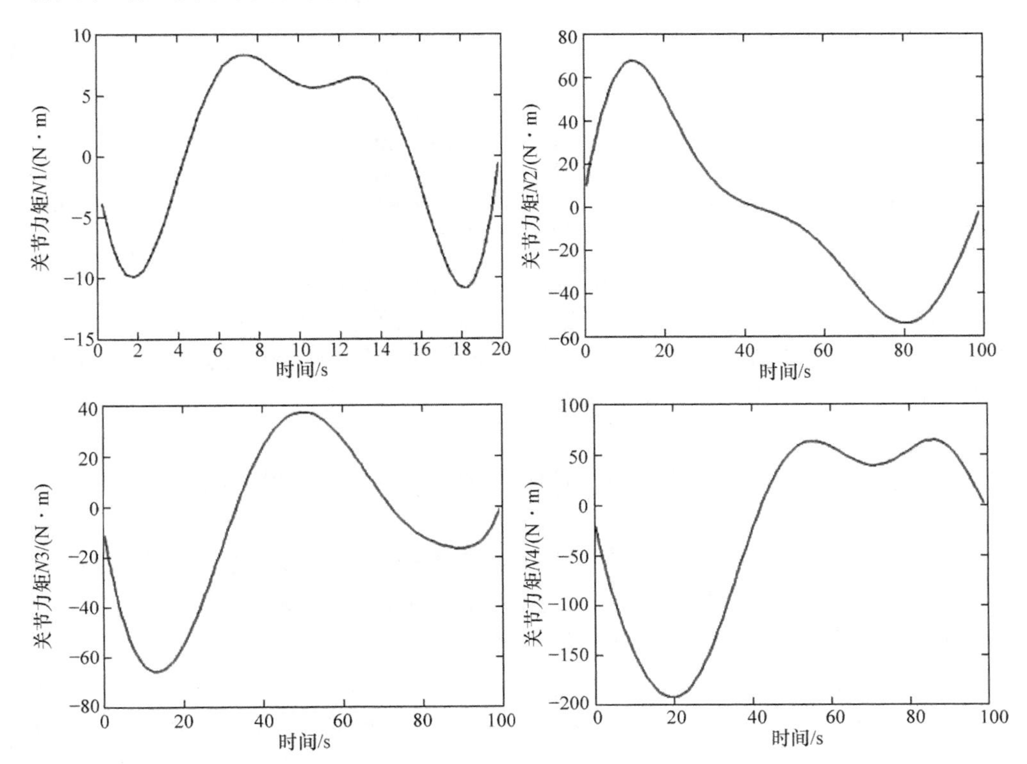

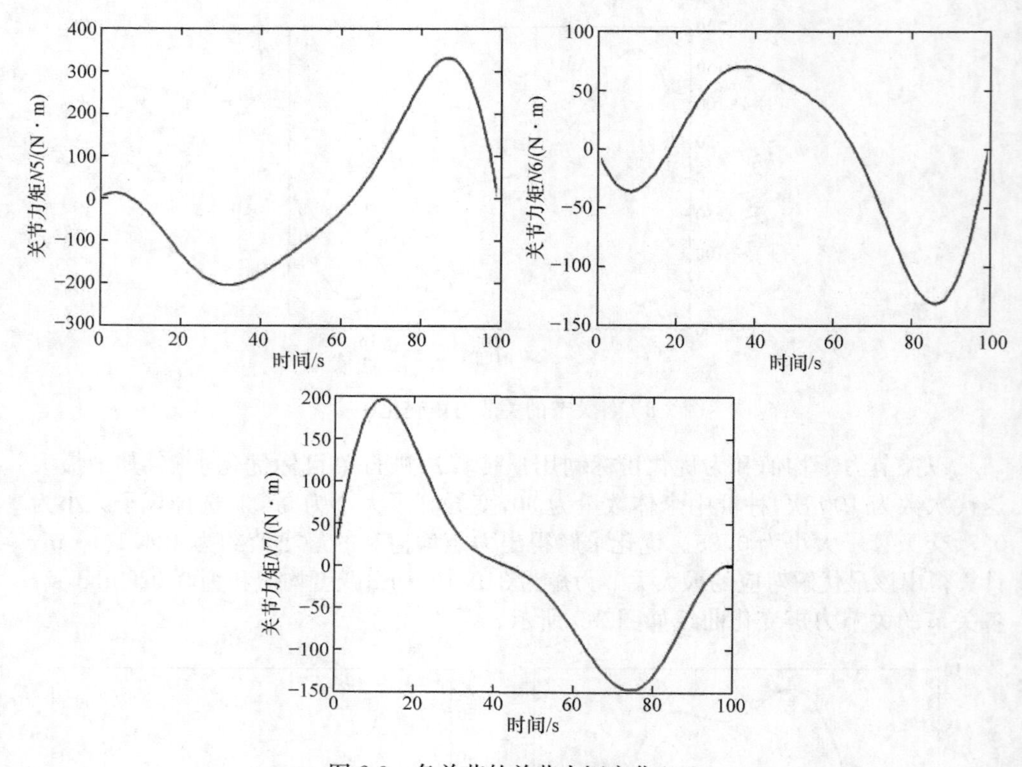

图 2-9　各关节的关节力矩变化(二)

对比以上结果不难看出,经过多目标优化得出的运行轨迹与单目标得出的运行轨迹相比,关节力矩的均值和变化不大,但是最大关节力矩值和关节跃度都有明显减小。对比关节 $N1$～$N7$ 的输出力矩的变化曲线也可以看出,在加入跃度作为优化目标后,关节力矩的变化变得平缓,甚至在某些关节减少了关节力矩的变化次数(将斜率由负变正或由正变负称为一次变化),在降低能耗的同时降低了电机的损耗,使机械臂的使用可靠性得到提升。

2.5　空间机械臂使用可靠性系统控制调度策略

航天机构使用可靠性系统控制调度策略针对航天机构多冗余的特点,通过检测模块收集的相关信息,判定系统的工作模式(正常、故障或失效)。

研究得出使用可靠性系统控制调度策略流程如图 2-10 所示。

若系统工作正常,则启用航天机构使用可靠性系统正常工作模式。首先,进行多约束多准则任务规划,利用给定的任务要求及任务可靠性相关约束对航天机构的任务进行拆解,得到按照约束划分的子任务动作序列中间点。然后,利用得到的

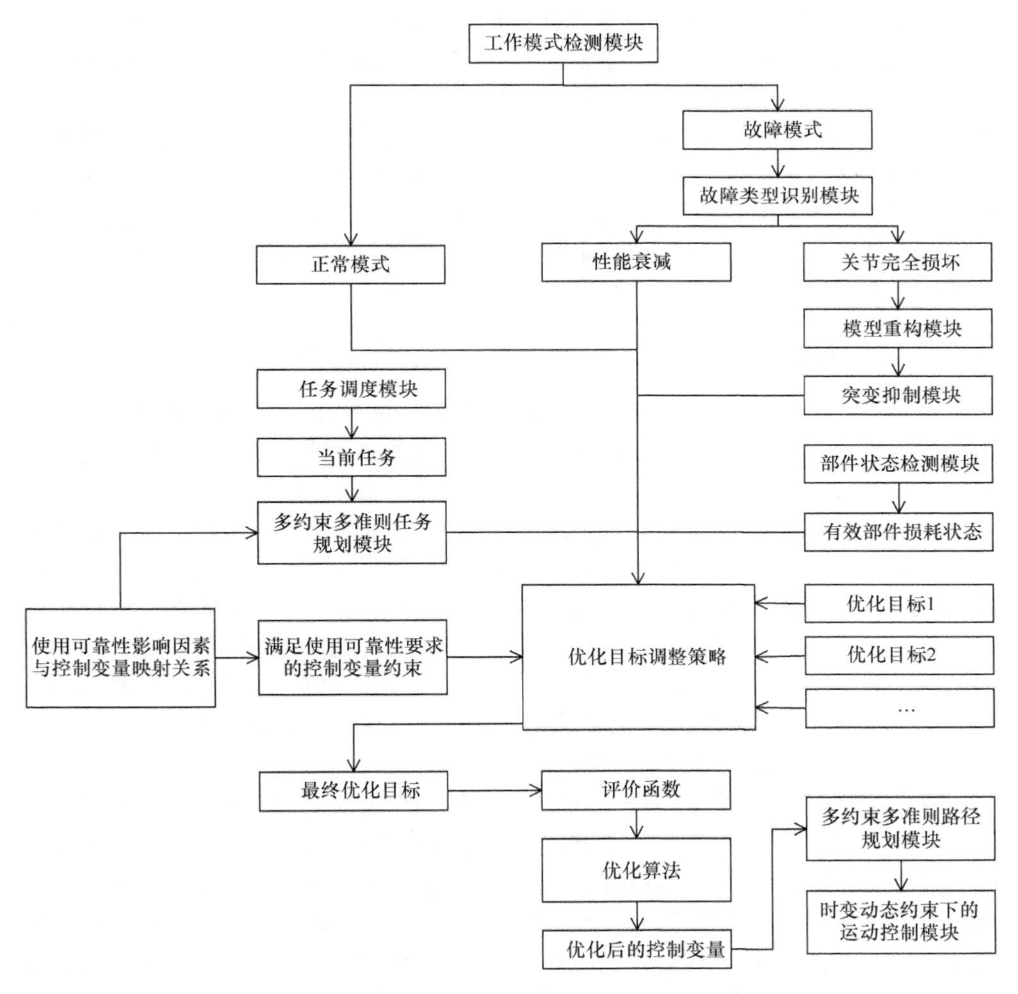

图 2-10 使用可靠性系统控制调度策略流程图

动作序列中间点规划出满足多约束多准则的运行路径。时变动态约束下的运动控制则在考虑航天机构参数变化的情况下使航天机构按照指定运行路径运动，并且执行任务。

当系统出现故障时，则利用航天机构故障类型识别模块对故障进行分析，根据影响系统使用可靠性的因素，对机构部件损耗程度进行评估，并且评估对任务完成质量的影响。当故障并不影响航天机构一次目标时，可以舍弃航天机构的某几个二次目标，并且通过航天机构控制模型重构与在线调整模块重构系统模型，达到完成航天机构一次目标的目的。

在任务规划层，首先利用任务剖面分析方法，实现复杂高层指令的解析、拆解，在此基础上引入使用可靠性影响因素，并以其性能表现的提升作为优化准则。同时，根据航天机构在轨操作任务系统梳理航天机构运行过程中存在的各类约束条件，实现多约束条件下航天机构多准则任务规划。在路径规划层，将考虑使用可靠性影响因素之后得到的控制变量作为多约束多准则路径规划模块的输入，通过调整控制变量达到在路径规划层保证系统使用可靠性的目的。在运动控制层，考虑使用可靠性影响因素作为运动控制层的时变动态约束，使系统使用可靠性在运动控制层得到保障。

1. 正常模式下航天机构调度策略

在航天机构使用可靠性系统控制中，航天机构的使用可靠性系统控制模型采用由任务规划、路径规划、运动控制三个控制层次组成的优化模型，以及控制层次调整决策组成的三环控制模型。

根据多约束多变量综合优化模型中机械臂各使用可靠性影响因素与控制变量的映射关系，选取任务执行质量高且任务执行代价低条件下的使用可靠性影响因素，通过映射关系得到相应的控制变量范围，作为控制变量的约束范围。以此约束作为任务规划、路径规划的约束条件，以优化目标和优化准则的形式影响和调整三个控制层次，每个控制层次采用不同的策略进行调整或修正。在任务规划层、路径规划层中通过改变控制变量约束条件和优化准则对规划方案进行调整。在运动控制层中通过修正控制器参数提高性能。

首先，进行多约束多准则任务规划，任务规划作为使用可靠性系统控制模型的最外层环路，承担着将高层指令拆解为子任务，规划航天机构动作序列的重要作用。由于任务规划在控制过程中的最上层对系统资源进行优化配置，因此在任务规划中引入使用可靠性影响因素，并以此作为规划器的优化目标优化任务规划方案，将对航天机构保持和提升使用可靠性，延长服役周期产生显著的影响。将给定的任务及相关使用可靠性约束作为任务规划模块的输入，得到按照约束划分的子任务动作序列中间点。

然后，进行考虑多约束多准则的路径规划，机械臂的任务规划可以选取代价最小的一组基本动作作为路径规划的输入，路径规划模块则可进一步结合具体约束和优化准则，得到给定动作序列中间点的连续运行路径。例如，在执行空载转移任务时，考虑主要约束有环境约束(障碍等)、物理约束(关节角极限等)、任务约束(机械臂末端或关节角到达指定值)，优化的主要目标包括时间最短、距离最短、耗能最小等，在明确任务相关的优化目标后进行多目标优化以得出满足多约束多准则的运行路径。

最后，在运动控制层次考虑优化模型。时变动态约束下的运动控制在考虑航天机构参数变化的情况下，使航天机构按照指定运行路径运动并执行任务。使用航天机构自主选择控制策略和参数的智能系统，能够实现航天机构高效运动控制模型与控制参数切换，从而提升航天机构(机械臂)的使用可靠性。利用考虑惯量时变、刚度时变和阻尼时变的前馈项及基于模糊自适应理论的反馈项的控制器，进行时变动态约束条件下航天机构的使用可靠性运动控制。

2. 故障模式下航天机构工作策略——故障自处理控制策略

航天机构在轨服役过程中，受到复杂多变的在轨环境影响，不可避免地会发生在轨故障。故障的种类是多种多样的，其引发的后果也各不相同，轻则影响在轨任务完成效果重则导致航天机构完全失效[5]。因此，对航天机构的在轨健康状况进行监控，及时发现故障并实现故障的自主处理，对于提升航天机构在轨性能、提升任务完成效率、延长在轨服役周期具有重要的实际应用意义。关节失效预测方法与影响分析流程如图 2-11 所示。

首先，通过异常诊断模块对来自传感器等监测模块的数据进行分析，针对故障种类复杂繁多的特点，基于空间机械臂在轨故障树，利用使用可靠性影响因素分析，建立以关节位置信息、关节力矩信息、关节速度信息三大控制变量为故障预测指标的预测体系，开展空间机械臂关节故障预测研究，实现在轨故障的准确判别。

然后，针对故障类型，对机械臂的操作能力和灵巧性进行分析，并在此基础上实现对空间机械臂在轨任务的可完成性评估。引入使用可靠性概念，以故障后任务完成概率最大化和任务可完成时完成效果最优化为目标，建立空间机械臂容错控制策略，形成包含故障预测、故障分析、任务评估及容错策略在内的故障自处理策略。

最后，若故障源功能失效，则进行故障自处理，包括对机械臂进行控制模型的在线调整重构和参数突变抑制调整。机械臂的模型重构主要包括运动学模型和动力学模型重构。在线调整既包含控制模型的调整，也包含对运行参数的调整。对控制模型的调整包括约束条件的调整、控制目标的调整、参数数学关系的重新梳理和数学模型的重新解算。针对运动参数的调整，主要包含由于关节故障或者模型重构导致的运行参数突变的调整，通过引入补偿项，实现空间机械臂运行参数在模型重构和调整过程中的平滑过渡。

3. 小结

从研究方法来看，本节以空间机械臂这种典型航天机构作为研究对象，提出一种航天机构使用可靠性影响因素与控制变量映射关系建立新方法。在此基础上，提出一种航天机构使用可靠性系统分层控制模型构建的新方法，明确各种使用可靠性影响因素在控制模型中引入的机制，以及分层控制模型中各控制层次的调整方法。从系统层面提出构建保持和提升使用可靠性的系统控制模型与相应的调整策略，通过控制策略的调整与自适应变化，在航天机构服役全生命周期过程中，延

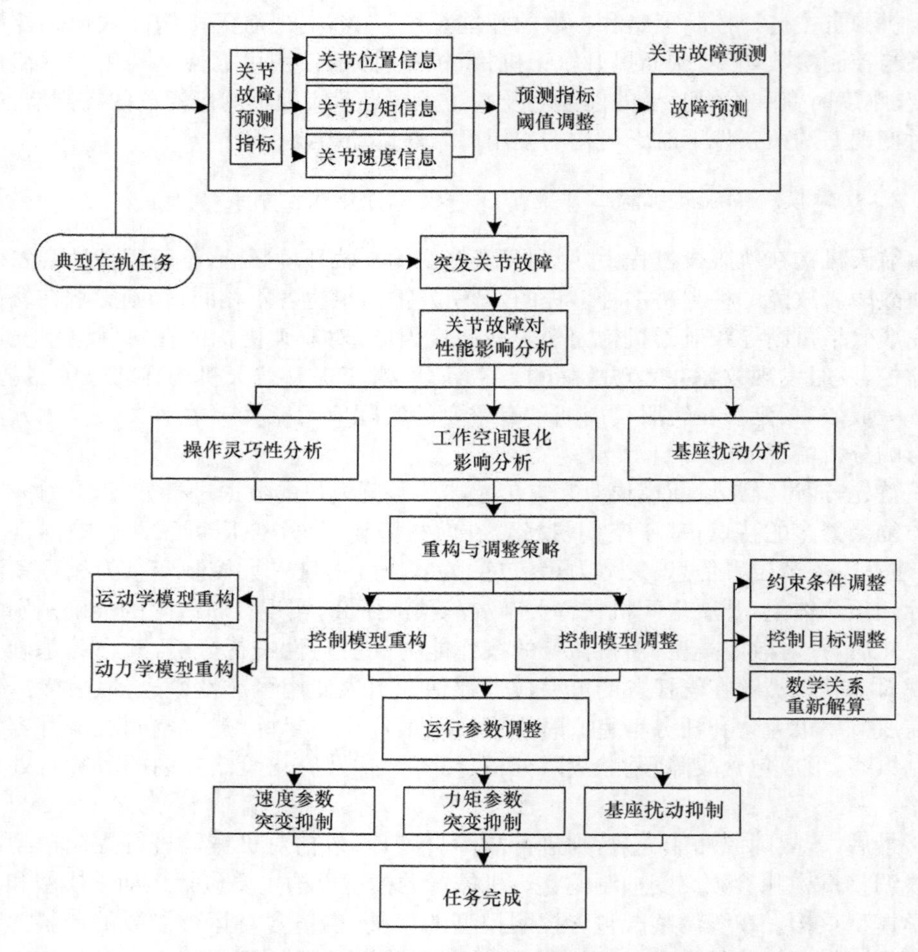

图 2-11　关节失效预测方法与影响分析技术路线图

缓机构系统性能退化及可能引起的使用可靠性衰减等问题，从而达到正常状态执行任务代价最小化、非正常状态完成任务概率最大化、服役期内机构性能衰减的最小化的控制目标。并以此为基础，最终形成一套航天机构使用可靠性系统控制技术体系及相应理论方法，为航天机构服役期间实现长寿命、高可靠提供基础理论保证。该研究方法具有一定的开拓性。

从研究成果来看，在梳理使用可靠性影响因素和控制变量映射关系的基础上，本节从系统层面构建一种引入使用可靠性影响因素的分层系统控制模型，将控制过程分为任务规划、路径规划和运动控制三个层次。通过构建多约束条件下航天机构多准则任务规划模型、考虑柔性动力学影响的航天机构路径规划模型及时变动态约束下的航天机构运动控制模型，使用可靠性影响因素以优化目标和优化准则的形式影响和调整任务规划、路径规划和运动控制三个控制层次，每个控制层次采用不同的策略进行调整或修正。在任务规划层、路径规划层中通过改变控制变量约束条件和优化准则的形式影响规划方案调整。在运动控制层中通过修正控制器参数以提高性能。基于本节提出的使用可靠性系统控制模型，以“空间机械臂的运行平稳性”为例对控制方法进一步说明，以机械臂平稳性为目标，在梳理与之相关的使用可靠性因素、中间响应层因素及可控变量之间映射关系的基础上，以关节力矩均值和最小为优化目标，提出一种基于粒子群算法的机械臂最小力矩均值和轨迹单目标优化方法和基于多目标粒子群算法的机械臂最小力矩均值和轨迹多目标优化方法。基于上述两种方法，利用粒子群算法对机械臂关节力矩均值和这一参数指标进行优化，将得到的决策向量(不同任务节点间的时间分配)作为约束条件引入路径规划层优化控制模型，使其据此做出相应调整，达到提高机械臂平稳性的目的，从而在一定程度上提高机械臂的使用可靠性。研究成果可以很好地推广应用到航空、航海等其他行业复杂机电产品的研制中，在提升国家科技核心竞争力方面发挥重要作用，具有非常重要的科学意义和工程实用价值。

空间机械臂控制系统划分为任务规划、路径规划和运动控制三个层次。而要研究空间机械臂的任务规划、路径规划和运动控制方法，首要问题是先建立空间机械臂使用可靠性系统控制模型，达到高精度控制的目的。由于太空环境复杂多变，空间机械臂在轨服役过程中，会不可避免地会发生关节故障，进而影响空间机械臂的操作性能。因此，在本节使用可靠性系统控制模型建立的基础上，对任务规划、路径规划、运动控制，以及故障处理方面展开后续研究。

2.6　本章小结

针对航天机构系统可靠性模型的设计，本章从固有可靠性和使用可靠性两个方面着手，在梳理使用可靠性影响因素和控制变量映射关系的基础上，构建了一种引入使用可靠性影响因素的分层系统控制模型，将控制过程分为任务规划、路径规划和运动控制三个层次。同时，通过异常诊断模块对来自传感器等监测模块的数据进行分析，建立了以关节位置信息、关节力矩信息、关节速度信息三大控制变量为故障预测指标的预测体系。最后，引入使用可靠性概念，以故障后任务完成概率最大化和任务可完成时完成效果最优化为目标，建立空间机械臂容错控制策略，最终形成包含故障预测、故障分析、任务评估及容错策略在内的故障自处理策略。

第3章　空间机械臂使用可靠性影响因素与控制变量映射关系

3.1　引　　言

由于空间机械臂在轨服役过程中任务复杂多变，影响任务完成性和单次任务代价的因素众多。这些影响因素对任务的可完成性及空间机械臂的长期在轨运行起着至关重要的作用，为此空间机械臂使用可靠性系统控制需要以空间机械臂使用可靠性影响因素与控制变量间映射关系为基础。同时，该映射关系也是进行空间机械臂多目标轨迹优化、故障自处理、时变动态约束下运动控制的基础，因此研究空间机械臂使用可靠性影响因素与控制变量的映射关系具有重要意义。

在建立空间机械臂使用可靠性系统控制技术体系的过程中，研究空间机械臂使用可靠性影响因素与控制变量间映射关系的目的是，通过一定的规则找出影响使用可靠性的主要因素，以便为空间机械臂使用可靠性系统控制模型提供输入，同时为空间机械臂系统控制调度策略提供理论依据。

本章首先从空间机械臂使用可靠性角度出发，以空间机械臂执行舱段转移任务为例，将该任务按阶段划分为三个子任务，并分别针对各子任务逐层次、按类型梳理影响空间机械臂使用可靠性的因素。随后，针对梳理出来的影响因素与控制变量间的影响关系，分别定量或定性的建立影响因素与控制变量间的关系表达式，以及各控制变量间的耦合关系，以便进一步表征使用可靠性影响因素与控制变量间的映射关系。最后，提出一种使用可靠性影响因素的灵敏度分析方法，分析各控制变量对影响因素的影响程度。

3.2　使用可靠性影响因素梳理

建立空间机械臂使用可靠性影响因素与控制变量间的映射关系，首先需要分别对空间机械臂使用可靠性影响因素与控制变量进行梳理。由于使用可靠性影响因素与控制变量间并没有直接的映射关系，故引入中间响应层，通过梳理中间响应层与使用可靠性影响因素的映射关系，以及中间响应层与控制变量间的映射关系，实现空间机械臂使用可靠性影响因素与控制变量间的映射关系的建立，如图 3-1 所示。

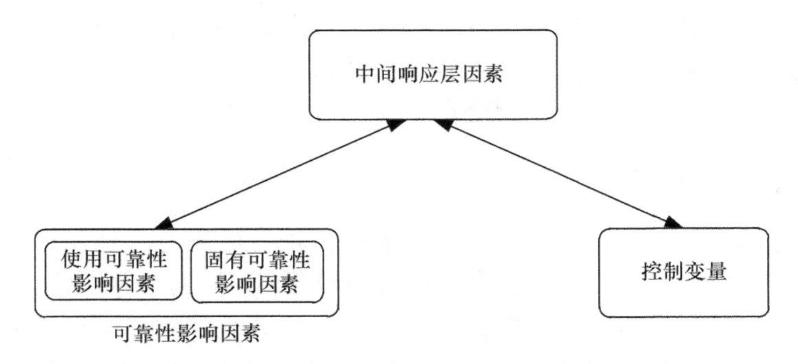

图 3-1　使用可靠性影响因素、控制变量及响应因素关系

3.2.1　使用可靠性影响因素

通过分析航天机构在轨使用环境和典型在轨任务，梳理空间机械臂在加工、组装、使用等各个阶段影响使用可靠性的多种因素，同时与航天机构可靠性影响因素进行整合和汇总，得到的使用可靠性影响因素如表 3-1 所示。

表 3-1　使用可靠性影响因素

指标	使用可靠性影响因素
安装精度	安装法兰误差、输出轴零位误差、输出轴垂直度、测量基准误差
传动精度	齿轮位置误差、齿轮偏心误差、箱体中心距误差、轴线平行度误差、齿轮安装轴误差、轴承安装误差、轴承运动误差、齿厚减薄、齿轮几何偏心、齿轮中心距误差、箱体孔距偏差、轴线平行度误差、轴承回差、部件连接间隙
驱动精度	步距角误差、测速传感器精度、电机轴接口误差
测量精度	旋变安装精度、旋变磁隙误差、旋变轴向跳动、旋变径向跳动
驱动力矩	电机效率曲线、电流波动误差、轴承摩擦力损耗、铁损和铜损
制动力矩	摩擦系数误差、弹簧刚度误差、弹簧压力误差、弹簧力衰减误差、解锁干扰摩擦力
摩擦力矩	齿轮材料强度、齿轮齿面硬度、轴承承载能力、轴承摩擦力矩、齿轮摩擦力矩、齿轮均载系数、齿轮齿面精度
润滑性能	润滑摩擦系数、润滑磨损率、耐压与剪切强度、脂润滑黏稠系数、脂润涂脂误差
臂杆性能	臂杆装配误差、臂杆扭转变形、臂杆弯曲变形

3.2.2　控制变量

在空间机械臂控制中，关节是实现机械臂各类操作的关键部件，其中关节角度决定机械臂的构型、末端位姿和末端运行轨迹，是机械臂开展各类在轨任务的基础。关节速度决定机械臂末端运行速度，是调节机械臂各类操作完成速率的关键变量。关节力矩决定了机械臂的末端输出能力，为负载操作、对接装配等任务提供力与力矩输出。结合工程应用和控制理论，选取关节角度、关节速度，以及关节力矩作为控制变量，梳理这三个控制变量与使用可靠性影响因素间的映射关系。

3.2.3 中间响应层因素

如前所述，本节以舱段转移任务为例梳理机械臂使用可靠性的影响因素。由于影响机械臂系统使用可靠性的因素众多，将舱段转移任务分解为空载转移、目标捕获和负载搬运三个子任务，分别针对这三个子任务梳理使用可靠性中间响应层因素。中间响应层因素首先需要能够反映机械臂任务完成效果，表征机械臂的任务执行状态，并且具有可观性，方便进行监测。同时，能够较为条理地建立其与控制变量和使用可靠性影响因素间的映射关系。基于上述原则，分别对三个子任务梳理中间响应层因素如下。

(1) 空载转移

空载转移任务描述的是机械臂在无负载情况下两构型之间的过渡运动。在空载转移过程中，机械臂的末端位姿是表征机械臂执行空载转移任务是否完成的基本指标。末端速度反映空载转移完成的速率。基座姿态和基座速度反映机械臂空载转移过程中的稳定性，且分别与末端位姿、末端速度存在耦合关系。任务执行过程中的弹性振动会对末端位姿产生影响，而完成该任务的能耗及关节中产生的摩擦磨损会对机械臂长时间在轨服役的性能产生影响。基于上述考虑，将空载转移的中间响应层因素归纳为末端位姿、末端速度等，如图 3-2 所示。

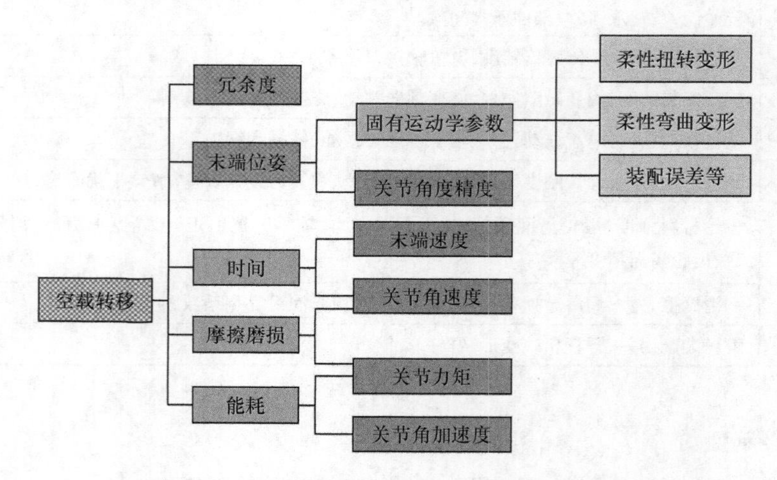

图 3-2 空载转移影响因素与控制变量关系图

(2) 目标捕获

目标捕获任务是指机械臂末端对负载目标的直接抓捕或对接[6]。在目标捕获过程中,机械臂的末端位姿决定机械臂的末端执行器能否达到任务指定位姿,是开展捕获任务的基础。碰撞力是目标捕获过程中力作用的表征,反映目标捕获的完成效果及其对机械臂本体的力反馈影响[7]。基座扰动力是空间机械臂自由漂浮状态下的动量守恒反映,与碰撞力存在耦合关系。任务执行过程中的能耗及关节中产生的摩擦磨损会对机械臂的长时间在轨服役的性能产生影响。基于上述考虑,将目标捕获的中间响应层因素归纳为机械臂末端位姿、碰撞、基座扰动、能耗,以及摩擦磨损等,如图 3-3 所示。

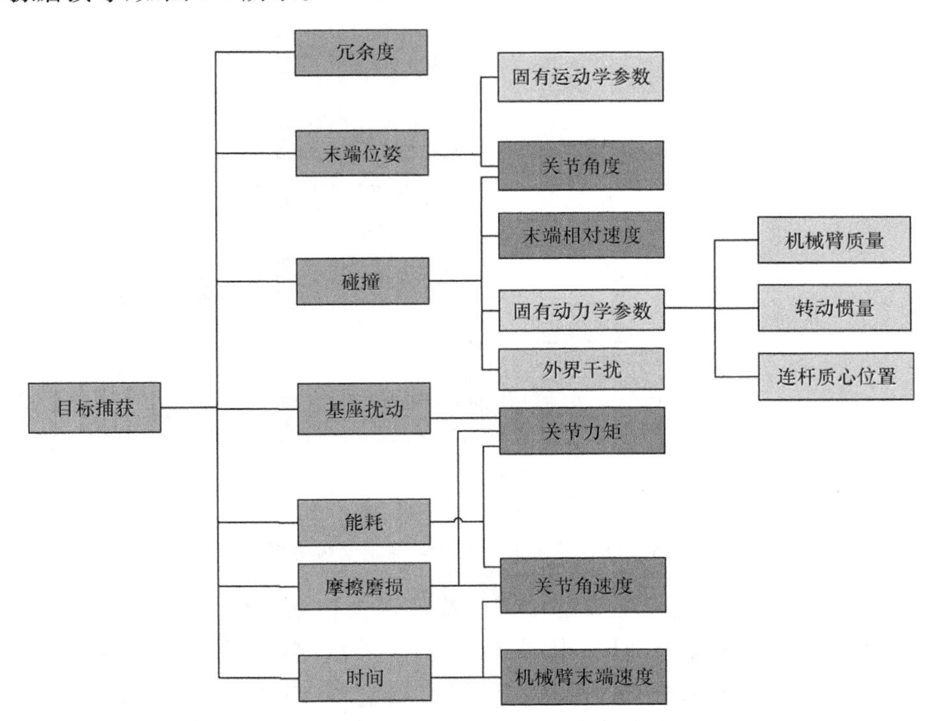

图 3-3 目标捕获影响因素与控制变量关系图

(3) 负载搬运

负载搬运任务描述的是机械臂在存在负载情况下两构型之间的过渡运动。在负载搬运过程中,机械臂的末端位姿决定负载搬运过程是否满足任务规划需求,末端速度反映机械臂执行负载搬运的速率;基座姿态和基座速度表征机械臂执行负载搬运过程中的稳定性,且分别与末端位姿、末端速度间存在耦合关系。末端操作力反映机械臂的末端负载能力,表征机械臂的负载搬运的完成效果,基座扰动力与其存在耦合关系,影响着基座的稳定性。该任务执行过程中的能耗及关节中产生的摩擦磨损会对机械臂长时间在轨服役的性能产生影响。基于上述考虑,将负载搬运的中间响应层因素归纳为末端位姿、负载能力、能耗,以及摩擦磨损等,如图3-4所示。

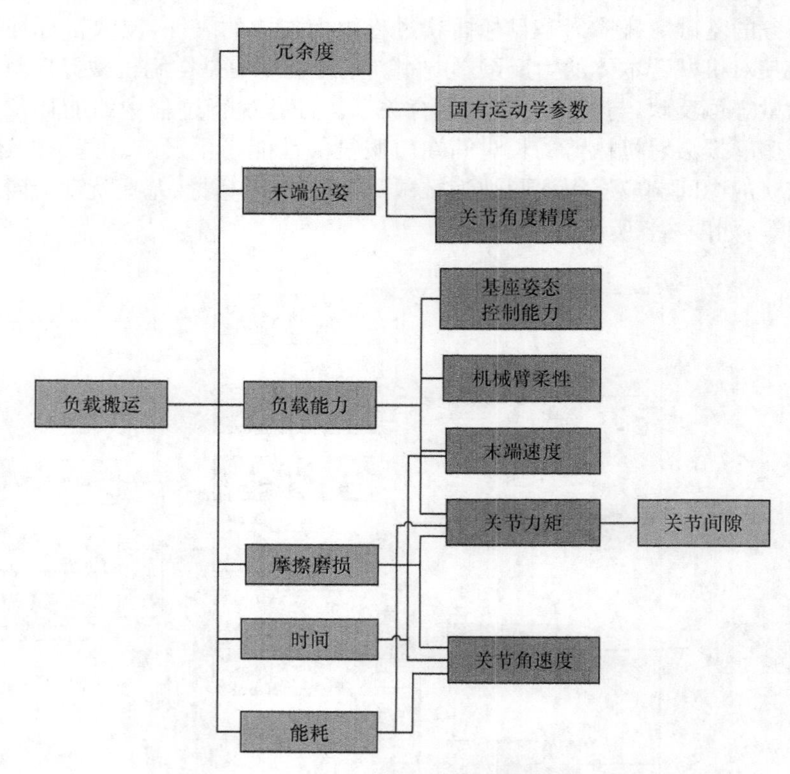

图 3-4　负载搬运影响因素与控制变量关系图

至此,梳理得到空间机械臂的中间响应层因素包括基座姿态、基座速度、基座扰动力、末端位姿、末端速度、末端操作力、碰撞力、弹性振动、摩擦磨损,以及能耗。中间层响应因素有些通过技术手段实现监测,而有些只能通过其他参数间接表征。其中,末端位姿和末端速度信息可以利用视觉系统(手眼视觉和全局视觉)得到,末端操作力、基座扰动力和碰撞力信息可以通过6维力传感器获得,能耗可以通过电源管理系统获取,基座姿态信息可以通过飞轮得到,弹性振动信息可以通过加速度传感器获取。摩擦磨损以现有手段无法实现监测,但可以通过能耗对比进行评价。

综上所述,可以得到梳理的固有可靠性影响因素、中间响应层因素、控制变量(表3-2),得到使用可靠性影响因素与控制变量映射关系如图3-5所示。

表 3-2　使用可靠性影响因素与控制变量梳理

<table>
<tr><th>指标</th><th>固有可靠性影响因素</th><th>中间响应层因素</th><th>控制变量</th></tr>
<tr><td>安装精度</td><td>安装法兰误差、输出轴零位误差、输出轴垂直度、测量基准误差</td><td rowspan="9">1 基座速度
2 基座姿态
3 末端操作力
4 基座扰动力
5 末端位姿
6 碰撞力
7 末端速度
8 能耗
9 摩擦磨损
10 与环境的最小距离
11 臂杆弹性振动
12 冗余度</td><td rowspan="9">关节角度
关节角速度
关节力矩</td></tr>
<tr><td>传动精度</td><td>齿轮位置误差、齿轮偏心误差、箱体中心距误差、轴线平行度误差、齿轮安装轴误差、轴承安装误差、轴承运动误差、齿厚减薄、齿轮几何偏心、齿轮中心距误差、箱体孔距偏差、轴线平行度误差、轴承回差、部件连接间隙</td></tr>
<tr><td>驱动精度</td><td>步距角误差、测速传感器精度、电机轴接口误差</td></tr>
<tr><td>测量精度</td><td>旋变安装精度、旋变磁隙误差、旋变轴向跳动、旋变径向跳动</td></tr>
<tr><td>驱动力矩</td><td>电机效率曲线、电流波动误差、轴承摩擦力损耗、铁损和铜损</td></tr>
<tr><td>制动力矩</td><td>摩擦系数误差、弹簧刚度误差、弹簧压力误差、弹簧力衰减误差、解锁干扰摩擦力</td></tr>
<tr><td>摩擦力矩</td><td>齿轮材料强度、齿轮齿面硬度、轴承承载能力、轴承摩擦力矩、齿轮摩擦力矩、齿轮均载系数、齿轮齿面精度</td></tr>
<tr><td>润滑性能</td><td>润滑摩擦系数、润滑磨损率、耐压与剪切强度、脂润滑黏稠系数、脂润涂脂误差</td></tr>
<tr><td>臂杆性能</td><td>臂杆装配误差、臂杆扭矩变形、臂杆弯曲变形</td></tr>
</table>

3.3　使用可靠性影响因素与控制变量映射关系

在明确各部分的主要影响因素与控制变量的基础上，现建立三者之间的具体数学表达式，以表征其映射关系。根据上部分梳理的中间响应层因素，分别建立中间响应层因素与控制变量间的数学关系表达式。

3.3.1　中间响应层因素与控制变量间的数学关系

（1）基座速度

空间机械臂一般运动学方程可以表示为

$$\dot{\boldsymbol{x}}_e = \boldsymbol{J}_b \dot{\boldsymbol{x}}_b + \boldsymbol{J}_m \dot{\boldsymbol{q}} \tag{3-1}$$

其中，$\boldsymbol{J}_b$ 和 $\boldsymbol{J}_m$ 分别为基座和机械臂关节雅可比矩阵；$\dot{\boldsymbol{x}}_e$ 为机械臂末端速度；$\dot{\boldsymbol{q}}$ 为机械臂关节角速度。

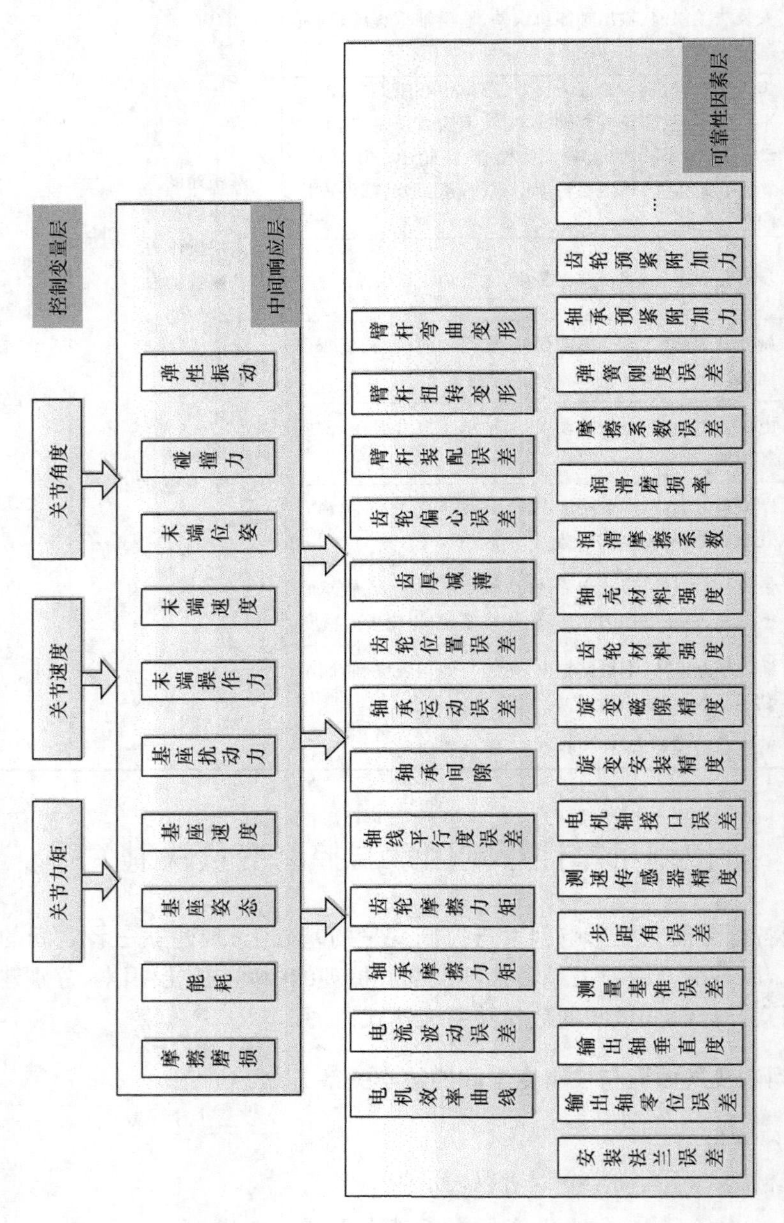

图 3-5　空间机械臂使用可靠性影响因素与控制变量映射关系图

假设系统初始的线动量和角动量均为零，自由漂浮模式下的空间机械臂系统无外力和力矩的作用，由系统动量守恒和角动量守恒可以得到下式，即

$$\boldsymbol{H}_b \dot{\boldsymbol{x}}_b + \boldsymbol{H}_{bm}\dot{\boldsymbol{q}} = \boldsymbol{0} \tag{3-2}$$

其中，$\boldsymbol{H}_b$ 和$\boldsymbol{H}_{bm}$分别表示基座惯性矩阵和耦合惯性矩阵。

由上式可以得到下式，即

$$\dot{\boldsymbol{x}}_e = \boldsymbol{J}_f\dot{\boldsymbol{q}} \tag{3-3}$$

$$\dot{\boldsymbol{x}}_b = \boldsymbol{J}_{bm}\dot{\boldsymbol{q}} \tag{3-4}$$

其中，$\boldsymbol{J}_f = \boldsymbol{J}_m - \boldsymbol{J}_b \boldsymbol{H}_b^{-1} \boldsymbol{H}_{bm}$为空间机械臂广义雅可比矩阵；$\boldsymbol{J}_{bm} = -\boldsymbol{H}_b^{-1} \boldsymbol{H}_{bm}$表示关节角速度和基座速度之间的映射关系。

(2) 基座姿态

根据运动学知识，有

$$\dot{\boldsymbol{x}}_b = \boldsymbol{J}_{bm}\dot{\boldsymbol{q}} = \begin{bmatrix} \boldsymbol{J}_{vb} \\ \boldsymbol{J}_{\omega b} \end{bmatrix}\dot{\boldsymbol{q}} \tag{3-5}$$

其中，$\boldsymbol{J}_{vb}$和$\boldsymbol{J}_{\omega b}$分别为$\boldsymbol{J}_{bm}$的前三行和后三行，分别表示基座线速度、角速度与关节角速度间的映射关系。

(3) 末端操作力

根据速度积分方法，可以将基座姿态变化量表示为

$$\boldsymbol{\Phi}_b = \int_{t_0}^{t_f} \boldsymbol{\omega}_b \mathrm{d}t = \int_{t_0}^{t_f} \boldsymbol{J}_{\omega b}\dot{\boldsymbol{q}}\,\mathrm{d}t \tag{3-6}$$

在各关节角速度确定的情况下，可以从基座到机械臂末端依次递推计算各连杆的速度和加速度。对于末端连杆，根据牛顿-欧拉公式有

$$\begin{bmatrix} \boldsymbol{F}_n \\ \boldsymbol{N}_n \end{bmatrix} = \begin{bmatrix} m_n \dot{\boldsymbol{v}}_n \\ I_n \dot{\boldsymbol{\omega}}_n + \boldsymbol{\omega}_n \times (\boldsymbol{I}_n \boldsymbol{\omega}_n) \end{bmatrix} \tag{3-7}$$

其中，$\boldsymbol{F}_n$ 和$\boldsymbol{N}_n$ 分别为机械臂末端连杆处的合力与合力矩。

机械臂末端有负载时计算的是末端连杆和负载构成的组合体质心受到的惯性力和惯性力矩。将上述惯性力及惯性力矩向末端进行简化即为末端操作力。

(4) 基座扰动力

从机械臂末端到航天器基座依次递推计算出各连杆所受的惯性力和惯性力矩，进而可以得到机械臂运动对基座的干扰力和干扰力矩，即

$$\begin{aligned} \boldsymbol{F}_b &= \boldsymbol{f}_1 \\ \boldsymbol{N}_b &= \boldsymbol{c}_{b1} \boldsymbol{f}_1 + \boldsymbol{n}_1 \end{aligned} \tag{3-8}$$

其中，$\boldsymbol{c}_{b1}$为基座质心到第一个关节的向量。

以上涉及的关节角速度与各中间响应层因素间的映射关系如图 3-6 所示。

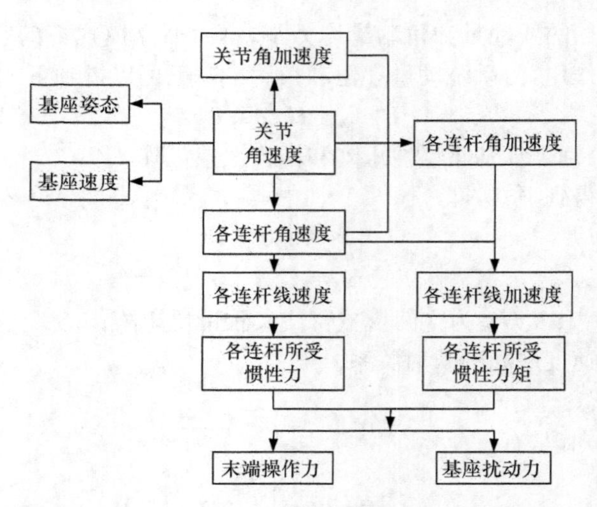

图 3-6　关节角速度与各中间响应层因素间映射关系

(5) 末端位姿

将各连杆的变换矩阵顺序相乘，便得到末端连杆坐标系$\{n\}$相对于坐标系$\{0\}$的变换矩阵，即

$$ {}^{0}_{n}\boldsymbol{T} = {}^{0}_{1}\boldsymbol{T}\,{}^{1}_{2}\boldsymbol{T}\,{}^{2}_{3}\boldsymbol{T}\cdots{}^{n-1}_{n}\boldsymbol{T} \tag{3-9} $$

通常把${}^{0}_{n}\boldsymbol{T}$称为操作臂的变换矩阵。如果用位置矢量$\boldsymbol{P}$表示末端连杆的位置，旋转矩阵$\boldsymbol{R}=[\boldsymbol{n}\quad \boldsymbol{o}\quad \boldsymbol{a}]$代表末端连杆的方位，则可得操作臂的运动学方程，即

$$ \begin{bmatrix} {}^{0}_{n}\boldsymbol{R} & {}^{0}\boldsymbol{P} \\ \boldsymbol{0} & \boldsymbol{1} \end{bmatrix} = {}^{0}_{1}\boldsymbol{T}\,{}^{1}_{2}\boldsymbol{T}\,{}^{2}_{3}\boldsymbol{T}\cdots{}^{n-1}_{n}\boldsymbol{T} \tag{3-10} $$

由此就建立了末端连杆的位姿与关节角之间的联系。

(6) 碰撞力

空间机械臂笛卡儿空间的一般动力学方程为

$$ \boldsymbol{H}^{*}\ddot{\boldsymbol{q}} + \boldsymbol{c}^{*}(\boldsymbol{q},\dot{\boldsymbol{q}}) = \boldsymbol{\tau}_{m} + \boldsymbol{J}_{f}^{\mathrm{T}}\boldsymbol{F}_{e} \tag{3-11} $$

其中，$\boldsymbol{H}^{*}$为空间机械臂系统惯性矩阵；$\boldsymbol{c}^{*}(\boldsymbol{q},\dot{\boldsymbol{q}})$为非线性项；$\boldsymbol{\tau}_{m}$为关节输出力矩；$\boldsymbol{F}_{e}$为机械臂末端操作力。

由于碰撞时间极短，相对于碰撞脉冲力，科氏力、离心力及速度依赖项可以忽略，因此在极短时间δt内积分可得下式，即

$$ \boldsymbol{H}^{*}\int_{t_0}^{t_0+\delta t}\ddot{\boldsymbol{q}}\mathrm{d}t = \boldsymbol{J}_{f}^{\mathrm{T}}\boldsymbol{\Phi} \tag{3-12} $$

其中，$\boldsymbol{\Phi}=\int_{t_0}^{t_0+\delta t}\boldsymbol{F}_{e}\mathrm{d}t$为机械臂末端所受脉冲力。

令$\delta\dot{\boldsymbol{q}}=\dot{\boldsymbol{q}}_{t_0+\mathrm{d}t}-\dot{\boldsymbol{q}}_{t_0}$，可得

$$ \boldsymbol{H}^{*}\delta\dot{\boldsymbol{q}} = \boldsymbol{J}_{f}^{\mathrm{T}}\boldsymbol{\Phi} \tag{3-13} $$

$$\delta\dot{\boldsymbol{q}}=\boldsymbol{H}^{*-1}\boldsymbol{J}_f^{\mathrm{T}}\boldsymbol{\Phi} \tag{3-14}$$

又由运动学关系(假设系统初始动量和角动量为 0),可得

$$\dot{\boldsymbol{x}}_e=\boldsymbol{J}_f\dot{\boldsymbol{q}} \tag{3-15}$$

对上式求导后,极短时间 δt 内积分可得

$$\delta\dot{\boldsymbol{x}}_e=\boldsymbol{J}_f\delta\dot{\boldsymbol{q}}=\boldsymbol{J}_f\boldsymbol{H}^{*-1}\boldsymbol{J}_f^{\mathrm{T}}\boldsymbol{\Phi} \tag{3-16}$$

脉冲向量等于脉冲幅值乘以方向向量,即 $\boldsymbol{\Phi}=\boldsymbol{n}\gamma$,其中 $\boldsymbol{n}\in\mathbf{R}^6$,则有

$$\delta\dot{\boldsymbol{x}}_e=\boldsymbol{D}\boldsymbol{n}\gamma \tag{3-17}$$

其中,$\boldsymbol{D}=\boldsymbol{J}_f\boldsymbol{H}^{*-1}\boldsymbol{J}_f^{\mathrm{T}}$ 为雅可比矩阵的惯性矩阵。

碰撞过程分为压缩阶段和恢复阶段,在压缩阶段最后时刻两物体接触面的法向相对速度为零。假设碰撞前速度分为$\boldsymbol{v}_{e1}$和$\boldsymbol{v}_{e2}$,至压缩最终阶段速度变化为 $\delta\boldsymbol{v}_{e1}$ 和 $\delta\boldsymbol{v}_{e2}$,则在压缩最终阶段有下式,即

$$\boldsymbol{n}^{\mathrm{T}}(\boldsymbol{v}_{e2}+\delta\boldsymbol{v}_{e2}-\boldsymbol{v}_{e1}-\delta\boldsymbol{v}_{e1})=\boldsymbol{0} \tag{3-18}$$

其中,$\boldsymbol{n}$ 为碰撞处法向向量。

假设压缩阶段对物体 1 产生的脉冲为 $-\boldsymbol{n}\gamma^c$,则对物体 2 产生的压缩脉冲为 $\boldsymbol{n}\gamma^c$,则可推导如下关系式,即

$$\begin{cases}\delta\boldsymbol{v}_{e1}=-\boldsymbol{D}_1\boldsymbol{n}\gamma^c\\ \delta\boldsymbol{v}_{e2}=\boldsymbol{D}_2\boldsymbol{n}\gamma^c\end{cases} \tag{3-19}$$

整理可以得到压缩阶段的碰撞脉冲表达式,即

$$\gamma^c=-\frac{\boldsymbol{n}^{\mathrm{T}}(\boldsymbol{v}_{e2}-\boldsymbol{v}_{e1})}{\boldsymbol{n}^{\mathrm{T}}(\boldsymbol{D}_2+\boldsymbol{D}_1)\boldsymbol{n}} \tag{3-20}$$

假设机械臂与目标物之间的碰撞模型为泊松模型,则恢复阶段脉冲为 $\gamma^r=e\gamma^c$,$0\leqslant e\leqslant 1$ 为恢复系数,与接触表面和材料有关。

机械臂碰撞脉冲公式为

$$\gamma=-(1+e)\frac{\boldsymbol{n}^{\mathrm{T}}(\boldsymbol{v}_{e2}-\boldsymbol{v}_{e1})}{\boldsymbol{n}^{\mathrm{T}}(\boldsymbol{D}_2+\boldsymbol{D}_1)\boldsymbol{n}} \tag{3-21}$$

可见脉冲力受到的影响因素(除固有因素)包括碰撞力方向 $\boldsymbol{n}$,$\boldsymbol{D}_2$ 为目标物的雅可比惯性矩阵(当目标物确定时,$\boldsymbol{D}_2$ 为定值),相对速度($\boldsymbol{v}_{e2}-\boldsymbol{v}_{e1}$)和机械臂关节角度函数$\boldsymbol{D}_1=\boldsymbol{J}_{ve}\boldsymbol{H}^{*-1}\boldsymbol{J}_{ve}^{\mathrm{T}}$,其中$\boldsymbol{J}_{ve}$为广义线速度雅可比矩阵,$\boldsymbol{H}^{*-1}$为机械臂广义的惯性矩阵。

至此就建立了碰撞力与末端速度以及关节角度之间的映射关系。

(7) 末端速度

根据机器人学可知,机器人的雅可比矩阵 $\boldsymbol{J}(\boldsymbol{q})$定义为操作速度与关节速度的线性变换,可以看成是从关节空间向操作空间的速度传动比,即

$$V=\dot{\boldsymbol{X}}=\boldsymbol{J}(\boldsymbol{q})\dot{\boldsymbol{q}} \tag{3-22}$$

设末端抓手的微分位移和位移转动分别用 d 和 δ 表示,线速度和角速度分别

用 $\boldsymbol{v}$ 和 $\boldsymbol{w}$ 表示。对于移动关节 i 的运动，末端抓手上产生与 Z_i 轴相同方向的线速度，且

$$\begin{bmatrix} \boldsymbol{v}_{ie} \\ \boldsymbol{w}_{ie} \end{bmatrix} = \begin{bmatrix} \boldsymbol{Z}_i \\ \boldsymbol{0} \end{bmatrix} \boldsymbol{q}_i \tag{3-23}$$

因此，可以得到雅可比矩阵的第 i 列，即

$$\boldsymbol{J}_i = \begin{bmatrix} \boldsymbol{Z}_i \\ \boldsymbol{0} \end{bmatrix} \tag{3-24}$$

对于转动关节 i 的运动，它在终端抓手上产生的角速度为

$$\boldsymbol{w}_{ie} = \boldsymbol{Z}_i \, \boldsymbol{q}_i \tag{3-25}$$

同时，在末端抓手上产生的线速度为矢量积，即

$$\boldsymbol{v}_{ie} = (\boldsymbol{Z}_i \times {}^i\boldsymbol{P}_n^0) \boldsymbol{q}_i \tag{3-26}$$

因此，雅可比矩阵的第 i 列为

$$\boldsymbol{J}_i = \begin{bmatrix} \boldsymbol{Z}_i \times {}^i\boldsymbol{P}_n^0 \\ \boldsymbol{Z}_i \end{bmatrix} = \begin{bmatrix} \boldsymbol{Z}_i \times ({}_i^0\boldsymbol{R}\, {}^i\boldsymbol{P}_n) \\ \boldsymbol{Z}_i \end{bmatrix} \tag{3-27}$$

其中，${}^i\boldsymbol{P}_n^0$ 表示抓手坐标系的原点相对于坐标系 $\{i\}$ 的位置在基坐标系的表示。

前 3 行代表抓手线速度 $\boldsymbol{v}$ 的传动比，后 3 行代表抓手角速度 $\boldsymbol{w}$ 的传动比；另一方面，每一列向量代表相应的关节速度对抓手线速度和角速度的影响。因此，机械臂雅可比矩阵 $\boldsymbol{J}$ 可写成分块的形式，即

$$\begin{bmatrix} \boldsymbol{v}_e \\ \boldsymbol{w}_e \end{bmatrix} = \begin{bmatrix} \boldsymbol{J}_{L_1} & \boldsymbol{J}_{L_2} & \cdots & \boldsymbol{J}_{L_n} \\ \boldsymbol{J}_{A_1} & \boldsymbol{J}_{A_2} & \cdots & \boldsymbol{J}_{L_n} \end{bmatrix} \begin{bmatrix} \dot{\boldsymbol{q}}_1 \\ \dot{\boldsymbol{q}}_2 \\ \vdots \\ \dot{\boldsymbol{q}}_n \end{bmatrix} \tag{3-28}$$

令 $\dot{\boldsymbol{X}} = [\boldsymbol{v}_e \quad \boldsymbol{w}_e]^{\mathrm{T}}$，$\boldsymbol{J} = \begin{bmatrix} \boldsymbol{J}_{L_1} & \boldsymbol{J}_{L_2} & \cdots & \boldsymbol{J}_{L_n} \\ \boldsymbol{J}_{A_1} & \boldsymbol{J}_{A_2} & \cdots & \boldsymbol{J}_{L_n} \end{bmatrix}$，$\dot{\boldsymbol{q}} = [\dot{\boldsymbol{q}}_1 \quad \dot{\boldsymbol{q}}_2 \quad \cdots \quad \dot{\boldsymbol{q}}_n]^{\mathrm{T}}$，则上式可以简化为

$$\dot{\boldsymbol{X}} = \boldsymbol{J}\dot{\boldsymbol{q}} \tag{3-29}$$

由此就建立了关节角速度与末端速度之间的映射关系。

(8) 臂杆弹性振动

连杆 i 的坐标系根据 DH 方法建立，其中 $O_{i-1}X_{i-1}Y_{i-1}Z_{i-1}$ 为连杆 $i-1$ 的关节坐标系，$O_iX_iY_iZ_i$ 为连杆 i 的关节坐标系，$O_i^*X_i^*Y_i^*Z_i^*$ 为连杆 i 产生柔性变形后的坐标系。$\boldsymbol{A}_i$ 为从坐标系 $O_iX_iY_iZ_i$ 到坐标系 $O_{i-1}X_{i-1}Y_{i-1}Z_{i-1}$ 的齐次变换矩阵，表示由于刚性转角的变化导致该机械臂整体的大范围运动；$\boldsymbol{E}_i$ 为从坐标系 $O_iX_iY_iZ_i$ 到坐标系 $O_i^*X_i^*Y_i^*Z_i^*$ 的齐次变换矩阵，表示臂杆的柔性变形使该机械臂关节坐标系产生的微小变化。

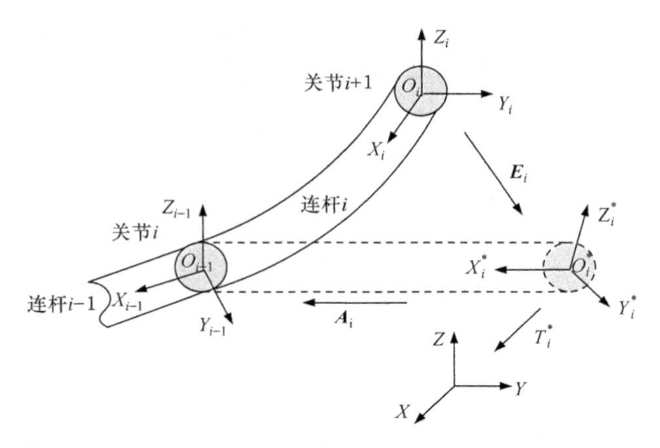

图 3-7　柔性连杆 i 的坐标系和变换矩阵

柔性机械臂臂杆变形的描述采用假设模态法[8]。精确的假设模态法应该是考虑用自然模态形函数来描述机械臂系统中的臂杆变形，但在实际的系统中，柔性臂杆的自然模态与末端载荷、关节位形、关节加速度、关节驱动器和减速器等一系列因素有关。对于多连杆柔性机械臂，为了尽量准确的描述柔性臂杆的变形并对其做进一步的分析，有如下假设[9]。

① 假设各臂杆的长细比较大，因此横向剪切力和转动惯量可以忽略。

② 假设各臂杆只在该臂杆的运动平面内产生柔性变形。

③ 由于机械臂的臂杆采用碳纤维材料，具有较高的刚度，因此各臂杆的挠度很小。

④ 各臂杆的振动及关节力矩对其余臂杆的自然振动频率和模态振型无影响。

⑤ 臂杆振形函数的正交性不受外力和其他因素的影响。

$$\boldsymbol{A}_i=\begin{bmatrix}\boldsymbol{R}_{i-1,i} & \boldsymbol{p}_{i-1,i}\\ \boldsymbol{0} & \boldsymbol{1}\end{bmatrix}=\begin{bmatrix}\cos\theta_i & -\sin\theta_i\cos\alpha_{i-1} & \sin\theta_i\sin\alpha_{i-1} & a_{i-1}\cos\theta_i\\ \sin\theta_i & \cos\theta_i\cos\alpha_{i-1} & -\cos\theta_i\sin\alpha_{i-1} & a_{i-1}\sin\theta_i\\ 0 & \sin\alpha_{i-1} & \cos\alpha_{i-1} & d_i\\ 0 & 0 & 0 & 1\end{bmatrix} \tag{3-30}$$

$$\boldsymbol{E}_i=\begin{bmatrix}\boldsymbol{\Phi}_i & \boldsymbol{\varepsilon}_i\\ \boldsymbol{0} & \boldsymbol{1}\end{bmatrix}=\begin{bmatrix}1 & -\phi_{iz} & \phi_{iy} & \varepsilon_{ix}\\ \phi_{iz} & 1 & -\phi_{ix} & \varepsilon_{iy}\\ -\phi_{iy} & \phi_{ix} & 1 & \varepsilon_{iz}\\ 0 & 0 & 0 & 1\end{bmatrix} \tag{3-31}$$

其中，θ_i、d_i、a_{i-1} 和 α_{i-1} 为机械臂系统未变形前相邻关节坐标系的 DH 参数；$\boldsymbol{\Phi}_i$ 为变形齐次变换矩阵 $\boldsymbol{E}_i$ 中的 3×3 旋转变换矩阵；$\boldsymbol{\varepsilon}_i$ 为变形齐次变换矩阵 $\boldsymbol{E}_i$ 中的 3

×1 位置向量；$\boldsymbol{\phi}_i=(\phi_{ix} \quad \phi_{iy} \quad \phi_{iz})^{\mathrm{T}}$ 和$\boldsymbol{\varepsilon}_i=(\varepsilon_{ix} \quad \varepsilon_{iy} \quad \varepsilon_{iz})^{\mathrm{T}}$ 分别为柔性扭转变形和柔性位移变形向量，一般忽略轴向变形和扭转变形，则 $\phi_{ix}=0,\varepsilon_{ix}=0$，并只考虑柔性臂杆运动平面内的柔性变形 $\phi_{iy}=0,\varepsilon_{iz}=0$。

使用假设模态法离散化机械臂的柔性变形场，首先根据柔性机械臂的位置和力矩边界条件，确定柔性机械臂的振动方程，即

$$\frac{\mathrm{d}^2((EI)_i(\mathrm{d}^2\phi_{ij}/\mathrm{d}x_i^2))}{\mathrm{d}x_i^2}-\omega_{ij}^2\rho_i\phi_{ij}=0 \tag{3-32}$$

$$\frac{\mathrm{d}^2 q_{ij}(t)}{\mathrm{d}t^2}+\omega_{ij}^2 q_{ij}(t)=0 \tag{3-33}$$

则其解为 $q_{ij}(t)=\exp(\omega_{ij}t)$，至此可以求得柔性机械臂的振动方程。

针对柔性机械臂，根据柔性梁的假设模态法，将柔性臂杆看作悬臂梁进行处理，依据柔性机械臂的振动方程，臂杆 i 的柔性变形量 ε_{iy} 和 ϕ_{iz}，可以表示为

$$\begin{aligned}\phi_{iz}&=\sum_{j=1}^{\infty}\phi_{ij}e_{ij}\\ \varepsilon_{iy}&=\sum_{j=1}^{\infty}\varepsilon_{ij}e_{ij}\end{aligned} \tag{3-34}$$

其中，ϕ_{ij} 为臂杆 i 作为悬臂梁的第 j 阶振型函数；e_{ij} 为臂杆 i 的第 j 阶模态坐标。

利用模态阶段方法，选取悬臂梁的前两阶模态，上式变为

$$\begin{aligned}\phi_{iz}&=\phi_{i1}e_{i1}+\phi_{i2}e_{i2}\\ \varepsilon_{iy}&=\varepsilon_{i1}e_{i1}+\varepsilon_{i2}e_{i2}\end{aligned} \tag{3-35}$$

于是，由臂杆柔性的存在而造成的变换矩阵偏差$\boldsymbol{E}_i$ 即可求得。

(9) 能耗影响因素分析

在空间环境中，由于航天系统较为复杂，且空间飞行器的负载有限，无法携带更多能源，因此可供机械臂利用的能源往往有限。以能量作为影响航天机构使用可靠性的影响因素指标，是为了降低机械臂系统的能耗，满足机械臂长时间工作的需求。在求解关节力矩的基础上，根据对关节输出功率的计算，可以提出能量的数学关系式，即

$$f=\sum_{i=1}^{n}\int_{t_0}^{t_f}[\dot{q}_i(t)\tau_i(t)]^2\mathrm{d}t \tag{3-36}$$

(10) 摩擦磨损影响因素分析

由于机械臂关节间隙、齿轮咬合、柔性因素的存在，运行过程中摩擦磨损不可避免。摩擦磨损作为与代价相关的影响因素，贯穿于舱段转移的三个子任务之中，其与可控变量之间的关系可以由以下摩擦模型获得，即

$$\mu\dot{q}_i=J_i\ddot{q}_i-m_i g l_i\cos q_i \tag{3-37}$$

其中，μ 为摩擦系数；$J_i\ddot{q}_i$为关节 i 输出力矩；$m_igl_i\cos q_i$ 为机械臂臂杆 i 的重力力矩。

(11) 机械臂冗余度数

冗余度机器人从运动学观点是指完成某一特定任务时，机械臂具有多余的自由度。为了完成在各种几何和运动学约束下的任务，需要使用冗余度机器人，因此机械臂的冗余度数直接影响指定任务的完成情况。随着冗余度数的增加，机械臂在完成某项特定任务时的构型可更加灵活变换，有助于机械臂使用可靠性能的提高。

设机械臂操作速度 $\dot{\boldsymbol{X}}$ 与关节速度 $\dot{\boldsymbol{q}}$ 之间的关系为

$$\dot{\boldsymbol{X}}=\boldsymbol{J}(\boldsymbol{q})\dot{\boldsymbol{q}} \tag{3-38}$$

当 $m<n$ 时，且下列条件满足时，机器人的冗余度是 $m-n$，即

$$\max_q \mathrm{Rank}\,\boldsymbol{J}(\boldsymbol{q})=m \tag{3-39}$$

3.3.2　使用可靠性影响因素与控制变量间的数学关系

以齿侧间隙(行星齿轮)这一典型影响因素为例进行映射关系的建立。根据机器人学动力学相关知识可以建立如下动力学表达式。

太阳轮分析情况

$$J_s\ddot{\theta}_s=T_D-\sum_{i=1}^{n}[P_{\mathrm{spi}}+D_{\mathrm{spi}}]\cdot r_s \tag{3-40}$$

行星轮分析情况

$$J_{\mathrm{pi}}\ddot{\theta}_{\mathrm{pi}}=(P_{\mathrm{spi}}+D_{\mathrm{spi}}-P_{\mathrm{rpi}}-D_{\mathrm{rpi}})\cdot r_{\mathrm{pi}} \tag{3-41}$$

行星架分析情况

$$(J_c+\sum_{i=1}^{n}m_{\mathrm{pi}}r_c^2)\ddot{\theta}_c=\sum_{i=1}^{n}(P_{\mathrm{spi}}+D_{\mathrm{spi}}+P_{\mathrm{rpi}}+D_{\mathrm{rpi}})\cdot r_c\cdot\cos\alpha-T_L \tag{3-42}$$

其中，J 为各齿轮和行星架的转动惯量；r_s 为齿轮的基圆半径；r_c 为行星架半径且 $r_c=r_{\mathrm{js}}+r_{\mathrm{jp}}$($r_{\mathrm{js}}$和 r_{jp}分别为太阳轮和行星轮节圆半径)；m 为质量；α 为齿轮副啮合角；T_D 为输入力矩；T_L 为负载力矩；P 和 D 分别为齿轮副的弹性啮合力和黏性啮合力大小。

由分析可知，太阳轮-行星轮在啮合线方向的相对位移 δ_{sp}，以及行星轮-内齿圈在啮合线方向的相对位移 δ_{rp}分别为

$$\begin{cases}\delta_{\mathrm{spi}}=\theta_s r_{\mathrm{bs}}-\theta_{\mathrm{pi}}r_{\mathrm{bpi}}-\theta_c r_c\cos\alpha-e_{\mathrm{spi}}(t)\\ \delta_{\mathrm{rpi}}=\theta_{\mathrm{pi}}r_{\mathrm{bpi}}-\theta_c r_c\cos\alpha-e_{\mathrm{rpi}}(t)\end{cases} \tag{3-43}$$

其中，e 为齿轮副啮合综合误差函数。

令内外啮合齿轮副侧隙分别为 $2b_{\mathrm{spi}}$和 $2b_{\mathrm{rpi}}$，则太阳轮-行星轮的弹性啮合力

P_{spi}与啮合阻尼力 D_{spi}，以及行星轮-内齿圈的弹性啮合力 P_{rpi} 与啮合阻尼力 D_{rpi} 可以分别由下式得出，即

$$\begin{cases}P_{spi}=K_{spi}(t)f(\delta_{spi},b_{spi})\\D_{spi}=C_{spi}\dot{\delta}_{spi}\end{cases}\tag{3-44}$$

$$\begin{cases}P_{rpi}=K_{rpi}(t)f(\delta_{rpi},b_{rpi})\\D_{rpi}=C_{rpi}\dot{\delta}_{rpi}\end{cases}\tag{3-45}$$

其中，$K_{spi}(t)$和 $K_{rpi}(t)$分别为各啮合齿轮副沿作用线的时变啮合刚度；t 代表时间；C_{spi}和 C_{rpi}分别为各齿轮副啮合阻尼系数；f 是考虑齿侧间隙时描述轮齿啮合力的非线性函数。

经过上述分析，可建立齿侧间隙与关节角速度间的映射关系。根据机器人学正解可知，关节角速度与末端速度间存在直接的映射关系，即

$$\boldsymbol{V}=\dot{\boldsymbol{X}}=\boldsymbol{J}(\boldsymbol{q})\dot{\boldsymbol{q}}\tag{3-46}$$

其中，$\boldsymbol{J}(\boldsymbol{q})$定义为操作速度与关节速度的线性变换，可以看成是从关节空间向操作运动空间速度的传动比。

至此，建立了侧齿间隙与末端速度之间的映射关系。

综上所述，针对梳理出来的影响因素与控制变量间的影响关系，分别建立影响因素与控制变量间的数学逻辑关系，以及各控制变量间的耦合影响关系。下一步采用灵敏度分析的思想，在不同子任务下确定出相应影响因素及可控变量对航天机构使用可靠性的影响，进而开展优化控制策略的研究，为接下来建立任务规划、路径规划，以及运动控制的优化模型提供理论指导。

3.4 控制变量灵敏度分析

已知控制变量与中间响应层因素之间的映射关系条件，由于控制变量与中间响应层因素间的关系通过数学表达式无法揭示被研究总体的分布特征及本质规律，因此运用统计学方法，通过图表对数据进行归类整理、显示，从而获得更加直观的中间响应层因素与控制变量间的影响关系。

1. 冗余度数

针对以上建立的中间响应层因素与控制变量间的映射关系，现以七自由度自由漂浮空间机械臂为例(图 3-8)分别从任务相关中间响应层因素，以及代价相关中间响应层因素进行分析，通过相应的分析结果调整各控制参数，提高机械臂的运行性能，进而提高机械臂的使用可靠性。七自由度机械臂的 DH 参数如表 3-3 所示。空间机械臂概率密度函数如图 3-9 所示。空间机械臂概率分布如图 3-10 所示。空间八自由度机械臂关节 5 故障示意图如图 3-11 所示。

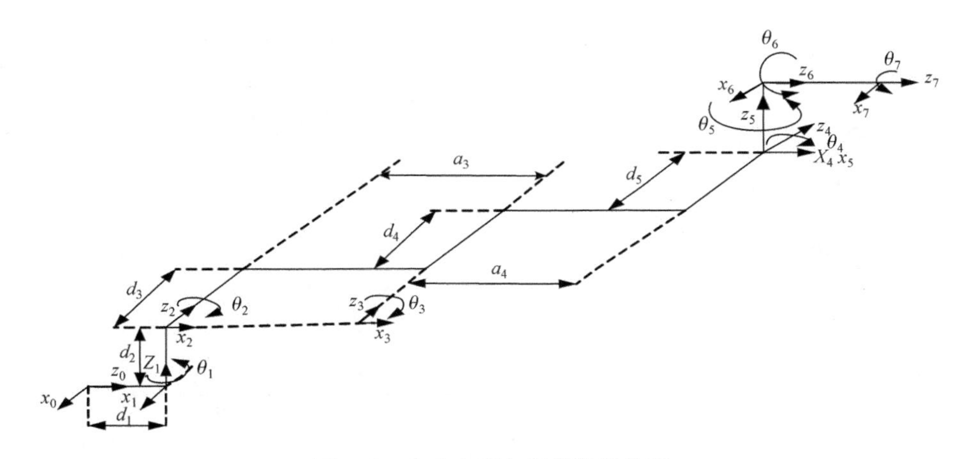

图 3-8　七自由度空间机械臂构型

表 3-3　机械臂 DH 参数表

连杆 i	θ_i/(°)	d_i/m	a_{i-1}/m	α_{i-1}/(°)
1	θ_7(0)	0.6	0	90
2	θ_6(90)	0.5	0	−90
3	θ_5(0)	0	5	0
4	θ_4(0)	1.5	5	0
5	θ_3(0)	0	0	90
6	θ_2(−90)	0.5	0	−90
7	θ_1(0)	0.6	0	0

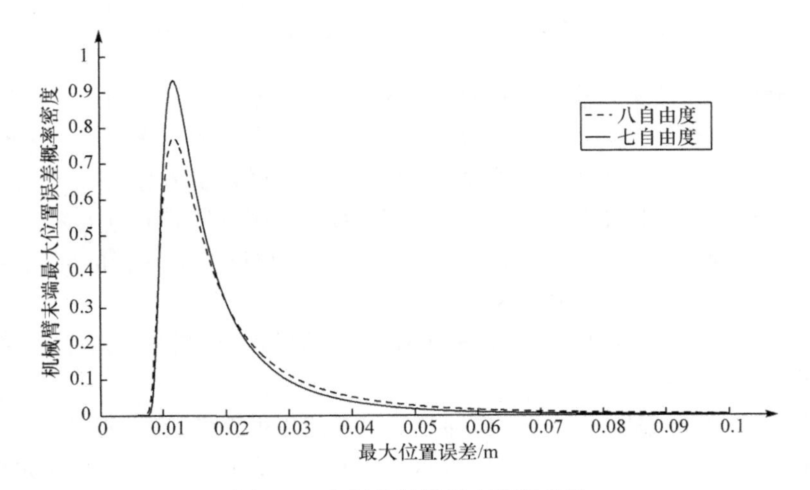

图 3-9　空间机械臂概率密度函数

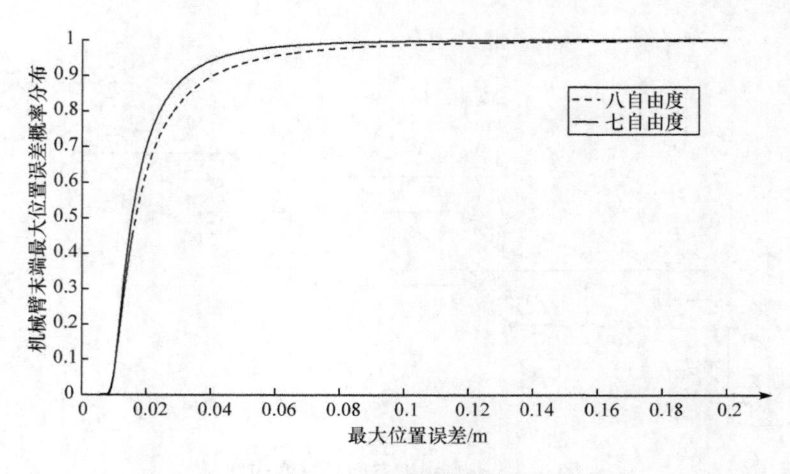

图 3-10　空间机械臂概率分布

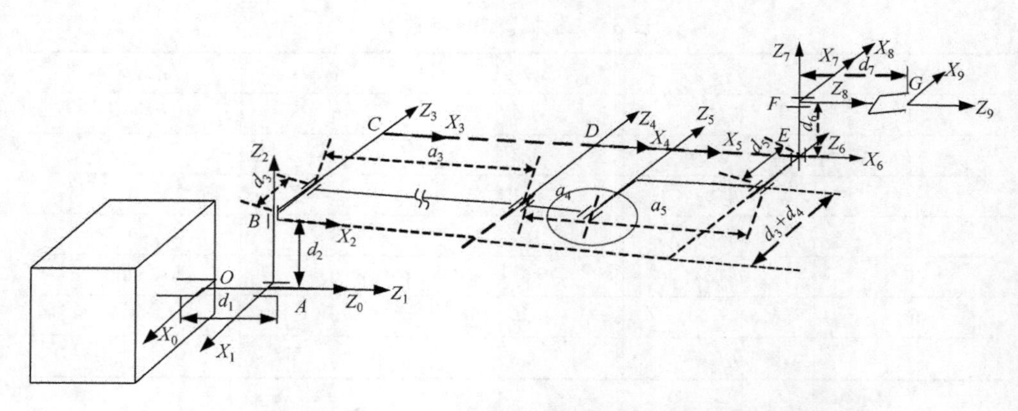

图 3-11　空间八自由度机械臂关节 5 故障示意图

下面确定冗余度数对空间机械臂完成任务的影响，将原七自由度空间机械臂通过添加一个冗余关节构成八自由度机械臂，对其常态下的可靠性进行对比评估。由于八自由度比七自由度多了一个关节，即多了一个误差引入源，评估结果常态下八自由度机械臂可靠性略低于七自由度可靠性，但仍在可接受的范围内。

在进行规划过程中，关节 5 发生故障，由于存在与该关节平行的冗余关节，使得机械臂仍具有保持在该方向运动的能力。

图 3-12 显示了关节故障时进行模型切换的结果，可以看出路径有微量突变，但机械臂仍能到达指定位置。

综上所述，通过添加冗余关节能够有效提升使用可靠性，有效提升任务完成效率。接下来，针对七自由度机械臂分别从任务相关中间响应层因素——机械臂末端位姿精度、基座扰动、碰撞过程、负载过程给机械臂执行任务带来的影响，以及代

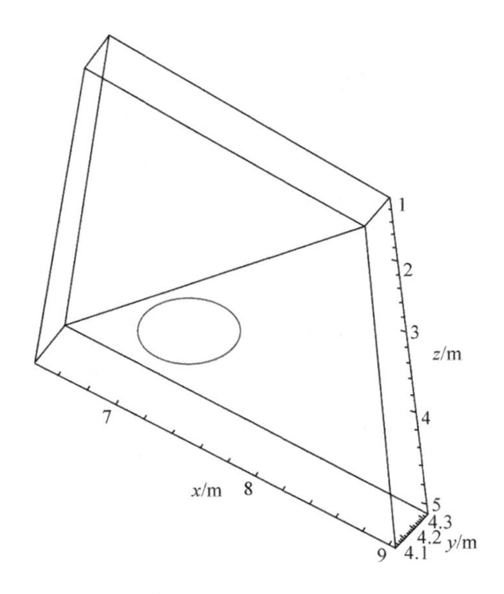

图 3-12　空间八自由度机械臂故障下路径规划

价相关中间响应层因素(能耗因素和摩擦磨损因素)——进行分析。

2. 末端精度

由上述分析可知,如果设位置矢量 $\boldsymbol{P}$ 表示末端连杆的位置,旋转矩阵 $\boldsymbol{R}=[\boldsymbol{n}\ \boldsymbol{o}\ \boldsymbol{a}]$ 代表末端连杆的方位,则可得操作臂的运动学方程,即

$$\begin{bmatrix} {}^{0}_{n}\boldsymbol{R} & {}^{0}\boldsymbol{P} \\ \boldsymbol{0} & \boldsymbol{1} \end{bmatrix} = {}^{0}_{1}\boldsymbol{T}\,{}^{1}_{2}\boldsymbol{T}\,{}^{2}_{3}\boldsymbol{T}\cdots{}^{n-1}_{n}\boldsymbol{T} \tag{3-47}$$

由此建立了末端连杆的位姿与关节角之间的联系。该式表示出关节角度和运动学固有参数对机械臂末端精度间的映射关系。现在假设其他中间响应层因素不变的情况,引入关节角度误差,分析关节角度对末端精度的影响关系。

首先,给定一组理想关节角度序列(角度),即$[\theta_1,\ \theta_2,\ \theta_3,\ \theta_4,\ \theta_5,\ \theta_6,\ \theta_7]^{\mathrm{T}}=[-50°,\ -170°,\ 150°,\ -60°,\ 130°,\ 170°,\ 0°]^{\mathrm{T}}$,以及理想末端位姿,即$[x,\ y,\ z]^{\mathrm{T}}=[6.4935\mathrm{m},\ 4.3382\mathrm{m},\ 5.0137\mathrm{m}]^{\mathrm{T}}$,$[\alpha,\ \beta,\ \gamma]^{\mathrm{T}}=[-0.9900\mathrm{rad},\ -0.3068\mathrm{rad},\ -2.4154\mathrm{rad}]^{\mathrm{T}}$。

由于这里主要考虑机械臂关节角度控制精度对末端精度的影响,设定关节精度的变化范围为 0°～0.5°,0°表示无控制误差,0.5°表示控制误差在−0.5°～0.5°。具体操作步骤如下。

① 在 0°～0.5°每隔 0.005°确定一个精度等级,共得到 100 组精度等级。

② 针对精度等级$[-\delta, +\delta]$，$\delta=0.005$，0.010，…，0.5，从中选取出10 000组随机关节角误差序列，即

$$[\Delta\theta_1,\ \Delta\theta_2,\ \Delta\theta_3,\ \Delta\theta_4,\ \Delta\theta_5,\ \Delta\theta_6,\ \Delta\theta_7]$$

$$\Delta\theta_1,\ \Delta\theta_2,\ \Delta\theta_3,\ \Delta\theta_4,\ \Delta\theta_5,\ \Delta\theta_6,\ \Delta\theta_7\in[-\delta,\ +\delta]$$

③ 求取在实际角度序列下的实际位姿$[x',y',z',\alpha',\beta',\gamma']$，其中实际关节角序列表示为

$$[\theta_1+\Delta\theta_1,\ \theta_2+\Delta\theta_2,\ \theta_3+\Delta\theta_3,\ \theta_4+\Delta\theta_4,\ \theta_5+\Delta\theta_5,\ \theta_6+\Delta\theta_6,\ \theta_7+\Delta\theta_7]$$

④ 求取在此误差序列下末端位置误差(实际位置与理想位置的距离)和姿态误差(实际欧拉角与理想欧拉角差值的几何平均值)，即

$$P_{\text{error}}=\sqrt{(x'-x)^2+(y'-y)^2+(z'-z)^2} \tag{3-48}$$

$$E_{\text{error}}=\sqrt{(\alpha'-\alpha)^2+(\beta'-\beta)^2+(\gamma'-\gamma)^2} \tag{3-49}$$

⑤ 求取10 000次实验结果的平均值和最大值，画出δ-P_{error}曲线，以及δ-E_{error}曲线。

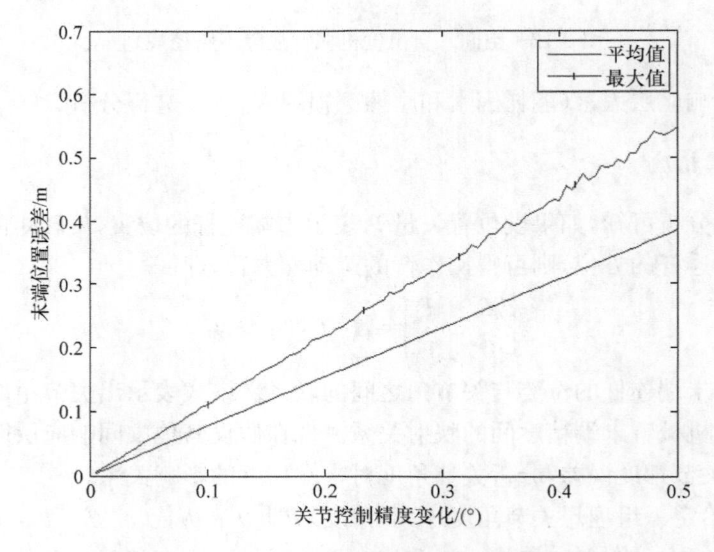

图 3-13　末端位置误差与关节控制精度关系图

由图3-13可以看出，随着关节角度控制误差的增大，末端位置误差越来越大，几乎是正比例线型。

图3-14表明，随着关节角度控制误差的增大，末端姿态误差越来越大，几乎是正比例线型。

根据第一部分的映射关系图可知，在舱段转移的各个子任务中都存在末端精度对任务完成的影响，但是由于不同任务的实际需求不同，因此在分析不同子任务下各自中间响应层因素的影响程度关系时需要选取不同的精度范围等级。

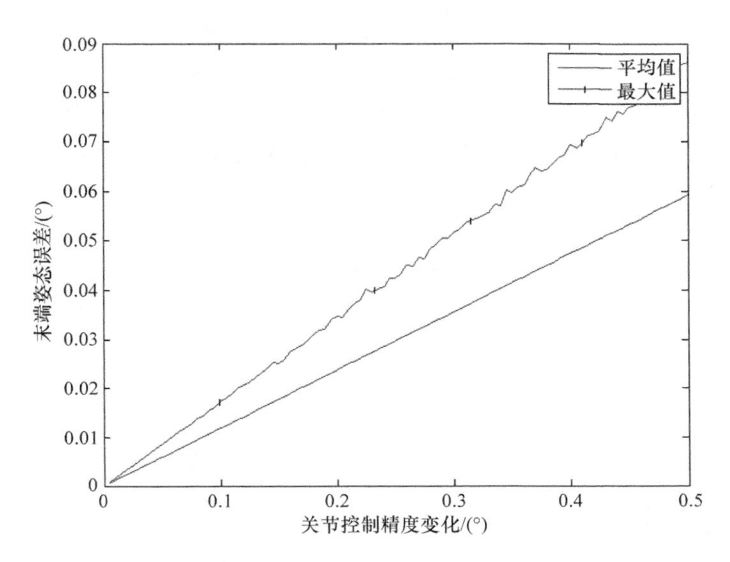

图 3-14　末端姿态误差与关节控制精度关系图

3. 基座扰动

假设基座姿态在惯性系中的位姿为 **PEc**，将 **PEc** 转换成相对应的齐次矩阵为 $\boldsymbol{T}_{cI}$。此外，根据 DH 参数及坐标系之间的变换关系可以求得从机械臂末端到机械臂根部的齐次变化矩阵为${}_e^n\boldsymbol{T}$，从机械臂根部到基座坐标系的变化矩阵为${}_0^C\boldsymbol{T}$，此时可以得到下式。

关节角序列为

$$\boldsymbol{\theta}=[\theta_1,\theta_2,\cdots,\theta_{n-1},\theta_n]^{\mathrm{T}}$$

末端的位姿为

$${}_e^I\boldsymbol{T}=\boldsymbol{T}_{cI}\,{}_0^C\boldsymbol{T}\;{}_1^0\boldsymbol{T}(\theta_1)\,{}_2^1\boldsymbol{T}(\theta_2)\;\cdots\;{}_{n-1}^{n-2}\boldsymbol{T}(\theta_{n-1})\,{}_n^{n-1}\boldsymbol{T}(\theta_n)\,{}_e^n\boldsymbol{T}$$

由此可求出，在给定的航天器基座姿态和关节角下，空间七自由度大型机械臂的末端位姿，得到运动学正解。求运动学逆解的过程就是根据给定的机械臂末端位姿求解关节角度和机械臂基座姿态。对于空间大型机械臂系统，由于基座和机械臂本体之间存在运动耦合，在机械臂运动时，基座的位姿会随空间大型机械臂的运动而运动。由上述分析的运动学正逆解过程可以看出，基座的位姿主要和机械臂关节角、机械臂末端位姿有关，而在知道关节角的情况下，末端位姿与基座姿态均可获得，因此机械臂关节角是影响基座姿态的直接因素。在机械臂运动学过程中，如果关节角度存在扰动误差，将会给基座姿态带来误差。以下是考虑引入关节角误差时基座扰动误差的仿真分析。

接下来，对机械臂进行笛卡儿空间直线规划，初始关节角序列为[－50°,

−170°,150°,−60°,130°,170°,0°]^{T};期望位姿为[9.6m,0m,3m,0°,0°,180°]^{T};各关节质量[42.5,42.5,70,70,42.5,42.5,42.5],单位为kg;基座质量为100 000kg。关节精度分别设置为0°～0.5°,0°表示无控制误差,0.5°表示控制误差在−0.5°～0.5°。由上面的分析可知,在路径规划过程中引入关节角度误差,会给基座姿态带来误差。

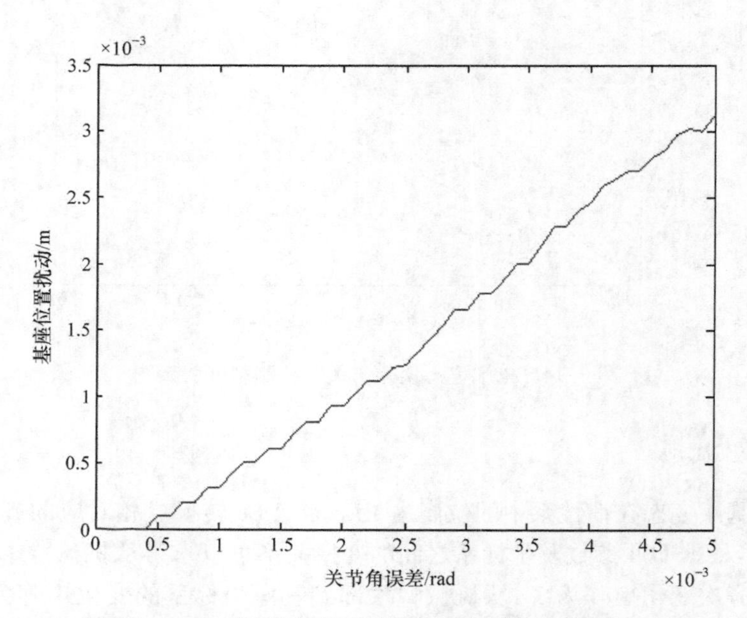

图 3-15　基座位置扰动随关节角度误差变化趋势

从图3-15可以看出,基座姿态偏差随关节角扰动的增加而增大,呈近似线性关系。折线情况明显是因为考虑了实验资源和实验时间,样本点选取较少,随着样本点增加,曲线将变得更加平滑。

在−0.5°～0.5°随机取100组数据作为关节角扰动,画出机械臂基座姿态误差与关节角精度的关系曲线如图3-16和图3-17所示。

分析上图可得位置偏差的最大值为0.0156m,平均偏差为0.004m,选定基座末端位置偏差在0～0.1m,姿态偏差在−5°～5°。

① $f_1=1-\left|\dfrac{E(X)-f_{\text{ideal}}}{f_{\text{ideal}}}\right|$,表明引入一定范围的关节角误差后,机械臂基座扰动的实际偏差程度,则计算为 $f_1=1-\left|\dfrac{E(X)-f_{\text{ideal}}}{f_{\text{ideal}}}\right|=15.6\%$。

② $f_2=\dfrac{E(|X-f_{\text{ideal}}|)}{\Delta}$,为不影响任务完成度,则在关节角精度范围内位置偏

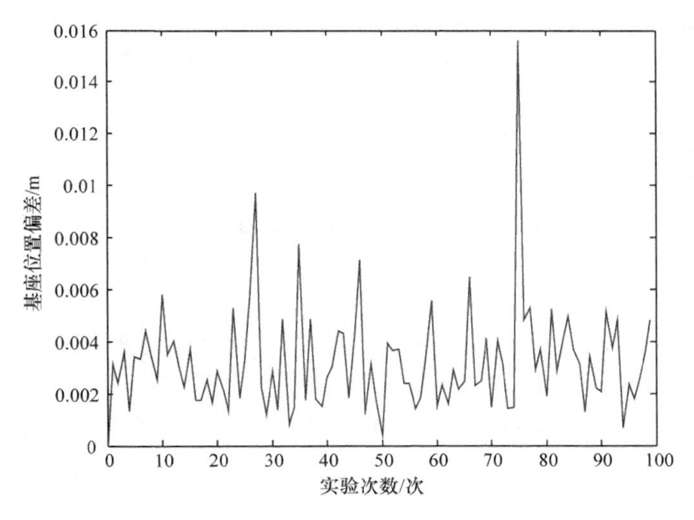

图 3-16 基座位置偏差与关节角扰动的关系

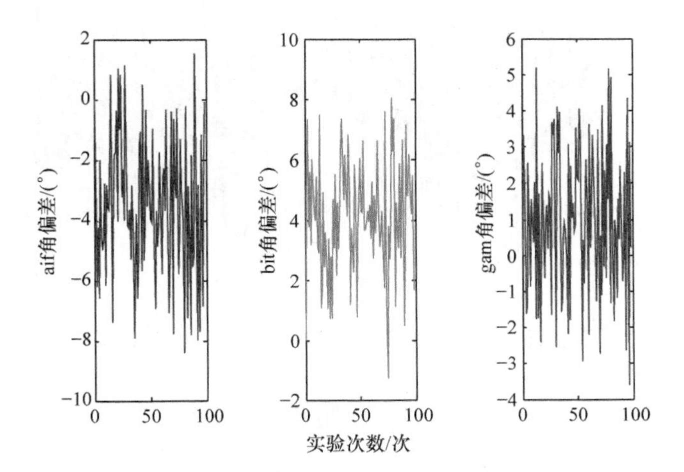

图 3-17 基座姿态偏差与关节角扰动的关系

差的最大影响程度为 $f_2=\dfrac{E(|X-f_{\text{ideal}}|)}{\Delta}=42\%$。

4. 碰撞脉冲

机械臂碰撞脉冲为

$$\gamma=-(1+\mathrm{e})\frac{\boldsymbol{n}^{\mathrm{T}}(\boldsymbol{v}_{e2}-\boldsymbol{v}_{e1})}{\boldsymbol{n}^{\mathrm{T}}(\boldsymbol{D}_2+\boldsymbol{D}_1)\boldsymbol{n}} \tag{3-50}$$

可见脉冲力受到的中间响应层因素(除固有因素)包括碰撞力方向 $\boldsymbol{n}$,$\boldsymbol{D}_2$ 为目标物的雅可比惯性矩阵(当目标物确定时,$\boldsymbol{D}_2$ 为定值),相对速度($\boldsymbol{v}_{e2}-\boldsymbol{v}_{e1}$),以及机械臂关节角度函数$\boldsymbol{D}_1=\boldsymbol{J}_{w}\boldsymbol{H}^{*-1}\boldsymbol{J}_{w}^{\mathrm{T}}$,其中$\boldsymbol{J}_{w}$为广义线速度雅可比矩阵,$\boldsymbol{H}^{*-1}$为机械臂广义惯性矩阵。

(1) 机械臂关节角度的影响

该部分主要考虑机械臂关节角度控制精度对碰撞脉冲的影响,关节精度分别设置为 0°~0.5°,0°表示无控制误差,0.5°表示控制误差在−0.5°~0.5°。设初始的碰撞条件如下。

碰撞方向为 $\boldsymbol{n}=[-0.5267,\ 0.7355,\ 0.4262]^{\mathrm{T}}$。碰撞构型为 $\boldsymbol{q}=[-50°,\ -170°,\ 150°,\ -60°,\ 130°,\ 170°,\ 0°]^{\mathrm{T}}$,相对速度为 0.05m/s,碰撞物体质量为 20kg。假设关节角度误差为−0.01°~0.01°,随机取 1000 组值,计算的碰撞力图像如图 3-18 所示,这里用 1000 组值的平均值代替此种精度的计算结果。

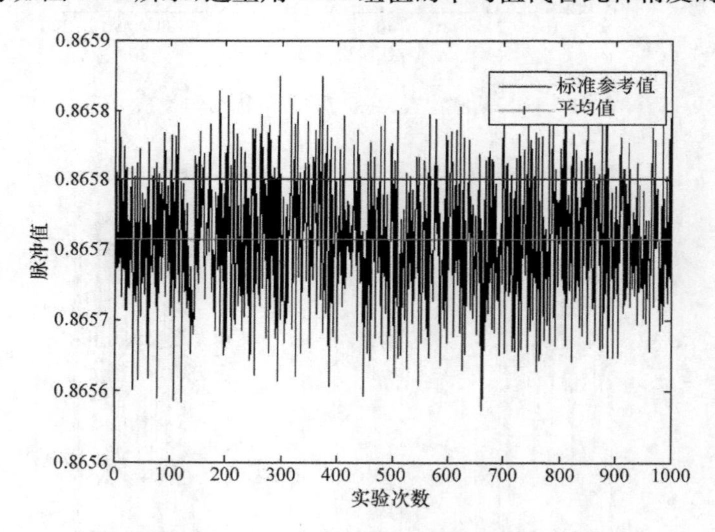

图 3-18　单一关节角度误差下脉冲力

同理,在 0°~0.5°取 100 组平均数据,取每组实验 1000 次的平均值,画出机械臂末端碰撞脉冲与关节精度关系曲线。由图 3-19 可以看出,随着关节角度控制精度的下降,对所求的脉冲的影响越来越大,其变化趋势接近于正比例函数 $y=0.02832x$。

(2) 相对速度的影响

由机械臂碰撞脉冲公式可以看到,在其他变量不变的情况下,机械臂的碰撞脉冲与机械臂末端相对速度值成正比,当相对速度为 0,碰撞脉冲也为 0,为此我们设计机械臂末端相对速度从 0~0.5m/s 变化,其间取 100 个点。机械臂末端碰撞脉冲与相对速度关系如图 3-20 所示。

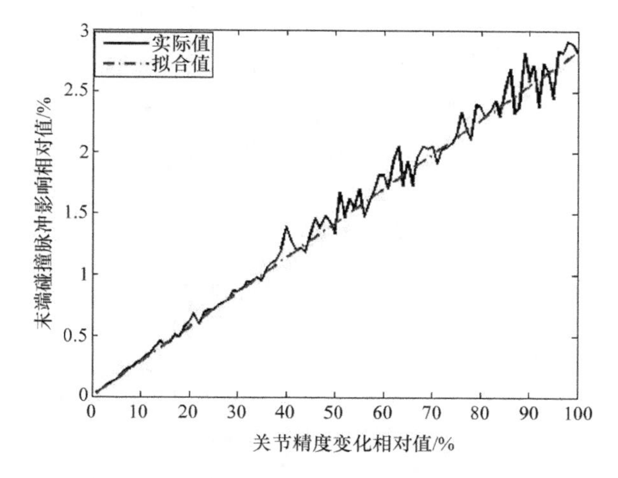

图 3-19　机械臂末端碰撞脉冲与关节精度关系

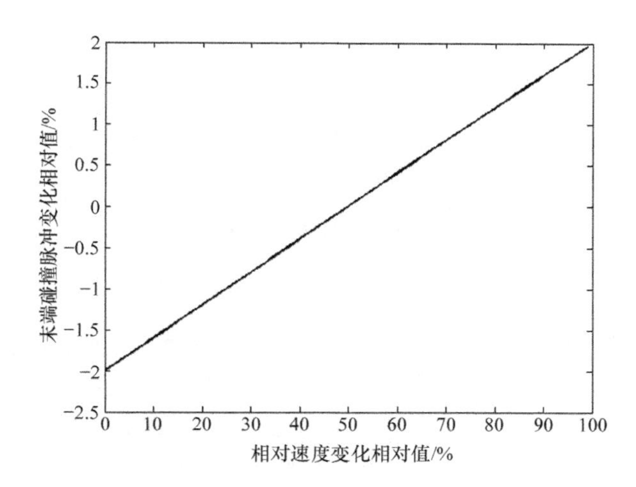

图 3-20　机械臂末端碰撞脉冲与相对速度关系

(3) 碰撞方向的影响

假设碰撞情形为对接杆对接，如图 3-21 所示。

假设对接锥的锥角 $\theta=30°$，由于碰撞可能发生在对接锥内面的任何地方，因此在机械臂末端建立的坐标系如图 3-21 所示，设想其始终与 Z 轴夹角为锥角，在 XOY 平面内的投影与 X 轴夹角为 φ，范围为 0°～360°。碰撞方向向量 $\boldsymbol{n}$ 可以表示为 $\boldsymbol{n}=[\sin\theta\cos\varphi,\ \sin\theta\sin\varphi,\ \cos\theta]^{\mathrm{T}}$。

所得的碰撞脉冲幅值与碰撞方向的关系如图 3-22 所示。

从图 3-22 可以看到，碰撞力的方向对碰撞力有较大的影响，当碰撞力方向分量指向末端坐标系 Y 轴正方向的时候，碰撞力较大，反之较小。空间机械臂捕获

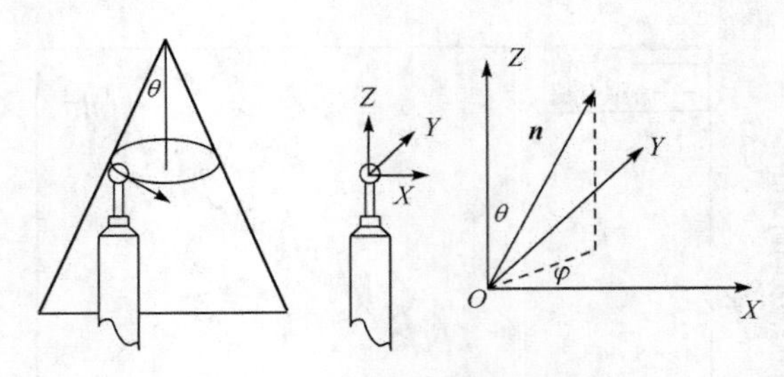

图 3-21 碰撞方向示意图

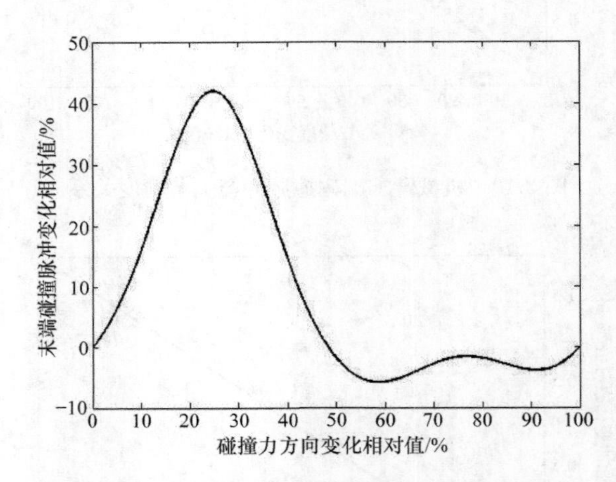

图 3-22 机械臂末端碰撞脉冲与碰撞方向关系

物体时所受的碰撞力受到碰撞方向、机械臂关节角精度及碰撞方向的影响。为了比较三种因素的影响大小,将中间响应层因素曲线的横纵坐标统一之后进行比较。可以看出,总体速度大小对碰撞力的影响是最大的,其次是碰撞方向的影响,影响最小的是关节控制精度。

(4) 综合影响效果

为了研究多种因素对碰撞力的综合影响效果,取关节控制精度为[−0.5°, 0.5°],末端速度精度为[−0.001, 0.001]m/s。实验次数与脉冲误差关系如图 3-23 所示。

这表明,引入一定范围的关节角误差后,机械臂平均碰撞力的变化程度,则本例中计算为

$$f_1=1-\left|\frac{E(X)-f_{\text{ideal}}}{f_{\text{ideal}}}\right|\times100\%=1.1755/1.1760\times100\%=99.96\%$$

假设考虑机械臂关节力矩和末端受力情况,设定一个任务可完成的误差为[−0.2, 0.2],即脉冲的允许值为[0.976, 1.376]。

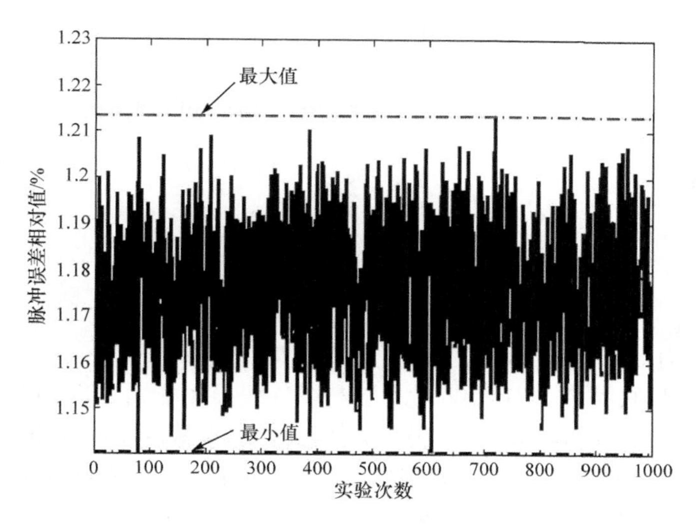

图 3-23　实验次数与脉冲误差关系

$$f_2=\frac{E(|X-f_{\text{ideal}}|)}{\Delta}=(1.2133-1.1405)/0.4\times 100\%=18.2\%$$

5. 负载能力

空间机械臂负载能力的制约因素主要考虑以下几个方面。

① 关节驱动能力的限制,主要取决于关节驱动机构固有的工作能力。

② 大负载操作情况下基座姿态偏转的限制,主要是由于航天器基座姿态偏转较大时,需利用主动(有源)姿态控制系统进行调整,因此会消耗有限的燃料。

③ 机械臂末端速度的限制,是由于大负载情况下机械臂基频较低,以较大速度操作负载容易引起机械臂弹性振动,需要很长时间等待其衰减。

针对空间机械臂,由对偶关系可知关节力矩和末端操作广义力存在如下映射关系,即

$$\boldsymbol{\tau}=\boldsymbol{J}_{\text{float}}^{\text{T}}(\boldsymbol{q})\boldsymbol{F}_e \tag{3-51}$$

其中,$\boldsymbol{F}_e$ 定义为机械臂末端作用于负载的终端广义力矢量,即

$$\boldsymbol{F}_e=[\boldsymbol{f}_e \quad \boldsymbol{n}_e]^{\text{T}}=[m_{\text{load}}\boldsymbol{a}_e \quad \boldsymbol{I}_{\text{load}}\dot{\boldsymbol{\omega}}_e]^{\text{T}} \tag{3-52}$$

该 6 维力矢量由机械臂末端作用于负载的力矢量 $\boldsymbol{f}_e$ 和力矩矢量 $\boldsymbol{n}_e$ 组成,$\boldsymbol{a}_e=[a_{ex} \quad a_{ey} \quad a_{ez}]^{\text{T}}$ 和 $\dot{\boldsymbol{\omega}}_e=[\dot{\omega}_{ex} \quad \dot{\omega}_{ey} \quad \dot{\omega}_{ez}]^{\text{T}}$ 分别表示机械臂末端的加速度和角加速度。

由此,上述表达式可以改为

$$\begin{bmatrix}\tau_1\\\tau_2\\\vdots\\\tau_n\end{bmatrix}=\begin{bmatrix}j_{11}&j_{12}&\cdots&j_{16}\\j_{21}&j_{22}&\cdots&j_{26}\\\vdots&\vdots&&\vdots\\j_{n1}&j_{n2}&\cdots&j_{n6}\end{bmatrix}\begin{bmatrix}m_{\text{load}}&&&&&\\&m_{\text{load}}&&&&\\&&m_{\text{load}}&&&\\&&&I_{xx}&&\\&&&&I_{yy}&\\&&&&&I_{zz}\end{bmatrix}\begin{bmatrix}a_{ex}\\a_{ey}\\a_{ez}\\\dot{\omega}_{ex}\\\dot{\omega}_{ey}\\\dot{\omega}_{ez}\end{bmatrix}$$

于是有

$$\tau_i=\boldsymbol{J}_i\,[m_{\text{load}}\boldsymbol{a}_e\quad \boldsymbol{I}_{\text{load}}\dot{\boldsymbol{\omega}}_e]^{\mathrm{T}},\quad i=1,2,\cdots,n \tag{3-53}$$

其中,$\boldsymbol{J}_i$ 表示力雅可比矩阵的第 i 行。

式(3-53)反映每个关节操作能力与末端负载操作能力之间的关系。针对任意给定的规划,机械臂操作负载过程中的任意时刻,末端的加速度和角加速度是确定的常数;任意时刻的广义雅可比矩阵可视为常数矩阵。引入负载系数的概念,假设末端存在较小的单位等效负载(m_0,$\boldsymbol{I}_0$),对于 $t\in[t_0,\ t_f]$,有

$$\tau_{i\_\max}=C_i(t)*\boldsymbol{J}_i(t)[m_0\,\boldsymbol{a}_e(t)\quad \boldsymbol{I}_0\dot{\boldsymbol{\omega}}_e(t)]^{\mathrm{T}},\quad i=1,2,\cdots,n \tag{3-54}$$

其中,$\tau_{i_\max}$为关节 i 允许的最大驱动力矩;$C_i(t)$为关节 i 在 t 时刻的负载系数。

因此,得到关节 i 的最大负载系数为

$$C_{i\_\max}=\min\{C_i(t),\ t\in[t_0,t_f]\} \tag{3-55}$$

最终可以得到空间机械臂的最大负载系数为

$$C_{\max}=\min\{C_{i\_\max},\ i=1,2,\cdots,n\} \tag{3-56}$$

末端允许的最大负载质量和惯量为

$$\begin{cases}m_{\text{load\_max}}=C_{\max}m_0\\ [I_{\text{load\_max}}]=C_{\max}[\boldsymbol{I}_0]\end{cases} \tag{3-57}$$

根据上述分析,即可根据自由漂浮模式下的系统动力学模型,计算出各中间响应层因素。仿真初始参数和约束条件设置如下。

初始关节角度为[$-20°$,0,$-10°$,$-140°$,$110°$,$155°$,$70°$]^{T}。

终止关节角度为[$-10°$,$10°$,$-30°$,$-120°$,$125°$,$135°$,$80°$]^{T}。

关节角速度变化根据梯形规划确定,规划总时间 40s,加速和减速时间 10s;单位等效负载的质量和惯量为 $m=500\text{kg}$,$\boldsymbol{I}$=[4718.5,0,0;0,4718.5,0;0,0,1334.1]$\text{kg}\cdot\text{m}^2$。

在进行负载能力中间响应层因素分析时,采用质量与惯量等比放大的方法,即乘以相同的负载系数。

(1) 最大关节力矩与负载系数之间的变化关系

假设关节允许的最大驱动力矩从 350～1200N · m 变化,下面着重分析关节力矩约束对负载能力影响(图 3-24)。

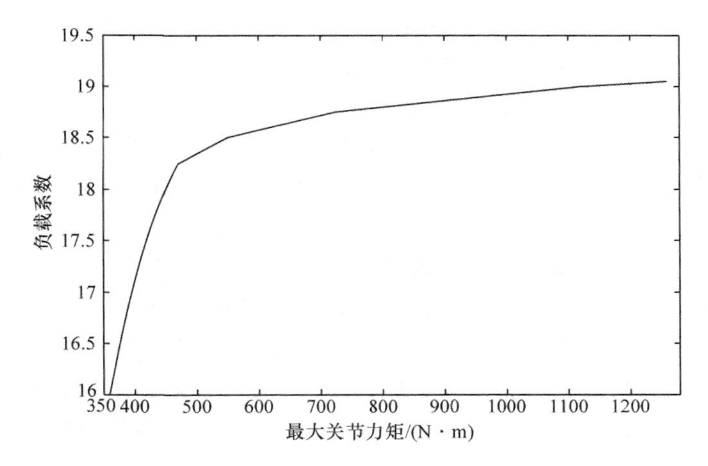

图 3-24　最大关节力矩与负载系数之间的变化关系曲线

由图 3-24 可知，针对同一个路径规划，随着最大关节力矩的增大，负载系数先是迅速增大，当最大关节力矩达到 480N · m 后，负载系数增大趋势减缓，最大关节力矩在 700～1260N · m 时，负载系数增大甚微，最大关节力矩从 350N · m 增加到 1200N · m，负载系数只增大了 3，说明关节力矩约束对机械臂负载能力的影响是比较小的。

(2) 基座扰动量与负载系数之间的变化关系

假设允许的最大基座姿态偏转欧拉角从 5°～15°(0.087～0.262rad)进行调整，着重考虑基座姿态扰动约束对负载能力影响。

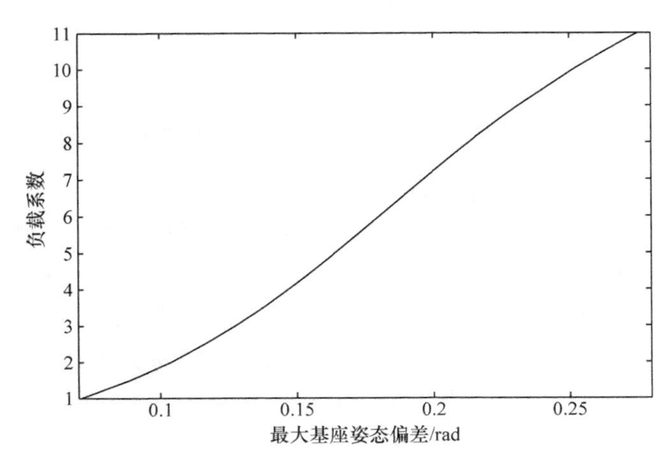

图 3-25　基座扰动量与负载系数之间的变化关系曲线

由图 3-25 可知，针对同一个路径规划，随着负载质量和惯量的增大，负载系数与最大基座姿态偏差基本呈线性关系。在基座扰动容许范围内，负载系数增大 11 倍，说明基座姿态扰动约束对机械臂负载能力的影响较大。

（3）机械臂末端速度与负载系数之间的变化关系

对末端速度在 0.04～0.25m/s 进行调整时，假设以关节力矩、基座扰动力或力矩峰值均不超过 500(N 或 N·m)为判别条件，着重分析机械臂末端速度对负载能力的影响。

由图 3-26 可知，当机械臂末端处于低速运动时(0.075m/s)，机械臂的负载能力是很可观的，能操作重达 10t 的负载，但随着末端速度超过 0.075m/s 并继续增大，负载系数显著下降，当末端速度达到 0.1m/s 后，负载系数下降趋势逐渐减缓，在 0.2265m/s 时，负载系数为 1，即负载为单位等效负载。末端速度从 0.04m/s 变化到 0.25m/s 时，负载系数减小为原来的 1/60，说明末端速度的变化对负载系数的影响较大。

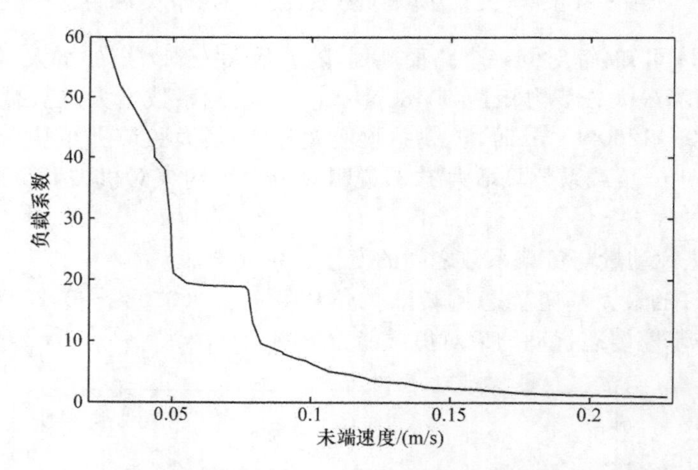

图 3-26　机械臂末端速度与负载系数之间的变化关系曲线

由以上三组负载分析可知，当机械臂末端速度在 0.04～0.25m/s 变化时，机械臂负载系数从 60 减到 1；当最大基座姿态偏转欧拉角在 5°～15°变化时，机械臂负载系数从 1 增大到 11；当关节允许的最大驱动力矩在 350～1200N·m 变化时，机械臂负载系数从 16 增大到 19。因此，影响机械臂负载能力最大的是机械臂末端速度的变化，其次是关节力矩。关节力矩的过载很容易引起机械臂损坏，导致任务的不可完成，而基座扰动的影响可以通过消耗能量来调节，因此影响相对最小的是基座扰动。

（4）引入关节角误差对负载系数的影响

当末端速度在 0.0823m/s 时，不引入关节角误差时的负载系数为 $f_{\text{ideal}}=10.3$，为比较不同影响因数对负载系数的影响程度，引入随机关节角误差，误差范围给定为[−0.5°,0.5°],产生随机关节角(7 个不同的随机量)误差后,每步迭代时在理想关节角基础上加上这个随机误差,重复运行 100 次,得到负载系数的计算结果如表 3-4 所示。

表 3-4　随机关节角误差情况下的负载系数

负载系数 f	频数
10.0	11
10.1	15
10.2	19
10.3	30
10.4	17
10.5	8
均值 $\bar{f}$	10.2510
最值$[f_{\min}, f_{\max}]$	[10.0,10.5]

这表明,引入一定范围的关节角误差后,机械臂平均负载能力的变化程度,则本例中计算为

$$f_1=1-\left|\frac{E(X)-f_{\text{ideal}}}{f_{\text{ideal}}}\right|\times 100\%=10.2510/10.3\times 100\%=99.52\%$$

其中,$[\Delta]$为允许的负载系数变化量,$[\Delta]>0$,设为$[\Delta]=2.0$,则本例计算为

$$f_2=\frac{E(|X-f_{\text{ideal}}|)}{\Delta}=(10.5-10.0)/2.0\times 100\%=25\%$$

通过引入关节角误差来看其对机械臂负载能力的影响,关节角误差的引入对机械臂负载系数的影响不明显。

6. 能耗因素

能耗公式为

$$f=\sum_{i=1}^{n}\int_{t_0}^{t_f}[\dot{q}_i(t)\tau_i(t)]^2\mathrm{d}t \tag{3-58}$$

可见系统能耗与关节角速度,以及关节力矩大小有关,由于关节力矩与关节角速度间存在耦合关系,因此这里只研究关节角速度与能耗间的影响关系。理想情况下,关节力矩有如下关系式,即

$$\tau_i=J_i\ddot{q}_i \tag{3-59}$$

其中,J_i 为机械臂转动惯量;$\ddot{q}_i$为关节角加速度,i 从 1 变化到 7。

在关节角加速度为 0.006rad/s^2,$\Delta t=0.05$s 情况下,能耗与关节角速度的影响关系,如图 3-27 所示。

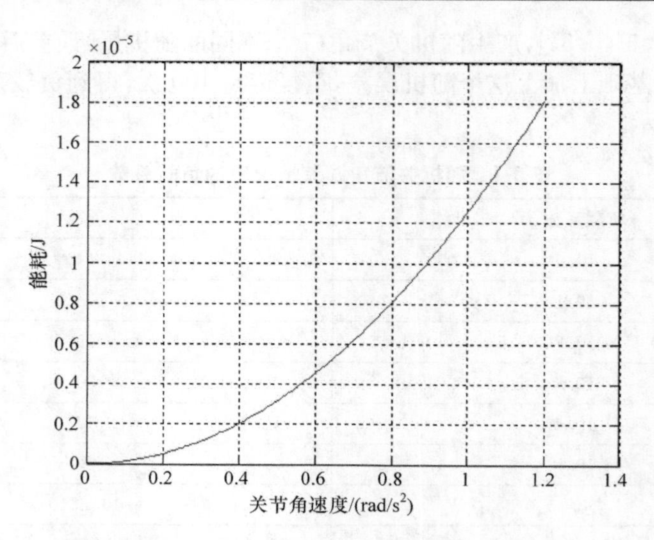

图 3-27　能耗与关节角速度影响关系

从图 3-27 可以看出，能耗随着关节角速度的增大而显著增加，呈指数增长。

7. 摩擦磨损因素

当机械臂稳态运动时，$\frac{\mathrm{d}z}{\mathrm{d}t}=0$，此时的摩擦力的大小 F 为

$$F=\left[F_c+(F_s-F_c)\cdot \mathrm{e}^{-(\dot{\theta}/v_s)^2}\right]\cdot \mathrm{sgn}(\dot{\theta})+\sigma_2\dot{\theta} \tag{3-60}$$

其中，$\dot{\theta}$ 是钢鬃相对速度；F_c、F_s、v_s 和 σ_2 是静态参数。

当初始条件为 $F_c=0.15\mathrm{N}$、$F_s=0.6\mathrm{N}$、$v_s=0.05\mathrm{m/s}$ 和 $\sigma_2=0.03$，关节角速度的变化为 $-1.5\sim1.5\mathrm{rad/s}$ 时，改变关节角速度可以获得关节角速度与摩擦力间的变化关系，如图 3-28 所示。

由图 3-28 可知，关节角速度对摩擦力的最直观影响体现在角速度过零瞬间，即改变角速度的方向对摩擦磨损影响剧烈。

通过中间响应层因素与控制变量关系的定量分析，可以建立中间响应层因素随控制变量变化的规律，并制定使用可靠性评定规则得出映射关系的相关结论。根据上述中间响应层因素与控制变量间映射关系的梳理和分析，先制定中间响应层因素排序规则，通过该规则可以确定不同中间响应层因素条件下各控制变量的影响权重。具体影响规则如下。

(1) 规则 1

经上述梳理可知，代价相关中间响应层因素包括时间、能耗，以及摩擦磨损。由于本书的研究对象为大型空间机械臂，在太空的环境中，根据机械臂长服役周期的特点，时间的长短并不是关键因素。机械臂执行任务的能源来自太阳能帆板，因

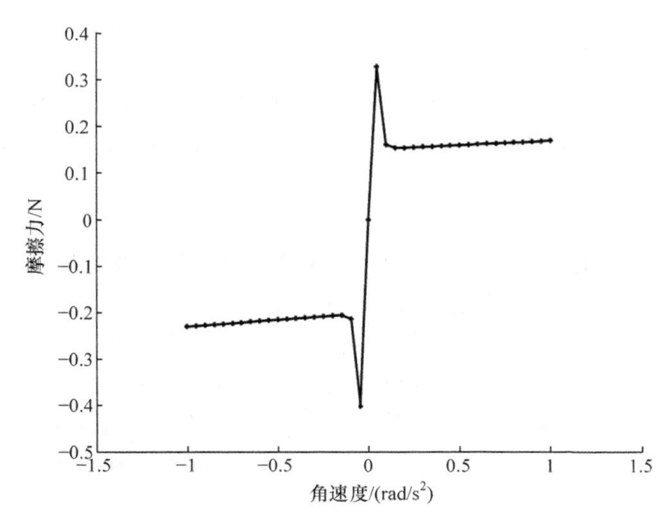

图 3-28　关节角速度与摩擦力间影响关系图

此在一次任务中，能量的消耗也并不是决定任务成败的关键因素。由于本书的限制条件是一次任务的执行，因此摩擦磨损也不在任务能否完成的主要考虑因素。经过上述分析，在梳理中间响应层因素权重过程中，应按照任务相关中间响应层因素优先级高于代价相关中间响应层因素的序列进行分析，即

$$F_r > F_d \tag{3-61}$$

其中，F_r 代表任务相关中间响应层因素；F_d 代表代价相关中间响应层因素。

(2) 规则 2

针对同一中间响应层因素分析各控制变量对单一中间响应层因素的权重影响时，基于上节建立的中间响应层因素与控制变量间的映射关系，可以限定在同一数量级下比较各自控制变量对中间响应层因素的优先级。经过量化处理将不同单位下的控制变量转换成无量纲的数值，可以通过比较变化幅度获得相应的影响权重，即

$$v_1 > v_2, \quad f(\bar{v}_1) \rightarrow f(\bar{v}_2) \tag{3-62}$$

其中，v 代表各控制变量进行量纲化处理；f 代表控制变量对该中间响应层因素的变化关系。

(3) 规则 3

同一子任务下的多个中间响应层因素间的影响程度可以通过实际任务完成程度，以及最大误差影响程度指标进行分析比较，各指标标准如下。

定义执行结果为随机变量 X，误差为$[-\Delta, \Delta]$。

实际任务完成程度表示为 $f_1 = 1 - \left|\dfrac{E(X) - f_{\text{ideal}}}{f_{\text{ideal}}}\right|$。

误差影响程度表示为 $f_2=\dfrac{E(|X-f_{\text{ideal}}|)}{\Delta}$。

其中,X 代表引入误差后各中间响应层因素的样本值;f_{ideal} 代表未引入误差的情况下各中间响应层因素的理想值;E 表示样本的均值;Δ 表示根据工程实践给出的各中间响应层因素的允许范围。

在规则 3 中,由于设定两项衡量指标,实际任务完成程度反映的是与理想情况相比,实际情况下完成任务的程度,该项指标越接近于 1,说明任务完成的程度越好。然而,即使实际任务完成度是 99.999%,但是如果不知道实际任务要求的精度范围,完成度也无法给出直观的任务完成水平,因此在上述指标基础上引出最大误差影响程度指标,它表征任务在执行过程中最大的误差范围下实际完成程度与给定允许范围的偏差。该项指标可以辅助说明实际任务的完成效果,当然该项指标越小越好,说明误差的偏差小,与理想水平接近。具体流程如图 3-29 所示。

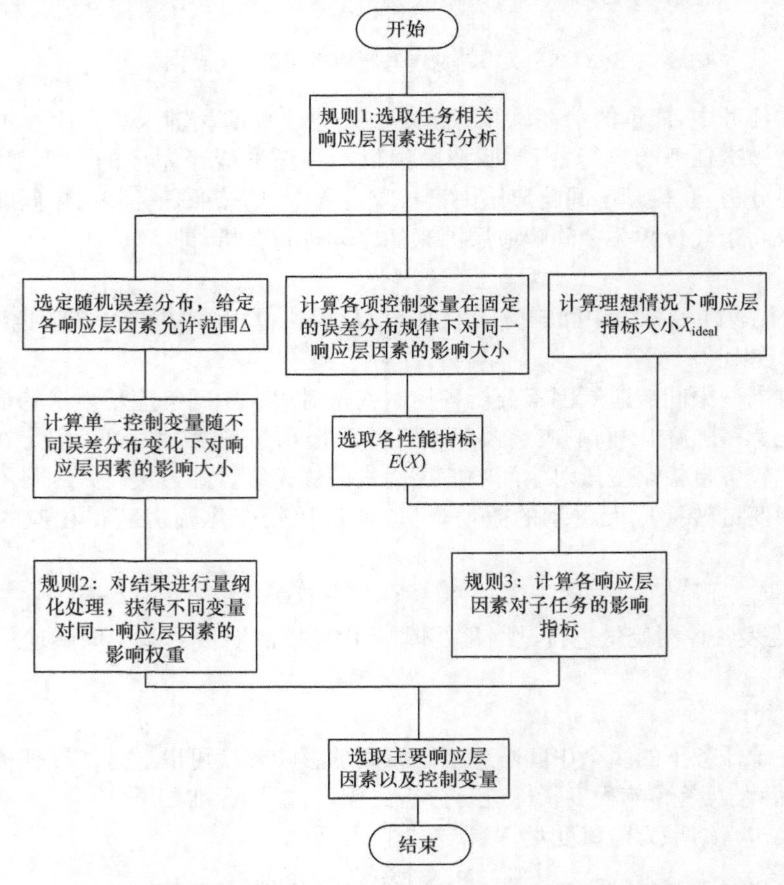

图 3-29　使用可靠性中间响应层因素与控制变量关系计算流程图

根据上述排序规则并结合前面的分析结果，可以确定如下映射关系。

表 3-5 中为按照制定出的规则计算出的中间响应层因素量化结果。可以看出，在空载转移任务中主要中间响应层因素是末端位姿精度，这与实际情况也是符合的。在目标捕获过程中，模拟实际情况给各控制变量引入误差后，末端位姿和碰撞力的实际完成程度都较理想，但是基座扰动程度剧烈，不利于目标捕获任务的完成，而负载搬运任务中末端位姿精度，以及负载能力值都接近于 100%，说明各中间响应层因素都对该任务有一定的调节范围。

表 3-5　各子任务下中间响应层因素关系

任务名称	中间响应层因素	指标 f_1/%	指标 f_2/%
空载转移	末端位姿精度	95.8	54.6
目标捕获	末端位姿精度	95.8	68.2
	碰撞力	99.96	18.2
	基座扰动	15.6	42
负载搬运	末端位姿精度	95.8	54.6
	负载能力	99.52	25

指标 f_1 反映的是实际情况与理想情况的偏差程度，并没有结合实际情况考虑机械臂的实际长度、完成任务的范围要求等情况，因此指标 f_2 用以反映当机械臂处于最坏范围内对机械臂性能的影响程度。可以看出，在空载转移任务中，由于只存在末端精度的影响，因此分析结果与指标 f_1 结果保持一致，在目标捕获阶段末端位姿精度，以及基座扰动的值都较大，可以得出该因素对任务的完成影响剧烈的结论。在负载搬运过程中，末端位姿精度和负载能力的 f_2 值都较大，可见该中间响应层因素对任务的完成有较大影响。经分析可知，末端位姿精度和负载能力分别从运动学和动力学两个角度对机械臂的任务执行造成影响，因此分析结果与实际情况保持一致。

综上所述，在空载转移任务中，末端位姿精度的影响对任务的完成影响较大；目标捕获过程中的基座扰动、末端位姿精度的影响对任务的完成都会造成较大的影响。同理，末端精度误差和负载能力对负载搬运任务的执行都会产生不可忽略的影响。经过上述分析，可以梳理出各子任务下中间响应层因素对任务完成的影响程度大小(表 3-6)。

表 3-6 各子任务下中间响应层因素排序

任务名称	中间响应层因素(按影响程度降序)
空载转移	末端位姿精度
目标捕获	基座扰动
	末端位姿精度
	碰撞力
负载搬运	末端位姿精度
	负载能力

结合上面的工作成果,可以整理出在各中间响应层因素中起主要作用的控制变量,便于对相应的控制变量进行分析、观测、识别、控制,即各中间响应层因素衡量指标对各项任务的使用可靠性(表 3-7)可以表示为

$$F = 1 - \sum_{i=1}^{n} \frac{1}{n} f_2 \tag{3-63}$$

其中,F 为各子任务的使用可靠性衡量指标;n 为各自的中间响应层因素个数。

表 3-7 使用可靠性与各子任务间关系

任务名称	中间响应层因素	使用可靠性 F/%
空载转移	末端位姿精度	45.4
目标捕获	末端位姿精度	57.2
	碰撞力	
	基座扰动	
负载搬运	末端位姿精度	60.2
	负载能力	

表 3-8 给出了中间响应层因素的主要控制变量及变量的变化规律。可以看出,调节关节控制精度(关节角精度)则可控制位姿精度,又由于控制变量与中间响应层因素间呈正比例关系,则根据实际任务要求,若需提高控制精度,则需要增大关节角精度,反之则减小关节角度的控制精度。同理,末端相对速度和关节角度的精度分别是影响碰撞力大小和基座扰动的最主要因素,两者分别与中间响应层因素呈现正比例和反比例的关系,因此根据实际的任务需求,如需减小碰撞力大小,则需要适当减小末端相对速度;若需要减小基座扰动,则需要适当提高关节控制精度,反之亦然。在分析负载能力的主要中间响应层因素的过程中,发现末端速度是最主要的控制变量,且呈现反比例关系,则根据实际工程任务需求,如果需要提高机械臂的负载能力,则可以适当减少末端速度的大小。

表 3-8　影响使用可靠性主要控制变量

使用可靠性	中间响应层因素	控制变量	变化规律
任务相关	位姿精度	关节控制精度	正比例
	基座扰动	关节控制精度	反比例
	碰撞力	相对速度	正比例
	负载能力	末端速度	反比例

根据上述规则，排除代价相关影响，分析在舱段转移任务下各任务的中间响应层因素的影响程度，并在中间响应层因素分别梳理出影响程度最大的控制变量，针对不同的任务需求给出初步的调节策略。至此，可以建立各中间响应层因素与控制变量间的映射关系，从而为接下来的任务规划、路径规划，以及运动控制的优化模型提供依据。

3.5　本章小结

本章针对使用可靠性控制过程中优化参数不明确的问题，首次针对空间机械臂梳理使用可靠性影响因素，建立使用可靠性影响因素与控制变量间映射关系。考虑使用可靠性影响因素不易测量，甚至不可测量的特点，创造性地建立使用可靠性因素中间响应层，间接通过常见的参数指标表征系统的使用可靠性。在此基础上，推导了航天机构一般控制变量与使用可靠性中间响应层因素间的解析表达式，从而建立使用可靠性影响因素与控制变量映射关系。为通过研究控制变量与中间响应层因素间的关系，以揭示被研究总体的分布特征和本质规律，提出一种使用可靠性影响因素的分析方法，得到各控制变量对影响因素的影响程度。

第 4 章　多约束多准则空间机械臂任务规划方法

4.1　引　言

任务规划是人工智能领域重要的研究分支，其相关研究工作最早始于 20 世纪 60 年代。任务规划算法的出现是为了辅助研究人员快速找出问题的优良可行解。但任务规划算法出现初期，算法逻辑简单、适应性弱、复杂度高，难以解决实际问题。随着研究的不断深入，各种优良的规划器被相继提出，并很好地应用于工业领域、航空航天领域、机器人领域等实际环境中。

空间机械臂精细操作的复杂性一方面在于空间环境的复杂多变，另一方面也因为空间任务流程复杂而约束繁多。空间机械臂在发射前仅携带少量预规划任务，如展开、对接、移动到预设任务点等，但服役后还需应对大量突发任务。突发任务多为替换备件、移动物体这类非计划内且不能通过单一动作实现的任务，其具体操作步骤又有很强的逻辑约束，如移除旧部件后才能替换安装新部件。除此之外，空间机械臂的精细操作任务还具有多约束特点，除一般的关节角速度、角加速度及末端可达性等，通常还需考虑避障、姿态保持等特殊约束条件。依靠操作人员的经验规划机械臂精细操作任务越发困难，因此在多种约束条件下，自主确定复杂任务的详细操作步骤是空间机械臂实现精细操作的关键。

采用数学方法表征物体的状态进而描述整个空间机械臂工作场景，是规划器自主分析确定复杂任务操作步骤的前提条件[10]。空间机械臂的工作场景包含现场的一切信息，根据数值化信息可以反向完整地复现工作场景。同时，场景信息应当具有可运算性，当机械臂执行完动作，通过一定的运算法就可以描述场景从一种状态转移到另一种状态的变化过程[11]。当空间机械臂工作场景实现参数化后，其任务剖面分析便转化为寻找从初始状态变化到目标状态的算子。为实现这一过程，需根据机械臂的工作能力建立规划域，并基于规划域研究初始到目标状态的复合算子求解方法[12]。

本章介绍空间机械臂复杂多约束任务规划方法，结合空间机械臂现有控制器的结构特点，提出一种两层任务规划框架，将任务的逻辑分析和约束限制两个过程分步处理。介绍基于状态矩阵的机械臂工作场景参数化方法，定义了 3 类空间机械臂原任务，并推导对应的状态转移算子。在此基础上，基于分层任务网络设计了空间机械臂任务剖面分析规划器，提出一种 A^* 算法改进方法，使之适应机械臂的连续运动特点，提出一种基于简单基本路径的空间机械臂任务中间点规划方法。介绍多臂系统的任务规划，并通过仿真实例展示任务规划效果。

4.2　空间机械臂任务规划框架构建

空间机械臂控制系统可以划分为任务规划、路径规划和运动控制。任务规划作为机械臂控制系统的最高层，负责任务目标的接收、分析和拆解，将复杂任务目标划分成一系列机械臂可以直接规划执行的动作序列。由于机械臂完成任务途径的多样性，任务规划还涉及对机械臂系统各类资源的调度，优化整个任务过程中的资源消耗，最终以任务中间点和资源分配的形式给出规划结果。

路径规划技术是机械臂控制系统中的一项关键技术。无论仿真，还是实物，路径规划模块都为机械臂的运动控制提供必要的信息，如关节角序列等，以此为依据控制机械臂的运动，对机械臂能否顺利完成复杂多变的采样任务起着至关重要的作用。根据任务不同，提供的路径规划模式有普通关节运动规划、普通直线路径规划、普通圆弧路径规划、约束曲线路径规划、单关节控制规划及考虑机械臂关节重构时的路径规划算法等。路径规划用于规划两点之间的具体路径，是机械臂控制系统底层规划单元。

任务规划是指针对空间机械臂操作任务，给定任务初始状态、目标状态及机械臂可完成的动作，机械臂可以自主规划完成任务动作序列，完成整体任务规划过程。任务规划过程中调用路径规划、碰撞检测等底层算法，通过简单动作序列的组合实现机械臂由初始状态向目标状态的转移。任务规划过程还涉及约束条件、优化目标、资源调用问题。机械臂任务规划需要在给定约束下完成，如已知环境障碍物约束、机械臂关节加速度、关节角速度约束等。由于太空中资源受到限制，规划空间机械臂任务过程中，需要尽量优化资源配置。通过任务规划方法，规划任务动作序列及移动任务中间点。在任务中间点基础上，进行移动任务的轨迹规划，则任务规划和路径规划的关系如图 4-1 所示。

运动控制是指对机械臂的末端位置、关节角度、速度等进行实时的控制管理，使其按照预期的运动轨迹和规定的运动参数进行运动。机械臂通过任务规划方法实现任务过程规划。然后，机械臂运动控制单元根据任务规划过程，控制机械臂运动，实现机械臂任务执行过程。

将空间机械臂任务规划分为两个阶段，首先接受任务目标，通过相应输入，得到机械臂操作任务初始状态及目标状态。基于机械臂的工作能力将复杂任务分解为简单的原任务组合，保证原任务为机械臂可执行的简单任务，确保任务的逻辑可行性。然后，在考虑各类约束条件和优化指标的基础上，将每个原任务分解为多段简单路径，每段简单路径可以通过直接路径规划得到，确保任务的执行可行性。如图 4-2 所示为任务规划的两层框架。

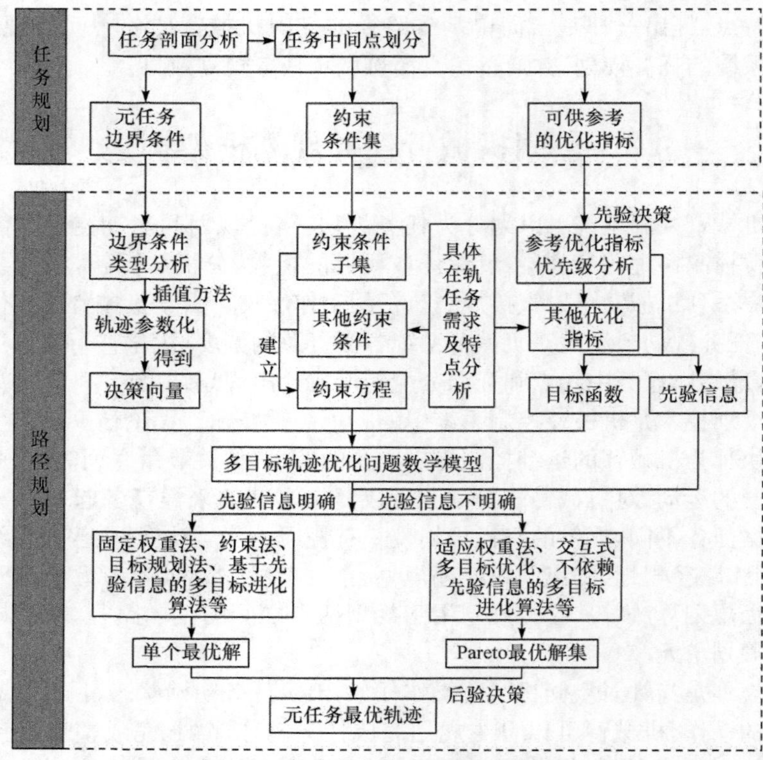

图 4-1　任务规划与轨迹规划关系图

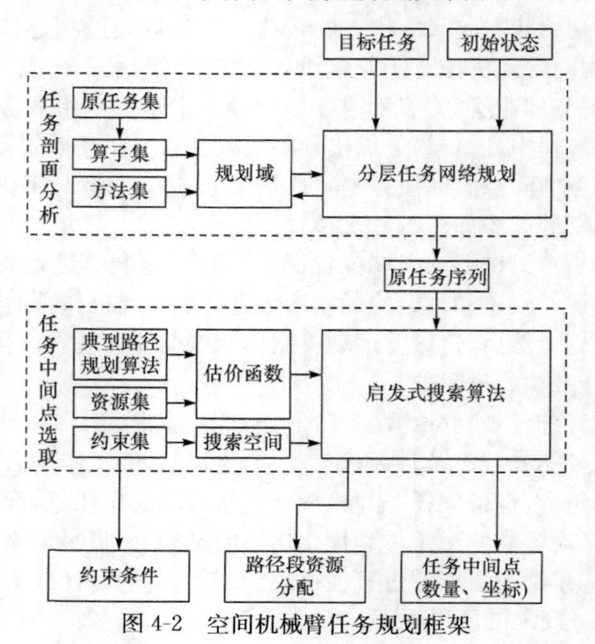

图 4-2　空间机械臂任务规划框架

4.3　空间机械臂任务剖面分析

4.3.1　分层任务网络规划器介绍

1. 分层任务网络简介

分层任务网络(hierarchical task network,HTN)规划采用任务分解的思想,将复杂的非原任务逐层拆解为执行器可以直接执行的原任务。HTN 将任务的目标状态抽象成目标任务,任务由繁到简形成分层结构,最底层为不能再分解的原任务。HTN 规划域由原任务的算子集和复合任务的拆解方法集构成,给定目标任务和当前环境状态后,规划器利用规划域中的方法化简任务,给出可行的基本动作序列。

根据任务层次分层分解任务是人们处理复杂任务的常见方法,由于依靠任务分解思想,对于每一个层次上的任务,都只考虑如何分解为下一层次的任务,修剪了大量不可行的规划节点,因此规划求解效率大大高于经典规划。

虽然当前已经有多种 HTN 规划模型的实现,但基本处理过程是一致的。基于 HTN 的行动方案生成过程如图 4-3 所示,要经过如下步骤。

① 根据 HTN 问题域模型将问题领域的领域知识构建成领域知识模型。

② 根据 HTN 问题模型和领域知识模型,进行领域问题描述。

③ 根据领域问题描述,从问题领域中提取领域问题,形成规划问题。

④ 根据输入的规划问题和 HTN 规划解模型,启动 HTN 规划算法,得到规划解。

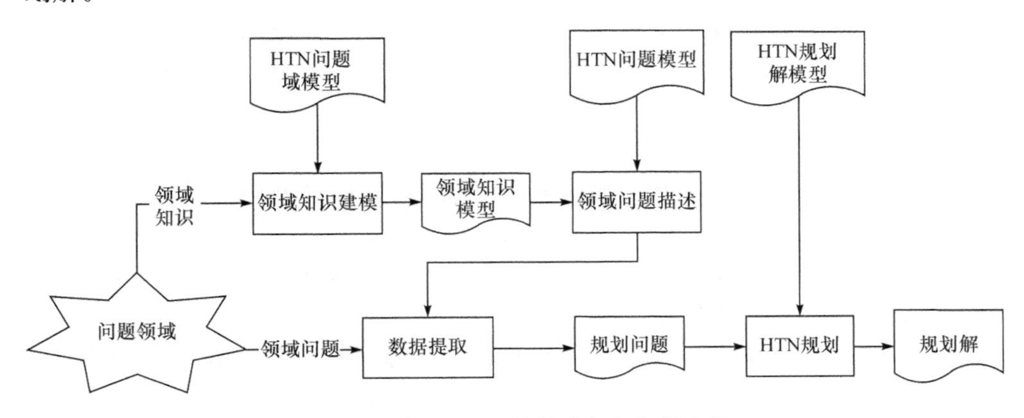

图 4-3　基于 HTN 的行动方案生成过程

2. HTN 形式化描述

HTN 对任务的描述可以分为三类。

① 目标任务(goal tasks)。类似于 STRIPS 中的目标，即希望在环境中实现的属性。

② 原任务(primitive tasks)。通过执行对应的动作可以直接完成的任务。

③ 复合任务(compound tasks)。表示一种期望的变化，可以包括多个目标任务和原任务。

目标任务和复合任务称为非原任务。

HTN 的 $\mathcal{L}$ 语言是一种带有扩展的一阶语言。HTN-$\mathcal{L}$ 语言的词汇表采用一个元组表示，即

$$\langle V,C,P,F,T,N\rangle \tag{4-1}$$

其中，$V=\{v_1,v_2,\cdots\}$是变量符号集合；C 是常量符号集合，代表环境对象；P 是谓词符号集合，表示对象之间联系；F 是原任务符号集合，表示动作；T 是复合任务符号集合；$N=\{n_1,n_2,\cdots\}$是用于描述任务的标签的集合。

原任务、目标任务，以及复合任务分别为 $\mathrm{do}(f(x_1,x_2,\cdots,x_k))$，$f\in F$；achieve$(l)$，$l$ 是文字；perform$[t(x_1,x_2,\cdots,x_k)]$，$t\in T$，其中 $x_1,x_2,\cdots,x_k$ 是任务参数。

任务通过任务网络(task network)连接起来，任务网络是一种任务和任务约束的组合体，其形式为

$$((n_1:\alpha_1),\cdots,(n_m:\alpha_m),\phi) \tag{4-2}$$

其中，α_i 为一个标签为 n_i 的任务；ϕ 是约束组合，其形式为变量相关的布尔方程，如 $v=v'$、$v=c$；临时排序，如 $n\prec n'$；真值约束，如(n,l)、(l,n)和(n,l,n')，$n,n'\in N$，$v,v'\in V$，l 是文字，$c\in C$；$n\prec n'$表示标签 n 表示的任务优于标签 n'表示的任务；(n,l)、(l,n)和(n,l,n')表示 l 必须在 n 之后、n 之前、n 与 n'之间为真。

规划域为一个二元组，即

$$\mathcal{D}=\langle \mathrm{Op},\mathrm{Me}\rangle \tag{4-3}$$

其中，Op 是算子集；Me 是方法集。

采用算子(operators)来联系原任务符号之间的影响，即

$$\mathrm{Op}:=(f(v_1,\cdots,v_k),q_1,\cdots,q_n,l_1,\cdots,l_m) \tag{4-4}$$

其中，f 是原任务；v_i 是变量；q_i 表示执行原任务 f 前必须满足的前提条件；l_i 表示原始任务的影响(后置条件)。

完成一个原任务就是执行对应的动作，对于非原任务，需使用方法(method)来告诉规划器如何完成它们。一个方法是一对元素，即

$$\mathrm{Me}:=(\alpha,d) \tag{4-5}$$

其中，α 是一个非原任务；d 是一个任务网络。

其描述的是，完成任务网络 d 是完成任务 α 的一种途径。

一个规划问题可以写为一个三元组，即

$$P=\langle d,I,\mathcal{D}\rangle \tag{4-6}$$

其中，$\mathcal{D}$ 是规划域；I 是初始状态；d 是需要规划的任务网络；P 的语法遵循 $\mathcal{L}$ 语言。

规划过程从初始的任务网络 d 开始，反复执行以下步骤，直到不存在非原任务。

① 在 d 中寻找一个非原任务 u，在 M 中寻找一个方法 $m=(t,d')$，其中 t 与 u 一致。

② 化简 u 以生成新的 d，即使用 d' 中的任务来替换 u，并且合并 d 与 d' 的约束。

③ 一旦 d 中不再存在非原任务，寻找一个满足所有约束的 d 的实例 σ。σ 就是原始问题的一个成功规划结果。

在一个给定的任务网络中，任务之间的相互作用是不可避免的，其中有些是有益的，而另外一些则是有害的。例如，一个任务的结果破坏了另一个任务的前提条件，或两个任务的结果相互与对方的前提条件冲突。在 HTN 中没有处理冲突的一般方法，可采用在任务网络中添加新任务的手段解决冲突。

3. HTN 规划

HTN 规划的核心就是任务分解，一个纯粹的 HTN 求解器也只有分解这样一个合法的操作。HTN 规划的任务分解过程就是将初始任务网络中所有的复杂任务根据前提条件进行分解，直到所有任务都是原子任务。其任务分解过程如图 4-4 所示。

HTN 规划算法的基本思路是在问题域(O,M)中，通过根据当前状态 s 绑定任务 U 的约束 C。当满足 C 时，若 U 为原子任务，则执行影响当前状态 s 的操作 O；若为复合任务，则继续分解为子任务网络(U',C')，添加到求解问题中。当不满足约束 C 时，则返回失败。当前已经有很多 HTN 规划的程序实现，拥有许多特有的性质，但是所有的 HTN 规划器实现的基本流程是一致的。

4.3.2　空间机械臂分层任务网络规划域

HTN 规划方法给出一种通用的任务规划方案，但其操作过程过于抽象，需针对空间机械臂具体应用场景，设计规划器各组成单元。本节提出一种机械臂工作环境的状态表征方法，并给出环境状态比较方法和状态转移公式；定义机械臂的原任务集合及其算子。通过将规划要素实例化，实现基于 HTN 的空间机械臂任务剖面分析。

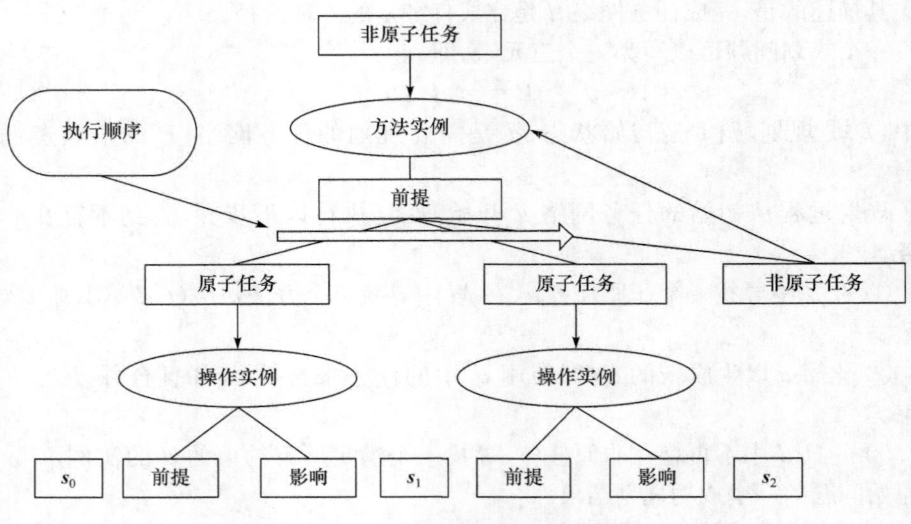

图 4-4 HTN 规划任务分解过程

1. 工作环境状态表征

任务剖面分析层不考虑物体尺寸，只分析物体在环境中被操作前后的逻辑关系，因此将环境中物体抽象成操作接口向量，机械臂末端位姿与物体接口向量吻合即可操作物体，物体的移动抽象为接口向量的变化。设环境中有 1 个机械臂，k 个物体，那么环境状态可以用 S 表示，即

$$\begin{aligned} \boldsymbol{S} &= [\boldsymbol{s}_0 \quad \boldsymbol{s}_1 \quad \cdots \quad \boldsymbol{s}_k] \\ &= \begin{bmatrix} \boldsymbol{\Theta}_0 & \boldsymbol{\Theta}_1 & \cdots & \boldsymbol{\Theta}_k \\ g_0 & g_1 & \cdots & g_k \end{bmatrix} \\ &= \begin{bmatrix} x_0 & x_1 & \cdots & x_k \\ y_0 & y_1 & \cdots & y_k \\ z_0 & z_1 & \cdots & z_k \\ \alpha_0 & \alpha_1 & \cdots & \alpha_k \\ \beta_0 & \beta_1 & \cdots & \beta_k \\ \gamma_0 & \gamma_1 & \cdots & \gamma_k \\ g_0 & g_1 & \cdots & g_k \end{bmatrix} \end{aligned} \tag{4-7}$$

其中，$\boldsymbol{s}_0$ 为机械臂末端执行器；$\boldsymbol{s}_1 \sim \boldsymbol{s}_k$ 为物体；$\boldsymbol{\Theta} = [x \quad y \quad z \quad \alpha \quad \beta \quad \gamma]^{\mathrm{T}}$ 为坐标，对于机械臂，指末端位姿坐标；对于环境中的物体，指操作接口向量，一般定义在物体的抓捕位置；$\boldsymbol{g}$ 表示机械臂是否携带物体，$\boldsymbol{g} = [g_0 \quad g_1 \quad \cdots \quad g_k]$只有两种可能，即

① $\mathbf{g}=\mathbf{0}$，表示机械臂空载。

② $g_0=1, g_1 \sim g_k$ 中有且仅有一项 $g_i=1$，其他项为 0，表示机械臂携带第 i 个物体。

定义状态掩码用于状态矩阵间的运算 $\boldsymbol{M}\in\mathbf{R}^{7\times k}$，其中 $m_{ij}\in\{0,1\}$。

(1) 状态条件满足判据

在执行某个任务前后，需要判断当前环境状态是否达到任务的前提条件或目标状态，这些目标状态通常只关注环境中的某些物体或物体的某些属性，而其他参数取值不做约束。当前环境状态 $\boldsymbol{S}$，条件状态 $\boldsymbol{S}'$ 及条件掩码 $\boldsymbol{M}$，若满足下式，即

$$\boldsymbol{S}' \& \boldsymbol{M}=\boldsymbol{S} \& \boldsymbol{M} \tag{4-8}$$

则当前环境状态满足条件状态，状态判据公式两侧的掩码 $\boldsymbol{M}$ 一致。

定义 & 为矩阵按元素与运算：$\boldsymbol{M}$ 中元素为 0，则 $\boldsymbol{S}$ 中对应元素置 0；$\boldsymbol{M}$ 中元素为 1，则 $\boldsymbol{S}$ 中对应元素不变。

(2) 状态转移操作

当一个算子对当前环境产生作用时，当前环境做如下变换，即

$$\boldsymbol{S}_{\text{new}}=\boldsymbol{S}_{\text{old}} \& \overline{\boldsymbol{M}}+\boldsymbol{S}' \& \boldsymbol{M} \tag{4-9}$$

其中，$\boldsymbol{S}_{\text{new}}$ 是变换后的环境状态；$\boldsymbol{S}_{\text{old}}$ 是变换前的环境状态；$\boldsymbol{M}$ 是算子影响效果的掩码；$\overline{\boldsymbol{M}}$ 表示对 $\boldsymbol{M}$ 取反；$\boldsymbol{S}'$ 是算子影响效果的状态矩阵。

2. 典型原任务及算子

通过分析空间机械臂自身特点及在轨任务，其原任务集应包含三个基本原任务，即移动(move)、捕获(capture)、释放(release)。其对应的算子包含该任务的前提条件和完成状态。

(1) 移动

move(v)表示机械臂末端从当前点 w 移动到 v 点，移动任务只改变机械臂自身位置状态，以及被机械臂抓住的物体位置。

前提

$$\boldsymbol{S}'=\begin{bmatrix} w & \cdots & w & \cdots \\ x & \cdots & x & \cdots \end{bmatrix},\quad \boldsymbol{M}=\begin{bmatrix} x & \cdots & x & \cdots \\ x & \cdots & x & \cdots \end{bmatrix}$$

完成

$$\boldsymbol{S}'=\begin{bmatrix} v & \cdots & v & \cdots \\ x & \cdots & x & \cdots \end{bmatrix},\quad \boldsymbol{M}=\begin{bmatrix} 1 & \cdots & x & \cdots \\ 0 & \cdots & 0 & \cdots \end{bmatrix}$$

其中，$x\in\{0,1\}$。

由于机械臂空载与带载状态都可以执行移动任务，因此移动任务的算子的具体形式由机械臂初始状态矩阵中第一列最后一行元素 x 确定。

(2) 捕获

capture(u)表示机械臂捕获环境中编号为 u 的物体，物体 u 的位置为 $\boldsymbol{v}_u$。

前提

$$\boldsymbol{S}'=\begin{bmatrix} v_u & \cdots & v_u & \cdots \\ 0 & \cdots & 0 & \cdots \end{bmatrix},\quad \boldsymbol{M}=\begin{bmatrix} 1 & \cdots & 1_u & \cdots \\ 1 & \cdots & 1_u & \cdots \end{bmatrix}$$

完成

$$\boldsymbol{S}'=\begin{bmatrix} v_u & \cdots & v_u & \cdots \\ 1 & \cdots & 1 & \cdots \end{bmatrix},\quad \boldsymbol{M}=\begin{bmatrix} 0 & \cdots & 0_u & \cdots \\ 1 & \cdots & 1_u & \cdots \end{bmatrix}$$

(3) 释放

release(u)表示机械臂释放环境中编号为 u 的物体，机械臂末端位置为 v_u。

前提

$$\boldsymbol{S}'=\begin{bmatrix} v_u & \cdots & v_u & \cdots \\ 1 & \cdots & 1 & \cdots \end{bmatrix},\quad \boldsymbol{M}=\begin{bmatrix} 1 & \cdots & 1_u & \cdots \\ 1 & \cdots & 1_u & \cdots \end{bmatrix}$$

完成

$$\boldsymbol{S}'=\begin{bmatrix} v_u & \cdots & v_u & \cdots \\ 0 & \cdots & 0 & \cdots \end{bmatrix},\quad \boldsymbol{M}=\begin{bmatrix} 0 & \cdots & 0_u & \cdots \\ 1 & \cdots & 1_u & \cdots \end{bmatrix}$$

对于一个由 m 条机械臂组成的多臂系统，状态矩阵 $\boldsymbol{S}$ 及其掩码 $\boldsymbol{M}$ 中的前 m 列代表机械臂，其余列代表环境中的被操作物体。

4.3.3 空间机械臂分层任务网络求解

使用以上定义的原任务与算子，根据 HTN 理论构建分层任务网络。HTN 规划算法的核心是化简任务和解决任务间冲突。由于机械臂串行执行任务，其规划问题具有顺序性，因此提出整合的任务化简与冲突处理策略。规划问题的任务网络层次结构如图 4-5 所示。

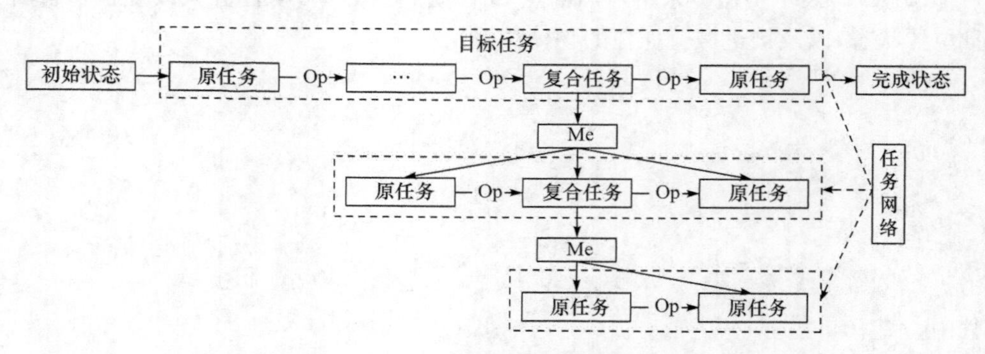

图 4-5　任务剖面分析中任务网络层次

下面给出空间机械臂任务剖面分析的具体流程，如图 4-6 所示。

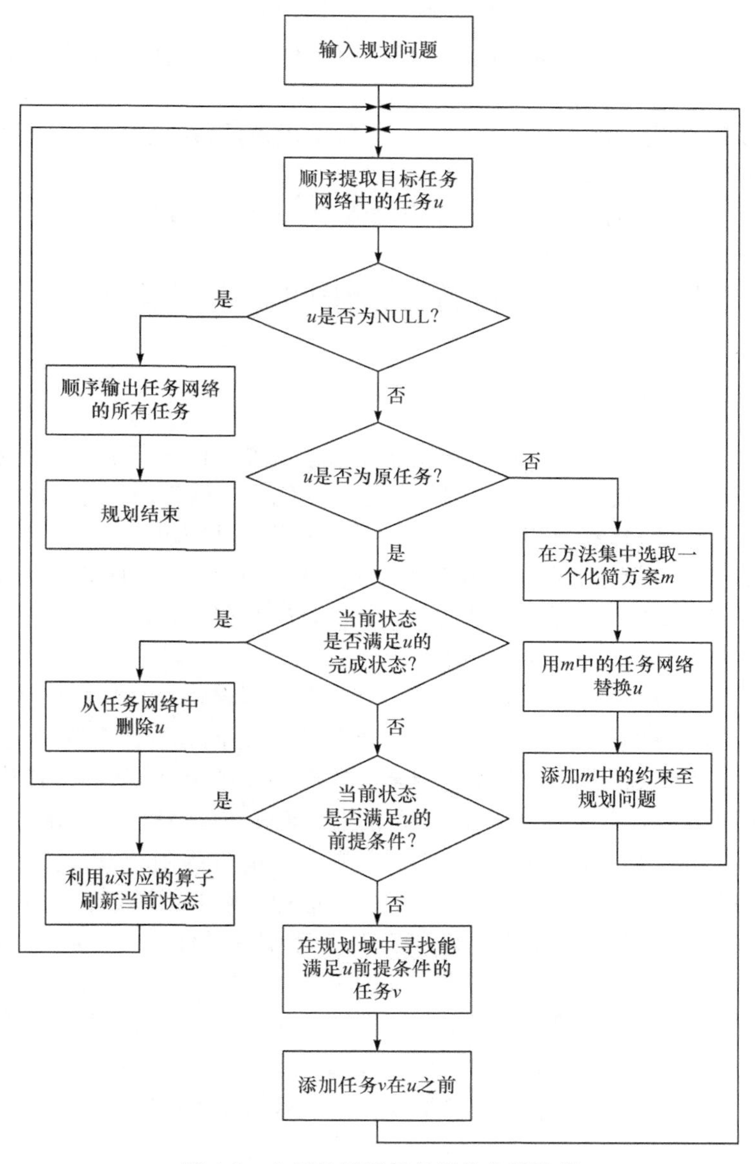

图 4-6　空间机械臂任务网络化简流程

Step 1，从任务网络中顺序提取任务。

Step 2，如果该任务为非原任务，在规划域中寻找相应的 Me 并替换此非原任务；寻找 Me 的方法采用对比此任务的效果掩码与 Me 集合中各任务的效果掩码，如果后者的置 1 项包含前者，则 Me 可用以化简该任务；转 Step 1。

Step 3,比较当前状态和该任务的完成状态,如果当前状态符合任务完成效果,表示该任务无需执行,则从任务网络中删除该任务。

Step 4,如果当前状态满足该任务的前提条件,利用该任务的算子刷新当前状态,转 Step 1。

Step 5,如果当前状态不能满足该任务的前提条件,在规划域中寻找能够满足该条件的任务,添加该任务。

Step 6,如果当前任务的前提条件不能满足,则返回规划失败。

4.4　空间机械臂任务中间点规划及优化

4.4.1　A* 算法介绍

经过实例化的 HTN 规划在物流运输、灾害处置等许多领域已经能够直接应用,这得益于负责其底层执行的人具有一定自主能力。然而,对于空间机械臂这类无自主执行能力的对象,HTN 给出的原任务在很多时候仍无法直接执行。这使得任务规划器需将原任务分解为典型路径规划能够直接执行的路径段,即给出任务中间点。机械臂在相邻任务中间点之间进行简单路径规划,通过路径段的组合完成任务。

本章采用启发搜索算法,规避决策任务中间点个数的问题,当算法执行结束时,中间点个数随即确定。由于启发项的介入,算法总向着资源配置最优的方向进行,保证整个任务代价最小。启发式搜索其实有很多的算法,如局部择优搜索法、最好优先搜索法、A* 等。这些算法都使用启发函数,但在具体的选取最佳搜索节点时的策略不同。像局部择优搜索法,就是在搜索的过程中选取最佳节点后舍弃其他的兄弟节点和父亲节点,一直搜索下去。这种搜索的结果很明显,由于舍弃了其他节点,可能也把最好的节点都舍弃了,因为求解的最佳节点只是在该阶段的最佳,并不一定是全局的最佳。最好优先在搜索时并没有舍弃节点(除非该节点是死节点),在每一步的估价中都把当前的节点和以前的节点的估价值比较得到一个最佳的节点。这样可以有效地防止最佳节点的丢失。

A* 算法是一种静态环境中求解最短路最有效的方法,可以表示为

$$f(p)=g(p)+h(p) \tag{4-10}$$

其中,$f(p)$是从初始点经由节点 n 到目标点的估价函数;$g(p)$是在状态空间中从初始节点到 n 节点的实际代价;$h(p)$是从 n 到目标节点最佳路径的估计代价。

保证找到最短路径(最优解)条件,关键在于估价函数 $h(p)$的选取:估价值 $h(p)$小于等于 n 到目标节点的距离实际值。在这种情况下,搜索的点数多、范围大、效率低,但能得到最优解。如果估价值大于实际值,搜索的点数少、范围小、效

率高，但不能保证得到最优解。

A^* 算法从起点开始，把它(以机械臂初始状态的末端点为起始点 A)作为待处理的位置点存入一个开启列表，开启列表就是一个等待检查位置点的列表。开始寻找起点周围可以到达的位置点，将它们放入开启列表，并设置它们的父节点为 A。其在二维平面内简化搜索示意图如图 4-7 所示。

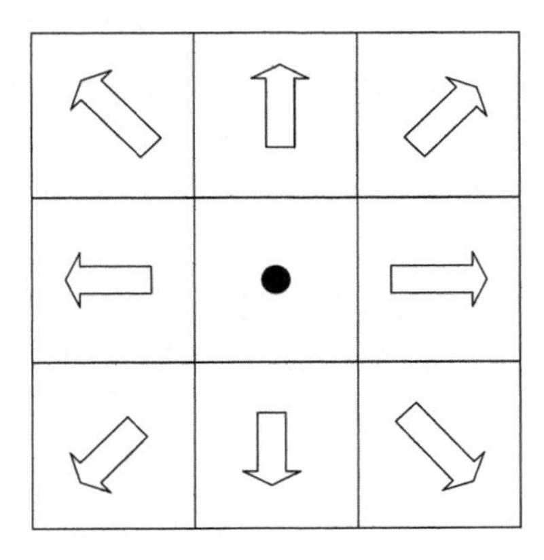

图 4-7　简化搜索示意图

然后，从"开启列表"中删除起点 A，并将其加入关闭列表。关闭列表中存放的都是不需要再次检查的方格。在求解最佳节点的过程中，通过设置代价函数来判断最佳节点，代价函数为

$$g(p)=k_1g_1(p)+k_2g_2(p)+\cdots \tag{4-11}$$

$$h(p)=k_1h_1(p)+k_2h_2(p)+\cdots \tag{4-12}$$

其中，$g(p)$和 $h(p)$的代价值是通过多个不同优化目标共同决定的；$k_1,k_2,\cdots$为加权值，且 $k_1+k_2+k_3+\cdots=1$；$g_1(p)$、$g_2(p)$与 $h_1(p)$、$h_2(p)$等为相应优化目标函数，通过结合不同的优化目标得到该节点在当前状态下的适应性。例如，优化目标可以是关节行程、末端距离、消耗能量等指标；p 是函数的决策变量，由不同的变量决定，是一组集合，即

$$p=\{p_1,p_2,\cdots\} \tag{4-13}$$

式中，各变量需满足一定约束条件，才能对节点进行代价求解。其约束条件为

$$p_1\in P_1,p_2\in P_2,p_3\in P_3,\cdots \tag{4-14}$$

最后，从开启列表中选择 $f(p)$代价值最低的位置点，然后把它从开启列表删除，并放到关闭列表中。关闭列表中存在目标位置时，从目标位置开始，每个节点沿着父节点移动至起点，经过的路径即为 A^* 算法搜索的最终路径。

4.4.2　基于改进 A^* 算法任务中间点规划

通过分层任务网络求解，将空间机械臂任务分解为原任务组合。针对移动原

任务，引入任务中间点思想。通过基本路径规划算法，规划从起始构型到目标点并经过任务中间点的路径，完成移动任务规划。

1. 规划器接口分析

以空间机械臂空载移动原任务为例，当给定起始构型、目标点、约束条件和典型路径规划算法等基本信息，机械臂仍有多种选择来达成目标，如遇到障碍从左侧绕过或从右侧绕过。这需要在多约束条件下引入额外的优化因素，引导机械臂以最小代价完成任务。

一个典型的优化问题应当描述为优化目标、约束条件和决策向量。将机械臂参数集划分为约束和资源两个集合，其中资源集可选为优化目标。任务中间点规划也是各种资源分配、调度达到最优的过程。需要被决策的变量应当是下一层路径规划算法的输入，即任务中间点的个数、位姿信息和构型信息。因此，规划器接口可以利用下述集合描述。

(1) 约束集

关节，包括角度、角速度、角加速度、力矩。

末端，包括位姿速度、位姿加速度。

系统，包括子任务总时间、子任务总能耗、环境障碍、最大动态偏差、余差。

(2) 资源集

关节行程、路径段能耗、力矩峰值、基座位姿偏移、路径段时间、子任务总能耗、最大动态偏差、余差。

(3) 决策向量

中间点个数、中间点坐标。

(4) 问题描述

在不违反约束集的可行空间内，调整决策向量，使得资源集中的资源最优。

(5) 规划问题的接口

输入，包括子任务始末点、约束集、典型路径规划算法、资源集中各资源的权重。

输出，包括决策向量。

规划结束后，利用输出可以计算各阶段(路径段)的资源分配。

任务中间点规划器的接口表述如下。

输入，包括任务始末点、约束集、典型路径规划算法，以及资源集中关注的待优化资源。

输出，包括决策向量。

得到规划方案后，各阶段的资源分配也可随之计算得到。任务中间点规划参数集如表 4-1 所示。

表 4-1　任务中间点规划参数集

约束集	关节：角度、角速度、角加速度、力矩等 末端：位姿速度、位姿加速度等 系统：任务总时间、任务总能耗、本体碰撞干涉、环境障碍等
资源集	关节行程、末端轨迹行程、力矩峰值、能耗、时间等
决策向量	中间点个数、中间点处末端位姿、中间点构型

2. 求解思路

对于一个 k 自由度机械臂，设任务中间点个数为 n，则有 n 个中间点时刻，每个中间点位姿信息 6 维，构型细信息 k 个自由度。因此，决策向量维数 $R=n+n+6n+kn=(8+k)n$。可以看出，决策向量的维度与任务中间点个数相关，即决策向量的维度本身也是需要决策的变量。因此，PSO 和 GA 等主流智能优化算法难以用于该问题求解。

考虑采用改进 A* 算法搜索任务中间点，利用简单路径规划算法规划任务中间点之间的路径即可完成移动任务规划。

3. 改进的 A* 算法

基于传统 A* 算法，可以改进获得适用于空间机械臂任务中间点规划的变拓扑 A* 算法。改进思路在于，每个搜索点不仅可以从相邻的父节点到达，也可以从父节点的各代祖先节点直接到达，打破了传统 A* 算法搜索空间中固定的拓扑关系。在计算 $g(p)$时，不采用“父节点实际代价”+“父节点到当前点代价”的传统模式，而是以父节点为导向，向前回溯至最远的可行出发点，计算各种途径到达当前点的代价，选取代价最小的方案。

改进传统 A* 算法中 $g(p)$的计算策略为

$$g'(p_c)=g(p'_f)+C(p'_f,p_c) \tag{4-15}$$

其中，$C(p_1,p_2)$为从 p_1 点到 p_2 点的实际代价；p_c 为当前节点；p_f 为当前节点的父节点；边界条件 $C(p_1,p_1)=0$。

定义名义父节点 p'_f：p_c 的 p'_f为“p_f”和“p_f 的 p'_f”中使得 $g'(p_c)$达到最小的节点；边界条件起始点 p_s 的 p'_f为自身。

$g'(p_c)$进而可以表示为

$$g'(p_c)=\min\{g(p_g)+C(p_g,p_c),g(p_f)+C(p_f,p_c)\} \tag{4-16}$$

其中，p_g 为当前节点的父节点的名义父节点。

改进后的算法流程如下。

Step 1，设置规划器搜索维度 D、位置搜索步长 Δl 及姿态搜索步长 $\Delta\theta$。

Step 2，建立空表 OPEN list 和 CLOSE list。

Step 3，令起始点 pointStart 的名义父节点为自身，将其加入 OPEN list，并计算 $f(p)$。

Step 4，如果 CLOSE list 中包含目标点 pointEnd，转 Step 12。

Step 5，若 OPEN list 为空，则目标不可达，规划结束。

Step 6，选取 OPEN list 中 $f(p)$ 最小的节点作为当前节点，并放入 CLOSE list。

Step 7，产生当前节点各维度 ±1 步长的待选节点集合 P。

Step 8，剔除 P 中处在 CLOSE list 中或违反约束的节点。

Step 9，采用典型路径规划算法分别计算 P 中所有节点的 $f(p)$，剔除路径规划过程中违反约束的 P 中节点。

Step 10，记录 P 中所有节点的名义父节点 p_f'，并将 P 中所有节点加入 OPEN list。

Step 11，转 Step 4。

Step 12，从目标点 pointEnd 开始，通过名义父节点回溯整个路径，获得所有任务中间点。

改进后算法流程如图 4-8 所示。

采用改进的 A^* 算法后，任务中间点规划按照步长逐步搜索进行，规划资源集中的可优化指标通过 $C(p_1,p_2)$ 计算，并影响搜索的方向。对于不同的任务可以根据工况选择不同的优化指标作为 $C(p_1,p_2)$ 的计算依据。对空间机械臂任务效果影响显著，且在规划中易于计算的指标主要有关节行程、末端行程，以及能耗。每种指标具有各自的现实意义，适用于不同工况下的任务要求。

(1) 关节行程

关节行程表示机械臂运动过程中，各个关节转动的角度。其与传动系统寿命直接相关，对于空间机械臂这种所处工作环境恶劣、维修困难的复杂机电系统，减少关节的使用率可以在一定程度上延长设备寿命，间接提高空间机械臂在轨服役的可靠性。以关节行程作为优化目标时，两点间代价 $C_\theta(p_1,p_2)$ 为

$$C_\theta(p_1,p_2)=\sum_{i=1}^{k}|q_{2,i}-q_{1,i}| \tag{4-17}$$

其中，k 为机械臂自由度；$[q_{1,1},q_{1,2},\cdots,q_{1,k}]$ 和 $[q_{2,1},q_{2,2},\cdots,q_{2,k}]$ 分别为 p_1 到 p_2 直线路径规划的起始构型和终点构型。

(2) 末端行程

机械臂末端行程表示机械臂末端运动轨迹的长度，当路径规划算法确定时，其影响机械臂运动的时间。最小化机械臂末端行程可以减少被机械臂夹持的物体的移动距离和时间，对于精细操作过程中搬运易损或贵重物品具有重要意义。以末

端行程作为优化目标时，两点间代价 $C_e(p_1,p_2)$ 为

$$C_e(p_1,p_2)=\int_{t_1}^{t_2}\|\dot{\boldsymbol{X}}(t)\|\,\mathrm{d}t \tag{4-18}$$

其中，$\dot{\boldsymbol{X}}(t)$ 为机械臂末端速度，积分区间为机械臂运动时间。

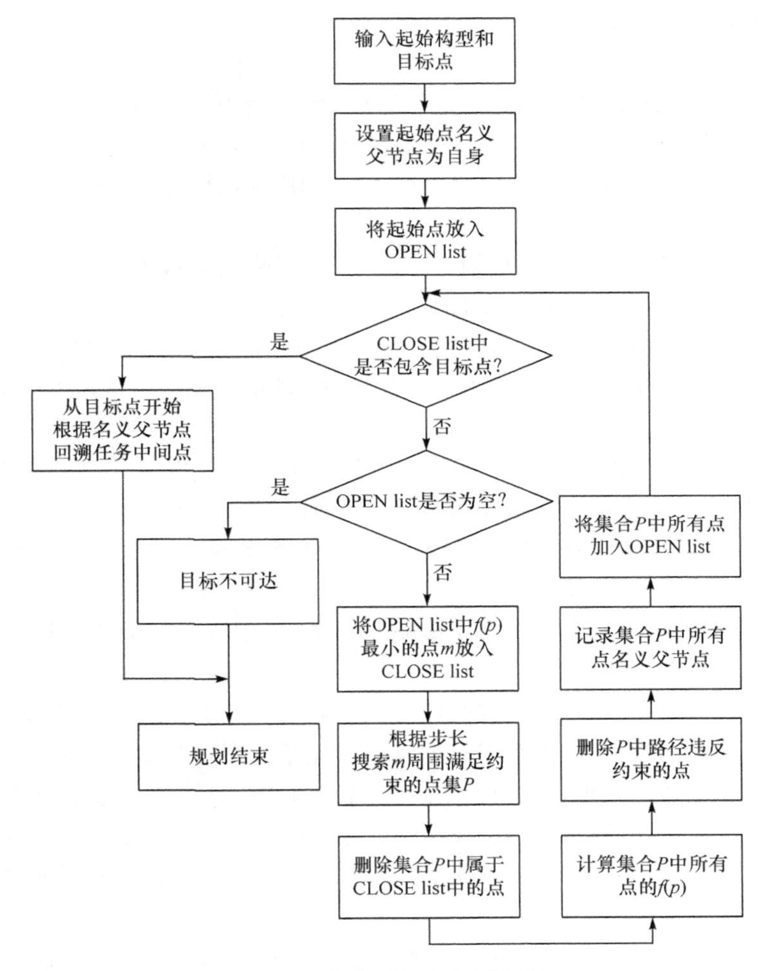

图 4-8　任务中间点规划流程

(3) 能耗

机械臂能耗为机械臂运动所做的功。在空间机械臂所处的空间环境中，能源供给主要依赖太阳帆板获取的太阳能，考虑到航天器上各类有效载荷共同工作，机械臂系统的能源和功率配额通常受限。因此，能耗也是空间机械臂任务规划中需要重点关注的指标之一。以末端行程作为优化目标时，两点间代价 $C_w(p_1,p_2)$ 为

$$C_w(p_1, p_2) = \sum_{i=1}^{k} \int_{t_1}^{t_2} |\dot{q}_i(t)\tau_i(t)| \, \mathrm{d}t \tag{4-19}$$

其中，$\dot{q}_i(t)$为关节角速度；$\tau_i(t)$为关节力矩，积分区间为机械臂运动时间。

本章以空间机械臂任务过程中各关节行程作为优化资源，采用末端直线规划作为典型路径规划方案。

规划器约束选取约束集中的末端速度、末端加速度、本体碰撞干涉和环境障碍。末端速度与加速度约束由路径规划算法保证。本体碰撞干涉和环境障碍约束采用 AABB 算法对路径规划结果的每组构型进行碰撞检测作为判据。

当前点 p_c 到目标点 p_e 的估计代价 $h(p)$采用不考虑约束条件的 $C(p_c, p_e)$计算得到。

在一些机械臂的实际任务规划工程应用中，影响任务成败的首要约束条件是避障。能量、时间和速度等约束条件很大程度是为提升运动性能，对于真实机械臂即使一定程度的超出约束范围，任务也可继续完成，而机械臂与环境中的障碍及本体的碰撞则是任务中应当严格避免发生的情况，因此是决定机械臂能否完成任务的重要因素。

机械臂的末端姿态通常由机械臂腕部的 2～3 个关节决定，当末端满足给定位置时，不同的末端姿态引起的机械臂构型的差别不大。因此，在实际工程应用中，若采用 3 维位置搜索代替 6 维位姿搜索进行任务规划，则可以将单步搜索中的 $f(p)$计算次数从 $3^6-1=728$ 次减少至 $3^3-1=26$ 次。缩小的搜索空间对避障约束产生的影响很小，考虑避障约束是影响任务完成的主要因素，因此该简化过程对任务规划结果影响不大。

由于任务规划中的优化目标都是具有明确含义的物理量，因此在每一次搜索过程中计算估价函数 $f(p)$时都需要进行一次完整的路径规划来定量地评价优化目标。一次完整的路径规划需要始末点的确定构型信息或者位姿信息作为输入，当采用 3 维搜索空间进行任务规划时，选的任务中间点丢失了姿态信息，所以需要根据当前点和目标点的姿态计算任务中间点的姿态，以此保证估价函数的可计算性。

设任务规划搜索过程中机械臂当前点为 $A=(a_x, a_y, a_z)$，任务目标点为 G，下一个待搜索的候选任务中间点为 B(图 4-9)。A 点的构型与位姿信息由上一步搜索计算得到，G 点是原任务目标，因此位姿也已知，为计算 A 点到 B 点代价，以及 B 点到 G 点代价，B 点的位姿信息需明确。因为规划器搜索维度为 3，A 点在其 $z=a_z$ 平面有 4 个正向、4 个斜向共 8 个方位可行进，在 $z=a_z \pm \Delta l$ 平面分别有 $3\times3=9$ 个可行进方位(图 4-10)。因此，B 点位置有 26 种情况，可由 A 点位置叠加规划器步长获得。如图 4-9 所示，A、G 点的位姿已经明确，针对 B 点所有可能位置需要得到其位姿。

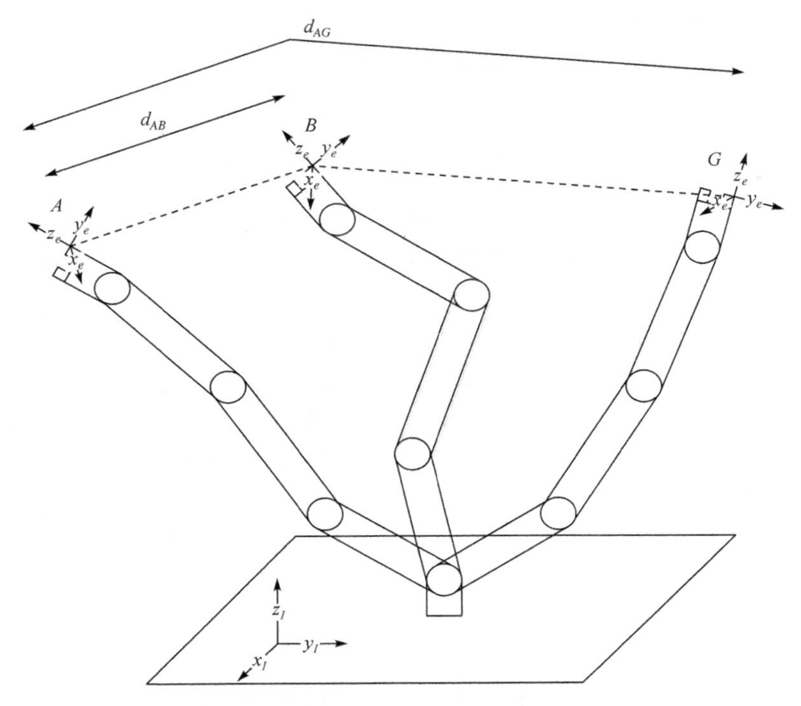

图 4-9　3 维搜索时任务中间点姿态计算示意图

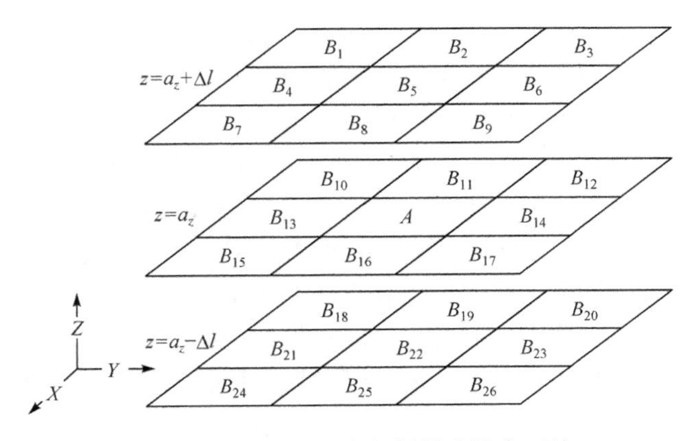

图 4-10　任务中间点规划单步搜索区域

A 点经 B 点到达 G 点，为使得机械臂末端轨迹尽可能平稳，考虑使末端姿态为均匀变化的，因为利用姿态旋转矩阵表示均匀变化存在困难，所以根据始末状态姿态矩阵，可以得到首末姿态四元数。根据如图 4-9 所示的距离，插补得到 B 点四元数旋转角度，根据相应的四元数得到该点的姿态矩阵，通过该矩阵，可以得到该点相应的姿态。

据此，当在3维空间中搜索任务中间点时，可根据当前点、候选点和目标点位置坐标计算候选任务中间点的姿态信息，从而顺利对这些点之间进行路径规划，计算相应路径代价。

4.4.3 基于虚拟障碍的双臂任务中间点规划

对于单臂系统，上述算法可以很好地将多种约束条件下机械臂无法直接完成的路径，分解为多个满足约束的简单路径。在多臂系统中，一条臂的运动相对于另一条臂可以看作障碍约束。然而，不同于环境中的一般物体，由于多个机械臂在同一时段同时运动，这种障碍约束具有时变动态特性。因此，直接将单臂规划算法分别用于多臂系统中的每条单臂难以避免多臂之间的相互干扰问题。本节引入虚拟障碍物的概念，提出一种解决多臂之间冲突的规划策略。基于此策略设计的双臂任务规划算法可以规划多条机械臂在同一工作空间中同一时间段完成独立的工作而相互不干扰。

对于一个由 m 条机械臂组成的多臂系统，场景模型 M 可以分解为 $m+1$ 个子集，即

$$\{E,M^{(1)},M^{(2)},\cdots,M^{(m)}\} \tag{4-20}$$

其中，$M^{(i)}(i=1,2,\cdots,m)$ 代表 m 条机械臂。

利用这些模型集合可以重新组成 m 个虚拟场景，即

$$\{E,M^{(i)}\},\quad i=1,2,\cdots,m \tag{4-21}$$

每个虚拟场景表示多臂系统的一条臂独自在环境中而忽略其他机械臂。对这 m 个虚拟场景分别进行单臂任务规划，并称这个过程为多臂系统同步规划(multi-arm synchronized planning，MASP)，可得到 m 个任务规划结果 $K_i(i=1,2,\cdots,m)$。由于 m 个虚拟场景是独立进行规划的，每条机械臂在规划过程中没有考虑其他机械臂的运动对自身规划方案产生的影响，因此将这 m 条机械臂的规划结果重叠在一个共同的环境 E 中执行，极易发生多臂之间的相互干扰。

导致多臂系统在共同工作空间中相互干扰的直接原因是，发生碰撞的两条机械臂的碰撞部位不应在相同的时间出现在相同的空间。解决这个矛盾的一种方法是对场景中所有碰撞处增加时空约束，使将要发生碰撞的机械臂在特定时间避开特定位置。最简单的手段是在每个碰撞点处添加一个虚拟小立方体障碍，立方体边长 γ 为一可配置固定值。设 $G=\{G_1,G_2,\cdots,G_\omega\}$，$\omega$ 为将 m 个虚拟场景分别规划再整合后机械臂之间的碰撞点个数，$G_i(i=1,2,\cdots,\omega)$ 为碰撞点处添加的虚拟障碍模型。采用下式迭代更新环境模型 E。

$$E^{(i+1)}=E^{(i)}\cup G^{(i+1)} \tag{4-22}$$

其中，$E^{(0)}=E$；$G^{(i+1)}$ 为虚拟场景 $\{E^{(i)},M^{(j)}\}(j=1,2,\cdots,m)$ 经过一次MASP后新增加的虚拟障碍集合；虚拟障碍集合 G 中的元素不是场景中真实的物体，只是为

了避免多臂之间在一些特定时刻发生碰撞，因此 $G_i(i=1,2,\cdots,\omega)$ 无需在任务中一直出现，它们只需要在机械臂之间的碰撞发生时刻的前后一段时间 $[t_i-\Delta\delta,t_i+\Delta\delta]$ 加入场景即可，t_i 为机械臂之间发生碰撞的时刻，$\Delta\delta$ 为可配置的避让安全时间。因此，环境模型具有时变特征，即

$$E^{(i+1)}(t)=E^{(i)}(t)\bigcup\{G_1^{(i+1)}(t),G_2^{(i+1)}(t),\cdots,G_\omega^{(i+1)}(t)\} \tag{4-23}$$

其中，$G_i(t)$ 的表达式为

$$G_i(t)=\begin{cases}G_i, & t\in[t_i-\Delta\delta,t_i+\Delta\delta]\\ \varnothing, & t\notin[t_i-\Delta\delta,t_i+\Delta\delta]\end{cases} \tag{4-24}$$

双臂任务规划策略是利用式(4-24)的迭代算法不断更新环境模型 E，直到虚拟障碍集合 $G=\varnothing$ 时，经过 MASP 规划后的方案即为可行的多臂系统任务规划结果。

4.5　仿真验证

以模块化机械臂为对象，介绍任务规划过程实例。以德国 SCHUNK 公司 PowerCube 模块化机械臂为对象，开发模块化机械臂规划与仿真软件。软件具有机械臂规划与控制、三维可视化仿真、过程数据记录与分析等能力，因此基于该软件开展空间机械臂任务规划实例介绍。整臂 8 个自由度由 8 个模块化转动关节组成，关节间采用法兰连接，末端为集成式夹持器。DH 坐标系和实物如图 4-11 所示，DH 参数如表 4-2 所示。

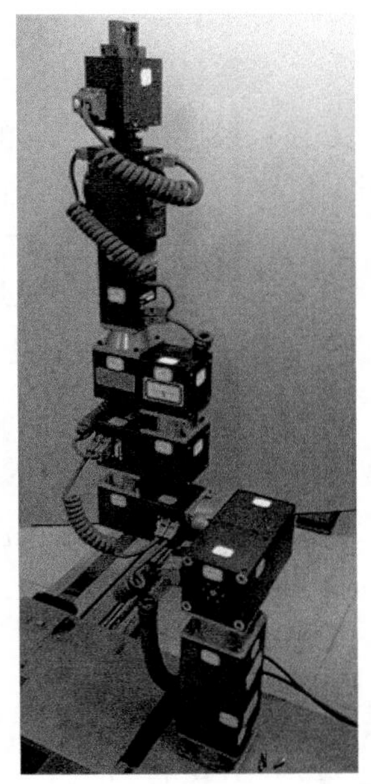

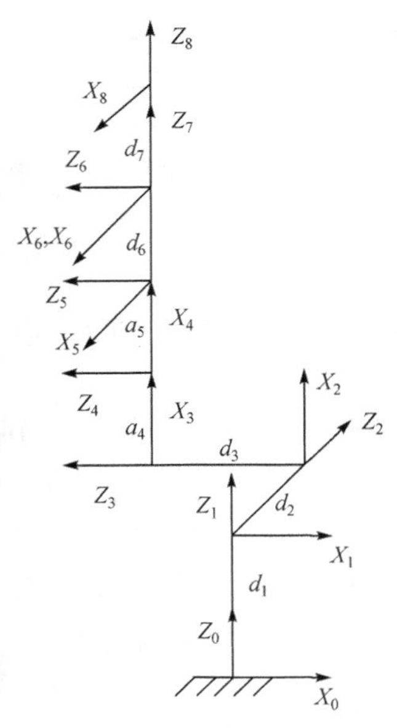

图 4-11　八自由度模块化机械臂对象

表 4-2 八自由度模块化机械臂 DH 参数表

连杆 i	α/rad	a/mm	θ/rad	d/mm
1	0	0	0	675
2	$-\pi/2$	0	$-\pi/2$	110
3	$\pi/2$	0	0	245
4	0	135	0	0
5	0	135	$-\pi/2$	0
6	$-\pi/2$	0	0	310
7	$\pi/2$	0	0	0
8	$-\pi/2$	0	0	216

仿真环境设置为一台机械臂 M、一个障碍物 O、一个被操作物 U。初始条件为 U 的操作接口位置 $\boldsymbol{A}=[-0.54\text{m},0.45\text{m},0.18\text{m},131.78°,-79.64°,-177.62°]^{\mathrm{T}}$，$M$ 的初始构型为$[16°,18.1°,67.6°,56.2°,21.9°,-29.5°,-41.4°,0°]^{\mathrm{T}}$；任务规划器的规划域配置为本章所述的三个原任务算子，以及一个“传送”复合任务，即

$$(\text{trans}(u,v),(n_1:\text{do}[\text{capture}(u)],n_2:\text{do}[\text{move}(v)],n_3:\text{do}[\text{release}(u)],(n_1,n_2,n_3))) \tag{4-25}$$

机械臂 M 移动时只具备笛卡儿空间直线规划能力。任务目标设计为将 U 转移到位置 $\boldsymbol{C}=[-0.54\text{m},0.55\text{m},0.18\text{m},131.78°,-79.64°,-177.62°]^{\mathrm{T}}$。

4.5.1 物体转移任务剖面分析算例

目标任务网络描述为(achieve(trans(U,$\boldsymbol{C}$)))，根据机械臂 M 的初始构型通过机器人运动学正解计算末端执行器坐标 $\boldsymbol{B}=[-0.48\text{m},-0.51\text{m},0.18\text{m},-142.09°,-79.64°,-177.62°]^{\mathrm{T}}$。因此，环境初始状态为$\begin{bmatrix}\boldsymbol{B} & \boldsymbol{A}\\ \boldsymbol{0} & \boldsymbol{0}\end{bmatrix}$。

① 目标任务网络中只含有一个任务，且为非原任务，因此在规划域中搜索对应的 Me，替换 trans(U,$\boldsymbol{C}$)。

② 重新遍历任务网络，n_1 为原任务，利用状态判据比较当前状态与 capture(u)算子的前提条件$\begin{bmatrix}\boldsymbol{B} & \boldsymbol{A}\\ \boldsymbol{0} & \boldsymbol{0}\end{bmatrix}-\begin{bmatrix}\boldsymbol{A} & \boldsymbol{A}\\ \boldsymbol{0} & \boldsymbol{0}\end{bmatrix}=\begin{bmatrix}\boldsymbol{B}-\boldsymbol{A} & \boldsymbol{0}\\ \boldsymbol{0} & \boldsymbol{0}\end{bmatrix}$，状态不符的掩码为$\begin{bmatrix}\boldsymbol{1} & \boldsymbol{0}\\ \boldsymbol{0} & \boldsymbol{0}\end{bmatrix}$。

③ 检索规划域，move(v)算子可以消除此状态差异，因此在任务网络中 n_1 前添加(n_4:do[move($\boldsymbol{A}$)])。任务网络约束变为(n_4,n_1,n_2,n_3)。

④ 重新遍历任务网络，初始状态$\begin{bmatrix}\boldsymbol{B} & \boldsymbol{A}\\ \boldsymbol{0} & \boldsymbol{0}\end{bmatrix}$经 n_4 算子转为$\begin{bmatrix}\boldsymbol{A} & \boldsymbol{A}\\ \boldsymbol{0} & \boldsymbol{0}\end{bmatrix}$，经 n_1 算子转

为$\begin{bmatrix} \boldsymbol{A} & \boldsymbol{A} \\ \boldsymbol{1} & \boldsymbol{1} \end{bmatrix}$,经 n_2 算子转为$\begin{bmatrix} \boldsymbol{C} & \boldsymbol{C} \\ \boldsymbol{1} & \boldsymbol{1} \end{bmatrix}$,经 n_3 算子转为$\begin{bmatrix} \boldsymbol{C} & \boldsymbol{C} \\ \boldsymbol{0} & \boldsymbol{0} \end{bmatrix}$。

至此任务网络不再存在冲突,规划器给出的原任务序列是 move($\boldsymbol{A}$)→capture(U)→move($\boldsymbol{C}$)→release(U)。物体 U 被成功转移至 $\boldsymbol{C}$ 处。

4.5.2 移动任务中间点规划仿真

采用典型路径规划方法对任务剖面分析给出的原任务序列依次检查,其中 move($\boldsymbol{A}$)因为环境障碍遮挡无法直接到达。该原任务的起始构型为[16°,18.1°,67.6°,56.2°,21.9°,−29.5°,−41.4°,0°]^{T},目标点为 $\boldsymbol{A}$=[−0.54m,0.45m,0.18m,131.78°,−79.64°,−177.62°]^{T}。设置以下规划器参数,末端速度约束为<0.03m/s,末端加速度约束为<0.03m/s^2,构型约束为避免机械臂本体自碰撞,环境障碍约束为避开障碍物 O;规划器搜索维度 3 维,搜索步长 0.05m。采用 A* 改进算法规划任务中间点,运动过程如图 4-12 所示。

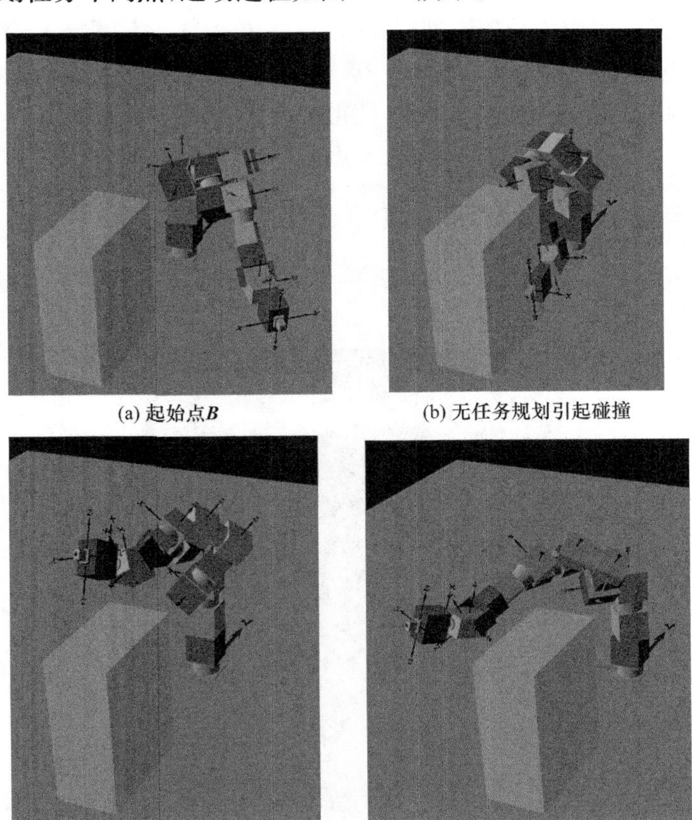

(a) 起始点$\boldsymbol{B}$　(b) 无任务规划引起碰撞

(c) 任务中间点$\boldsymbol{D}$　(d) 任务中间点$\boldsymbol{E}$

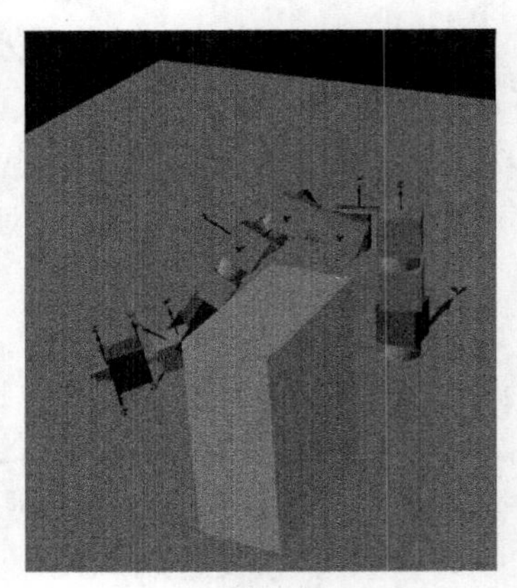

(e) 目标点A

图 4-12　任务中间点规划运动仿真

可以看出,在 $\boldsymbol{B}$ 与 $\boldsymbol{A}$ 之间直接进行路径规划,会导致如图 4-12(b)所示的机械臂与障碍物碰撞。当引入任务规划后,规划器在 $\boldsymbol{B}$ 到 $\boldsymbol{A}$ 之间插入任务中间点$\boldsymbol{D}=[-0.68\mathrm{m},-0.01\mathrm{m},0.73\mathrm{m},16.04°,-55°,-31.51°]^{\mathrm{T}}$ 和 $\boldsymbol{E}=[-0.68\mathrm{m},0.34\mathrm{m},0.48\mathrm{m},-42.4°,-71.62,-17.19°]^{\mathrm{T}}$,使得机械臂 M 在所有关节行程最小的情况下,从 $\boldsymbol{B}$ 点经 $\boldsymbol{D}$ 点、$\boldsymbol{E}$ 点绕过障碍到达 $\boldsymbol{A}$ 点。

4.5.3　多臂系统任务中间点规划仿真

在环境中加入与之前实验中机械臂构型完全对称的另一条机械臂,从而组成一个双臂系统,如图 4-13 所示。

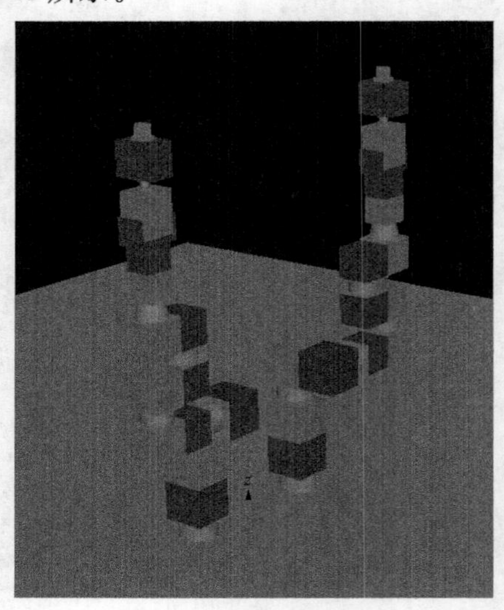

图 4-13　16DOF 双臂系统

使用单臂实验中设置的规划器参数，虚拟障碍边长 $\gamma=0.1\mathrm{m}$，避让安全时间 $\Delta\delta=10\mathrm{s}$。给定任务为机械臂1初始构型$[-48°,-25.7°,126.7°,-10.5°,-25.7°,0°,-6.7°,0°]^{\mathrm{T}}$，机械臂2初始构型$[18.1°,-33.3°,-56.2°,-48.6°,-27.6°,0°,-58.1°,0°]^{\mathrm{T}}$，要求机械臂1运动到点 $\boldsymbol{F}=[-0.348\mathrm{m},0.43\mathrm{m},0.654\mathrm{m},99.12°,-77.35°,-180°]^{\mathrm{T}}$，机械臂2运动到点 $\boldsymbol{G}=[-0.463\mathrm{m},0.43\mathrm{m},0.733\mathrm{m},36.67°,25.78°,-142.66°]^{\mathrm{T}}$。如果简单的采用直线路径规划获得双臂系统运动轨迹，两条机械臂在运动中发生了碰撞从而无法完成给定任务，如图4-14(a)所示。采用多臂任务规划算法对任务重新规划，规划器分别为机械臂1和机械臂2各添加一个任务中间点 $\boldsymbol{H}=[-0.516\mathrm{m},0.342\mathrm{m},0.159\mathrm{m},48.59°,-73.28°,-117°]^{\mathrm{T}}$ 与 $\boldsymbol{I}=[-0.645\mathrm{m},0.355\mathrm{m},0.502\mathrm{m},25.32°,15.18°,-122.61°]^{\mathrm{T}}$。此时，两条机械臂可同时完成各自任务，且满足所有约束条件，如图4-14所示。

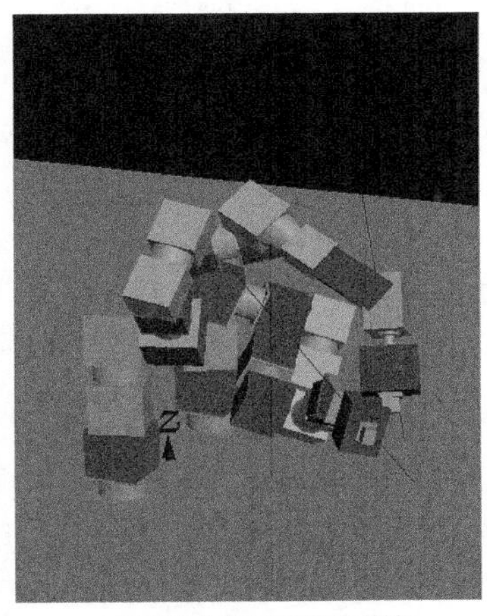

(a) 无任务规划时发生碰撞

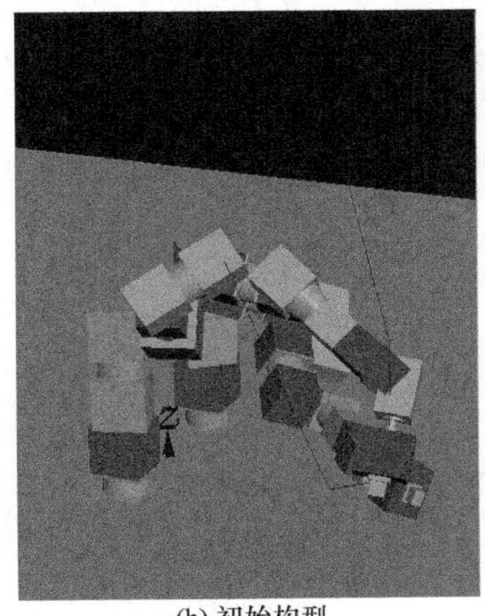

(b) 初始构型

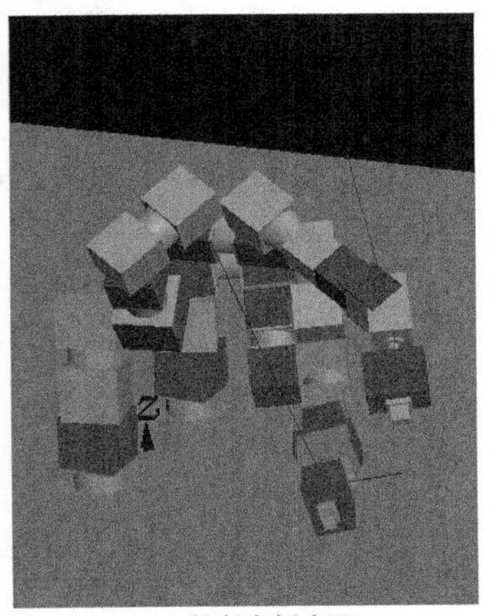

(c) 任务中间点$\boldsymbol{H}$

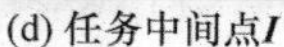

(d) 任务中间点I

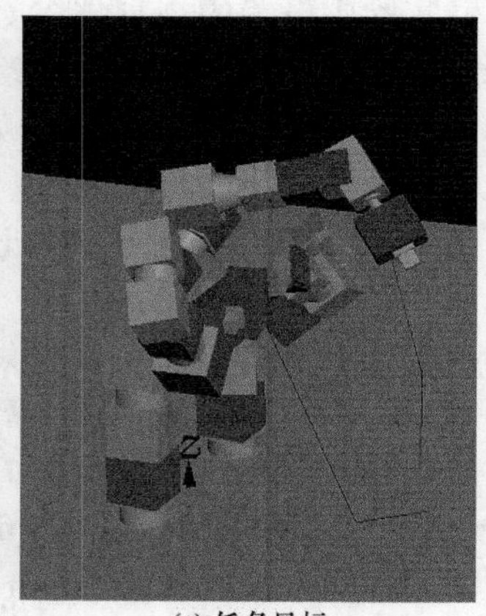

(e) 任务目标

图 4-14 双臂任务规划运动仿真

通过以上算例和仿真可以证明,本章提出的任务规划算法能够顺利地对空间机械臂搬运物体任务进行分解,并给出合理可行的任务中间点,整个运动过程平稳、连续。

4.6 本章小结

本章系统介绍空间机械臂复杂多约束任务规划方法。首先,结合空间机械臂现有控制系统三个层次的结构特点,提出一种两层任务规划框架,将任务规划分为逻辑分析和基于约束与优化进行执行两个过程分步处理。其次,介绍基于状态矩阵的机械臂工作场景状态表征方法,定义 3 类空间机械臂原任务并推导对应的状态转移算子,在此基础上基于分层任务网络设计空间机械臂任务剖面分析规划器。然后,设计 A^* 算法的一种改进方法,使之适应机械臂的连续运动特点,并提出一种基于虚拟障碍的双臂任务中间点规划方法。最后,根据多臂系统的具体任务规划实例进行任务规划效果的仿真展示,证明本章提出的任务规划算法能够顺利完成空间机械臂搬运物体的任务。

第5章　多约束多目标空间机械臂轨迹优化方法

5.1　引　　言

空间机械臂的轨迹规划，即在空间环境中，给定一个初始点（一般为初始关节角）和一个期望点（可以是一组关节角，也可以是一个空间点的笛卡儿坐标），按照一定的任务要求（如路径最短、消耗能量最少或使用时间最短等需求）选取一条连接起点到终点的运动轨迹，并实现在关节空间对空间机械臂的相应控制。考虑到空间机械臂在执行任务的过程中，本身具有关节角、关节速度、关节加速度和关节力矩等约束条件，再加上空间机械臂外部环境约束，如空间环境中的障碍物信息，使空间机械臂的路径规划具有多约束的特点。另外，为了降低能源消耗，缩短任务周期，提高任务完成质量，需在空间机械臂完成任务的基础上，对其路径规划开展进一步的优化，以使空间机械臂具有低耗能、高效率、高精度等性能，进而延长空间机械臂的使用寿命、增加空间机械臂完成任务的可靠性。综上所述，在满足在轨运行过程中各类约束条件的同时，以时间最短、能量最小、关节力矩最优等目标作为空间机械臂轨迹规划的优化目标，通过相应的优化算法，实现对空间机械臂运动轨迹的优化，这就是空间机械臂多约束多目标轨迹优化问题（multi-objective problem，MOP），其具有以下特点。

① 类似于单一目标轨迹优化问题的最优解在多目标轨迹优化问题中是不存在的，只存在非支配解（满足 Pareto 支配关系的非劣解，即 Pareto 最优解）。每个 Pareto 最优解仅仅是一个可以接受的不坏的解。

② 多目标轨迹优化问题的最优解就是指由 Pareto 最优解构成的集合，且该集合不再包含其他类型的最优解（受支配解），由此得到的解集即为非支配集，它在目标空间表现为一个多维的曲面（维数与目标数量一致），即 Pareto 前沿。

③ 对实际问题而言，必须结合在轨任务的特点及决策者的偏好，从非支配集中挑选合适的某个或某些 Pareto 最优解作为多目标轨迹优化问题的解，因此求解多目标轨迹优化问题的关键是求出尽可能多且分布均匀的 Pareto 最优解。

空间机械臂常见的轨迹规划有点到点路径规划和轨迹跟踪路径规划两种模式。对于某一类空间任务，只对空间机械臂初始状态及终止状态有所要求，并不关心其末端执行器的运动轨迹，这类任务可以利用点到点的路径规划来实现。例如，空间机械臂从压紧状态运动到展开状态，以及空间机械臂过渡状态之间的转移。

该类任务的目的在于机械臂的构型调整,但是末端执行器的运动轨迹可以是任意的。另外一类任务对空间机械臂末端执行器的轨迹有严格的要求。这类任务可以利用轨迹跟踪的路径规划方法实现,如空间机械臂目标捕获、空间机械臂辅助对接等。该类任务处于空间操作阶段,末端执行器只有严格跟踪预定轨迹,才能够保证任务的实现。

5.2 空间机械臂多约束多目标轨迹优化问题建模

5.2.1 多约束多目标优化问题数学模型

在科学研究和工程实践中,很多实际的寻优问题都受到一些条件或因素的限制。这些寻优问题最终都可以归结为求解一个带有约束条件的函数优化问题,称为约束优化问题。约束优化问题由于在数学规划、工程技术、分子生物学、任务调度等许多领域都有广泛的应用,因此一直是优化领域的一个热点研究问题。不失一般性,约束优化问题可以描述为

$$\begin{aligned}&\min\ f(\boldsymbol{x})=(f_1(\boldsymbol{x}),f_2(\boldsymbol{x}),\cdots,f_k(\boldsymbol{x}))\\&\text{s.t.}\ \ \boldsymbol{x}\in\boldsymbol{D}\end{aligned}\tag{5-1}$$

其中,$\boldsymbol{x}=(x_1,x_2,\cdots,x_n)$是决策向量;$\boldsymbol{D}=[\boldsymbol{L},\boldsymbol{U}]=\{\boldsymbol{x}\in\mathbf{R}^n\mid l_i\leqslant u_i,i=1,2,\cdots,n\}$称为决策空间($\boldsymbol{L}=[l_1,l_2,\cdots,l_n]$,$\boldsymbol{U}=[u_1,u_2,\cdots,u_n]$);$f_i(\boldsymbol{x})(i=1,2,\cdots,k)$是问题(5-1)的第 i 个目标函数,$k\geqslant2$。

为方便,记 $\boldsymbol{z}=f(\boldsymbol{x})$称为目标向量,$Z=\{\boldsymbol{z}=f(\boldsymbol{x})\mid\boldsymbol{x}\in\boldsymbol{D}\}$称为式(5-1)的可行目标空间。

定义 5.1(Pareto 支配) 对多目标优化问题(式(5-1)的两个决策向量)$\boldsymbol{x},\boldsymbol{y}\in\boldsymbol{D}$,若对于 $i\in\{1,2,\cdots,k\}$,都有 $f_i(\boldsymbol{x})\leqslant f_i(\boldsymbol{y})$,且至少存在一个 $i\in\{1,2,\cdots,k\}$使得 $f_i(\boldsymbol{x})<f_i(\boldsymbol{y})$,则称解 $\boldsymbol{x}$ Pareto 支配解 $\boldsymbol{y}$,记作 $\boldsymbol{x}\prec\boldsymbol{y}$。进一步,若对于 $i\in\{1,2,\cdots,k\}$,都有 $f_i(\boldsymbol{x})\leqslant f_i(\boldsymbol{y})$,则称解 $\boldsymbol{x}$ 强 Pareto 支配解 $\boldsymbol{y}$,记作 $\boldsymbol{x}\preceq\boldsymbol{y}$。

对问题(5-1)的两个决策向量 $\boldsymbol{x}$ 和 $\boldsymbol{y}$,若它们之间不存在 Pareto 支配关系,则称它们是互相非支配的(nondominated)。

定义 5.2(Pareto 最优解及 Pareto 最优值向量) 设 $\boldsymbol{x}^*\in\boldsymbol{D}$,若不存在解 $\boldsymbol{x}\in\boldsymbol{D}$,使得 $\boldsymbol{x}\preceq\boldsymbol{x}^*$,则称 $\boldsymbol{x}^*$ 为问题(5-1)的弱 Pareto 最优解(weak Pareto optimal solution),弱 Pareto 最优解在目标空间中对应的向量 $\boldsymbol{z}=\boldsymbol{f}(\boldsymbol{x}^*)$ 称为弱 Pareto 最优值向量。进一步,若不存在 $\boldsymbol{x}\in\boldsymbol{D}$,使得 $\boldsymbol{x}\prec\boldsymbol{x}^*$,则称 $\boldsymbol{x}^*$ 为问题(5-1)的 Pareto 最优解(Pareto optimal solution),Pareto 最优解在目标空间中对应的向量 $\boldsymbol{z}=\boldsymbol{f}(\boldsymbol{x}^*)$ 称为 Pareto 最优目标值向量(简称为 Pareto 最优值向量)。

定义 5.3(Pareto 最优解集) 多目标优化问题(5-1)的所有 Pareto 最优解的

集合称为 Pareto 最优解集(Pareto optimal set,PS),即

$$\mathrm{PS}=\{\boldsymbol{x}\in\boldsymbol{D}\mid\neg\exists\,\boldsymbol{y}\in\boldsymbol{D},\boldsymbol{y}\prec\boldsymbol{x}\}$$

定义 5.4(Pareto 前沿)　对目标优化问题(5-1),Pareto 最优解集 PS 在可行目标空间中的像集称为 Pareto 前沿(Pareto front,PF),即

$$\mathrm{PF}=\{\boldsymbol{z}=f(\boldsymbol{x})\mid\boldsymbol{x}\in\mathrm{PS}\}$$

Pareto 前沿也是可行目标空间中所有 Pareto 最优目标值向量的集合。

图 5-1 给出了在二维决策空间和二维目标空间中的 PS 和 PF。

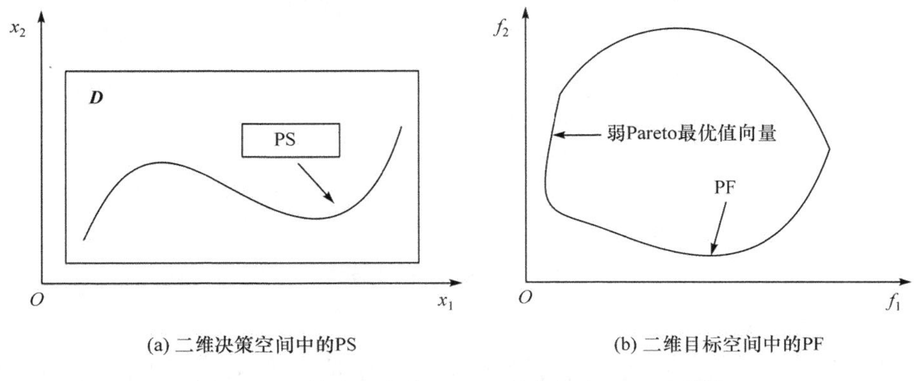

(a) 二维决策空间中的PS　(b) 二维目标空间中的PF

图 5-1　二维空间中的 Pareto 最优解和 Pareto 前沿

从以上定义可知,多目标优化问题与单目标优化问题的最优解有本质的区别。单目标优化问题的最优值通常是唯一的,而多目标优化问题的最优目标函数值不唯一,且往往存在一组互相不能比较的 Pareto 最优目标值,因此多目标问题的最优目标值是一个集合。与此同时,多目标问题的 Pareto 最优解也是一个集合,且不同的 Pareto 最优解往往对应不同的 Pareto 最优目标值。此外,在多目标问题中,算法的搜索过程在决策空间进行,然而找到的解进行优劣比较则在目标空间进行。

5.2.2　空间机械臂任务约束条件分析

空间机械臂执行任务时,常见的约束条件有外部环境约束(如障碍物等)、运动学约束(如位移、速度、加速度、角加速度约束等)、动力学约束(如力、力矩约束等)、自身约束(如机械臂奇异条件、关节极限等)。在引入多约束时,必须严格按照约束进行空间机械臂的路径规划,确保其运动学及动力学参数不超过任何一个约束限制。

由于空间机械臂的复杂性,在执行任务的过程中具有许多对其产生直接或间接影响的控制变量,这些控制变量只有满足一定的要求,即符合一定的约束条件,才能够保证机械臂顺利完成任务。依据优先级,本节将空间机械臂的约束条件分

为物理约束、设计约束、任务约束三类，并对三种约束进行分析。约束的分类与优先级如图 5-2 所示。

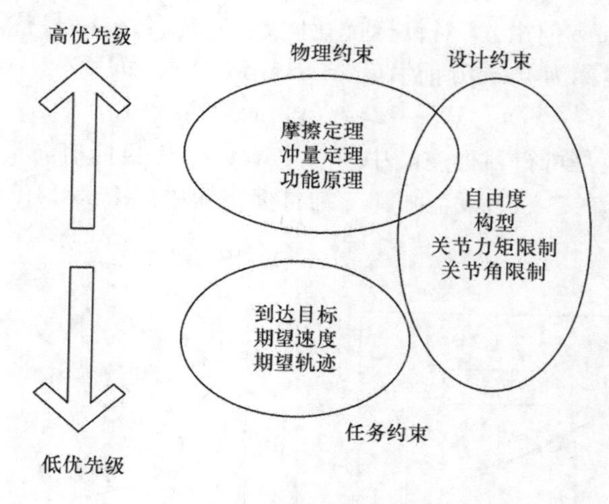

图 5-2 约束的分类与优先级

(1) 物理约束

物理约束代表被广泛接受的自然规律和原则，是物体内部及物体与物体之间相互作用的基本原理，如摩擦定理、冲量定理、功能原理等。一般来讲，违背自然规律的现象是不存在的，因此物理约束具有最高的优先级。优化算法的解决方案也必须是物理上可行的。

(2) 任务约束

任务约束指由特定的任务或子任务所要求达到的目标。相对于物理约束，任务约束并不总是被保证。任务约束要求空间机械臂在满足物理约束及设计约束的基础上，实现相应的任务要求。在这三个约束中，任务约束应具有最低优先级。然而，最低的优先级并不代表优化算法中的约束弱或没有约束效力。虽然满足物理约束和设计约束，但是如果机械臂的控制器不能满足任务要求，规划出的运动仍是无效的。而且，当存在多个任务约束时，它们的优先级可以被进一步细化，使得不同的相对优先级对应为基于任务目标的不同子任务的约束。

(3) 设计约束

设计约束所代表的是空间机械臂系统参数和结构。设计约束的例子包括机械臂形状、拓扑结构、系统的尺寸、自由度、运动的限制等。设计约束可以存在两个不同的优先级。在模拟和分析阶段，当机械臂的设计仍然可以被相应地修改，其具有中间的优先级，这是物理和任务之间的约束。以这种方式，如果当前系统设计不能满足任务约束，则可以改变设计。在这种情况下，设计约束的优先级的精确数值水平取决于设计灵活性的程度。当多个设计约束存在时，不同的相对优先级可被分配给基于设计灵活性不同的设计约束。另一方面,在实际的机器人用定型设计的控制阶段,设计约束不能再被改变,并可以看作是对给定系统的物理约束的一部分。在这种情况下,最高优先级应该被分配给设计约束及其他物理约束。

几种较为常用的空间机械臂应满足以下约束条件。

① 各关节初始和期望的角度、角速度、角加速度约束($v=n$),即

$$\begin{aligned}
&\boldsymbol{h}_1(\boldsymbol{\Theta})=\boldsymbol{q}(t_0)-\boldsymbol{q}_{\text{ini}}, \quad \boldsymbol{h}_2(\boldsymbol{\Theta})=\boldsymbol{q}(t_f)-\boldsymbol{q}_{\text{des}}\\
&\boldsymbol{h}_3(\boldsymbol{\Theta})=\dot{\boldsymbol{q}}(t_0)-\dot{\boldsymbol{q}}_{\text{ini}}, \quad \boldsymbol{h}_4(\boldsymbol{\Theta})=\dot{\boldsymbol{q}}(t_f)-\dot{\boldsymbol{q}}_{\text{des}}\\
&\boldsymbol{h}_5(\boldsymbol{\Theta})=\ddot{\boldsymbol{q}}(t_0)-\ddot{\boldsymbol{q}}_{\text{ini}}, \quad \boldsymbol{h}_6(\boldsymbol{\Theta})=\ddot{\boldsymbol{q}}(t_f)-\ddot{\boldsymbol{q}}_{\text{des}}
\end{aligned} \tag{5-2}$$

② 针对负载操作过程中的任意时刻 $t_r\in[t_0,t_f]$,关节角机械限位的约束($u=n$),即

$$\boldsymbol{g}_1(\boldsymbol{\Theta})=\boldsymbol{q}_{\min}-\boldsymbol{q}(t_r), \quad \boldsymbol{g}_2(\boldsymbol{\Theta})=\boldsymbol{q}(t_r)-\boldsymbol{q}_{\max} \tag{5-3}$$

③ 机械臂末端角速度和线速度约束($u=3$),即

$$\boldsymbol{g}_3(\boldsymbol{\Theta})=\boldsymbol{v}_e(t_r)-\boldsymbol{v}_{\max}, \quad \boldsymbol{g}_4(\boldsymbol{\Theta})=\boldsymbol{\omega}_e(t_r)-\boldsymbol{\omega}_{\max} \tag{5-4}$$

④ 任务终止时刻,机械臂末端位置和姿态偏差约束($u=6$),即

$$\boldsymbol{g}_5(\boldsymbol{\Theta})=[|\Delta x_e(t_f)|,|\Delta y_e(t_f)|,|\Delta z_e(t_f)|,|\Delta\alpha_e(t_f)|,|\Delta\beta_e(t_f)|,|\Delta\gamma_e(t_f)|]^{\mathrm{T}}-\Delta\boldsymbol{x}_{e\_\max} \tag{5-5}$$

其中,$\Delta\boldsymbol{x}_{e\_\max}\in\mathbf{R}^6$,表示终止时刻机械臂末端允许的最大位置偏差和最大姿态偏差。

5.2.3　空间机械臂任务优化目标分析

满足上述约束条件可以保证机械臂完成任务,但对于长期在轨工作的空间机械臂来讲,完成任务是远远不够的,为了保证其执行任务的合理性和高效性,还要考虑与其相关的优化目标。常见的优化目标有路径最短、时间最短、能量最小、关节力矩最小、基座扰动最小、灵巧性最高、容错性最高、作业构型最佳和碰撞力最小等。这里对时间最优、关节力矩最优、能量最优、基座扰动最小和灵巧性最优进行分析。

(1) 时间最优

在任务规划及路径规划中,空间机械臂执行任务所需的时间往往决定任务时机的选择和任务的质量。一般来说,较小的任务时耗能够使空间机械臂更高效地执行任务。时间最优一般指时间相对最短。

例如,研究轨迹跟踪路径方法,利用带抛物线过渡梯形曲线对机械臂末端速度进行插值规划,如图5-3所示。因此,在对任务时间进行优化时,可直接对带抛物线过渡的梯形曲线进行优化,从而获得机械臂在运行过程中较优的末端速度序列,进而求出对应时刻的关节角序列。采用带抛物线过渡的梯形规划方式,得到运动总时间与最大速度,以及最大加速度之间的关系,在已知最大速度的大小 v_m 和最大加速度的大小 a_m 时,t_z 具有唯一值,即

$$t_z=\frac{d}{\boldsymbol{v}_m}+\frac{3\boldsymbol{v}_m}{2\boldsymbol{a}_m} \tag{5-6}$$

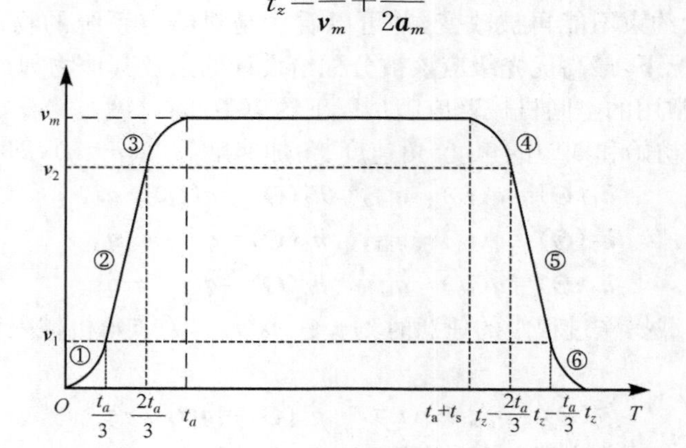

图 5-3　带抛物线过渡梯形速度规划图

可以看出，对于同一条直线轨迹，在 $\boldsymbol{v}_m$ 与 $\boldsymbol{a}_m$ 确定时，能够确定唯一的带抛物线过渡梯形规划方式。因此，$\boldsymbol{v}_m$ 与 $\boldsymbol{a}_m$ 是该曲线的一组控制变量，可以作为 Mop 问题的决策变量，通过搜索其最优组合，从而实现多目标优化。时间最优的目标函数为

$$f=t(\boldsymbol{v}_m,\boldsymbol{a}_m),\quad v_m\in[\boldsymbol{v}_{\min},\boldsymbol{v}_{\max}],\quad \boldsymbol{a}_m\in[\boldsymbol{a}_{\min},\boldsymbol{a}_{\max}] \tag{5-7}$$

其中，$\boldsymbol{v}_m$ 和 $\boldsymbol{a}_m$ 分别为在已知直线路径下，利用带抛物线过渡梯形曲线规划时最大的末端速度及末端加速度。

在进行轨迹优化时，以上述函数为优化目标，同时考虑各种约束条件，可以实现对时间的优化，从而提高机械臂执行任务的效率。

(2) 关节力矩最优

在空间机械臂系统执行任务的过程中，关节电机持续输出关节力矩，使关节产生相应的运动，到达指定构型，从而完成任务。对机械臂系统来说，过小的关节力矩不能保证关节运动，导致无法完成给定任务；过大的关节力矩可能引起关节电机超出额定功率，引起电机的损坏。因此，关节力矩的大小应保持在合理的范围，这样既能够保证机械臂系统顺利完成任务，又能够提高其动力学性能，延长机械臂系统的寿命。

根据空间机械臂拉格朗日动力学方程，有

$$\boldsymbol{H}\begin{bmatrix}\ddot{\boldsymbol{x}}_b\\ \ddot{\boldsymbol{q}}_m\end{bmatrix}+\begin{bmatrix}\boldsymbol{c}_b\\ \boldsymbol{c}_m\end{bmatrix}=\begin{bmatrix}\boldsymbol{F}_b\\ \boldsymbol{\tau}_m\end{bmatrix}+\begin{bmatrix}\boldsymbol{J}_b^{\mathrm{T}}\\ \boldsymbol{J}_m^{\mathrm{T}}\end{bmatrix}\boldsymbol{F}_e \tag{5-8}$$

其中，$\boldsymbol{F}_b$ 和 $\boldsymbol{F}_e$ 分别为基座和机械臂末端执行器上的外作用力和力矩；$\boldsymbol{\tau}_m$ 为机械臂各关节外力矩；非线性项 $\boldsymbol{c}_b$ 和 $\boldsymbol{c}_m$ 是关于 $\boldsymbol{q}_m$ 和 $\dot{\boldsymbol{q}}_m$ 的函数；$\boldsymbol{H}$ 为惯量矩阵。

以 $\boldsymbol{W}=\begin{bmatrix} w_1 & \cdots & 0 \\ \vdots & & \vdots \\ 0 & \cdots & w_n \end{bmatrix}$ 为权重矩阵，可以建立空间机械臂关节力矩最小的优化目标函数，即

$$\boldsymbol{f}=\boldsymbol{\tau}_m^{\mathrm{T}}\boldsymbol{W}\boldsymbol{\tau}_m \tag{5-9}$$

在机械臂系统执行任务时，控制关节力矩在合理范围之内，并保证其连续稳定无突变，可以减少对关节电机的损耗，提高机械臂长期连续工作的定位精度，从而达到延长机械臂系统的服役周期的目的。

(3) 能量最优

在空间环境中，由于航天系统较为复杂，且空间飞行器的负载有限，无法携带更多能源，因此可供机械臂利用的能源往往有限。以能量最优为目的，是为了降低机械臂系统的能耗，以满足机械臂长时间工作的需求。

在求解关节力矩的基础上，根据对关节输出功率的计算，可以提出能量最优目标函数，即

$$f=\sum_{i=1}^{n}\int_{t_0}^{t_f}\left[\dot{q}_i(t)\tau_i(t)\right]^2\mathrm{d}t \tag{5-10}$$

(4) 基座扰动最小

在空间环境下，航天器基座和空间机械臂处于自由漂浮状态，机械臂与空间飞行器基座是一个耦合系统，机械臂的运动会引起航天器基座的运动。因此，在机械臂执行任务时，机械臂会对空间飞行器基座产生扰动力，引起空间飞行器基座的运动与偏移，甚至造成基座的失稳，对控制系统产生影响。基座扰动优化就是将空间机械臂在执行任务过程中对基座的扰动降至最小。

设初始状态，空间飞行器基座的姿态为 $\boldsymbol{\varphi}_0=[\alpha,\beta,\gamma]$，其对应的旋转矩阵 $\boldsymbol{R}$ 阵为 $\boldsymbol{R}_0$。

设 t 时刻，基座的姿态矩阵为 $\boldsymbol{R}(t)$，则此刻基座的欧拉角与初始时刻基座的姿态变化矩阵为

$$\mathbf{Rot}(t_i)=\boldsymbol{R}(t_0)^{-1}\boldsymbol{R}(t_i) \tag{5-11}$$

由姿态变化矩阵 **Rot** 可以反算出对应的 ZYX 欧拉角变化 α_{t_i}、β_{t_i} 和 γ_{t_i}，这里定义为

$$\Delta_{zyx}(t_i)=\sqrt{\alpha_{t_i}^2+\beta_{t_i}^2+\gamma_{t_i}^2} \tag{5-12}$$

得到的最大欧拉角差值为

$$\Delta\mathrm{eul}_i=\max_{0\leqslant t\leqslant t_f}(\Delta_{zyx}(t_i)) \tag{5-13}$$

目标函数为

$$f=\min_{0\leqslant i\leqslant N}\Delta\mathrm{eul}_i \tag{5-14}$$

(5) 灵巧性最优

机械臂的灵巧性是指机械臂在某个位形下,机械臂末端沿着各方向的运动能力。对于空间机械臂在笛卡儿空间的运动而言,具有冗余度可以保证其末端相对于基坐标系在一定方向上具有平移和旋转的能力。空间机械臂的灵巧性可以使机械臂在较低关节速度下实现末端运动,因此灵巧性可以定义为改变末端运动方向的能力。

空间机械臂灵巧性的性能指标可以用可操作度来表示,即 $w=\sqrt{\det(\boldsymbol{J}\boldsymbol{J}^{\mathrm{T}})}$,采用可操作度衡量机械臂的灵活性时,$w$ 的数值越大,灵活性越好,当 $w=0$ 时,机械臂处于奇异位形。为提高机械臂的灵活性,在运动规划时,可以采用可操作度作为性能优化指标,利用梯度投影法使可操作度最大化。在这一过程中,可操作度对关节变量梯度的求解是其关键问题。令 $\boldsymbol{q}=(q_1,q_2,\cdots,q_n)$ 为关节变量,则 w 是 $\boldsymbol{q}$ 的函数,灵巧性最优目标函数可表示为

$$f(\boldsymbol{q})=\nabla w(\boldsymbol{q})=\frac{\partial w}{\partial \boldsymbol{q}}=\left(\frac{\partial w}{\partial q_1},\cdots,\frac{\partial w}{\partial q_j},\cdots,\frac{\partial w}{\partial q_n}\right)^{\mathrm{T}} \tag{5-15}$$

5.2.4 最优化问题求解方法

多目标轨迹优化问题需要考虑空间机械臂运行过程中对多个性能指标的同时优化,且需要满足在轨运行过程中的各类约束条件,属于多约束多目标的数学优化问题,因此具有以下特点:多目标优化问题中各目标之间通过决策变量相互制约,对其中一个目标的优化必须以其他目标劣化作为代价。也就是说,要同时使这些子目标达到最优值是不可能的,只能在它们中间进行调和折中处理,使各个子目标函数都尽可能地达到最优。多目标轨迹优化方法对比如表 5-1 所示。

表 5-1 多目标轨迹优化方法对比

分类	共同特点	具体方法	特点及优劣
传统的多目标优化方法	需要反复调整权重并多次运行求解单目标优化问题的算法 运行求解过程相互独立,它们之间的信息无法共享,导致计算的开销较大,且得到的解有可能不可比较,令决策者难以有效决策,同时造成时间及资源浪费 对较复杂函数性质不好的多目标优化问题,往往是不可行的	线性加权法(固定权重、随机权重、适应性权重)	属于有后验偏好信息的多目标优化方法 优点:容易理解、便于计算 缺点:权重难以确定,对 Pareto 前沿的形状敏感,不能处理其前端的凹部且多个目标之间往往不可比较(难以归一化)
		约束法	随机将其中的某个目标函数作为优化目标,其余的作为约束 优点:简单易行 缺点:需要先验知识,但这些先验知识往往是未知的
		Benson 方法	搜索过程中依赖梯度信息,目标函数是不可微时,基于梯度的方法往往很难求解

续表

分类	共同特点	具体方法	特点及优劣
传统的多目标优化方法		目标规划方法(字典序方法、全局规划方法、最大最小方法等)	属于有先验偏好信息的多目标优化方法,能够利用决策者提供的偏好信息构造新的优化评价函数或优化规则,使得求出的最优解反映决策者的偏好结构
		连续代理优化技术、参考点法、参考方向法等	属于交互式多目标优化方法,决策者不能给出先验偏好信息,只能在优化过程中,通过对优化解的不断学习来调整其偏好
群体智能进化算法直接求解多目标优化问题	个别个体出现问题不会影响整个多目标优化问题的求解,整个系统具备更强的鲁棒性 可以不通过个体间的直接通信,而通过非直接通信进行合作,这种非直接的信息交换机制可以保证系统的扩展性 群体中互相合作的个体是分布的,因此可以作为并行分布式算法模式,充分利用多处理器并很好地适应网络环境下的工作方式 对目标函数的连续性无特殊要求 系统中单个个体能力简单,使单个个体执行时间相对较短,算法实现简单,具有简单性 求得的解集分布性和多样性较好,通常不能保证得到真实的 Pareto 最优解集,只能有效地逼近 Pareto 前沿	MOGA(多目标遗传算法)	对群体中每个个体的排序数是基于 Pareto 最优概念的,当前群体中优于该个体解的其他个体数,并采用一种基于排序数的适应度赋值方法,同时采用自适应的小生境技术与受限杂交技术来提高种群多样性,防止种群的过早收敛 优点:算法执行相对简单且效率高 缺点:算法易受小生境半径大小的影响
		SPEA2(强化 Pareto 进化算法)	优点:可以取得一个分布度很好的解集,特别是对高维问题的求解具有一定优势 缺点:其聚类过程保持多样性耗时较长,且运行效率不高
		PAES(Pareto 档案进化策略算法)	优点:解的收敛性很好,比较容易接近 Pareto 前沿,特别是在高维问题情况下求解具有一定优势 缺点:选择操作一次只能选取一个个体,导致时间消耗很大,且解集的多样性不佳
		NSGA-II(非支配排序遗传算法)	优点:运行效率高、解集具有良好的分布性,特别是对于低维优化问题具有较好的表现 缺点:高维问题中解集过程具有缺陷,解集的多样性不理想
		MOSA(多目标模拟退火算法)	优点:具有跳出局部最优的能力,通用性、灵活性高;对搜索空间(目标函数的性质)不加任何限制,可以是不连续的、不可微的,并且也能求得 Pareto 边界上多个不同方向的 Pareto 最优解 缺点:对初始温度和退温系数的依赖性较强;需要大量的迭代,收敛速度慢,优化效率较低;解决多目标问题时仍将其转换为单目标问题进行求解,往往得不到分布较好的 Pareto 最优解集

续表

分类	共同特点	具体方法	特点及优劣
群体智能进化算法直接求解多目标优化问题		MOACA(多目标蚁群算法)	优点:本质上是并行的算法,可以看做是一个分布式系统,它在决策空间的多点同时开始进行独立的解搜索,不但增加了算法的可靠性,而且使算法具有较强的全局搜索能力;其正反馈的过程不但能够使得初始值不断地扩大,而且可以引导整个系统向最优解的方向进化;结果不依赖于初始路线的选择,而且在搜索过程中不需要进行人工的调整 缺点:需要较长的搜索时间,易于出现早熟停滞现象
		MOPSO(多目标粒子群算法)	优点:具有高效的搜索能力,收敛较快,算法简单且易于实现;通用性比较好,适合处理多种类型的目标函数和约束,并且容易与传统的优化方法结合,从而改进自身的局限性 缺点:在处理优化目标空间维数较高的问题时,有一定的局限性(相应的改进算法较多)
		FOA(果蝇算法)	非常新颖的进化算法,算法简单且收敛速度极快,但在处理多目标优化问题方面的研究相对较少,是一种正在推广过程中的群智能优化方法

5.3 空间机械臂多约束多目标轨迹优化方法应用

空间机械臂的多约束多目标轨迹优化实际上是一个多目标优化问题,即在考虑多个约束的情况下,对多个目标函数同时优化,从而得到最优解集。本章采用解决多目标优化问题的思想对多工况下多约束多目标轨迹规划问题展开研究。工况分为两种,即面向大负载点到点任务的空间机械臂轨迹优化和考虑动力学特性的空间机械臂轨迹优化。为了方便,所研究的对象都是七自由度的空间机械臂,即由七个旋转关节和两根长直臂杆连接组成,如图 5-4 所示。其结构具有对称性,这样可以使得空间机械臂操作更灵活,以满足各类任务需求。

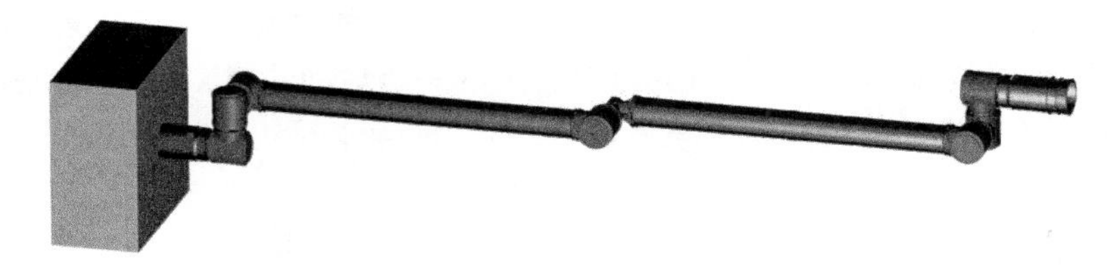

图 5-4　七自由度空间机械臂三维示意图

5.3.1　面向大负载点到点任务的空间机械臂轨迹优化

1. 工况分析

空间机械臂执行大负载在轨操作任务过程中，要求机械臂末端从初始位姿(起始点)运动到相对于基座坐标系或惯性坐标系的某个期望位姿(终止点)。考虑空间机械臂执行给定的点到点操作时，采用不同的运行轨迹会使得负载能力大不相同，因此面向大负载点到点任务，在规划各关节运动的过程中应考虑空间机械臂负载能力的优化。

由于空间机械臂负载能力受到多种因素制约，在轨迹规划过程需要以提升负载能力为目标建立多个相关的优化目标。根据负载操作模式下的自由漂浮空间机械臂动力学模型可知，负载质量和惯量的增大使得等效末端连杆的质量和惯量很大，针对任意给定的规划，一方面关节需要提供较大的驱动力矩，另一方面会引起基座的运动与偏移，严重时甚至造成基座的失稳。此外，在机械臂末端运动规律确定的情况下，负载质量和惯量的增大会使系统的总动能变大，由于负载操作过程中主动力全部由关节提供，根据能量守恒可知完成负载操作会消耗大量的能量。因此，关节最大驱动力矩、基座控制能力，以及系统能量的限制均会制约空间机械臂的负载能力，在规划最优轨迹的过程中需要综合考虑这些因素。而且，在机械臂运动过程中，存在各类物理约束(如关节机械限位、运动速度限制等)，点到点大负载任务的轨迹优化问题实际上是复杂的多约束条件下多目标优化问题，利用传统的解析方法求解较为困难。

此外，点到点任务作为空间机械臂大负载操作的一类典型任务，包括两种不同的操作模式[13]：一种是大负载操作相对于基座坐标系执行，如执行舱体在轨组装、实验载荷安装和电池组更换等任务，通常给定机械臂的初始和终止构型，即关节空间内的点到点任务；另一种是机械臂相对于惯性坐标系操作负载，如将实验载荷放入指定的轨道等任务，通常给定基座初始位姿、机械臂初始构型及目标点位置坐标，对机械臂的最终构型和基座的最终位姿无特别限制，即笛卡儿空间的点到点任务。两种操作模式下的轨迹规划均是以满足空间机械臂末端点到点操作为目的，求解出合适的关节轨迹。对于上述第一种操作模式，可根据各关节的起始位置和终止位置，通过插值方法和优化计算选取合适的关节运动规律。然而，空间机械臂末端位姿与关节运动的历史轨迹相关，使得第二种操作模式下的轨迹优化问题更加复杂。

2. 具体数学表达式提出

(1) 多目标轨迹优化问题数学模型

着重考虑关节力矩、基座扰动，以及系统能量对空间机械臂负载能力的限制，将轨迹规划问题转化为多目标优化问题进行求解。同时，对影响空间机械臂负载能力的影响因素众多，如机械臂构型、基座姿态、柔性变形、关节机械限位、角速度和角加速度限制等，在已有的轨迹优化研究中，通常将这些限制因素作为约束条件处理。由此可以建立多约束多目标优化数学模型进行轨迹优化问题的求解。

不失一般性，将关节变量离散化作为输入，令 Δt 为规划的步长，t_0 和 t_f 分别为起始和终止时刻，$s=(t_f-t_0)/\Delta t$ 表示规划的步数。由此定义点到点任务空间机械臂轨迹优化问题为

$$\begin{aligned} \min\ & \boldsymbol{y}=f(\boldsymbol{\Theta})=\{f_1(\boldsymbol{\Theta}),f_2(\boldsymbol{\Theta}),\cdots,f_M(\boldsymbol{\Theta})\} \\ \text{s. t.}\ & g_{i,j}(\boldsymbol{\Theta})\leqslant 0,\quad i=1,2,\cdots,k_1;j=u,u-1,\cdots,1 \\ & h_{i,j}(\boldsymbol{\Theta})=0,\quad i=1,2,\cdots,k_2;j=v,v-1,\cdots,1 \end{aligned} \tag{5-16}$$

其中，$\boldsymbol{\Theta}=[\boldsymbol{q}^{\mathrm{T}}(t_0),\boldsymbol{q}^{\mathrm{T}}(t_0+\Delta t),\cdots,\boldsymbol{q}^{\mathrm{T}}(t_f)]\in D^N$ 表示决策向量，D 表示 $N(N=s^* n)$ 维决策空间；$\boldsymbol{y}=[f_1,f_2,\cdots,f_M]\in Y^M$ 表示目标向量，是决策向量在目标空间 Y 上的映射；$f_1(\boldsymbol{\Theta}),f_2(\boldsymbol{\Theta}),\cdots,f_M(\boldsymbol{\Theta})$ 为优化目标函数；$g_{i,j}(\boldsymbol{\Theta})$ 和 $h_{i,j}(\boldsymbol{\Theta})$ 是关于决策向量的约束函数。

(2) 目标函数的定义

针对关节空间点到点任务，为了实现空间机械臂负载能力的提升，以实现空间机械臂关节驱动力矩最小、基座扰动最小和系统能量最小为目标，建立如下相应的优化目标函数。

① 关节驱动力矩最小。

关节最大驱动力矩是机械臂负载能力最直接的限制，针对相同的负载操作任务，通过轨迹优化降低关节峰值力矩是确保安全操作，提升空间机械臂负载操作能力最直接的手段。因此，可以建立关节驱动力矩最小的优化目标函数为

$$f_1=\max\{\max\{|\tau_1(t)|\},\max\{|\tau_2(t)|\},\cdots,\max\{|\tau_n(t)|\}\},\quad t\in[t_0,t_f] \tag{5-17}$$

② 基座扰动最小。

考虑基座姿态控制能力的限制，必须严格控制机械臂运动对基座产生的扰动。因此，通过轨迹优化减小基座扰动也能够提升空间机械臂的负载能力。令 6 维力

矢量 $\boldsymbol{F}_b=[\boldsymbol{f}_b,\boldsymbol{n}_b]$表示机械臂运动对基座产生的扰动，以 $\boldsymbol{F}_b^{\mathrm{T}}\boldsymbol{W}\boldsymbol{F}_b$ 为衡量基座扰动大小的性能指标，$\boldsymbol{W}=\begin{bmatrix} w_1 & 0 \\ 0 & w_2 \end{bmatrix}$为权重矩阵，定义基座扰动最小优化目标函数为

$$f_2=\int_{t_0}^{t_f}(w_1\ \|\boldsymbol{f}_b\|_2/N_1+w_2\ \|\boldsymbol{n}_b\|_2/N_2)\mathrm{d}t \tag{5-18}$$

其中，$\|\boldsymbol{f}_b\|_2=(\boldsymbol{f}_b^{\mathrm{T}}\boldsymbol{f}_b)^{1/2}$；$\|\boldsymbol{n}_b\|_2=(\boldsymbol{n}_b^{\mathrm{T}}\boldsymbol{n}_b)^{1/2}$；$w_1$ 和 w_2 均表示权重系数且满足 $w_1+w_2=1$；N_1 和 N_2 为标准化系数，用于调整上述两个范数的数量级保持一致。

③ 系统能量最小。

针对太空环境中能量消耗的严格限制对空间机械臂负载能力的制约问题，在执行相同负载操作任务过程中通过轨迹优化降低系统的能量消耗，同样能够有效提升空间机械臂的负载能力。因此，建立能量最小的优化目标函数为

$$f_3=\sum_{i=1}^{n}\int_{t_0}^{t_f}[\dot{q}_i(t)\tau_i(t)]^2\mathrm{d}t \tag{5-19}$$

此外，针对笛卡儿空间点到点操作，除了以上三个基于负载能力最优建立的目标函数，还需满足机械臂末端达到期望的位姿。为此，以负载操作完成时刻机械臂末端位姿偏差最小为目标，建立如下相应的目标函数。

④ 负载操作终止时刻末端位置偏差最小。

在负载操作终止时刻，空间机械臂末端的实际位置可以通过如下形式的速度积分方法得到，即

$$\boldsymbol{P}_{ef}=\boldsymbol{P}_e(t_0)+\int_{t_0}^{t_f}\boldsymbol{J}_{ve}\dot{\boldsymbol{q}}\mathrm{d}t \tag{5-20}$$

定义 $\boldsymbol{P}_{ed}$ 为笛卡儿空间点到点操作使得负载最终到达的期望位置，相应的优化目标函数定义为

$$f_4=\|\boldsymbol{P}_{ed}-\boldsymbol{P}_{ef}\|_2 \tag{5-21}$$

⑤ 负载操作终止时刻末端姿态偏差最小。

采用四元数方法描述机械臂末端姿态，其基本形式为

$$\boldsymbol{Q}_e=\{\eta_{ef},\boldsymbol{\xi}_{ef}\}=\eta+\xi_1\boldsymbol{i}+\xi_2\boldsymbol{j}+\xi_3\boldsymbol{k} \tag{5-22}$$

其中，$\eta^2+\xi_1^2+\xi_2^2+\xi_3^2=1$。

若

$$\begin{bmatrix}\dot{\eta}_e \\ \dot{\boldsymbol{\xi}}_e\end{bmatrix}=\frac{1}{2}\begin{bmatrix}-\boldsymbol{\xi}_e^{\mathrm{T}} \\ \eta_e\boldsymbol{E}-\tilde{\boldsymbol{\xi}}_e\end{bmatrix}\boldsymbol{\omega}_e \tag{5-23}$$

则负载操作终止时刻机械臂末端实际到达的姿态为

$$\{\eta_{ef},\boldsymbol{\xi}_{ef}\}=\boldsymbol{Q}_e(t_0)+\frac{1}{2}\int_{t_0}^{t_f}\left(\begin{bmatrix}-\boldsymbol{\xi}_e^{\mathrm{T}} \\ \eta_e\boldsymbol{E}-\tilde{\boldsymbol{\xi}}_e\end{bmatrix}\boldsymbol{J}_{\omega e}\dot{\boldsymbol{q}}\right)\mathrm{d}t \tag{5-24}$$

定义$\{\eta_{ef},\boldsymbol{\xi}_{ef}\}$表示笛卡儿空间点到点操作使得负载最终到达的期望姿态，则

实际姿态与期望姿态的误差可以表示为

$$\delta \boldsymbol{Q}_e = \eta_{ef}\boldsymbol{\xi}_{ed} - \eta_{ed}\boldsymbol{\xi}_{ef} - \tilde{\boldsymbol{\xi}}_{ef}\boldsymbol{\xi}_{ed} \tag{5-25}$$

相应的优化目标函数定义为

$$f_5 = \| \delta \boldsymbol{Q}_e \|_2 \tag{5-26}$$

(3) 约束方程的建立

对于关节空间的点到点大负载操作任务,空间机械臂应满足以下三个约束条件。

① 各关节初始和期望的角度、角速度、角加速度约束($u=n$)。

② 针对负载操作过程中的任意时刻 $t_r \in [t_0, t_f]$,关节角机械限位的约束($u=n$)。

③ 机械臂末端角速度和线速度约束($u=6$)。

对于笛卡儿空间的点到点大负载操作任务,除了需要满足前面三条的约束条件,还需满足如下约束。

④ 任务终止时刻机械臂末端位置和姿态偏差约束($u=6$)。

3. 基于 MOPSO 的多目标优化问题求解的具体优化算法步骤

基于 MOPSO 的多目标优化问题求解特点知,多目标优化问题的本质在于多数情况下使得多个优化目标同时达到最优是不可能的。因此,MOP 数学模型的最优解不再是满足各优化目标函数值同时最小的单一解,而是根据 Pareto 支配的原则[14]确定,即针对决策空间内任意两组规划,在目标空间满足以下关系时,称 $\boldsymbol{\Theta}$ 支配 $\boldsymbol{\Theta}'$($\boldsymbol{\Theta} \prec \boldsymbol{\Theta}'$),即

$$\begin{aligned} & f_m(\boldsymbol{\Theta}) \leqslant f_m(\boldsymbol{\Theta}'), \quad m=1,2,\cdots,M \\ & f_m(\boldsymbol{\Theta}) < f_m(\boldsymbol{\Theta}'), \quad m \in \{1,2,\cdots,M\} \end{aligned} \tag{5-27}$$

满足该式的解记为 Pareto 最优解(非受支配解),每个 Pareto 最优解表示尽可能使负载能力最大,但无法满足所有目标函数同时最小的一组轨迹规划。所有 Pareto最优解构成最优解集$\{S^*\}$。$\{S^*\}$在 Y 上映射为 M 维曲面,即 Pareto 最优前沿。

因此,根据建立的 MOP 数学模型求解出尽可能多且分布均匀的 Pareto 最优解成为解决多目标轨迹优化问题的关键。MOPSO 算法在求解多目标优化问题时具有快速收敛、占用计算资源较少、多样性性能良好等优点。本节结合该算法进行求解。

决策向量的选择是$\{S^*\}$中应包含覆盖整个优化问题全部特性的 Pareto 最优解,因此待产生的解数量较多,对计算量提出了要求。然而,直接以 $\boldsymbol{\Theta}$ 作为决策向量会导致 D 空间数据量较大,而且由于规划步数决定了粒子飞行空间的维数,只

能够通过增加算法循环次数弥补收敛性较差的缺陷，最终使计算量过大，因此将机械臂各关节变量进行参数化处理，将得到的参数作为决策变量。本节利用正弦 7 次多项式插值法对各关节进行插值遍历，不但能够使得规划出的各关节角度、角速度和角加速度变化平滑连续，还能确保大负载操作过程中空间机械臂满足式(5-2)和式(5-3)所示的约束方程。可以建立机械臂关节角表达式为

$$q_k(t) = \Delta_{k1}\sin\left(\sum_{j=0}^{7}\lambda_{kj}t^j\right) + \Delta_{k2}, \quad k = n, n-1, \cdots, 1; j = 0, 1, \cdots, 8 \tag{5-28}$$

其中，λ_{kj} 表示多项式系数；$\Delta_{k1} = (q_{k\_\max} - q_{k\_\min})/2$；$\Delta_{k2} = (q_{k\_\max} + q_{k\_\min})/2$，$q_{k\_\max}$ 和 $q_{k\_\min}$ 分别表示关节 k 角度的上下限。

求解上式的一阶导和二阶导，可以得到关节角速度和角加速度为

$$\dot{q}_k(t) = \Delta_{k1}\cos\left(\sum_{j=0}^{7}\lambda_{kj}t^j\right)\left(\sum_{j=1}^{7}j\lambda_{kj}t^{j-1}\right) \tag{5-29}$$

$$\ddot{q}_k(t) = -\Delta_{k1}\sin\left(\sum_{j=0}^{7}\lambda_{kj}t^j\right)\cdot\left(\sum_{j=1}^{7}j\lambda_{kj}t^{j-1}\right)^2 + \Delta_{k1}\cos\left(\sum_{j=0}^{7}\lambda_{kj}t^j\right)\cdot\left(\sum_{j=2}^{7}j(j-1)\lambda_{kj}t^{j-2}\right) \tag{5-30}$$

对于关节空间点到点负载操作，假设 q_{ini} 和 q_{des} 已知，且有 $\dot{q}_{\text{ini}} = \dot{q}_{\text{des}} = \ddot{q}_{\text{ini}} = \ddot{q}_{\text{des}} = 0$，根据式(5-2)建立 6 个方程，并将它们代入式(5-28)～式(5-30)，求解可得下式，即

$$\begin{aligned}
&\lambda_{k0} = \arcsin[(q_{k_\text{ini}} - \Delta_{k2})/\Delta_{k1}]\\
&\lambda_{k1} = \lambda_{k2} = 0\\
&\lambda_{k3} = -[3\lambda_{k7}t_f^7 + \lambda_{k6}t_f^6 - 10(\Delta_{k3} - \Delta_{k4})]/t_f^3\\
&\lambda_{k4} = [8\lambda_{k7}t_f^7 + 3\lambda_{k6}t_f^6 - 15(\Delta_{k3} - \Delta_{k4})]/t_f^4\\
&\lambda_{k5} = -[6\lambda_{k7}t_f^7 + 3\lambda_{k6}t_f^6 - 6(\Delta_{k3} - \Delta_{k4})]/t_f^5
\end{aligned} \tag{5-31}$$

其中，$\Delta_{k3} = \arcsin[(q_{k\_\text{des}} - \Delta_{k2})/\Delta_{k1}]$；$\Delta_{k4} = \arcsin[(q_{k\_\text{ini}} - \Delta_{k2})/\Delta_{k1}]$；$q_{k\_\text{ini}}$ 和 q_{k_des} 分别表示关节 k 初始和期望的关节角度。

通过求解方程组，可以使多项式的未知系数 λ_{k3}、λ_{k4} 和 λ_{k5} 均由 λ_{k6} 和 λ_{k7} 表示。给定向量 $\boldsymbol{\lambda} = [\lambda_{n6}, \lambda_{n7}, \cdots, \lambda_{16}, \lambda_{17}] \in \mathbf{R}^{2n\times 1}$，则各关节的角度、角速度和角加速度变化规律均能确定，且能满足 $h_{i,j}(\boldsymbol{\Theta}) = 0$，因此可以用 $\boldsymbol{\lambda}$ 作为多目标优化的决策向量。

对于笛卡儿空间点到点负载操作任务，q_{des} 不是作为初始条件给定的，因此只能建立 5 个方程，同理通过求解方程组可以得到下式，即

$$\begin{aligned}
&\lambda_{k0} = \arcsin((q_{k_\text{ini}} - \Delta_{k2})/\Delta_{k1})\\
&\lambda_{k1} = \lambda_{k2} = 0\\
&\lambda_{k3} = (21\lambda_{k7}t_f^4 + 12\lambda_{k6}t_f^3 + 5\lambda_{k5}t_f^2)/3\\
&\lambda_{k4} = -(14\lambda_{k7}t_f^3 + 9\lambda_{k6}t_f^2 + 5\lambda_{k5}t_f)/2
\end{aligned} \tag{5-32}$$

类似的，令 $\boldsymbol{\lambda}' = [\lambda_{n5}, \lambda_{n6}, \lambda_{n7}, \cdots, \lambda_{15}, \lambda_{16}, \lambda_{17}] \in \mathbf{R}^{3n\times 1}$ 作为相应的决策变量

即可。

基于 MOPSO 算法的最优轨迹搜索与标准 PSO 算法不同，MOPSO 中的 g_{best}（种群中粒子的最好位置）用来引导整个种群朝着 Pareto 前沿进化，由于 MOP 不存在唯一的最优解，导致 g_{best} 无法直接确定，而是采用 $R[h]$（外部档案中粒子的位置）替代。同时，为了确保解的质量和算法的收敛能力，在原有算法的基础上做如下处理。

① 基于等式约束产生决策向量，并根据不等式约束在种群初始化和外部档案更新过程中进行判别和筛选，指导粒子飞向可行域的同时确保得到的最优解均能满足多约束条件。

② 对搜索空间的大小进行预设，确定每个粒子所含变量的维数 n_{var}，以及确定决策变量取值范围$[\lambda_{min},\lambda_{max}]$，并用带收缩因子的速度公式计算各个粒子在决策空间的飞行速度，即

$$V_j[i]=\chi\cdot\{V_{j-1}[i]+c_1r_1(p_{best}^{(j-1)}[i]-P_{j-1}[i])+c_2r_2(R_{j-1}[h]-P_{j-1}[i])\}\tag{5-33}$$

其中，$j=1,2,\cdots,I_{max}$表示迭代次数；$P[i]$表示种群中粒子 i 的位置；$V[i]$表示粒子 i 的飞行速度；$\chi=2/|2-\phi-\sqrt{\phi(\phi-4)}|$为收缩因子；$\phi=c_1+c_2$，$c_1$ 和 c_2 为学习因子，c_1 调节粒子飞向 p_{best}（粒子自身经历过的最好位置）的步长，c_2 调节粒子飞向 $R[h]$的步长；r_1 和 r_2 是$[0,1]$上均匀分布且相互独立的随机数。

针对面向关节空间点到点大负载操作任务的轨迹优化可分为两种情况。

① 关节空间点到点任务轨迹优化算法。

针对关节空间的点到点大负载操作任务，基于 MOPSO 最优轨迹规划问题的计算流程如下。

Step1，按照以下流程初始化粒子群。

A. 初始化粒子群 P_0，种群规模记为 n_P，定义决策空间中任意一维的决策变量取值范围$[\lambda_{min},\lambda_{max}]$。

B. 在取值范围内随机生成一个决策向量，代入 7 次多项式计算各关节角度、角速度和角加速度，再代入空间机械臂运动学和动力学动力学方程中计算，得到机械臂末端速度、基座姿态，以及关节力矩等参数的变化规律。

C. 根据计算结果由约束条件进行判别，若满足则保留该决策向量，将已保留的决策向量数记为 n_λ并转到 D，否则转到 B。

D. 判断 n_λ是否等于n_P，是则转到 E，否则转到 B。

E. 将保留的决策向量 $\boldsymbol{\lambda}_i(i=1,2,\cdots,n_P)$作为粒子 i 的初始位置 $P_0[i]$，即该粒子在决策空间的坐标。

F. 确定各粒子的初始速度均为 $V_0[i]=0$。

Step2，按照以下流程设置外部档案。

A. 初始化外部档案 R_0，档案规模记为 n_R。

B. 将 Step1 中保留的 $\boldsymbol{\lambda}_i$ 依次代入 7 次多项式和运动学、动力学方程进行计算，根据式(5-17)～式(5-19)计算目标函数值，得到 P_0 中各粒子目标向量，其中第 i 个粒子的目标向量记为 $\boldsymbol{y}_i^{(0)}=[f_1^{(0)}(i),f_2^{(0)}(i),f_3^{(0)}(i)]$，进而根据式(5-27)获取非受支配的决策向量。

C. 将 P_0 中表示非受支配决策向量的粒子初始位置信息储存在 R_0 中，并根据这些粒子相应的目标向量得到其在目标空间的位置坐标。

D. 将目标空间划分成多个超立方体，根据每个粒子对应的位置坐标 $P_0[i]$ 确定其所在超立方体。

E. 初始化每个粒子自身经历过的最好位置 $p_{\text{best}}^{(0)}[i]=P_0[i]$，进而将该信息储存在 R_0 中。

Step3，确定最大迭代次数 $I_{\max}$ 并执行循环计算，第 j 代进化计算流程如下。

A. 将第 $j-1$ 代进化计算得到的 R_{j-1} 划分为多个超立方体，针对包含粒子数为 $N_P(N_P\geqslant 1)$ 的超立方体，定义随机数 x 与 N_P 的比值为适应度值。

B. 根据适应度值，采用轮盘赌的方法选择格子并从中随机选择一个外部档案粒子，将其在决策空间相应的位置作为 $R_{j-1}[h]$。

C. 根据式(5-33)计算粒子速度 $V_j[i]$，进而根据 $P_j[i]=P_{j-1}[i]+V_j[i]$ 更新各粒子的位置，并储存新的种群信息 P_j。

D. 避免粒子飞出搜索空间，一旦 P_j 中某个粒子飞出 $[\lambda_{\min},\lambda_{\max}]$，停留在该边界上并对其重新赋速度为 $-V_j[i]$，使该粒子保持原来的速度大小沿相反的方向飞行，继续搜索。

E. 根据 $P_j[i]$ 重新计算种群中每个粒子的目标向量 $\boldsymbol{y}_i^{(j)}=[f_1^{(j)}(i),f_2^{(j)}(i),f_3^{(j)}(i)]$，利用式(5-27)获取其中表示非支配决策向量的粒子。

F. 对E中获取的粒子进行判别，将满足约束条件的所有新解根据以下原则进行操作：如果新解受 R_{j-1} 中某个解支配，则放弃该新解；如果 R_{j-1} 中没有解能够支配新解，则将其加入外部档案。

G. 根据自适应网格法[15]对F中得到的外部档案进行更新和维护，以改善粒子在 Pareto 前沿的均布性，最终得到新的外部档案 R_j。

H. 判断 $P_j[i]$ 与 $p_{\text{best}}^{j-1}[i]$ 的支配关系，进而得到各粒子的 $p_{\text{best}}^{j}[i]$ 用于下一代进化计算，若彼此不受支配，则随机选取。

I. 判断循环次数是否达到 $I_{\max}$，否则转到 A。

Step4，最终得到的外部档案即为所求的 Pareto 最优解集，即 $R_{I_{\max}}=\{S^*\}$。

种群和外部档案初始化流程如图 5-5 所示，进化计算流程如图 5-6 所示，由于在决策变量的选择过程中满足 $h_{i,j}(\boldsymbol{\Theta})=0$ 约束，在上述初始化和外部档案更新过

程中考虑了 $g_{i,j}(\boldsymbol{\Theta})\leqslant 0$，因此得到的 Pareto 最优解集中所有非支配解均能够满足多约束条件。

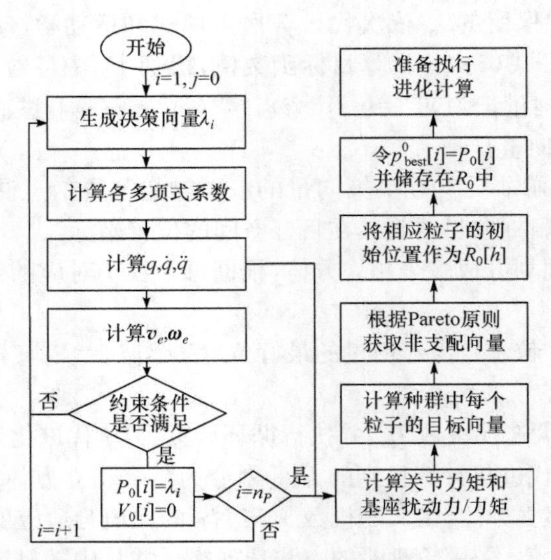

图 5-5　种群和外部档案初始化流程图

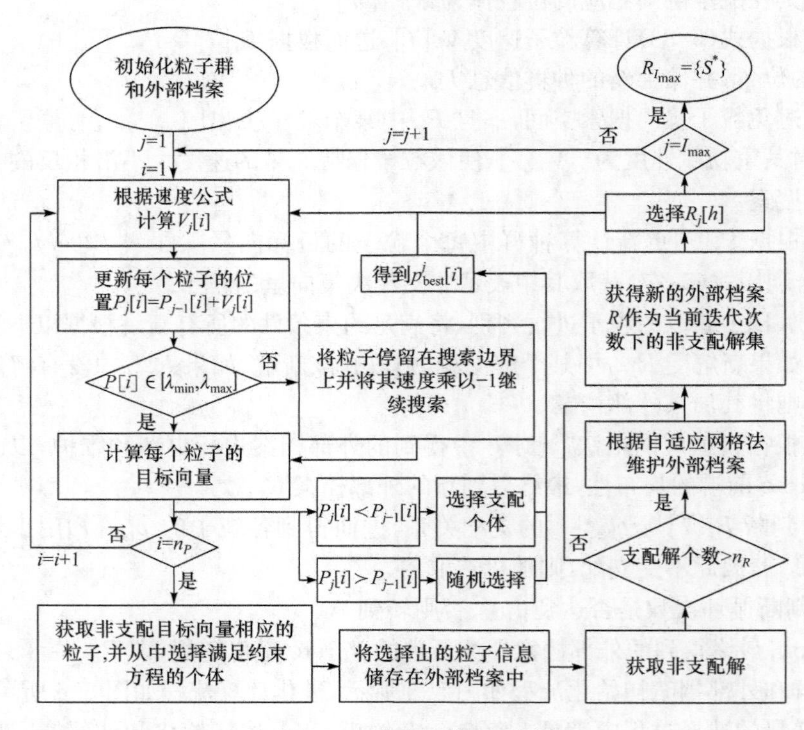

图 5-6　进化计算流程图

② 笛卡儿空间点到点任务轨迹优化算法。

针对笛卡儿空间点到点大负载任务轨迹优化问题，利用 MOPSO 算法进行求解同样必须在外部档案更新过程中对得到的非支配解进行筛选，以确保$\{S_I^*\}$中的所有解均满足约束条件。然而，直接以$f_1 \sim f_5$为优化目标按照上述方法直接进行求解会存在以下问题。

A. 如果初始化过程中根据$g_{i,j}(\boldsymbol{\Theta}) \leqslant 0$进行筛选，由于$\boldsymbol{q}(t_f)$是不确定的，很难直接得到满足式(5-5)的决策变量作为粒子初始位置，因此会耗费大量的运算时间。

B. 如果初始化过程不根据$g_{i,j}(\boldsymbol{\Theta}) \leqslant 0$进行筛选，由于初始外部档案中的个体是由初始种群中的粒子根据支配关系得到的，可能出现初始化外部档案中个体均不满足式(5-5)的情况，因此无法得到有效的外部档案指导进化计算。

为此，本节提出采用两阶段法进行求解，具体的算法流程如下。

Step 1，基于 MOPSO 算法求解以f_4和f_5为优化目标的轨迹优化问题。

A. 初始化规模为n_P^{I}的种群P_0^{I}，定义粒子在决策空间各维的搜索范围均为$[\lambda'_{\min}, \lambda'_{\max}]$；随机生成决策向量并根据式(5-4)进行筛选，直至保留的粒子数量达到预先设定的种群规模，进而初始化各个粒子的位置和速度信息。

B. 初始化规模为n_P^{I}的外部档案R_0^{I}，计算P_0^{I}中各个粒子的目标向量(第i个粒子的目标向量为$[f_4^{(0)}(i), f_5^{(0)}(i)]$)，根据 Pareto 支配关系将$P_0^{\text{I}}$中表示非支配决策向量的粒子储存在外部档案中，初始化每个粒子自身经历过的最好位置。

C. 采用类似于关节空间点到点任务轨迹优化算法的 Step3 执行进化计算，在外部档案更新过程中将不满足式(5-5)的非支配解淘汰，直至达到最大迭代计算次数时，得到非支配解集$\{S_I^*\}$。

Step 2，基于 MOPSO 算法求解以$f_1 \sim f_5$为优化目标的轨迹优化问题。

A. 初始化规模为n_P^{II}的种群P_0^{II}，n_P^{II}由$\{S_I^*\}$中非支配解的个数决定，粒子在决策空间各维的搜索范仍为$[\lambda'_{\min}, \lambda'_{\max}]$；将$\{S_I^*\}$中给支配解相应的决策向量按照一一对应的关系分配给$P_0^{\text{II}}$中的粒子作为其初始位置信息，进而初始化粒子速度为$V_0^{\text{II}}[i]=0$。

B. 初始化规模为n_R^{II}的外部档案R_0^{II}，计算P_0^{II}中各个粒子的目标向量(第i个粒子的目标向量为$[f_1^{(0)}(i), f_2^{(0)}(i), f_3^{(0)}(i), f_4^{(0)}(i), f_5^{(0)}(i)]$)，根据 Pareto 支配关系将$P_0^{\text{II}}$中表示非支配决策向量的粒子储存在外部档案中，初始化每个粒子自身经历的最好位置。

C. 采用类似于关节空间点到点任务轨迹优化算法的 Step3 执行进化计算，在外部档案的更新过程中，不满足式(5-4)或式(5-5)的非支配解均会被淘汰，直至达到最大迭代计算次数时，得到非支配解集$\{S_{\text{II}}^*\}$，即为所求的最终解集。

4. 实例仿真结果

(1) 关节空间点到点任务轨迹优化仿真实例

设初始时刻基座姿态为零，规划总时间为 $t_f=100\text{s}$，各关节角度的上下限分别为 $q_k^{\max}=270°$ 和 $q_k^{\min}=-270°$，机械臂末端相对于惯性坐标系的绝对线速度和绝对角速度限制分别为 $\boldsymbol{v}_{\max}=[0.05\text{m/s},0.05\text{m/s},0.05\text{m/s}]^{\text{T}}$ 和 $\boldsymbol{\omega}_{\max}=[0.6(°)/\text{s},0.6(°)/\text{s},0.6(°)/\text{s}]^{\text{T}}$。式(5-18)中相关参数设置为 $w_1=0.9$，$w_2=0.1$，$N_1=10$，$N_2=1$。负载质量为 $2.5\times10^4\text{kg}$，$\boldsymbol{p}_{\text{load}}=[0\text{m},0\text{m},3.45\text{m}]^{\text{T}}$，惯性张量为 $I_{xx}=I_{zz}=9.3\times10^5\text{kg}\cdot\text{m}^2$ 和 $I_{yy}=3.6\times10^5\text{kg}\cdot\text{m}^2$。

设空间机械臂初始的关节角序列为 $\boldsymbol{q}_{\text{ini}}=[-20°,0°,-10°,-140°,110°,155°,70°]$，期望到达的关节角序列为 $\boldsymbol{q}_{\text{des}}=[-10°,10°,-30°,-120°,125°,135°,80°]$。相关参数设置如下：决策向量中各元素的取值范围 $[\lambda_{j\_\min},\lambda_{j\_\max}]=[-10\times10^{-15},+10\times10^{-15}]$，种群规模 $n_P=500$，外部档案规模 $n_R=2000$，粒子飞行速度公式中 $c_1=c_2=2.05$。经过 800 代进化计算得到最终的 Pareto 最优解集 $\{S^*\}$，解集中各非支配解在目标空间的分布如图 5-7 所示。种群中所有粒子的各目标函数最优值随迭代次数的变化如图 5-8 所示。外部档案中的非支配解数量的变化曲线如图 5-9 所示。利用 MATLAB CFtool 工具进行拟合得到图 5-7 中的三维曲面，不难看出所有的非支配解都落在或非常接近该曲面，且分布较为均匀，证明上述 MOPSO 算法进化计算得到的非支配解集可以较好地逼近了真实的 Pareto 前沿。三组极端解及梯形规划实验结果如表 5-2 所示。

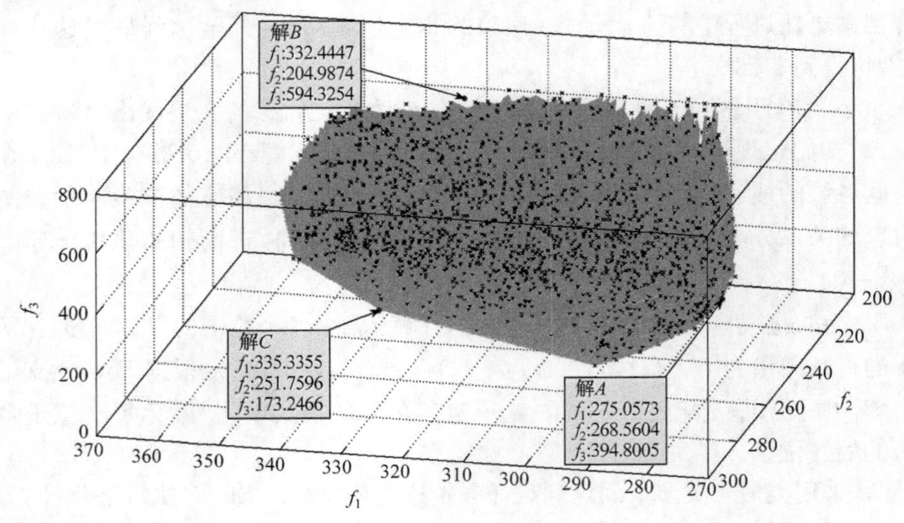

图 5-7　非支配解集在目标空间的分布

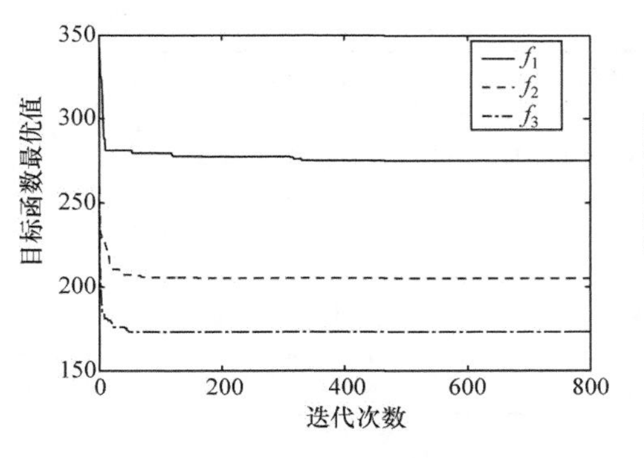

图 5-8　各目标函数最优值变化曲线

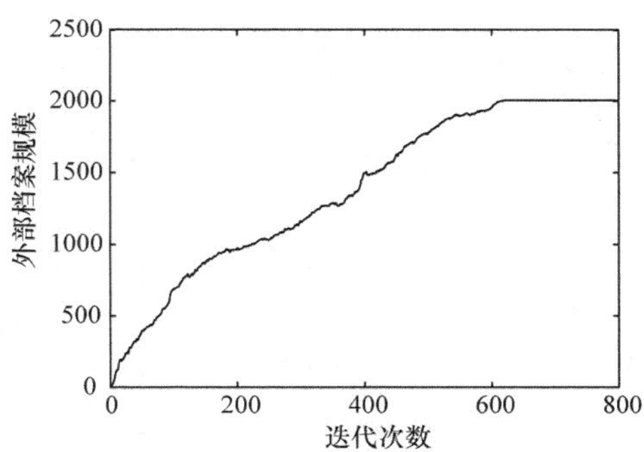

图 5-9　外部档案粒子数变化曲线

表 5-2　三组极端解及梯形规划实验结果

实验数据	极端解 A	极端解 B	极端解 C	梯形规划
决策向量/($\times10^{-14}$)	[−1.996,−2.529,−4.490,−7.286,−2.472,−9.176,−2.367,3.214,−3.371,1.454,−2.852,−6.630,4.441,−4.933]	[−3.322,−2.800,−8.618,−7.555,−3.162,−10,−4.548,6.895,−7.209,−10,−0.830,−5.930,2.112,−0.663]	[−2.609,0.074,−1.333,−4.127,−0.204,−4.058,0.703,0.375,−1.007,0.447,2.348,−3.718,1.729,−0.700]	—
目标向量	[275.0573,268.5604,394.8005]	[332.4447,204.9874,594.3254]	[335.3355,251.7596,173.2466]	[448.0397,273.0092,195.2476]
机械臂末端最终位置/m	[−3.4736,−5.0541,1.6794]	[−3.5497,−5.0854,1.4694]	[−3.3003,−5.0906,1.8358]	[−3.0092,−5.0890,2.2090]
机械臂末端最终姿态/(°)	[96.9616,−20.7353,−162.4679]	[95.4548,−24.4023,−161.5225]	[96.7038,−20.5405,−160.3652]	[97.5060,−17.9336,−157.5519]
基座最终位置/m	[0.6507,0.4979,−0.1456]	[0.6435,0.4927,−0.1033]	[0.7118,0.4822,−0.1669]	[0.7442,0.4881,−0.2335]
基座最终姿态/(°)	[−1.6558,−11.8946,−7.8724]	[−3.4721,−10.4737,−4.3144]	[−1.0542,−9.9695,−8.3480]	[−1.1459,−7.6433,−11.2930]

续表

实验数据	极端解 A	极端解 B	极端解 C	梯形规划
机械臂末端最大绝对线速度/(m/s)	[0.0221,0.0366,0.0163]	[0.0295,0.0332,0.0243]	[0.0095,0.0382,0.0153]	[0.0124,0.0304,0.0097]
机械臂末端最大绝对角速度/((°)/s)	[0.2636,0.4354,0.2120]	[0.2005,0.4526,0.2177]	[0.1432,0.4698,0.2292]	[0.0401,0.4756,0.3037]

图 5-7 所示的非支配解 A、B 和 C 为三个极端解，分别对应$\{S^*\}$中目标函数 f_1、f_2 和 f_3 的最小值。采用这三个极端解分别执行该负载操作任务，同时为了论证算法对于空间机械臂负载能力优化的有效性，进行如下对比实验：采用相同的仿真参数设置，利用传统的梯形规划算法确定各关节的角速度，加速时间和减速时间均设为 30s。四组实验相关的参数记录在表 5-2 中，相应的关节角度变化如图 5-10 所示。不难看出，机械臂最终达到同样的构型，即采用四组最终规划均能够操作负载相对于航天器基座达到相同的位姿；通过 MOPSO 得到最优解，在负载操作过程中机械臂末端速度能够满足约束条件。

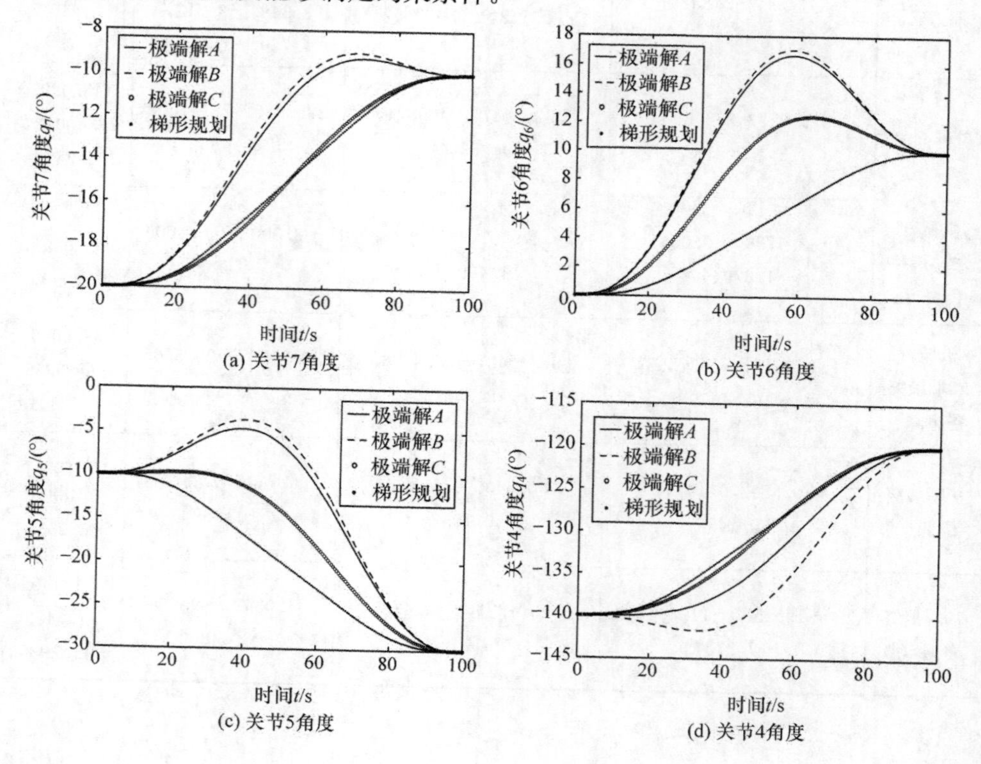

(a) 关节7角度 (b) 关节6角度 (c) 关节5角度 (d) 关节4角度

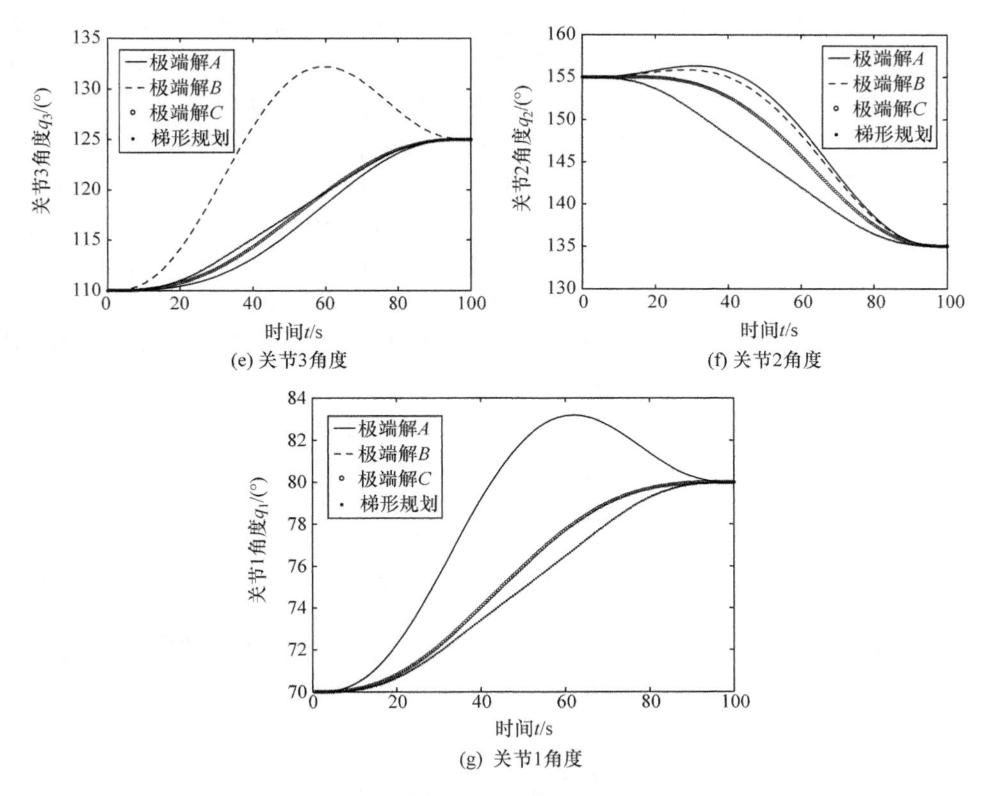

(e) 关节3角度

(f) 关节2角度

(g) 关节1角度

图 5-10　机械臂各关节角度变化曲线对比

根据表 5-2 中的数据可以看出，λ_A、λ_B 和 λ_T 互不支配，$\lambda_C \prec \lambda_T$。极端解 A 对关节力矩优化效果最好，$f_1(\lambda_A)$降到了 $f_1(\lambda_T)$的 56.82%；极端解 B 对基座扰动的优化效果最好，$f_2(\lambda_B)$降到了 $f_2(\lambda_T)$的 75.65%。然而，这两组非支配解相应的 f_3 值较大，$f_3(\lambda_A)=188.53\% f_3(\lambda_T)$，$f_3(\lambda_B)=282.86\% f_3(\lambda_T)$，刻意追求关节力矩和基座扰动的优化导致系统能量的显著增加，这与多目标优化问题中各优化目标之间存在冲突的特性相一致。

为了论证上述算法对空间机械臂负载能力的提升效果，选取一个满足 $\boldsymbol{\Theta}_D \prec \boldsymbol{\Theta}_T$ 的非支配解 D，$\boldsymbol{f}_D=[328.3052, 246.5933, 175.5356]$，$\boldsymbol{\lambda}_D=1.0\times10^{-15}\times[-1.673, -0.482, -1.344, -4.400, -0.072, -4.943, -0.278, 0.784, -0.251, 0.886, 1.075, -4.171, 0.747, -1.253]$，非支配解 D 相应的关节力矩和基座扰动力和扰动力矩的变化分别如图 5-11(a)和图 5-12(a)所示，梯形规划相应的关节力矩和基座扰动力和扰动力矩的变化分别如图 5-11(b)和图 5-12(b)所示。

相比梯形规划，采用非支配解 D 在关节力矩的峰值下降了约 30%的同时，基座扰动力矩的峰值下降了约 10%，且有 $f_3(\lambda_D)=89.9\%f_3(\lambda_T)$。采用非支配解 D 执行给定的负载操作任务，并假设负载的质量和惯量同时增大到原来的 $\mu(\mu>1)$ 倍(负载质心不变)，当 μ 增加到 1.0723 时，$\boldsymbol{f}'_D=[347.5056, 264.0548, 195.2398]$，此时有 $f_3(\lambda'_D)\approx f_3(\lambda_T)$，且非支配解 D 的其他两个目标函数仍然优于梯形规划。该情况下相应的关节力矩和基座扰动力和扰动力矩分别如图 5-11(c)和图 5-12(c)所示。假设各关节力矩的约束[−500N·m,500N·m]，基座扰动力矩约束[−350N·m,350N·m]，则采用非支配解 D 和梯形规划两种情况下，空间机械臂能够操作的最大负载为：只考虑关节力矩约束时，$\mu_D=1.703$，$\mu_T=1.036$；只考虑基座扰动力矩约束时，$\mu_D=1.362$，$\mu_T=1.157$。因此，在给定相同约束的条件下，相比较传统的梯形规划方法($\mu_{T\_\max}=1.036$)，采用非支配解 $D(\mu_{D_\max}=1.362)$时空间机械臂的最大负载能力提升了约 31.47%。

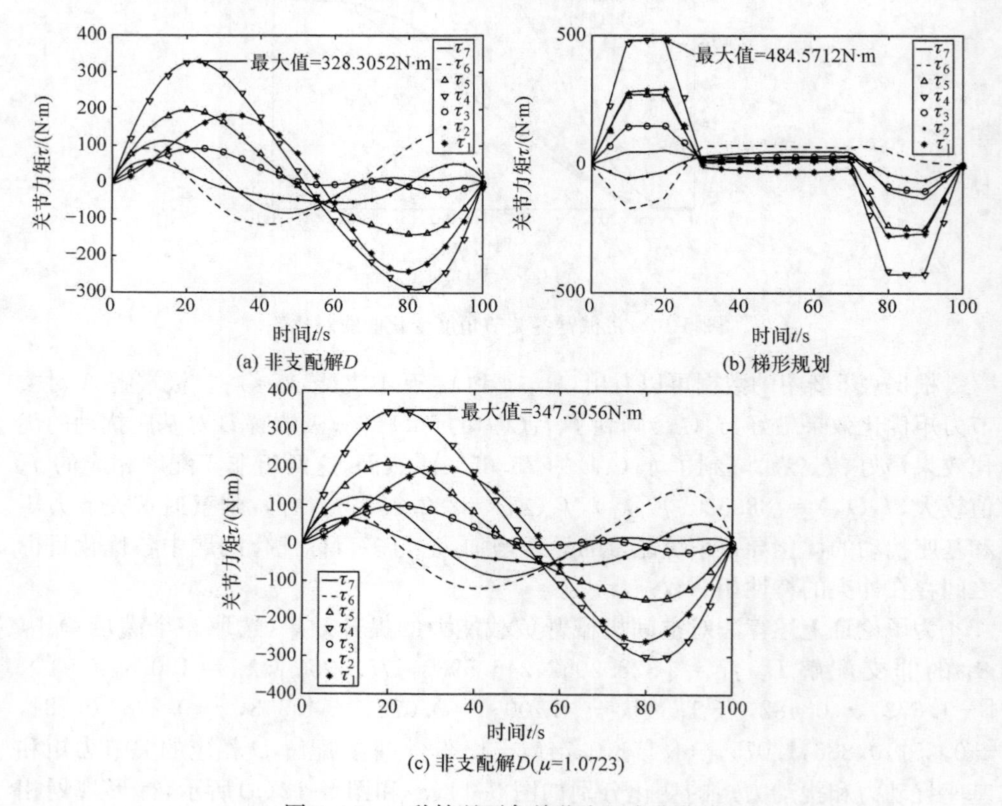

图 5-11　三种情况下各关节力矩变化曲线

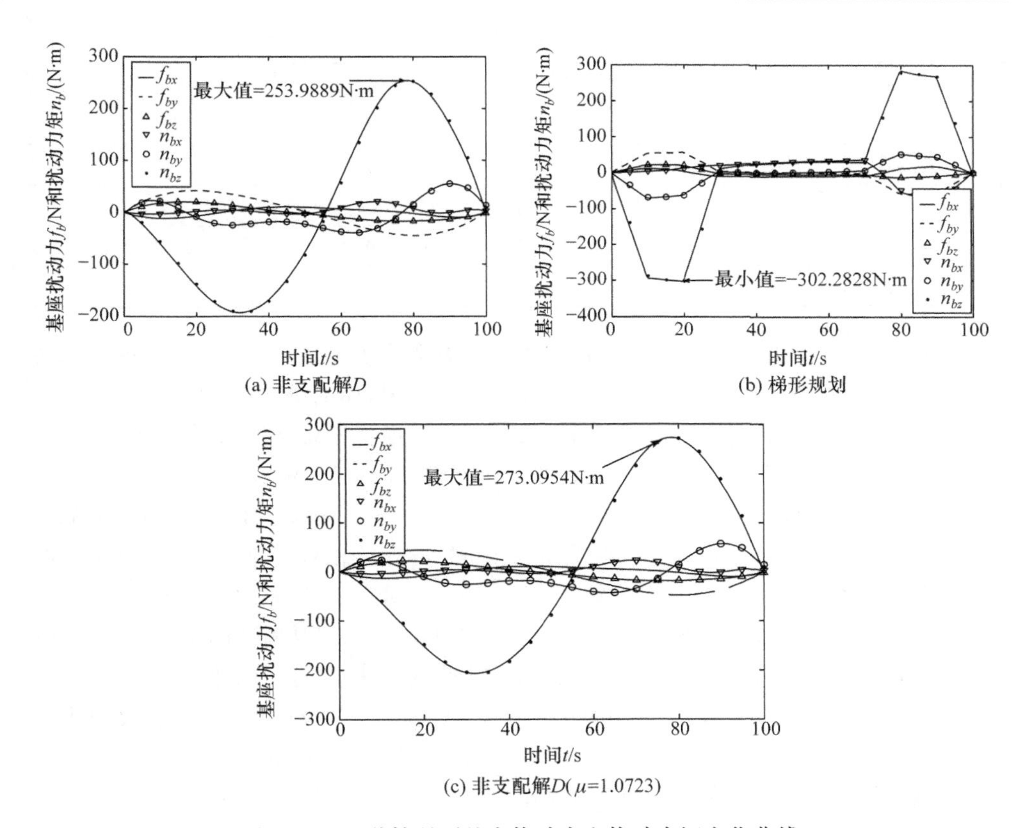

(a) 非支配解D　(b) 梯形规划

(c) 非支配解$D(\mu=1.0723)$

图 5-12　三种情况下基座扰动力和扰动力矩变化曲线

根据上述分析可知，在给定的末端负载已经较大的情况下，采用基于 MOPSO 求解出的关节轨迹执行相同的操作任务，能够实现机械臂负载能力的显著提升，对于确保大负载操作过程中机械臂的安全性具有非常重要的意义。

(2) 笛卡儿空间点到点任务轨迹优化仿真实例

令机械臂初始构型为 $\boldsymbol{q}_{\text{ini}}=[-20°,0°,-10°,-100°,120°,180°,70°]$，期望的机械臂末端位姿为 $\boldsymbol{x}_e(t_f)=[-2.5\text{m},-7.5\text{m},3\text{m},85.9°,0°,-171.9°]$，最终时刻的机械臂末端位姿偏差约束为 $\Delta\boldsymbol{x}_{e\_\max}=[0.01\text{m},0.01\text{m},0.01\text{m},1°,1°,1°]$，负载动力学参数与关节空间点到点任务轨迹优化仿真实例是相同。

两个阶段 MOPSO 算法中决策向量取值范围$[\lambda'_{j_\min},\lambda'_{j_\max}]=[-10\times10^{-16},+10\times10^{-16}](j=1,2,\cdots,21)$，$n_P=300$，$n_R=500$，$c_1=c_2=2.05$。基于 MOPSO 算法采用两阶段法进行求解，经过第一阶段的 300 代进化计算和第二阶段的 500 代进化计算，得到最终的 Pareto 最优解集$\{S_{\text{II}}^*\}$，相关的结果如表 5-3 所示。此外，作为对比实验，利用机械臂末端直线路径跟踪规划执行相同的大负载操作任务，末端速度按梯形规划确定，加减速时间均为 30s，关节角速度采用最小范数法计算得到。

表 5-3 负载未确知参数取值

目标函数	最优值	最劣值	直线规划
f_1	333.6477	337.5971	429.6080
f_2	373.2347	385.4648	536.9357
f_3	99.7827	110.3244	154.4616
f_4	5.3156×10^{-4}	0.0100	8.6624×10^{-7}
f_5	0.0054	0.0144	3.5209×10^{-8}

根据表 5-3 结果可知，$\{S_{\mathrm{II}}^{*}\}$中的所有非支配解相应的前三个目标函数值均优于直线规划。此外，根据 f_4 和 f_5 的最劣值可以看出，所有非支配解均能满足负载操作终止时机械臂末端位姿误差约束。定义使 f_4 最优极端解为非支配解 E，$\lambda_E'=1.0\times10^{-16}\times[-2.732,2.753,5.428,-2.641,-1.093,4.124,-0.2068,-1.167,-4.362,1.379,2.434,-4.588,5.147,-0.579,7.227,0.383,0.303,-2.945,-4.197,-0.081,5.698]$为非支配解 E 相应的决策向量。利用非支配解 E 规划空间机械臂执行给定的笛卡儿空间内点到点大负载操作任务，关节轨迹和末端位姿变化曲线分别如图 5-13 和图 5-14 所示。关节力矩和基座扰动力矩变化曲线如图 5-15 所示。可以得到，最终时刻机械臂末端达到的坐标为 $\boldsymbol{x}_e(t_f)=$[−2.5019m，−7.4997m，2.9989m，85.5712°，−0.3151°，−172.7410°]，反映机械臂末端能够较为精确地到达期望点，且最终的位姿偏差完全满足约束条件。此外，非支配解 E 对应的目标向量为 $\boldsymbol{f}_E=[336.2371,378.2704,103.2874,5.3156\times10^{-4},0.0086]$，不难得到 $f_1(\lambda_E')=78.27\%f_1(\lambda_R')$，$f_2(\lambda_E')=70.45\%f_2(\lambda_R')$，$f_3(\lambda_E')=$

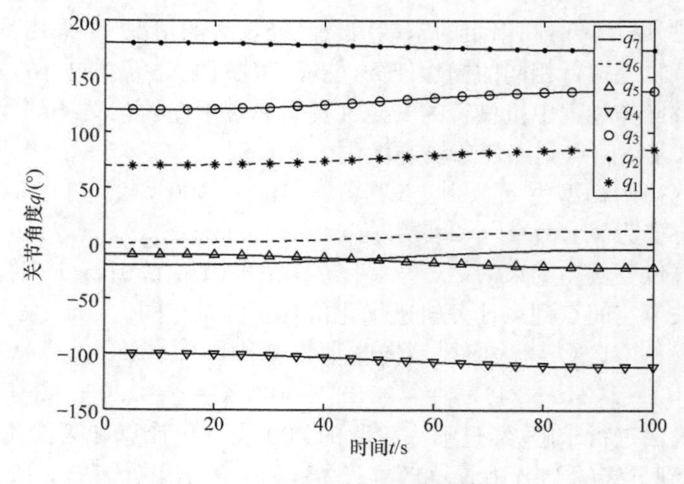

图 5-13 各关节轨迹(极端解 E)

66.87%$f_3(\lambda_R')$，表示利用该组规划对于关节力矩、基座扰动和系统能量都有较好的优化效果。

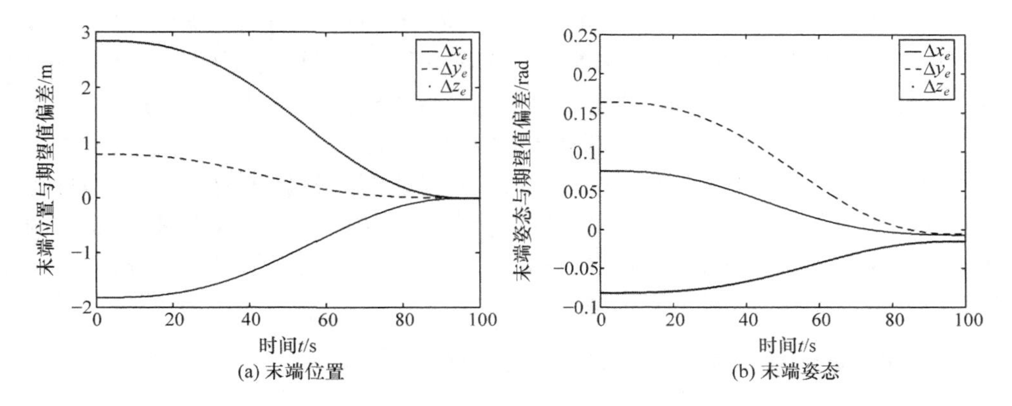

(a) 末端位置　　(b) 末端姿态

图 5-14　空间机械臂末端位姿变化过程(极端解 E)

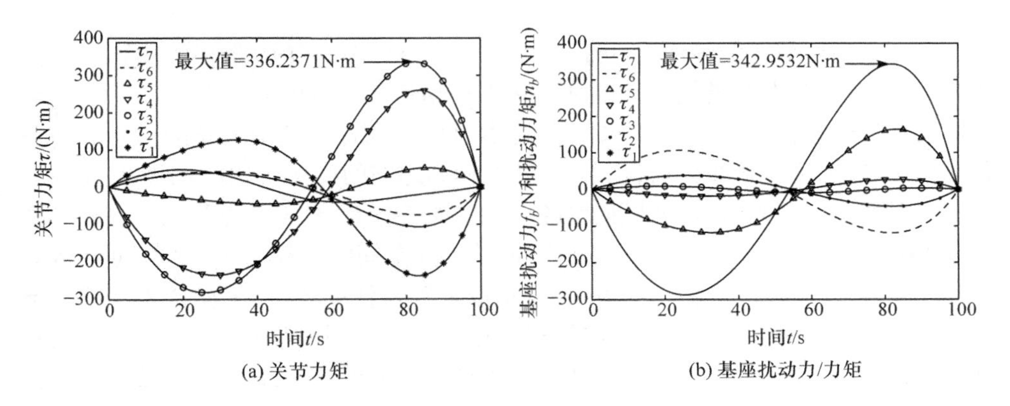

(a) 关节力矩　　(b) 基座扰动力/力矩

图 5-15　关节力矩基座扰动力/力矩变化曲线(极端解 E)

5. 小结

面向点到点大负载操作任务，将轨迹规划作为多目标优化问题进行求解。首先，完成相应的多目标优化问题数学模型描述：以提升空间机械臂负载能力为目的，提出关节力矩、基座扰动，以及系统能量三个优化指标；针对笛卡儿空间点到点任务，提出机械臂末端位置和姿态偏差的优化指标；建立负载操作过程中的各类约束方程；最终针对关节空间和笛卡儿空间点到点任务，分别将轨迹优化问题转化为 3 个优化指标和 5 个优化指标的多目标优化问题进行求解。进而提出基于 MOPSO 的轨迹优化算法，尤其是针对较难求解的笛卡儿空间点到点任务轨迹优化问题，提出两阶段方法实现了轨迹优化问题的求解。为了满足各类约束条件，采用正弦七次多项式插值法对各关节进行参数化描述，将多项式系数作为轨迹优化的决策向量;进化计算过程中淘汰了不满足约束条件的非支配解。

最后,分别针对两种点到点操作模式,完成仿真验证,结果表明基于 MOPSO 的轨迹优化算法,能够通过关节力矩、基座扰动和系统能量的同时优化,显著提升空间机械臂的负载操作能力;基于 MOPSO 算法求得的最优解集具备良好的收敛性和多样性,而且所有 Pareto 最优解均能满足各类约束条件,因此该方法对于解决其他多约束多目标轨迹优化问题具有一定的普适性。

此外,由于求得的最优解集包含的 Pareto 最优解数量较多,在实际应用过程中,最终解的选取依赖于空间机械臂结构、负载与基座的质量比和惯量比、具体的负载操作任务要求,以及决策者的决策能力等,需要结合实际情况具体分析,基于后验偏好信息选择合适的非支配解。

5.3.2 考虑动力学特性的空间机械臂轨迹优化

1. 工况分析

针对空间机械臂轨迹优化,可以以多个优化目标作为空间机械臂的优化目标,如时间最优、关节力矩最优、能量最优、基座扰动最优、灵巧性最优。由此可见,空间机械臂的优化目标是多种多样的,且许多目标之间存在此消彼长的关系。在空载转移任务,即机械臂在无负载时完成两个构型之间的过渡运动,为下个典型任务的执行做准备。因此,在规划机械臂的空载转移任务时,多采用点到点轨迹规划和轨迹跟踪的形式,主要包括关节空间规划,笛卡儿空间的直线、圆弧、约束曲线规划等。环境约束(障碍等)、物理约束(关节角极限等)、任务约束(机械臂末端或关节角到达指定值)为其主要约束。在进行任务规划的过程中,考虑该典型任务具有重复性较大、执行频率较高的特点,可以以时间最短、距离最短、耗能最小等为优化目标。由于空间机械臂转移任务中需要同时考虑时间消耗和能量消耗两个目标,进行优化得到相对最优的路径,需要用到多目标优化算法。针对空间机械臂转移任务,以时间和能量为优化目标,在机械臂关节角、关节力矩等约束条件下,开展轨迹优化。

2. 时间与能量最优模型建立

七自由度空间机械臂的模型如图 5-4 所示,在建立运动学模型的基础上,开展空间机械臂末端沿已知直线运动的路径规划。本节采用带抛物线过渡的梯形曲线规划其末端速度,指定起始时刻及终止时刻末端速度和加速度均为 0。

由于在末端最大速度 v_m 与末端最大加速度 a_m 确定时,能够确定唯一的带抛物线过渡梯形规划方式,因此将其作为空间机械臂时间与能量优化问题的决策变量,并确定决策变量的约束范围。之后,以时间最优和能量最优为优化目标,建立

的优化目标函数为

$$f_1=\frac{d}{\boldsymbol{v}_m}+\frac{3\boldsymbol{v}_m}{2\boldsymbol{a}_m} \tag{5-34}$$

$$f_2=\sum_{i=1}^{n}\int_{t_0}^{t_f}\left[\dot{q}_i(t)\tau_i(t)\right]^2\mathrm{d}t \tag{5-35}$$

同时，考虑空间机械臂的约束条件，即

$$\theta_i\in[\theta_i^-,\theta_i^+],\quad \dot{\theta}_i\in[\dot{\theta}_i^-,\dot{\theta}_i^+],\quad \ddot{\theta}_i\in[\ddot{\theta}_i^-,\ddot{\theta}_i^+],\quad \tau_i\in[\tau_i^-,\tau_i^+] \tag{5-36}$$

进而建立七自由度空间机械臂多目标优化模型，即

$$\min\ y=f(\boldsymbol{v}_m,\boldsymbol{a}_m)=[f_1(\boldsymbol{v}_m,\boldsymbol{a}_m),f_2(\boldsymbol{v}_m,\boldsymbol{a}_m)],\quad \boldsymbol{v}_m\in[\boldsymbol{v}_{\min},\boldsymbol{v}_{\max}],\boldsymbol{a}_m\in[\boldsymbol{a}_{\min},\boldsymbol{a}_{\max}] \tag{5-37}$$

对于 MOP，大多数情况下各目标是相互冲突的，单个目标的改善可能引起其他目标性能的降低。在本节研究的问题中，同时使时间、能量均达到最优是不可能的，只能在各目标之间进行协调权衡和折中处理，使所有目标函数尽可能达到最优。类似单目标优化的最优解在 MOP 中是不存在的，最优解不再是在给定约束条件下使所有目标函数最大的解，而是 Pareto 最优解集。

3. 基于 NSGA-II 的多目标优化求解

本节采用 NSGA-II 算法对时间、能量最优轨迹优化进行求解。

NSGA-II 建立在遗传算法的基础上，针对种群个体进行操作，因此该算法具有隐含的并行性。种群个体初值各不相同，降低了算法对初值的敏感性。同时，在进化操作时，可以方便地对种群添加约束条件，避免不可行解的出现，提高算法效率。

在每一代，NSGA-II 首先对种群 P 进行进化操作，得到种群 Q；然后将两个种群合并，进行非劣排序和拥挤距离排序，形成新的种群 P，反复进行直到结束。该算法是通过基于 Pareto 秩和拥挤距离的偏序选择进行迭代的。依据这个排列次序来实施进化过程中的选择运算，从而使排在最前面的 Pareto 最优个体有更多的机会遗传到下一代群体。

从上述描述可以得出，Pareto 秩的排序只定义了个体之间的优劣次序，而未度量各个个体的分散程度，因此容易生成多个相似的 Pareto 最优解，而拥挤距离概念的引入，可以较好地解决这个问题。拥挤距离可以通过计算与其相邻的 2 个个体在每个子目标上的距离差之和来求取。对于实际问题，必须根据对问题的了解程度和决策者偏好，从大量的 Pareto 最优解中选择一些来使用。对于非受支配解，如果一个解不受其所在的解集内的任何一个解支配，则该解关于该解集非受支配。偏序选择是优先选择 Pareto 秩较小的个体，当 Pareto 秩相同时，优先选择拥挤距离值较小的个体，参与下一代进化。

参见流程图 5-16，基本 NSGA-II 算法的具体描述如下。

① 随机产生初始种群 P_0，种群数为 N，然后对种群进行非支配排序，再对初始种群执行选择、交叉和变异，得到新的种群 Q_0，种群数为 N。

② 形成新的群体 $R_t = Q_t \cup P_t$，种群数为 $2N$。

③ 对种群 R_t 进行非劣解排序，计算所有非劣解端的拥挤距离。

④ 进行偏序选择，选择其中最好的 N 个个体形成种群。

⑤ 对种群 P_{t+1} 执行复制、交叉和变异，形成种群 Q_{t+1}。

⑥ 如果终止条件成立，则结束；否则，$t = t + 1$，转到②。

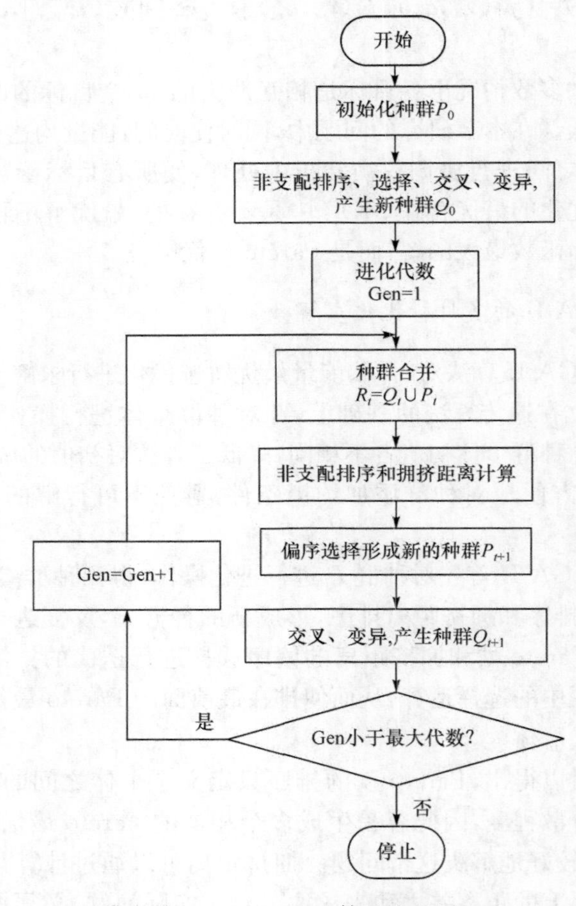

图 5-16　NSGA-II 算法流程图

4. 仿真结果及分析

以时间与能量为优化目标，在 MATLAB 仿真平台上开展基于 NSGA-II 多目标算法的轨迹跟踪数值仿真实验，并验证多目标优化结果的有效性。

根据式(5-36)建立的多目标优化模型，采用NSGA-II多目标优化算法对七自由度空间机械臂优化轨迹进行求解，从而得到Pareto最优前沿。在此基础上，对支配解集进行分析，根据任务需求选取最优解。具体流程如图5-17所示。

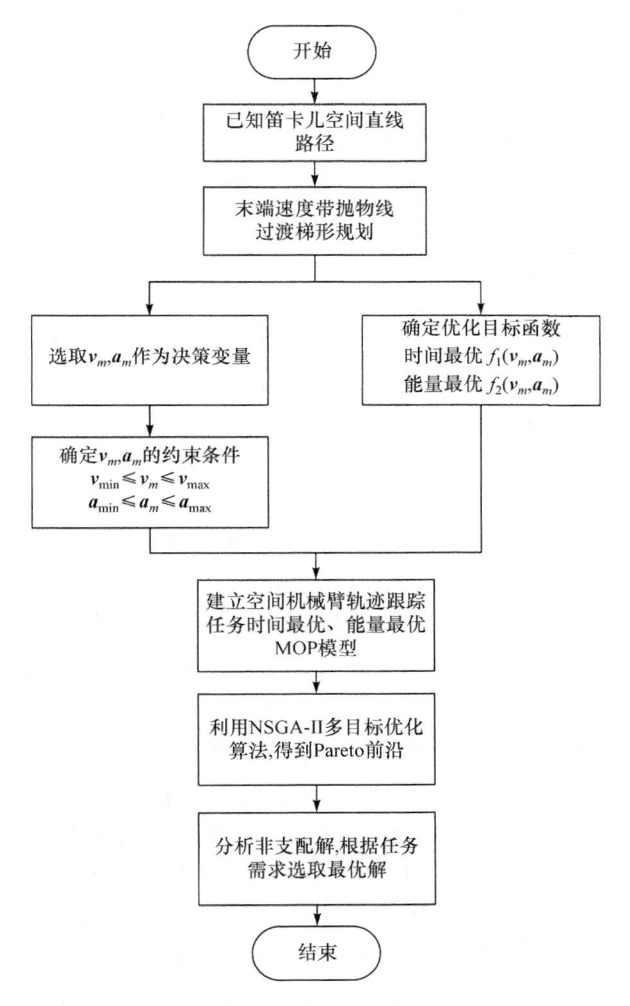

图5-17　以时间、能量最优为目标的最优轨迹求解流程

仿真实验设置参数如下。

初始关节角：$\boldsymbol{q}_{int}=[-50°,-170°,150°,-60°,130°,170°]$。

初始位姿：$\mathbf{PE}_{int}=[6.29m,4.34m,7.01m,-56.72°,-17.57°,-138.39°]$。

期望位姿：$\mathbf{PE}_{des}=[9.6m,0,3m,0,0,180°]$。

关节角限位：$q_{min}=-270°$，$q_{max}=270°$。

关节角速度约束：$\dot{q}_{min}=-0.5rad/s$，$\dot{q}_{max}=0.5rad/s$。

关节角加速度约束：$\ddot{q}_{min}=-0.5rad/s^2$，$\ddot{q}_{max}=0.5rad/s^2$。

关节驱动力矩约束：$\tau_{min}=-100N\cdot m$，$\tau_{max}=100N\cdot m$。

航天器基座最大扰动力：$f_{max}=50N$。

最大扰动力矩：$n_{max}=100N\cdot m$。

初始种群数：Pop=200。

最大遗传代数：Gen=200。

其 Pareto 前沿分布如图 5-18 所示。

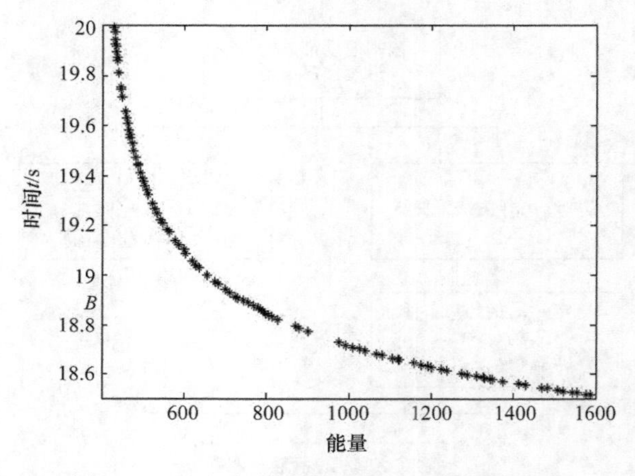

图 5-18　两目标优化的 Pareto 最优解集分布

由图 5-18 可知，靠近图中 A 点时，空间机械臂在本次运动中的能量性能较优，而靠近 C 点时，其时间性能较优。显然，时间与能量两个目标是互相冲突的，时间目标或者能量目标的改善，将会引起另外一个目标性能的降低。在 MOP 问题中，不存在单个目标最优的情况，Pareto 前沿代表综合考虑两个优化目标性能之后得到的最优解集。为了具体分析 Pareto 前沿里不同优化方案对于七自由度空间机械臂运动的影响，选取其中若干点，如表 5-4 所示。同时，选取 A 方案和 C 方案，对比分析七自由度空间机械臂在运动中对应的关节角、关节角速度、关节力矩、基座扰动的变化对比，从而验证该算法的优化效果。

表 5-4　优化方案

优化方案序号	决策变量		优化目标	
	V_m	A_m	f_1	f_2
A	0.378	0.293	19.8	471
B	0.409	0.255	19.0	679
C	0.617	0.12	18.7	1290

由于 A 和 C 靠近 Pareto 前沿的两个极端，其分别代表两个优化目标分别相对

较优时，空间机械臂运动所对应的参数组合。在 B 方案中，对时间的优化优于 A 方案，但对能量的优化劣于 C 方案。此时，空间机械臂具有相对最优的综合性能。对于三个不同方案，空间机械臂的该次运动终止时，其相关参数如表 5-5 所示。可以得出，三个方案的实际末端位姿与期望末端之间的误差在允许的范围内，且关节角度与关节角速度的变化是连续的，三种规划方案均是有效的。由于运动过程中的空间机械臂的速度、加速度变化不同，基座受到的扰动也不相同，终止时刻基座的位置和姿态具有较大的差距。关节角变化如图 5-19 所示。关节角速度变化如图 5-20 所示。

表 5-5 三个方案的相关参数

特征参数(终止时)	A 方案	B 方案	C 方案
关节角	{−84.9，−186.2，97.8，−11.2，88.9，176.6，81.3}	{−84.9，−186.2，97.9，−11.3，88.9，176.2，81.3}	{−84.9，−186.3，98.0，−11.4 88.9，176.2，81.3}
末端位置	{9.59，0，2.99}	{9.58，0，2.99}	{9.59，0，2.99}
末端姿态	{0，0，−179°}	{0，0，−179°}	{0，0，−180°}

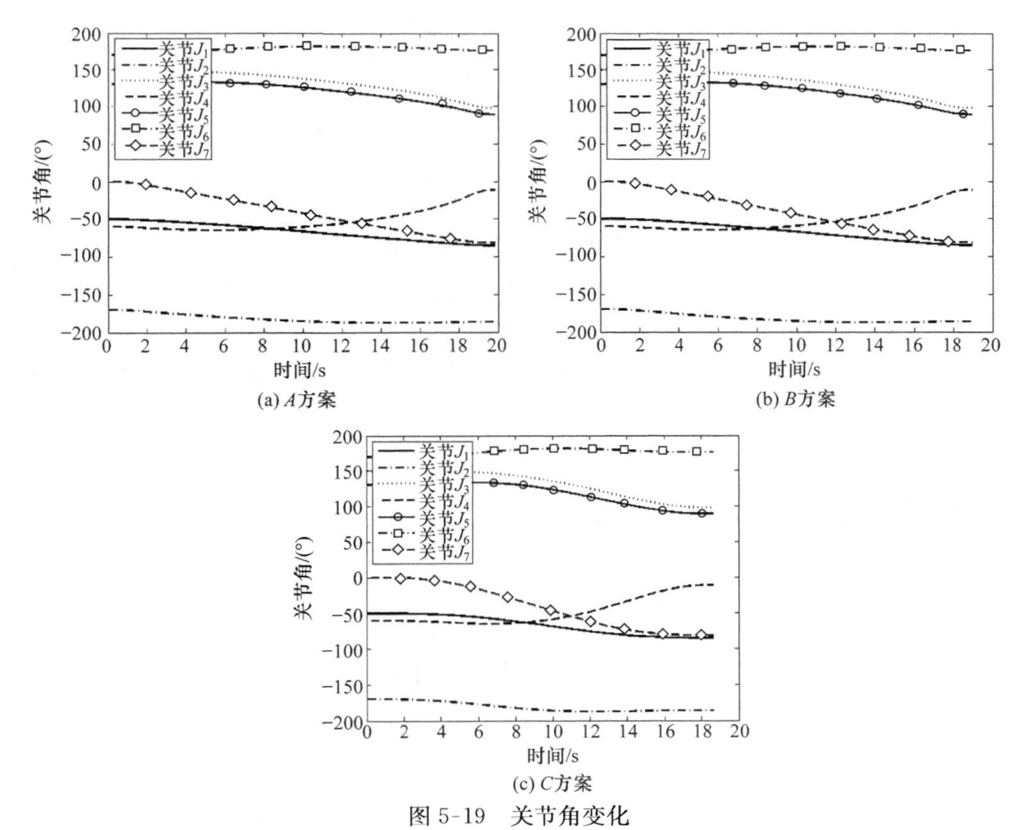

(a) A方案

(b) B方案

(c) C方案

图 5-19 关节角变化

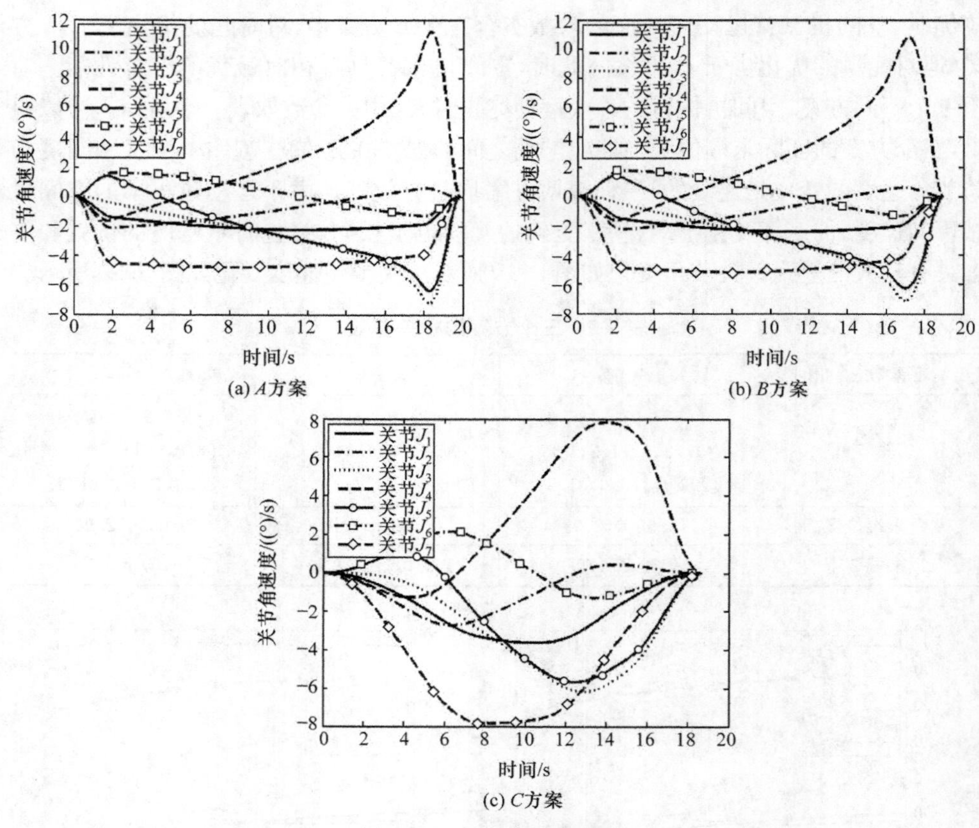

(a) A方案　(b) B方案　(c) C方案

图 5-20　关节角速度变化

在验证三个算法有效性的基础上，分别绘制七自由度空间机械臂运动中的关节力矩变化图、基座扰动变化图。为了方便对比，将三个方案的七个关节力矩变化曲线绘制在一张图上，并将方案对应的六个方向基座扰动曲线绘制在一张图上，如图 5-21 和图 5-22 所示。

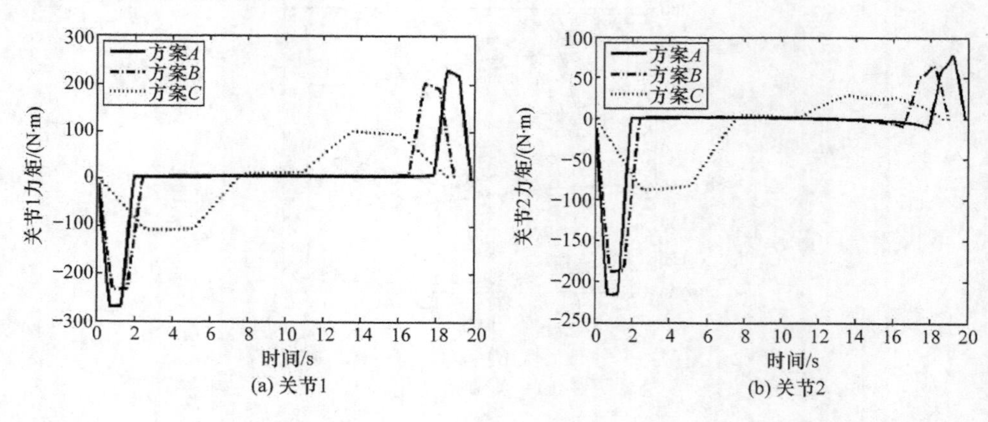

(a) 关节1　(b) 关节2

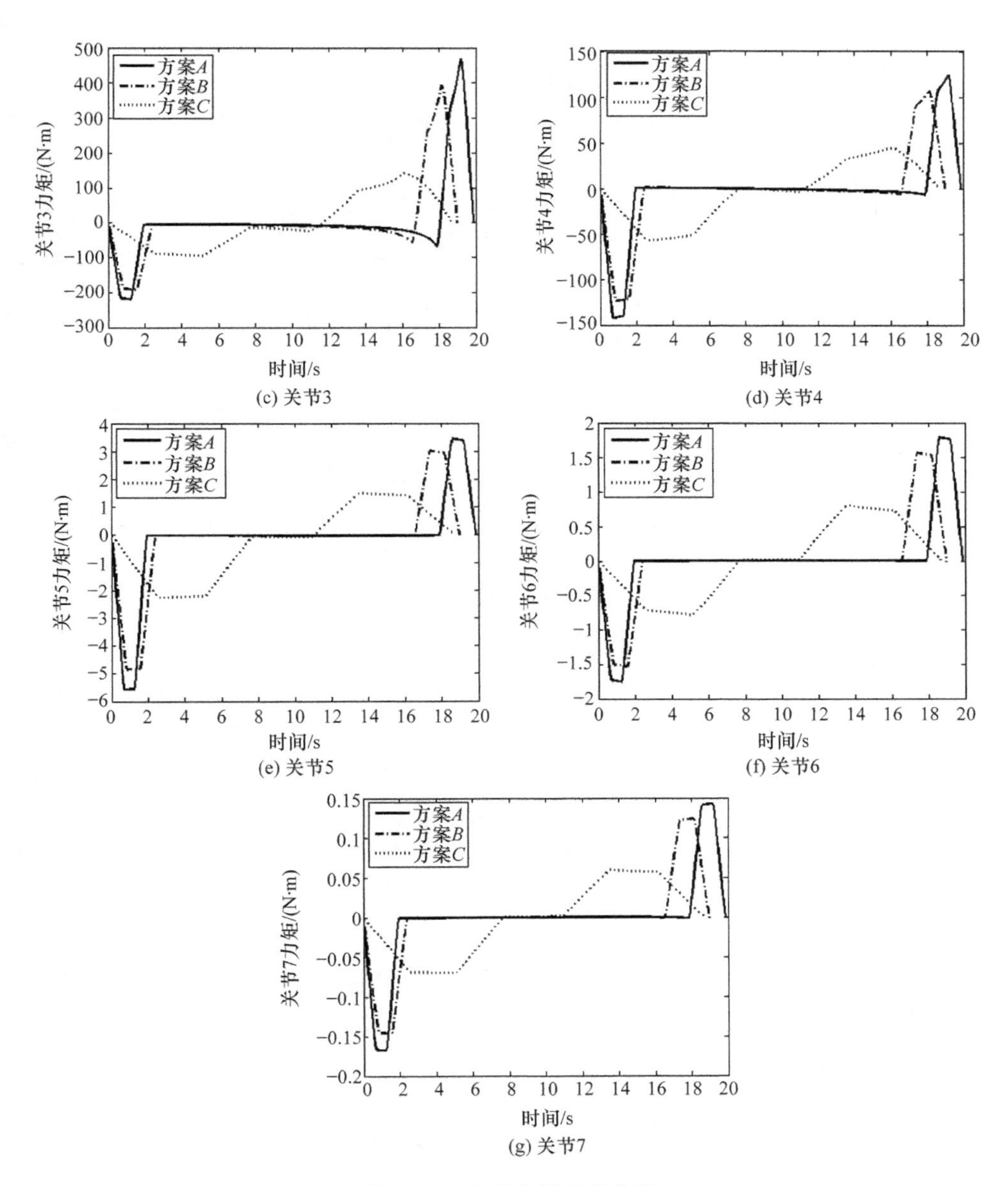

(c) 关节3

(d) 关节4

(e) 关节5

(f) 关节6

(g) 关节7

图 5-21　关节力矩变化曲线

显然，方案 C 所用的时间较少，利用此方案，空间机械臂可以在短时间内完成任务，但由于电机持续输出功率，导致其需要消耗较多的能量，能量指标达到了1290，时间为 18.7s。方案 A 耗时较多，但由于关节匀速运动时间较长，电机输出功率较小，消耗能量相对较小，能量指标为 471，时间为 19.8s。方案 B 消耗时间小

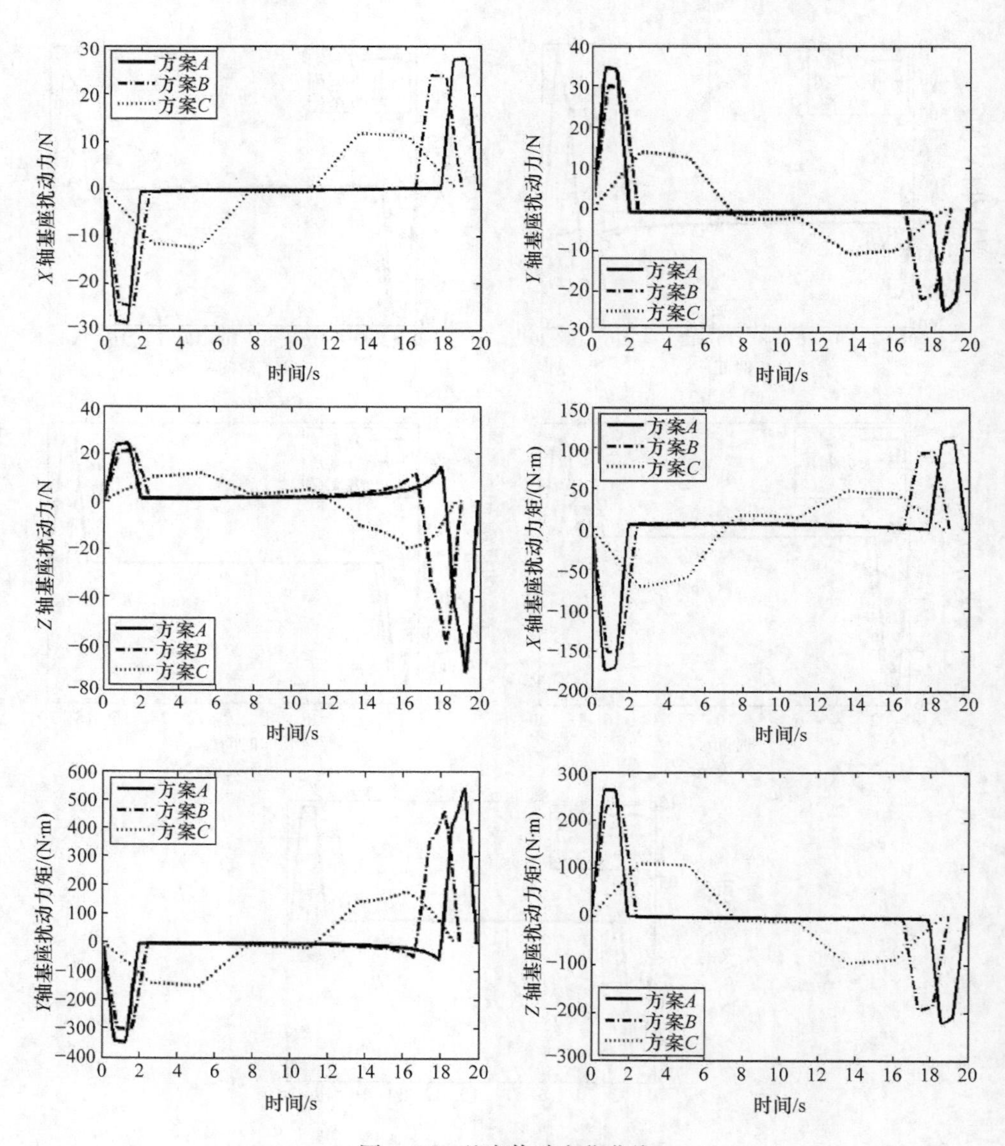

图 5-22　基座扰动变化曲线

于方案 A，消耗能量小于方案 C，且关节力矩变化平稳，不存在突然增大或减少的情况，因此方案 B 可以实现时间和能量两个指标相对较优的情况，其能量指标为 679，时间为 19s。同时，各关节变量严格符合制定约束条件，A、B、C 方案均为七自由度空间机械臂多目标优化的规划方案。

5. 小结

空间机械臂的任务要求和工作环境决定了其运动具有多约束多目标的特点，但是由于空间任务的多样性，在不同任务背景下对空间机械臂进行轨迹优化需要考虑不同的约束条件和优化目标。5.2节对空间机械臂的约束条件及优化目标进行了阐述和分析。在此基础上，根据空间机械臂运动学及动力学，给出相应的约束方程和优化目标函数，为进行多约束多目标轨迹优化奠定了基础。然后，本节研究多约束多目标优化算法，建立以带抛物线过渡梯形规划中最大速度及最大加速度为决策变量，以时间、能量最优为目标的多目标优化模型，并提出以NSGA-II算法对空间机械臂轨迹跟踪路径规划进行多目标优化解算，最终得出时间、能量最优的Pareto解集，对关键点的取值展开讨论，并通过七自由度空间机械臂仿真验证优化结果的正确性。

本节在给定规划时间及加速时间的情况下，确定带抛物线过渡梯形的形状，改为利用已知梯形规划中的匀速运动时的速度，以及在加速过程中的最大加速度，从而确定梯形形状。该方法一方面使得机械臂本身的速度、加速度特点更为直观，在工程应用中，操作人员能够直接限制空间机械臂在运动过程中的最大速度，从而避免产生速度超限的情况；另一方面，根据速度和加速度之间互相配合，又可以计算出空间机械臂加速、匀速、减速的时间，进而实现对空间机械臂诸多数据的解算。

5.4 本章小结

本章首先针对空间机械臂多约束多目标轨迹优化问题进行系统的分析，将其化为数学模型，并指出多目标优化问题与单目标优化问题最优解的本质区别。然后，基于此数学模型提出多种多目标轨迹优化方法，使各个子目标函数都尽可能地达到最优，并综合对比了这几种方法的优劣特点。最后，将多目标轨迹优化方法应用于实例，即针对七自由度的空间机械臂根据其工况和动力学特性进行机械臂的轨迹优化。

第6章　时变动态约束下空间机械臂运动控制方法

6.1　引　　言

对于空间机械臂这类依靠多个驱动关节进行任务操作的机电系统，要研究空间机械臂的运动控制方法，首要问题就是明确机械臂关节的数学模型，建立其动力学方程，因此有必要全面了解机械臂关节结构及影响其运动控制精度的因素，并在建模时加以考虑，以便能较准确地对机械臂关节进行动力学建模，开展关节控制器的设计，最终达到高精度控制的目的。对于一个精准的关节模型，可能采用相对简单的控制方法就取得较好的控制效果，但对于一个不是特别精确的关节模型，要想取得良好的控制效果，需要对关节的控制算法提出更高要求，需要控制器具有更强的适应性和鲁棒性，以保证关节的运动控制性能。

6.2　空间机械臂关节动力学模型

6.2.1　空间机械臂关节非线性特性分析

1. 摩擦非线性

在机器人关节内部，轮齿、轴承、输入轴、输出轴等直接存在复杂的摩擦现象。关节摩擦十分复杂，并且种类繁多，不同种类的摩擦特性也不同。单单摩擦力的大小就会受到很多因素的影响，如物体相对速度、位移、接触面润滑度、物体的材料，以及几何形状等。相互接触的两个物体，接触面不是完全光滑的，伺服系统中的摩擦力与速度有很大的关系。按照摩擦力大小处于不同阶段时，影响其大小的因素的差异，可以把摩擦力的变化过程分为弹性变形阶段、边界润滑阶段、部分液体润滑阶段、液体润滑阶段。四个阶段各有特点。

① 接触面发生弹性变形阶段。由于摩擦力的存在，在物体发生相对滑动之前，物体并没有实际的相对运动，而是处于一种“黏着”的状态。接触面相对粗糙，受力会产生弹性形变，出现细微的相对移动，也就是预滑动位移。这个阶段摩擦力是细微的相对位移的线性函数。在预滑动位移达到最大时，摩擦力也到达一个最大值，即最大静摩擦。

② 边界润滑阶段。速度继续增大时，接触面形成润滑层，当速度增大到一定程度时会发生相对滑动。这个阶段的摩擦力一般取决于接触面的杂质特征，如表面氧化层等，因此把这个阶段称作边界润滑阶段。

③ 部分液体润滑阶段。速度进一步加大，润滑层形成。随着润滑液体层加厚，最终会发生相对滑动。此时的摩擦力会随着速度的增大而减小。

④ 液体润滑阶段。随着速度的不断增大，两物体彻底分开，黏性摩擦变为主要的摩擦力，其大小的决定因素是速度和润滑黏性系数。

在低速运动的情况下，低速性能主要受到边界润滑的影响，而液体润滑阶段影响不明显。低速不稳定的现象绝大部分是产生在边界润滑和部分液体润滑这两个阶段。摩擦具有的动态特性如下。

(1) 最大静摩擦是可变的

最大静摩擦指的是两个接触物体在发生相对滑动之前需要克服的最大摩擦力。最大静摩擦并不是一个常数，由外力决定。

(2) Dahl 效应

Dahl 效应是指在弹性变形阶段中摩擦力与位移的非线性关系。其原因是接触金属的突点的柔性可能比整个物体的柔性大，当切向力超过线性范围时，去掉外力会变成永久性的位移。如图 6-1 所示，实线和虚线分别是加力和撤掉外力时的实验结果。

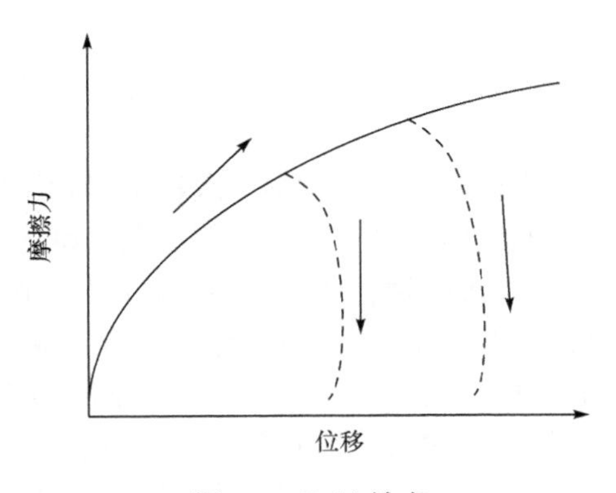

图 6-1　Dahl 效应

(3) 摩擦记忆

研究表明，当物体变速运动时，摩擦力总是滞后一段时间才会达到新的稳态值。摩擦记忆特性是指由于存在滞后现象，速度曲线和摩擦曲线呈现出的一个环形。

常用的摩擦模型如下。

① 库仑模型。库仑模型结构简单，容易实现，但是作为一个静态模型，其无法

分析零速时的摩擦特性，这在一定程度上限制了它的应用。de Wit 指出库仑摩擦模型的特点，并通过实验降低了测量噪声对库仑摩擦补偿的影响。Dahl 设计了一种模型参考自适应控制(MRAC)结构，该控制结构在引入李雅普诺夫函数的基础上设计前向库仑摩擦补偿器，极大地提高了系统的性能。

② 考虑静态摩擦的库仑＋黏性摩擦模型。库仑模型是一个静态模型，因此无法在速度为零时描述摩擦特性，通过引入静态项，则可以描述速度为零时的情况。Young 基于李雅普诺夫函数提出一种基于结合静摩擦和库仑摩擦模型的自适应补偿方法，该方法具有全局稳定性。

③ Stribeck 摩擦模型。对于超低速系统，使用 Stribeck 摩擦模型能够精确地对摩擦特性进行描述。除此之外，采用 Stribeck 模型进行摩擦补偿，可以有效抑制稳态振荡，并且控制效果十分明显。黄进基于 Stribeck 模型建立了控制系统的模型，对非线性摩擦下伺服系统性能的影响进行了研究，由实验得到摩擦模型的参数，以此建立摩擦补偿控制器，对系统进行自适应控制，从而提高系统的性能。

④ LuGre 摩擦模型。采用 LuGre 摩擦模型能够对动态摩擦进行补偿，并且效果较好。该方法被广泛应用于摩擦补偿，但是也存在一些不足之处。其缺点是参数辨识不容易实现。LuGre 模型一般包含动力参数和静力参数。其包含的参数数目较多，这在一定程度上加大了其参数辨识的难度。虽然 LuGre 模型存在参数辨识困难的缺点，但由于 LuGre 模型的特点明显，因此 LuGre 模型的应用研究发展迅速。

2. 迟滞非线性

一般伺服系统中都存在迟滞。迟滞的强非线性会影响系统的控制性能和稳定性，不但会降低系统控制的精度，而且有导致系统发散的可能。目前国内外学者对迟滞现象进行了大量研究，提出多种补偿迟滞的策略，以减小迟滞对系统输出的影响。迟滞系统具有很强的非线性特性，其输入与输出的关系是非线性的关系，即同一个输入可能会有不同的输出，同一个输出可能对应不同的输入。此外，迟滞系统还具有记忆性，即其输出不仅受输入的瞬时值影响，还受过去输入信号的极值、递增递减等历史情况影响。空间机械臂关节有如下迟滞非线性产生的因素。

① 机械传动系统及谐波减速器等产生迟滞。谐波齿轮迟滞定义为在小扭矩的作用下，在相同的测量周期下，加载与卸载时输入轴的扭转角度之间存在的差值。

② 接触面摩擦产生迟滞。如果机械装置产生振动，接触面之间会产生相对运动，这种相对运动会导致阻尼的产生和能量的损耗。

第一，干摩擦阻尼。接触面受到较小的平均压力时，在动态力的作用下接触面之间会产生宏观的相对位移，形成库仑摩擦。干摩擦阻尼指的就是这个过程中的耗能。

第二，迟滞阻尼。当平均压力较小时，接触面之间会产生宏观相对位移，随着平均压力的增大，接触面之间不再产生宏观位移，取而代之的是微观动态位移。在动态力的作用下，接触面的动态位移和动态力之间的非线性函数关系会有迟滞变形，这样的变形称为结合面阻尼或迟滞阻尼，耗能是周期性的。

第三，塑性变形。接触面随着压力的变大会产生塑性变形。具体现象是，当接触面受到的压力达到一定的程度时，两接触面之间不再产生宏观位移。在接触点依然会产生塑性变形，接触点的附近区域产生弹性变形，随着压力的增大，在接触点附近会产生塑性变形，此时塑性变形和弹性变形同时存在，力和位移之间的关系不再是简单的线性关系。

第四，迟滞振动。对于经常进行往复运动的螺栓连接构件，如果螺栓发生松动，系统在受到周期性激励的情况下也会产生迟滞振动，导致能量损耗。

③ 材料的滞弹性产生迟滞。黏弹性材料的刚度特性具有迟滞环的特点。有研究发现，刚度非线性材料由内阻尼产生的迟滞黏弹性阻尼具有刚度非线性特性。其静力与位移之间的关系曲线如图 6-2 所示。

在应力或者交变应力的作用下，材料的分子或者晶界之间会产生错位运动(这种错位运动被称为塑性滑移)，从而产生阻尼。在应力较小的情况下，材料会产生微观运动，从而产生阻尼耗能，这种现象被称为材料的滞弹簧，在周期性应力的作用下，加载曲线(OPA)会因为材料的滞弹簧特性不再形成直线，而形成一条略向上凸起的曲线。如图 6-3 所示，加载曲线 OPA 高于卸载曲线 AB，回线 $ABCDA$ 构成应力-应变曲线。对于全弹性材料，其阻尼为 0，封闭回线将退化，形成直线 $OAOCO$。材料具有滞弹性，因此阻尼消耗的能量与封闭回线的面积成正比。

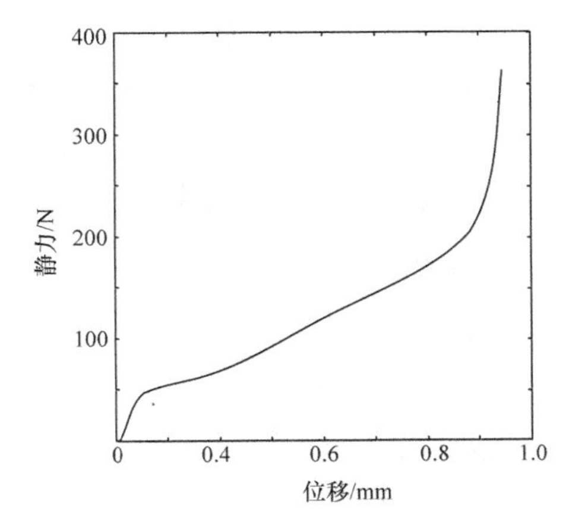

图 6-2　静力-位移曲线

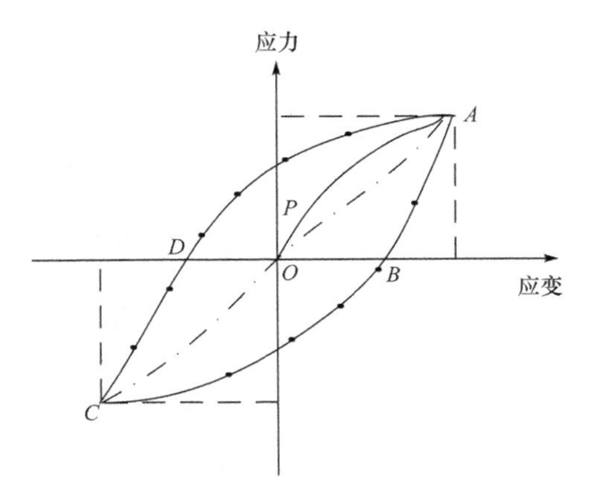

图 6-3　应力-应变曲线示意图

选择合适的迟滞模型，是进行迟滞补偿，提高系统控制性能的关键。迟滞的常见模型有 Maxwell 模型、Preisach 模型、Prandtl-Ishlinskii(PI)模型、JA(Jiles-Atherton)模型、Krasnosel'skii-Pokrovkii(KP)模型等。其中，JA 模型和 Maxwell 模型是基于物理学理论建立的，Preisach 模型、PI 模型是基于现象本身建立的。

① JA 模型和 Maxwell 模型。JA 模型是在充分考虑经验因素的基础上基于磁性材料的畴壁理论建立的。Maxwell 模型是基于弹簧系统的摩擦力理论建立的。JA 模型和 Maxwell 模型都是基于物理学理论建立的，只适用于特定材料，有明显的局限性，需要针对材料或者驱动器进行单独建模，因此不但要求设计者了解材料的迟滞特性，而且需要对实际参数进行辨识和调整。

② Preisach 模型。最初的 Preisach 模型采用几何图形描述迟滞现象，并使用一些数学方式描述迟滞特征。1935 年，Preisach 提出经典的 Preisach 模型，并利用其对铁磁物质进行迟滞建模，但该模型受特定物理学的限制。Krasnoselskii 对经典 Preisach 模型进行了改进，采用纯数学的方法解释 Preisach 模型，摆脱了物理学的限制。Mrad、Yu 和 Mayergoyz 又分别研究了基于 Preisach 模型的迟滞动态建模，使其脱离了静态模型的限制。该模型能很好地描述迟滞动态特性，取得了显著的成果，目前已经被广泛地应用到很多智能材料(压电陶瓷、铁磁体、迟滞伸缩材料、形状记忆合金)的建模中。

③ PI 模型。PI 模型是在 Preisach 模型的基础上发展起来的，是对 Preisach 模型的简化，采用基本的 Play 算子或者 Stop 算子的叠加形成迟滞输出，其参数相对容易辨识，因此控制器的设计也相对简单。

④ KP 模型。KP 模型是一个参数化迟滞模型，是基于实际的迟滞效应建立的由连续的 KP 单元叠加形成迟滞输出，具有动态特性，便于在线调整。

⑤ 其他迟滞模型。除了上面介绍的迟滞模型，还包括 Bouc-Wen 模型、TK(Tao-Kolotovic)模型、Smith 的畴壁迟滞模型(domain wall model)等。这些模型具有不同的特点和适用范围，对迟滞控制系统的研究起到十分重要的作用。

6.2.2　引入摩擦和迟滞非线性的空间机械臂关节动力学模型

一种空间机械臂关节的二阶级联建模方法如图 6-4 所示，分别考虑综合关节的摩擦和迟滞非线性环节建立动力学模型。用 LuGre 摩擦模型建立两轴的摩擦模型，再结合 Preisach 迟滞模型，构成整个空间机械臂关节的模型构建。

对关节的二阶级联轴分别建立动力学模型，电动机端为一阶，负载端为二阶。一阶轴动力学模型表达式为

$$J_h\ddot{\theta}_h + T_{\mathrm{fh}}(\theta_h, \dot{\theta}_h) + NT_t(\theta) = \tau_m \tag{6-1}$$

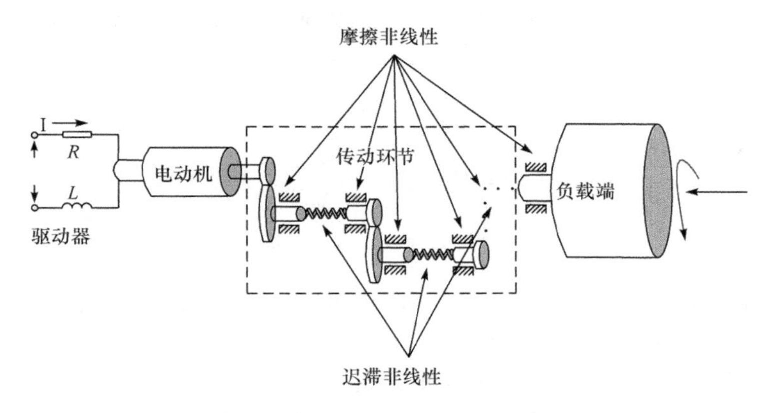

图 6-4　机械臂关节传动系统结构示意图

其中，J_h 是一阶轴惯量；θ_h 是一阶轴的角度；$\dot{\theta}_h$ 是一阶轴角速度大小；$\ddot{\theta}_h$ 是一阶轴角加速度大小；θ 是扭转角度；T_{fh}是一阶轴摩擦力矩大小；T_t 是关节扭转力矩迟滞项；N 是减速器减速比；τ_m 是电机输出力矩。

二阶轴动力学模型表达式为

$$J_l\ddot{\theta}_l+T_{fl}(\theta_l,\dot{\theta}_l)+\tau_l=T_t(\theta) \tag{6-2}$$

其中，J_l 是二阶轴惯量；θ_l、$\dot{\theta}_l$ 和 $\ddot{\theta}_l$ 分别是二阶轴的角度、角速度和角加速度的大小；T_{fl}是二阶轴摩擦力矩大小；T_t 是关节扭转力矩大小；θ 是扭转角度；τ_l 是减速器输出力矩大小。

可以看出，摩擦需要分别建立一、二阶轴的摩擦，减速器阻尼由迟滞模型体现。

在高精度、超低速的机械伺服系统中，非线性摩擦环节的存在使系统的动态和静态性能受到很大影响，因此在建立机械臂动力模型的过程中，需要将摩擦作为一个必要环节考虑。当前，LuGre 模型是较为完善的动态摩擦模型，可以准确描述摩擦过程中的动静态特性，如图 6-5 所示。

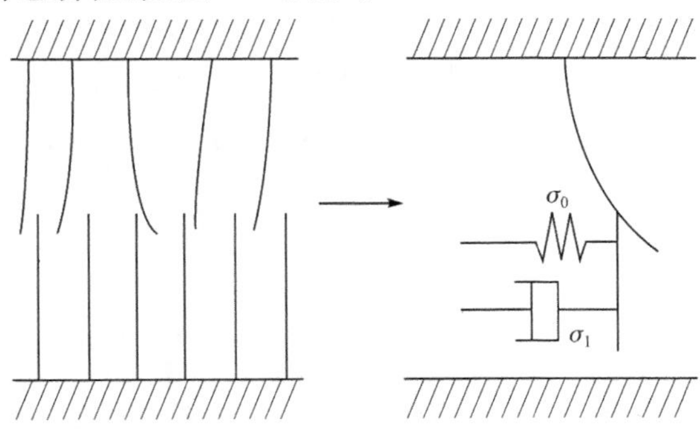

图 6-5　LuGre 摩擦模型

LuGre模型是基于钢鬃的平均变形来建模的，钢鬃的平均变形为 z，摩擦力大小为 F，即

$$\frac{\mathrm{d}z}{\mathrm{d}t}=\dot{x}-\frac{\sigma_0|\dot{x}|}{g(\dot{x})}z \tag{6-3}$$

$$g(\dot{x})=F_c+(F_s-F_c)\mathrm{e}^{-(\dot{x}/v_s)^2} \tag{6-4}$$

$$F=\sigma_0 z+\sigma_1\frac{\mathrm{d}z}{\mathrm{d}t}+\sigma_2\dot{x} \tag{6-5}$$

其中，$\dot{x}$ 是钢鬃相对速度；σ_0 和 σ_1 分别为钢鬃的刚度和摩擦系数，是两个动态摩擦参数；F_c、F_s、V_s 和 σ_2 是静态参数。

稳态运动时，$\mathrm{d}z/\mathrm{d}t=0$，此时的摩擦力大小 F 为

$$F=[F_c+(F_s-F_c)\cdot\mathrm{e}^{-(\dot{x}/v_s)^2}]+\sigma_2\dot{x} \tag{6-6}$$

其中，F_s 是静态摩擦力大小；F_c 是库仑摩擦力大小。

综上，稳态摩擦力的大小可以表示为

$$F=g(\dot{x})+\sigma_2\dot{x} \tag{6-7}$$

其中，第一项表示预滑动摩擦力；第二项表示黏性摩擦力；σ_2 为黏性摩擦系数。

将 Preisach 经典迟滞模型与非线性叠加起来描述关节的迟滞特性。经典 Preisach 迟滞模型的数学表达式为

$$T_{t1}(\theta(t))=\iint\limits_{\alpha\geqslant\beta}\mu(\alpha,\beta)\widehat{\gamma}_{\alpha\beta}[\theta(t)]\mathrm{d}\alpha\mathrm{d}\beta \tag{6-8}$$

其中，$\theta(t)$是输入关节扭转角；$T_{t1}(\theta(t))$是输出扭转力矩的大小；$\widehat{\gamma}_{\alpha\beta}[\theta(t)]$为迟滞算子，此处只能为0或1；$\alpha$ 为使迟滞算子变为1的电压上升阈值；β 为使迟滞算子变为0的电压下降阈值，即当输入方向发生反转时，其分别对应所记录的局部最大值和最小值；$\mu(\alpha,\beta)$为 Preisach 函数。

采用三次多项式拟合非线性刚度为

$$T_{t2}(\theta)=\alpha_1\theta+\alpha_2\theta^3 \tag{6-9}$$

其中，α_1 和 α_2 为拟合函数。

因此，扭转角-输出力矩关系可以表示为

$$T_t(\theta(t))=T_{t1}(\theta(t))+T_{t2}(\theta)=\iint\limits_{\alpha\geqslant\beta}\mu(\alpha,\beta)\widehat{\gamma}_{\alpha\beta}[\theta(t)]\mathrm{d}\alpha\mathrm{d}\beta+\alpha_1\theta+\alpha_2\theta^3 \tag{6-10}$$

此外，关节扭转角为

$$\theta=\frac{\theta_h}{N}-\theta_l \tag{6-11}$$

综上所述，式(6-1)，式(6-2)，式(6-6)，式(6-10)，式(6-11)将构成整个关节的动态模型。

关节模型结构如图 6-6 所示。首先，以速度为输入，到关节的摩擦模型(7)，得到一、二阶轴的摩擦力。然后，将输出的摩擦力输入到一、二阶轴的动力学模型(1)和(2)；在一阶轴(1)输入转角 θ_h，得到二阶轴的转角 θ_l，进而由式(6-11)得到关节的扭转角 θ；将(10)输出的关节扭转角传递到式(6-10)定义的迟滞模型；式(6-10)的输出为扭转力矩。此力矩用来驱动二阶轴转动并反馈给一阶轴形成力矩传递，即传递到式(6-2)实现整个模型的建立。

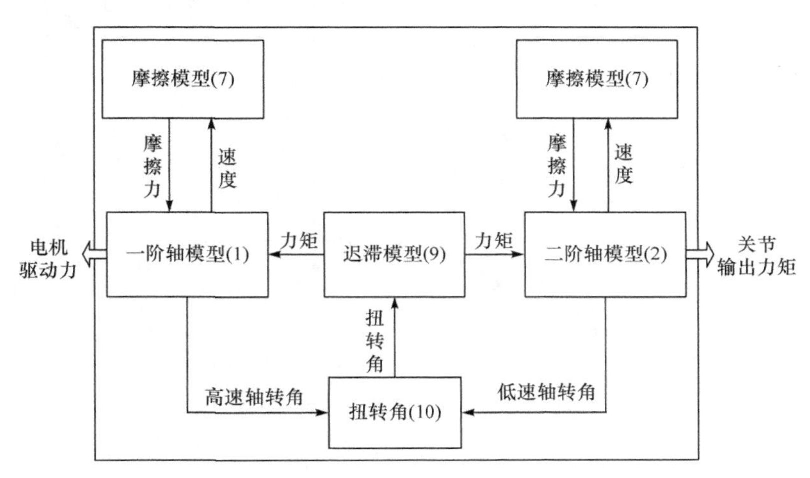

图 6-6　关节模型结构示意图

6.2.3　空间机械臂非线性关节的动力学模型仿真

1. 摩擦对关节运动控制性能的影响

两阶轴模型的输入区别在于二阶轴较一阶轴有一定的滞后扭转角，但均是基于 LuGre 摩擦模型与 Preisach 迟滞模型建立的，因此可针对一阶轴，对建立的关节动力学模型进行数字仿真，验证所设计的动力学模型的有效性，如果对一阶轴有效，则对整个空间机械臂关节的控制也是有效的。

关节及摩擦模型参数如表 6-1 和表 6-2 所示。

表 6-1　关节仿真参数

惯量 1/(kg · m^2)	惯量 2/(kg · m^2)	刚度/(N · m/rad)	电机阻尼/(N · ms/rad)	减速比
2.5×10^{-3}	3.2×10^{-4}	5500	0.002	60

表 6-2　LuGre 摩擦模型各参数

σ_0/(N · m/rad)	σ_1/(N · ms/rad)	F_c/(N · m)	F_s/(N · m)	V_s/(rad/s)	α/(N · ms/rad)
300	2.5	0.28	0.34	0.01	0.02

采用 Simulink 实现控制算法和带有摩擦模型的被控对象描述，将输入分别取为正弦信号和斜坡信号。

如图 6-7 和图 6-8 所示，分别为输入信号取正弦函数 $y_d=0.1\sin(2\pi t)$和斜坡函数 $y=t$ 时的位置跟踪与速度跟踪曲线仿真结果。图 6-7(c)和图 6-8(c)表示控制输入波形图。

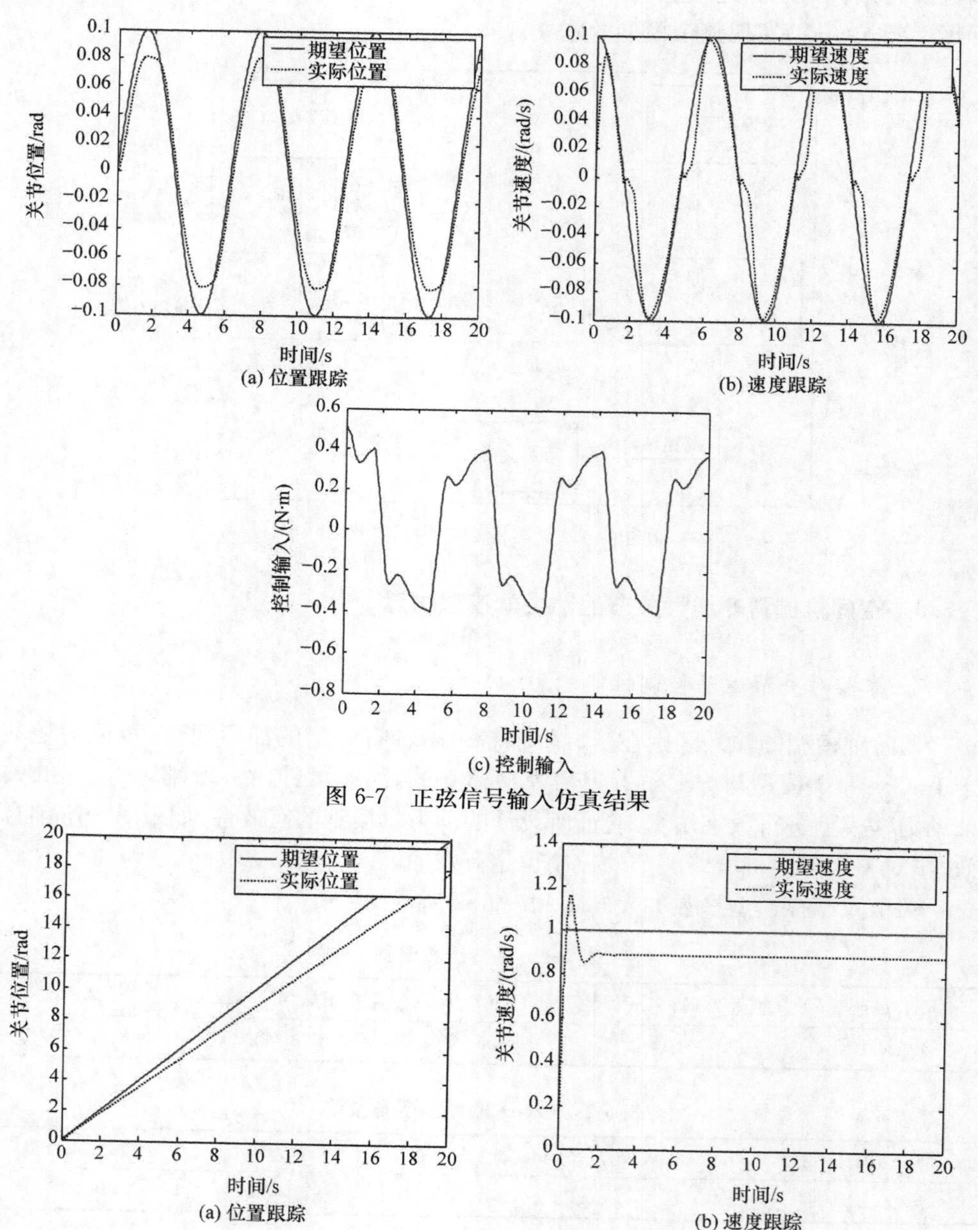

(a) 位置跟踪　　(b) 速度跟踪

(c) 控制输入

图 6-7　正弦信号输入仿真结果

(a) 位置跟踪　　(b) 速度跟踪

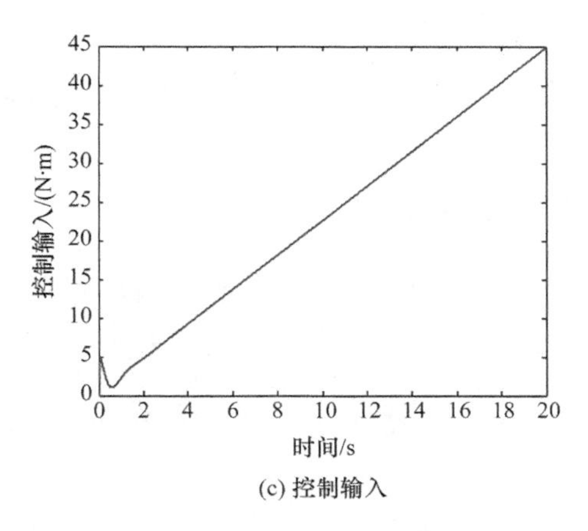

(c) 控制输入

图 6-8　斜坡信号输入仿真结果

在正弦信号输入下，位置跟踪曲线中有明显的"平顶"现象，速度跟踪仿真曲线中可以看出速度过零点时，图像发生严重变形，出现跟踪死区，也就是"速度过零"现象。

在斜坡信号输入下，进行位置跟踪时，跟踪曲线有明显的"爬行"现象，速度跟踪在摩擦的影响下，也存在一定的滞后。

2. 迟滞对关节运动控制性能的影响

任何系统都不可避免的会出现迟滞非线性现象，影响系统的控制精度，基于PI控制，对伺服系统进行位置跟踪，输入信号取方波信号，$k_p=0.5$，$k_i=0.01$，方波位置跟踪情况和跟踪误差如图 6-9 和图 6-10 所示。含有迟滞时，系统的位置跟踪情况会出现严重的滞后现象，最大跟踪角度误差可以达到 0.11rad。

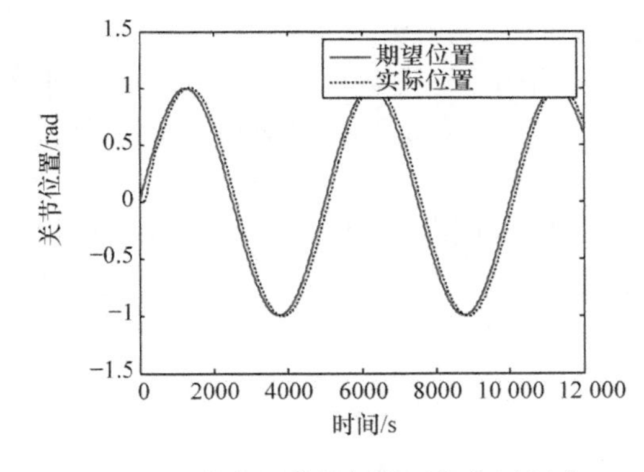

图 6-9　含有迟滞的伺服系统位置跟踪

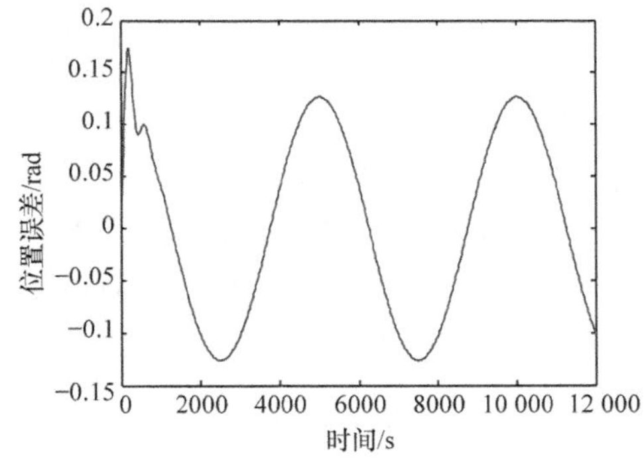

图 6-10　位置跟踪误差

6.3 关节动态参数辨识与补偿

6.3.1 空间机械臂关节的摩擦辨识与补偿

摩擦具有强非线性,会对伺服系统的控制精度与控制效果产生严重影响,因此选取合适的摩擦模型,并针对模型进行有效的摩擦辨识与补偿,可以大大提高机械臂的控制可靠性。针对空间机械臂关节的摩擦模型参数辨识与补偿展开研究,运用遗传算法进行摩擦模型的参数辨识,在辨识结果的基础上设计控制器对摩擦进行补偿,以提高系统的鲁棒性。

伺服系统的摩擦力可以用微分形式表示为

$$J\frac{\mathrm{d}^2\theta}{\mathrm{d}t^2}=u-F \tag{6-12}$$

其中,F 表示摩擦力的大小;J 表示转动惯量;θ 表示角位移;u 表示控制力的大小。

LuGre 模型的建模基础是钢鬃的平均变形,假设平均变形为 z,则有

$$\frac{\mathrm{d}z}{\mathrm{d}t}=\dot{\theta}-\frac{\sigma_0|\dot{\theta}|}{g(\dot{\theta})}z \tag{6-13}$$

$$\sigma_0 g(\dot{\theta})=F_c+(F_s-F_c)\mathrm{e}^{-(\dot{\theta}/v_s)^2} \tag{6-14}$$

$$F=\sigma_0 z+\sigma_1\frac{\mathrm{d}z}{\mathrm{d}t}+\sigma_2\dot{\theta} \tag{6-15}$$

其中,$\dot{\theta}$、σ_0 和 σ_1 分别表示钢鬃的相对速度的大小、刚度和摩擦系数,σ_0 和 σ_1 是两个动态摩擦参数;F_c、F_s、v_s 和 σ_2 是静态参数。

稳态运动时,$\frac{\mathrm{d}z}{\mathrm{d}t}=0$,此时的摩擦力大小 F 为

$$F=\left[F_c+(F_s-F_c)\cdot\mathrm{e}^{-(\dot{\theta}/v_s)^2}\right]\cdot\mathrm{sgn}(\dot{\theta})+\sigma_2\dot{\theta} \tag{6-16}$$

在分析零速附近区域时,LuGre 模型采用 Stribeck 模型对该区域摩擦的强非线性问题进行分析。从式(6-16)可以看出,LuGre 模型能够有效地描述摩擦力的动力特性和静力特性。

LuGre 模型的参数分为静力参数和动力参数,可以分两步完成辨识,即先辨识静力参数,再辨识动力参数。基于遗传算法辨识 LuGre 摩擦模型的参数时,可以采用上述的步骤进行辨识。辨识过程如图 6-11 所示。

1. 静力参数辨识

假设系统的转速序列为 $\{\omega\}_{i=1}^N$,与转速对应的控制力矩的序列为 $\{u\}_{i=1}^N$。由式(6-12)可知,当 $\frac{\mathrm{d}^2x}{\mathrm{d}t^2}=0$ 时,$u=F$,因此根据转速序列和控制力矩序列可以确定

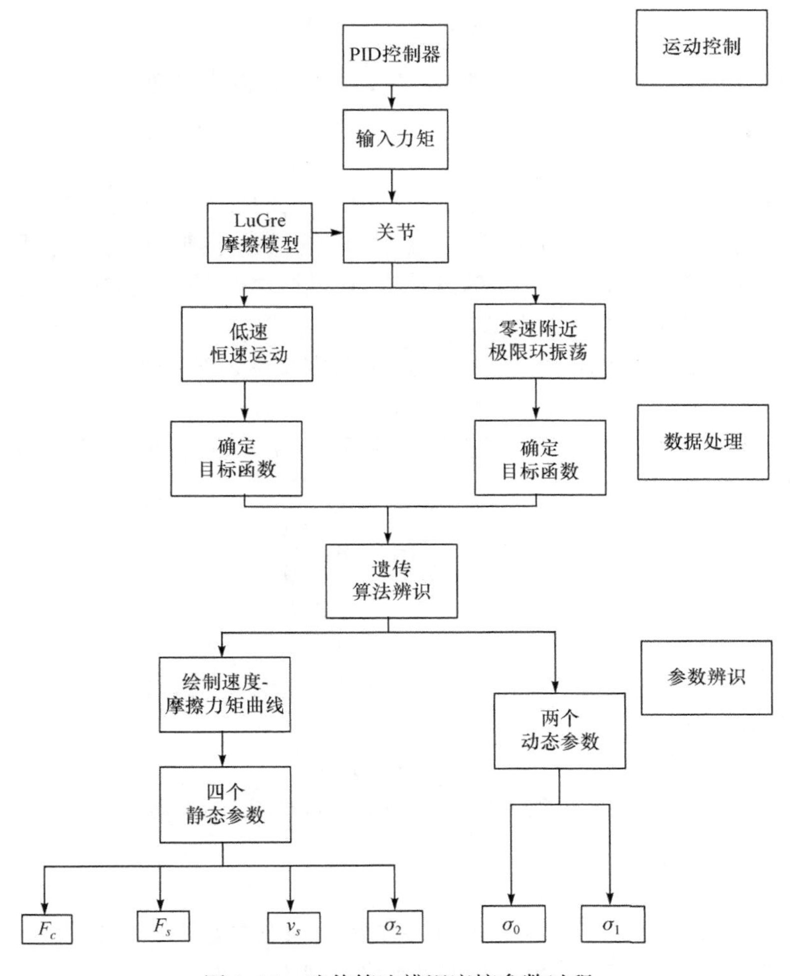

图 6-11　遗传算法辨识摩擦参数过程

控制力矩与摩擦力矩的稳态对应关系，可以确定转速和摩擦力之间的稳态对应关系，由后者可以绘制 Stribeck 曲线。假设待辨识的参数向量为 $\boldsymbol{x}_s=[\boldsymbol{x}_s^+,\boldsymbol{x}_s^-]$，进而有

$$\boldsymbol{x}_s^+=[\hat{F}_c^+,\hat{F}_s^+,\hat{v}_s^+,\hat{\sigma}_2^+],\quad \dot{\boldsymbol{x}}>0;\quad \boldsymbol{x}_s^+=[\hat{F}_c^-,\hat{F}_s^-,\hat{v}_s^-,\hat{\sigma}_2^-],\quad \dot{\boldsymbol{x}}<0 \tag{6-17}$$

定义辨识误差为

$$e(\boldsymbol{x}_s,\dot{\boldsymbol{x}}_i)=u_i-F(\boldsymbol{x}_s,\dot{\boldsymbol{x}}_i) \tag{6-18}$$

$$F(\boldsymbol{x}_s,\dot{\boldsymbol{x}}_i)=\begin{cases}[\hat{F}_c^+ +(\hat{F}_s^+ -\hat{F}_c^+)\mathrm{e}^{-(\dot{\boldsymbol{x}}/\hat{v}_s^+)^2}]\mathrm{sgn}(\dot{\boldsymbol{x}})+\hat{\sigma}_2^+\dot{\boldsymbol{x}}, & \dot{x}>0\\ [\hat{F}_c^- +(\hat{F}_s^- -\hat{F}_c^-)\mathrm{e}^{-(\dot{\boldsymbol{x}}/\hat{v}_s^-)^2}]\mathrm{sgn}(\dot{\boldsymbol{x}})+\hat{\sigma}_2^-\dot{\boldsymbol{x}}, & \dot{x}<0\end{cases} \tag{6-19}$$

定义目标函数为

$$J=\frac{1}{2}\sum_{i}^{N}\mathrm{e}^{2}(\boldsymbol{x}_s,\boldsymbol{x}_i) \tag{6-20}$$

通过最小化式(6-20)所示的目标函数,可以辨识静力参数。

2. 动力参数辨识

对于伺服系统,输出的位移(或加速度)及输出的控制力在动力参数辨识时是已知量,利用这两个量可以直接对动力参数进行辨识。在辨识过程中,可以通过调整 k_p 和 k_d 使系统趋于稳定,对于阶跃输入,通过调整 k_i 使系统响应出现极限环振荡,进而可以辨识出两个动力学参数。

假设待辨识的动力学参数为 $\boldsymbol{x}_d=[\hat{\sigma}_0,\hat{\sigma}_1]$,定义辨识误差为

$$e(\boldsymbol{x}_d,t_i)=u(t_i)-u(\boldsymbol{x}_d,t_i) \tag{6-21}$$

其中,$u(t_i)$表示伺服系统的剪切控制力大小;$u(\boldsymbol{x}_d,t_i)$表示输出控制力大小。

可得下式,即

$$u(\boldsymbol{x}_d,t_i)=F+m\frac{\mathrm{d}^2\boldsymbol{x}_i}{\mathrm{d}t_i^2} \tag{6-22}$$

$$F=\hat{\sigma}_0 z+\hat{\sigma}_1\dot{z}+\hat{\sigma}_2\dot{\theta} \tag{6-23}$$

$$\dot{z}=\dot{\theta}-\frac{\hat{\sigma}_0|\dot{\theta}|}{g(\dot{\theta})}z \tag{6-24}$$

定义目标函数为

$${}^{0}_{1}\boldsymbol{T}{}^{1}_{2}\boldsymbol{T}{}^{2}_{3}\boldsymbol{T}\cdots{}^{n-1}_{n}\boldsymbol{T}={}^{0}_{n}\boldsymbol{T} \tag{6-25}$$

通过最小化如式(6-25)所示的目标函数,可以辨识动力参数。

3. 遗传算法设计

采用遗传算法对 LuGre 模型的静态参数和动态参数进行辨识。静力参数和动力参数的辨识方法基本相同,其目标函数分别为式(6-20)和式(6-25),具体步骤如下。

步骤 1,设置初始种群设置。遗传计算中变量的维数与待辨识的参数数目相同,如静力参数包含 4 个待辨识参数,则维数为 4;最大遗传代数设为 500;种群大小取 $M=40$,如果辨识参数个数为 D,则需要生成一个 $M\times D$ 矩阵,用于存放初始种群。

步骤 2,适应度计算。采用式(6-20)和式(6-25)两个目标函数作为各自的适应度函数,将个体的值代入适应度函数可以计算得到其适应度,根据适应度对个体进行评价。

步骤 3,选择运算。采用轮盘赌选择算子进行选择运算。选择概率和累积概率如下,即

$$\text{选择概率 } P_i = \frac{\text{个体 } i \text{ 适应度}}{\sum_{i=1}^{n} \text{个体 } i \text{ 适应度}}, \quad i = 1,2,\cdots,n$$

$$\text{累积概率 } P'_i = \frac{\sum_{i=1}^{i} \text{个体 } i \text{ 适应度}}{\sum_{i=1}^{n} \text{个体 } i \text{ 适应度}}, \quad i = 1,2,\cdots,n$$

步骤 4,交叉运算。采用算数交叉算子进行交叉运算。假设进行交叉的两个个体为 X_A^t 和 X_B^t,新个体 X_A^{t+1} 和 X_B^{t+1} 可以采用下式求解,即

$$\begin{cases} X_A^{t+1} = \alpha X_B^t + (1-\alpha) X_A^t \\ X_B^{t+1} = \alpha X_A^t + (1-\alpha) X_B^t \end{cases}, \quad \alpha \in (0,1) \text{是常数或随机数} \tag{6-26}$$

步骤 5,变异运算。选择一定的变异概率进行变异运算。变异算子 P_m 由适应度确定,即

$$P_m = \begin{cases} k_1 \dfrac{(f_{\max} - f')}{(f_{\max} - f_1)}, & f' > f_1 \\ k_2, & f' \leqslant f_1 \end{cases} \tag{6-27}$$

其中,f' 表示个体适应度;$f_{\max}$ 和 f_1 分别表示种群适应度的最大值和平均值;k_1 和 k_2 是常数。

步骤 6,对种群进行选择、交叉、变异后可以得到新的种群,重复上面几个步骤,以求解每一代群体的相对最优解,直到满足 $t > T$。

运用遗传算法对摩擦模型参数进行有效辨识后,针对模型中表示钢鬃变形的不可测内部状态变量,可设计自适应控补偿控制器进行摩擦的前馈补偿控制,减小摩擦对系统的损害,提高伺服系统的性能。

包含摩擦力矩的控制系统如图 6-12 所示。其中,U_1 为控制电压输入;U_2 为 PWM 输入;K_p 为功率放大增益;K_m 为力矩系数;R_a 为电机电阻;i_d 为电机电流;J 为转动惯量;K_e 为电机反馈系数。

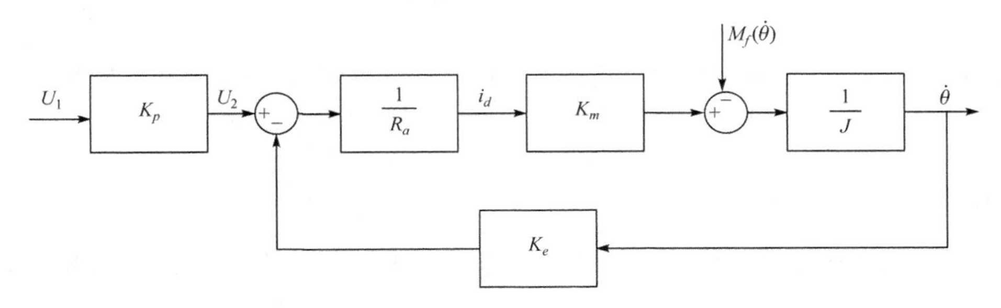

图 6-12　包含摩擦力矩的控制系统框图

系统的动态微分方程为

$$-k_pU_1+i_aR_a+k_e\dot{\theta}=0 \tag{6-28}$$

$$J\frac{\mathrm{d}\dot{\theta}}{\mathrm{d}t}=i_ak_m-M_f \tag{6-29}$$

将式(6-28)代入式(6-29)，得

$$J\frac{\mathrm{d}\dot{\theta}}{\mathrm{d}t}=\frac{k_mk_pU_1}{R_a}-\frac{k_mk_e}{R_a}\dot{\theta}-M_f \tag{6-30}$$

令 $a=-\frac{k_e}{k_p}$，$b=\frac{JR_a}{k_mk_p}$，$M'_f=\frac{R_a}{k_mk_p}M_f$，将 LuGre 摩擦模型与式(6-30)叠加，从而得到直流力矩电机的系统动态方程，即

$$\frac{JR_a}{k_mk_p}\frac{\mathrm{d}\dot{\theta}}{\mathrm{d}t}=U_1-\frac{k_e}{k_p}\dot{q}-\frac{R_a}{k_mk_p}M_f \tag{6-31}$$

即

$$b\ddot{\theta}=a\dot{\theta}+U_1-M'_f \tag{6-32}$$

$$b\ddot{\theta}=a\dot{\theta}+U_1-\sigma_0z-\sigma_1\dot{\theta}+\sigma_1\frac{|\dot{\theta}|}{g(\dot{\theta})}z-\sigma_2\dot{\theta} \tag{6-33}$$

其中，摩擦系数 σ_0、σ_1 和 σ_2 均为原摩擦系数的$\frac{R_a}{k_mk_p}$倍，补偿时需要除去这个系数，为推导方便，现在保留；σ_0、σ_1 和 σ_2 是自适应参数，需要设计自适应非线性控制器并以此估计这些参数从而进行摩擦的补偿。

令 $\sigma=\sigma_1+\sigma_2$，得

$$\begin{gathered}b\ddot{\theta}=a\dot{\theta}+U_1-\sigma_0z-\sigma\dot{\theta}+\sigma_1\frac{|\dot{\theta}|}{g(\dot{\theta})}z\\ b\dot{e}_2=a\dot{\theta}+U_1-\sigma_0z+\sigma_1\frac{|\dot{\theta}|}{g(\dot{\theta})}-b\dot{\theta}_{eq}\end{gathered} \tag{6-34}$$

进行位置跟踪时，首先建立系统的误差方程，即

$$e_1(t)=q(t)-q_d(t) \tag{6-35}$$

$$e_2(t)=\dot{e}_1(t)-ke_1(t) \tag{6-36}$$

其中，$\theta_d(t)$为给定的期望位置误差；k 为正的反馈增益；$e_1(t)$为位置跟踪误差。

将式(6-35)代入式(6-36)，得

$$e_2(t)=\dot{q}(t)-q_{eq}(t) \tag{6-37}$$

其中，$q_{eq}(t)=\dot{\theta}_d(t)-ke_1(t)$。

由于传递函数 $G(s)=\frac{e_1(s)}{e_2(s)}$是个稳定传函，因此 $e_2(t)$收敛于 0，$e_1(t)$也收敛于 0，因此需要设计 $e_2(t)$使 $e_1(t)$尽量小。

将式(6-34)代入式(6-37)，得

$$b\dot{e}_2 = a\dot{\theta} + U_1 - \sigma_0 z + \sigma_1 \frac{|\dot{\theta}|}{g(\dot{\theta})} - b\dot{\theta}_{eq} \tag{6-38}$$

其中，z 为 LuGre 模型的不可测状态，通过设计两个观测器，令 $\hat{z}_0$ 和 $\hat{z}_1$ 为 z 的估计值，据此估计 z，观测器设计如下，即

$$\frac{\mathrm{d}\hat{z}_0}{\mathrm{d}t} = \dot{\theta} - \frac{|\dot{\theta}|}{g(\dot{\theta})}\hat{z}_0 + t_0 \tag{6-39}$$

$$\frac{\mathrm{d}\hat{z}_1}{\mathrm{d}t} = \dot{\theta} - \frac{|\dot{\theta}|}{g(\dot{\theta})}\hat{z}_1 + t_1 \tag{6-40}$$

式中，t_0 和 t_1 为观测器的动态项。

观测器的估计误差为

$$\frac{\mathrm{d}\bar{z}_0}{\mathrm{d}t} = -\frac{|\dot{\theta}|}{g(\dot{\theta})}\bar{z}_0 + t_0 \tag{6-41}$$

$$\frac{\mathrm{d}\bar{z}_1}{\mathrm{d}t} = -\frac{|\dot{\theta}|}{g(\dot{\theta})}\bar{z}_1 + t_1 \tag{6-42}$$

其中，$\bar{z}_0 = z - \hat{z}_0$；$\bar{z}_1 = z - \hat{z}_1$。

同时，用估计值 $\hat{\sigma}$、$\hat{\sigma}_0$ 和 $\hat{\sigma}_1$ 代替 σ、σ_0 和 σ_1。选择如下控制律，即

$$U_1 = -ce_2 - a\dot{\theta} + \hat{\sigma}_0\hat{z}_0 + \hat{\sigma}_1\dot{\theta} - \hat{\sigma}_1 \frac{\dot{\theta}}{g(\dot{\theta})}\hat{z}_1 + b\dot{\theta}_{eq} \tag{6-43}$$

其中，c 是正的设计常数。

将式(6-43)代入式(6-38)，可得

$$\begin{aligned}
b\dot{e}_2 &= -ce_2 - (\sigma - \hat{\sigma})\dot{\theta} - (\sigma_0 z - \hat{\sigma}_0\hat{z}_0) + \sigma_1 \frac{\dot{\theta}}{g(\dot{\theta})} z - \hat{\sigma}_1 \frac{\dot{\theta}}{g(\dot{\theta})}\hat{z}_1 \\
&= -ce_2 - \bar{\sigma}\dot{\theta} - (\sigma_0 z - \sigma_0\hat{z}_0 + \sigma_0\hat{z}_0 - \hat{\sigma}_0\hat{z}_0) + \frac{\dot{\theta}}{g(\dot{\theta})}(\sigma_1\hat{z}_1 - \sigma_1\hat{z}_1 + \sigma_1\hat{z}_1 - \hat{\sigma}_1\hat{z}_1) \\
&= -ce_2 - \bar{\sigma}\dot{\theta} - \sigma_0\bar{z} - \bar{\sigma}_0\hat{z}_0 + \frac{\dot{\theta}}{g(\dot{\theta})}\sigma_1\bar{z}_1 + \frac{\dot{\theta}}{g(\dot{\theta})}\bar{\sigma}_1\hat{z}_1
\end{aligned} \tag{6-44}$$

其中，$\bar{\sigma}_0 = \sigma_0 - \hat{\sigma}_0$，$\bar{\sigma} = \sigma - \hat{\sigma}$，$\bar{\sigma}_1 = \sigma_1 - \hat{\sigma}_1$，是未知参数的估计误差。

选择李雅普诺夫函数为

$$V(t) = \frac{1}{2}be^2 + \frac{1}{2}\sigma_0\bar{z}_0^2 + \frac{1}{2}\sigma_1\bar{z}_1^2 + \frac{1}{2\beta_0}\bar{\sigma}_0^2 + \frac{1}{2\beta_1}\bar{\sigma}_1^2 + \frac{1}{2\beta}\bar{\sigma}^2 \tag{6-45}$$

式(6-45)中的 β_0、β_1 和 β 是正的设计参数，则

$$\begin{aligned}
\dot{V}(t) &= be_2\dot{e}_2 + \sigma_0\bar{z}_0\dot{\bar{z}}_0 + \sigma_1\bar{z}_1\dot{\bar{z}}_1 + \frac{\bar{\sigma}_0}{\beta_0}\dot{\bar{\sigma}}_0 + \frac{\bar{\sigma}_1}{\beta_1}\dot{\bar{\sigma}}_1 + \frac{\dot{\hat{\sigma}}}{\beta}\dot{\bar{\sigma}} \\
&= e_2\left(-ce_2 - \bar{\sigma}\dot{\theta} - \sigma_0\bar{z}_0 - \sigma_0\hat{z}_0 + \frac{\dot{\theta}}{g(\dot{\theta})}\sigma_1\bar{z}_1 + \frac{\dot{\theta}}{g(\dot{\theta})}\bar{\sigma}_1\hat{z}_1\right) + \sigma_0\bar{z}_0\left(-\frac{\dot{\theta}}{g(\dot{\theta})}\bar{z}_0 - t_0\right) \\
&\quad + \sigma_1\bar{z}_1\left(\frac{\dot{\theta}}{g(\dot{\theta})}\bar{z}_1 - t_1\right) - \frac{\bar{\sigma}_0}{\beta_0}\dot{\hat{\sigma}}_0 - \frac{\bar{\sigma}_1}{\beta_1}\dot{\hat{\sigma}}_1 - \frac{\dot{\hat{\sigma}}}{\beta}\dot{\hat{\sigma}}
\end{aligned}$$

$$=-ce_2^2-\tilde{\sigma}\left(\frac{\dot{\hat{\sigma}}}{\beta}+e_2\dot{\theta}\right)-\tilde{\sigma}_0\left(\frac{\dot{\hat{\sigma}}_0}{\beta_0}+e_2\hat{z}_0\right)-\tilde{\sigma}_1\left(\frac{\dot{\hat{\sigma}}_1}{\beta_1}-\frac{\dot{\theta}}{g(\dot{\theta})}e_2\hat{z}_1\right)-\sigma_0\tilde{z}_0(e_2+t_0)$$

$$+\sigma_1\tilde{z}_1\left(\frac{\dot{\theta}}{g(\dot{\theta})}e_2-t_1\right)-\sigma_0\frac{\dot{\theta}}{g(\dot{\theta})}\tilde{z}_0^2-\sigma_1\frac{\dot{\theta}}{g(\dot{\theta})}\tilde{z}_1^2 \tag{6-46}$$

根据李雅普诺夫函数的导数,选择如下控制律,即

$$\dot{\hat{\sigma}}=-e_2\beta\dot{\theta} \tag{6-47}$$

$$\dot{\hat{\sigma}}_0=-e_2\beta_0\hat{z}_0 \tag{6-48}$$

$$\dot{\hat{\sigma}}_1=\frac{\dot{\theta}}{g(\dot{\theta})}e_2\hat{z}_1 \tag{6-49}$$

$$t_0=-e_2 \tag{6-50}$$

$$t_1=\frac{\dot{\theta}}{g(\dot{\theta})}e_2 \tag{6-51}$$

将式(6-47)~式(6-51)代入式(6-46),得

$$\dot{V}(t)=-ce_2^2-\sigma_0\frac{\dot{\theta}}{g(\dot{\theta})}\tilde{z}_0^2-\sigma_1\frac{\dot{\theta}}{g(\dot{\theta})}\tilde{z}_1^2 \tag{6-52}$$

由于 $g(\dot{\theta})>0$,因此有

$$\dot{V}(t)\leqslant-ce_2^2 \tag{6-53}$$

由上得到,李雅普诺夫函数导数是非正的,因此可以保证误差 e_2,观测器误差 $\tilde{z}_0$、$\tilde{z}_1$ 及 $\tilde{\sigma}$、$\tilde{\sigma}_0$、$\tilde{\sigma}_1$ 都是全局一致有界的。由 e_1 和 e_2 的定义,e_1 是保证有界的,同时根据 θ_d 和 θ_{eq} 的定义,可保证 θ_{eq}、θ 和 $\dot{\theta}$ 一致有界。根据观测误差的定义,可得 z 一致有界,进而可保证 $\hat{z}_0$ 和 $\hat{z}_1$ 有界,得到 U_1 的有界性。

综上,$\dot{e}_2$ 是一致有界的,由 Barbalat 引理可知,随着 $t\to\infty$,有 $e_1,e_2\to0$,根据定义式(5-35),可以保证 θ 渐近收敛到 θ_d,从而保证系统的整体收敛性。

6.3.2 空间机械臂关节的迟滞辨识与补偿

迟滞也是存在于伺服系统中的一种强非线性现象,会对系统的控制产生严重的影响。有效选择迟滞模型并进行正确的参数辨识可以大大提高系统的抗干扰能力。神经网络作为一个强大的算法模型,应用十分广泛。基于神经网络建立的迟滞模型不仅逼近能力强,能够很好地描述迟滞非线性特性,还具有在线调整能力,适用于外部环境发生变化的情况。基于神经网络进行迟滞建模也存在一些缺点,这些缺点限制了其应用范围。利用神经网络辨识迟滞模型时,由于迟滞的非光滑、多值映射等特点,逼近误差往往很难被消除。为了克服这些缺点,本节构造了一个输入-输出为一一映射关系的迟滞算子。该算子基于高等几何的相关理论,由 Preisach 模型映射得到,是一种非局部记忆(nonlocal)迟滞算子。该迟滞算子可以避免多值映射的特点,符合神经网络的应用条件,其特点如下。

① 能够描述输出受输入的瞬时值和历史极值影响的变化规律，即非局部记忆特性。

② 该迟滞算子可以将迟滞输入-输出的多值映射关系转变为一一映射的关系，从而满足神经网络的应用条件。

迟滞的 Preisach 模型可以表示为

$$y(t)=\iint_{p}\mu(\alpha,\beta)\gamma_{\alpha\beta}[\mu](t)\mathrm{d}\alpha\mathrm{d}\beta \tag{6-54}$$

其中，$\mu(\alpha,\beta)$为迟滞单元 $\gamma_{\alpha\beta}$的权重函数；α 和 β 为迟滞单元的上下切换值，$\alpha\geqslant\beta$；迟滞单元的输出 $\gamma_{\alpha\beta}$的值在 1 和 −1 间切换，如图 6-13 所示。

因此，每一个迟滞单元是半平面 $P=\{(\alpha,\beta)\mid\alpha\geqslant\beta\}$中确定的点。

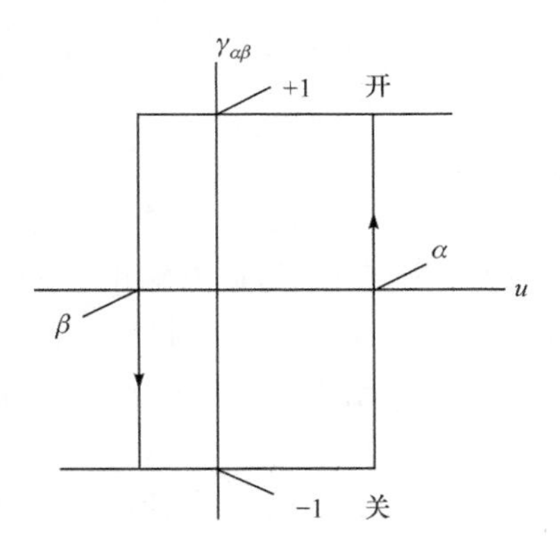

图 6-13　迟滞单元 $\gamma_{\alpha\beta}$

迟滞是一种多值映射现象，为了满足神经网络的应用条件，需要将这种多映射关系转变为一一映射关系，因此需要引入迟滞逆算子。

迟滞逆算子为

$$h(x)=\ln\left(\sqrt{(x-x_p)^2+1}+(x-x_p)\right)+h(x_p) \tag{6-55}$$

其中，x 和 $h(x)$分别为当前的输入及其对应的输出；x_p 为邻近当前输入的历史输入极值；$h(x_p)$为 x_p 对应的输出。

假设输入 $x(t)$连续，如果存在 $x(t_1)=x(t_2)$，$t_1\neq t_2$，且 $x(t_1)$和 $x(t_2)$不是极值点，则 $h(x(t_1))\neq h(x(t_2))$。

证明：$\dfrac{\mathrm{d}(h(x))}{\mathrm{d}(x)}=\dfrac{\dfrac{x-x_p}{\sqrt{(x-x_p)^2+1}}+1}{\sqrt{(x-x_p)^2+1}+(x-x_p)}=\dfrac{1}{\sqrt{(x-x_p)^2+1}}>0$，因此 $h(x)$单调。

当 $x(t)$增大或减小时，迟滞算子 $h(x)$分为上升 $h_{\mathrm{in}}(x)$和下降 $h_{\mathrm{de}}(x)$。$x(t)$增

大时，$h_{in}(x)$为$h_0(x)=\ln(\sqrt{x+1}+x)$，$x\geqslant 0$的曲线从原点平移到极值点$(x_p, f(x_p))$，$h_{de}(x)$为$h_0(x)$将$x\leqslant 0$部分的曲线从原点平移到极值点$(x_p, f(x_p))$。

$$h_0(-x)=\ln(\sqrt{x+1}-x)=\ln\frac{1}{\sqrt{x+1}+x}=-\ln(\sqrt{x+1}+x)=-h_0(x)$$

因此，$h_0(x)$为奇函数，$h_{in}(x)$与$h_{de}(x)$只在$(x_p, f(x_p))$相交。

如果存在不同时刻$t_1>t_2$，$h(x(t_1))-h(x(t_2))\to 0$，则$x(t_1)-x(t_2)\to 0$。

证明：当$\dot{x}(t)>0$时，在上升段，$h_{in}(x)$单调。

当$x(t_1)-x(t_2)\to 0$时，$h(x(t_1))-h(x(t_2))\to 0$。$h_0(x)$为奇函数，关于极值点是对称的，因此$h_{de}(x(t_1))-h_{de}(x(t_2))\to 0$时，$x(t_1)-x(t_2)\to 0$。所以，对整个时间轴有，当$h(x(t_1))-h(x(t_2))\to 0$时，$x(t_1)-x(t_2)\to 0$。

假设迟滞逆模型的输入和输出分别为u和v，则存在连续的一一映射$\psi: R^2\to R$满足映射关系$v=\psi(u,h(u))$。

首先，证明一一映射关系成立。

① 如果$u(t)$是极值点，$u(t_1)=u(t_2)$，$h[u(t_1)]=h[u(t_2)]$，根据迟滞曲线次环特性，$v(t_1)=v(t_2)$，因此$(u(t),h[u(t)])$与迟滞输出$v(t)$是一一对应的关系。

② 如果$u(t)$非极值点，则当$u(t_1)=u(t_2)$时，$h[u(t_1)]\neq h[u(t_2)]$，即$(u(t_1),h[u(t_1)])\neq(u(t_2),h[u(t_2)])$，把数据组$(u(t),h[u(t)])$都当成一个输入，一个输入也只对应唯一一个输出$v(t)$。

然后，证明ψ是连续的。根据迟滞逆曲线的连续性有$u(t_1)-u(t_2)\to 0\Rightarrow v(t_1)-v(t_2)\to 0$，$h[u(t_1)]-h[u(t_2)]\to 0\Rightarrow u(t_1)-u(t_2)\to 0\Rightarrow v(t_1)-v(t_2)\to 0$，所以存在连续的一一映射$\psi: R^2\to R$，使得$v=\psi(u,h(u))$。

上述分析证明迟滞逆是一一映射的关系。通过引入迟滞逆算子，可以将迟滞模型的多值映射关系转变为一一映射，为引入神经网络建立迟滞逆模型提供了条件。

对于$T=[t_0,\infty]\in\mathbf{R}$，定义$\boldsymbol{M}=\{u\,|\,T\xrightarrow{u}\mathbf{R}\}$，$\boldsymbol{N}=\{h\,|\,T\xrightarrow{h}\mathbf{R}\}$是神经网络的输入的集合。显然，对任意$t_i\in T$，$u(t_i)<+\infty$，$h[u(t_i)]<+\infty$，$(u(t_i),h[u(t_i)])\in\mathbf{R}^2$，所以输入集$\boldsymbol{\Phi}=\{(u(t_i),h[u(t_i)])\,|\,u(t_i)\in\boldsymbol{M},h[u(t_i)]\in\mathbf{N}\}$是有界闭合集。

由神经网络的相关理论可知，具有多层结构的前向神经网络可以以任意精度逼近一一映射或者多对一映射的连续函数。因此，映射ψ可表示为

$$\boldsymbol{\Psi}(u(t_i),h[u(t_i)])=\mathrm{NN}(u(t_i),h[u(t_i)])+\varepsilon \tag{6-56}$$

其中，NN(·)表示多层前向神经网络；ε表示逼近误差，且满足$|\varepsilon|\leqslant\varepsilon_N$对任意$\varepsilon_N$均成立。

通过迟滞的逆模型，将迟滞的映射关系转变为一一映射的关系，满足神经网络的应用条件。在此基础上，使用神经网络逼近迟滞的映射曲线，可建立迟滞的神经

网络辨识模型。

迟滞模型与其逆模型具有轴对称关系，使用迟滞逆算子可以拓展逆模型的输入空间，将迟滞逆输出的映射关系转变为一一映射的关系。将迟滞逆算子描述为

$$\boldsymbol{p}_v(t)=\boldsymbol{W}_h'^{\mathrm{T}}\boldsymbol{p}_r'[H(t),p_{r0}'] \tag{6-57}$$

其中，$H(t)$为 Preisach 类迟滞的输出，也是其逆算子的输入。

根据迟滞模型与其逆算子的轴对称性质，逆算子的初值 p_{r0}'、权重系数 $\boldsymbol{W}_h'^{\mathrm{T}}$和阈值 r'可以由迟滞算子的初始值 p_{r0}、权重系数 $\boldsymbol{W}_h'$、阈值 r 计算得到，即

$$\boldsymbol{W}_{h0}'=\frac{1}{\boldsymbol{W}_{h0}} \tag{6-58}$$

$$\boldsymbol{W}_{h1}'=\frac{-\boldsymbol{W}_{hi}}{\left(\sum_{j=0}^{i}\boldsymbol{W}_{hj}\right)\left(\sum_{j=0}^{i=1}\boldsymbol{W}_{hj}\right)},\quad i=1,2,\cdots,N \tag{6-59}$$

$$r_i'=\sum_{j=0}^{i}\boldsymbol{W}_{hj}(r_i-r_j),\quad i=1,2,\cdots,N \tag{6-60}$$

$$p_{ri0}'=\sum_{j=0}^{i}\boldsymbol{W}_{hj}p_{ri0}+\sum_{j=i+1}^{i}\boldsymbol{W}_{hj}p_{ri0},\quad i=1,2,\cdots,N \tag{6-61}$$

每个迟滞单元的输出描述为

$$\dot{\boldsymbol{p}}_r'(t)=\begin{cases}\dot{H}(t), & \boldsymbol{p}_r'(t)-r'=H(t)\\ 0, & \boldsymbol{p}_r'(t)-r'<H(t)<\boldsymbol{p}_r'(t)+r'\\ \dot{H}(t), & \boldsymbol{p}'_r(t)+r'=H(t)\end{cases} \tag{6-62}$$

由于逆算子 $\boldsymbol{p}_v(t)$根据迟滞算子 $\boldsymbol{p}(t)$求逆得到，并且迟滞模型的输入-输出曲线是连续的，因此逆算子的输入-输出曲线也是连续的，即

$$H[\boldsymbol{u}(t_1)]-H[\boldsymbol{u}(t_2)]\to 0\Rightarrow\boldsymbol{p}_v(t_1)-\boldsymbol{p}_v(t_2)\to 0 \tag{6-63}$$

同时，对于不同时刻 t_1 和 t_2，若存在迟滞逆输入 $H(t_1)=H(t_2)$和迟滞逆输出 $\boldsymbol{u}(t_1)\neq\boldsymbol{u}(t_2)$，通过选择迟滞算子 $\boldsymbol{p}(t)$的权值 $\boldsymbol{W}_h$，必然能够使其对应的迟滞逆算子输出 $\boldsymbol{p}_v(t_1)\neq\boldsymbol{p}_v(t_2)$。因此，从逆模型的输入空间$(H(t),\boldsymbol{p}_v(t))$到输出空间 $u(t)$存在连续的一一映射 $\Gamma:\mathbf{R}^2\to\mathbf{R}$，使得 $u(t)=\Pi_v(H(t),\boldsymbol{p}_v(t))$。

如果 $H(t)$是有界且连续的，则逆算子 $p_v(t)$的输出也是有界且连续的，由迟滞逆算子和迟滞逆输入构成的集合 $\boldsymbol{E}_v=\{H(t),\boldsymbol{p}_v(t)\}\subset\mathbf{R}^2$ 是一个紧致集(有界并且闭合的集合)。由神经网络的相关理论可知，神经网络可以任意精度逼近紧致集上的一一映射函数，因此有

$$\|\Pi_v(H(t),\boldsymbol{p}_v(t))-\mathrm{PNN}_v(H(t),\boldsymbol{p}_v(t))\|<\varepsilon_v \tag{6-64}$$

其中，$\mathrm{PNN}_v(\cdot)$为 PI 迟滞算子神经网络的逆模型；ε_v 为神经网络模型逼近误差，对于任意小的 $\varepsilon_v>0$，存在 $\varepsilon<\varepsilon_v$。

一般的迟滞系统都可以考虑运用如下的数学模型，即

$$\begin{cases}\dot{x}_1=x_2\\ \dot{x}_2=f(x_1,x_2)+g(x_1,x_2)u\\ y=x_1\end{cases} \tag{6-65}$$

其中,f 为未知的非线性函数;g 为已知的非线性函数;$u\in\mathbf{R}^n$ 和 $y\in\mathbf{R}^n$ 分别为系统的输入和输出。

设位置指令为 y_d,令

$$e=y_d-y=y_d-x_1,\quad \boldsymbol{E}=(e,\dot{e})^{\mathrm{T}} \tag{6-66}$$

选择 $\boldsymbol{K}=(k_p,k_d)^{\mathrm{T}}$,使多项式 $s^2+k_ds+k_p=0$ 的所有根都在复平面的左半平面上。控制律选取为

$$\boldsymbol{u}^*=\frac{1}{g(x)}[-f(x)+\ddot{y}_d+\boldsymbol{K}^{\mathrm{T}}\boldsymbol{E}] \tag{6-67}$$

代入式(6-65),得到的闭环系统控制方程为

$$\ddot{e}+k_pe+k_d\dot{e}=0 \tag{6-68}$$

由 $\boldsymbol{K}$ 的选取,可得 $t\to\infty$ 时,$e(t)\to0,\dot{e}(t)\to0$,即系统的输出 y 及其导数渐近收敛于理想输出 y_d 及其导数。

RBF 神经网络具有万能逼近特性,采用 RBF 网络实现对不确定项的逼近。RBF 网络算法为

$$h_j=g(\|\boldsymbol{x}-\boldsymbol{c}_{ij}\|^2/b_j^2) \tag{6-69}$$

$$f=\boldsymbol{W}^{\mathrm{T}}\boldsymbol{h}(x)+\varepsilon \tag{6-70}$$

其中,$\boldsymbol{x}$ 为网络的输入信号;i 为网格输入个数;j 为网络隐含层节点个数;$\boldsymbol{h}=[h_1,h_2,\cdots,h_n]^{\mathrm{T}}$ 为高斯基函数输出;$\boldsymbol{W}$ 为神经网络权值;ε 为网络逼近误差,$\varepsilon\leqslant\varepsilon_N$。

采用 RBF 网络逼近 f,根据 f 的表达式,网络输入取 $\boldsymbol{x}=[e,\dot{e}]^{\mathrm{T}}$,RBF 神经网络输出为 $\hat{f}(x)=\hat{\boldsymbol{W}}^{\mathrm{T}}\boldsymbol{h}(x)$,控制律式变为

$$\boldsymbol{u}=\frac{1}{g(x)}[-\hat{f}(x)+\ddot{y}_d+\boldsymbol{K}^{\mathrm{T}}\boldsymbol{E}] \tag{6-71}$$

$$\hat{f}(x)=\hat{\boldsymbol{W}}^{\mathrm{T}}\boldsymbol{h}(x) \tag{6-72}$$

设计适应律为

$$\dot{\hat{\boldsymbol{W}}}=-\gamma\boldsymbol{E}^{\mathrm{T}}\boldsymbol{P}\boldsymbol{b}\boldsymbol{h}(x) \tag{6-73}$$

下面进行系统稳定性分析。将式(6-71)代入式(6-65)可以得出系统的闭环动态方程,即

$$\ddot{e}=-\boldsymbol{K}^{\mathrm{T}}\boldsymbol{E}+[\hat{f}(x)-f(x)] \tag{6-74}$$

令

$$\boldsymbol{\Lambda}=\begin{bmatrix}0 & 1\\ -k_p & -k_d\end{bmatrix},\quad \boldsymbol{b}=\begin{bmatrix}0\\1\end{bmatrix} \tag{6-75}$$

则动态方程可以改写为向量形式，即

$$\dot{\boldsymbol{E}}=\boldsymbol{\Lambda E}+\boldsymbol{b}[\hat{f}(x)-f(x)] \tag{6-76}$$

设最优参数为

$$\boldsymbol{W}^{*}=\arg\min_{W\in\Omega}[\sup|\hat{f}(x)-f(x)|] \tag{6-77}$$

其中，Ω 为 W 的集合。

定义最小逼近误差为

$$\omega=\hat{f}(x|\boldsymbol{W}^{*})-f(x) \tag{6-78}$$

则动态方程的动态形式变为

$$\dot{\boldsymbol{E}}=\boldsymbol{\Lambda E}+\boldsymbol{b}\{[\hat{f}(x)-\hat{f}(x|\boldsymbol{W}^{*})]+\omega\} \tag{6-79}$$

将式(6-72)代入式(6-79)可以得到闭环动态方程，即

$$\dot{\boldsymbol{E}}=\boldsymbol{\Lambda E}+\boldsymbol{b}[(\hat{\boldsymbol{W}}-\boldsymbol{W}^{*})^{\mathrm{T}}\boldsymbol{h}(x)+\omega] \tag{6-80}$$

该动态方程清晰描述了跟踪误差与权值之间的关系。适应律的作用是为 $\hat{\boldsymbol{W}}$ 提供一个调节机理，使跟踪误差 $\boldsymbol{E}$ 和参数误差 $\hat{\boldsymbol{W}}-\boldsymbol{W}^{*}$ 达到最小。

定义李雅普诺夫函数为

$$\boldsymbol{V}=\frac{1}{2}\boldsymbol{E}^{\mathrm{T}}\boldsymbol{PE}+\frac{1}{2\gamma}(\hat{\boldsymbol{W}}-\boldsymbol{W}^{*})^{\mathrm{T}}(\hat{\boldsymbol{W}}-\boldsymbol{W}^{*}) \tag{6-81}$$

其中，γ 为正常数；$\boldsymbol{P}$ 是一个正定矩阵，且满足李雅普诺夫方程，即

$$\boldsymbol{\Lambda}^{\mathrm{T}}\boldsymbol{P}+\boldsymbol{P\Lambda}=-\boldsymbol{Q} \tag{6-82}$$

式中，$\boldsymbol{Q}$ 是一个任意的 2×2 正定矩阵。

取 $\boldsymbol{V}_1=\frac{1}{2}\boldsymbol{E}^{\mathrm{T}}\boldsymbol{PE}$，$\boldsymbol{V}_2=\frac{1}{2\gamma}(\hat{\boldsymbol{W}}-\boldsymbol{W}^{*})^{\mathrm{T}}(\hat{\boldsymbol{W}}-\boldsymbol{W}^{*})$，令 $\boldsymbol{M}=\boldsymbol{b}[(\hat{\boldsymbol{W}}-\boldsymbol{W}^{*})^{\mathrm{T}}\boldsymbol{h}(x)+\omega]$，则闭环动态方程变为

$$\dot{\boldsymbol{E}}=\boldsymbol{\Lambda E}+\boldsymbol{M} \tag{6-83}$$

则

$$\begin{aligned}
\dot{\boldsymbol{V}}_1&=\frac{1}{2}\dot{\boldsymbol{E}}^{\mathrm{T}}\boldsymbol{PE}+\frac{1}{2}\boldsymbol{E}^{\mathrm{T}}\boldsymbol{P}\dot{\boldsymbol{E}}\\
&=\frac{1}{2}(\boldsymbol{L}^{\mathrm{T}}\boldsymbol{E}^{\mathrm{T}}+\boldsymbol{M}^{\mathrm{T}})\boldsymbol{PE}+\frac{1}{2}\boldsymbol{E}^{\mathrm{T}}\boldsymbol{P}(\boldsymbol{\Lambda E}+\boldsymbol{M})\\
&=-\frac{1}{2}\boldsymbol{E}^{\mathrm{T}}\boldsymbol{QE}+\frac{1}{2}(\boldsymbol{M}^{\mathrm{T}}\boldsymbol{PE}+\boldsymbol{E}^{\mathrm{T}}\boldsymbol{PM})\\
&=-\frac{1}{2}\boldsymbol{E}^{\mathrm{T}}\boldsymbol{QE}+\boldsymbol{E}^{\mathrm{T}}\boldsymbol{PM}
\end{aligned} \tag{6-84}$$

将 $\boldsymbol{M}$ 代入式(6-84)，并考虑 $\boldsymbol{E}^{\mathrm{T}}\boldsymbol{Pb}(\hat{\boldsymbol{W}}-\boldsymbol{W}^{*})^{\mathrm{T}}\boldsymbol{h}(x)=(\hat{\boldsymbol{W}}-\boldsymbol{W}^{*})^{\mathrm{T}}[\boldsymbol{E}^{\mathrm{T}}\boldsymbol{Pbh}(x)]$，得

$$\dot{\boldsymbol{V}}_1=-\frac{1}{2}\boldsymbol{E}^{\mathrm{T}}\boldsymbol{QE}+\boldsymbol{E}^{\mathrm{T}}\boldsymbol{Pb}(\hat{\boldsymbol{W}}-\boldsymbol{W}^{*})^{\mathrm{T}}\boldsymbol{h}(x)+\boldsymbol{E}^{\mathrm{T}}\boldsymbol{Pb}\omega$$

$$=-\frac{1}{2}\boldsymbol{E}^{\mathrm{T}}\boldsymbol{Q}\boldsymbol{E}+(\hat{\boldsymbol{W}}-\boldsymbol{W}^{*})^{\mathrm{T}}\boldsymbol{E}^{\mathrm{T}}\boldsymbol{P}\boldsymbol{b}\boldsymbol{h}(x)+\boldsymbol{E}^{\mathrm{T}}\boldsymbol{P}\boldsymbol{b}\boldsymbol{\omega} \tag{6-85}$$

$$\dot{\boldsymbol{V}}_2=\frac{1}{\gamma}(\hat{\boldsymbol{W}}-\boldsymbol{W}^{*})^{\mathrm{T}}\dot{\hat{\boldsymbol{W}}} \tag{6-86}$$

$\boldsymbol{V}$ 的导数为

$$\dot{\boldsymbol{V}}=\dot{\boldsymbol{V}}_1+\dot{\boldsymbol{V}}_2=-\frac{1}{2}\boldsymbol{E}^{\mathrm{T}}\boldsymbol{Q}\boldsymbol{E}+\boldsymbol{E}^{\mathrm{T}}\boldsymbol{P}\boldsymbol{b}\boldsymbol{\omega}+\frac{1}{\gamma}(\hat{\boldsymbol{W}}-\boldsymbol{W}^{*})^{\mathrm{T}}[\dot{\hat{\boldsymbol{W}}}+\gamma\boldsymbol{E}^{\mathrm{T}}\boldsymbol{P}\boldsymbol{b}\boldsymbol{h}(x)] \tag{6-87}$$

将适应律代入，得

$$\dot{\boldsymbol{V}}=-\frac{1}{2}\boldsymbol{E}^{\mathrm{T}}\boldsymbol{Q}\boldsymbol{E}+\boldsymbol{E}^{\mathrm{T}}\boldsymbol{P}\boldsymbol{b}\boldsymbol{\omega} \tag{6-88}$$

由于$-\frac{1}{2}\boldsymbol{E}^{\mathrm{T}}\boldsymbol{Q}\boldsymbol{E}\leqslant 0$，通过选取最小逼近误差 ω 非常小的神经网络，可以实现 $\dot{V}\leqslant 0$。

6.3.3　空间机械臂关节的摩擦和迟滞辨识与补偿仿真

1. 摩擦辨识仿真

针对式(6-18)～式(6-20)，取指令信号为正弦信号，$y_d=0.1\sin(2\pi t)$，采用实数编码方式，样本个数 size＝30，交叉概率与变异概率分别取为 $P_c=0.9$，$P_m=0.1-[1:1:\text{size}]\times 0.01/\text{size}$，进化代数 $G=50$。参数搜索范围是 $F_c\in[0,1]$，$F_s\in[0,1]$，$\alpha\in[0,1]$，$V_s\in[0,0.2]$，$\sigma_0\in[0,1000]$，$\sigma_1\in[0,20]$。

通过遗传算法进行辨识之后，实际结果与辨识结果比较如表 6-3 所示。

表 6-3　摩擦参数实际结果与辨识结果对比

参数		实际值		辨识值	
		$\dot{\theta}>0$	$\dot{\theta}<0$	$\dot{\theta}>0$	$\dot{\theta}<0$
静态参数	F_c/(N·m)	0.28	0.29	0.2802	0.2892
	F_s/(N·m)	0.34	0.33	0.3390	0.3298
	α/(N·ms/rad)	0.02	0.03	0.02239	0.0311
	V_s/(rad/s)	0.01	0.015	0.0105	0.0153
动态参数	σ_0/(N·m/rad)	300		314.16	
	σ_1(N·ms/rad)	2.5		2.651	

由表 6-3 可知，运用遗传算法进行摩擦模型参数辨识的结果，误差最大为2%，最小为 0.0007%，辨识精度高。

2. 摩擦补偿仿真

基于遗传算法的摩擦辨识结果进行摩擦补偿控制，将摩擦补偿引入伺服系统反馈控制结构，使摩擦补偿量不断逼近实际摩擦干扰，以此抵消摩擦给伺服系统带来的影响。

仿真采用正弦输入信号，选择 LuGre 模型，加入摩擦补偿，$P_m=0.10-[1:1:\text{size}]\times 0.01/\text{size}$。

动态摩擦参数辨识，取 $\sigma_0=300$，$\sigma_1=2.5$，辨识结果为 $\sigma_0=314.16$，$\sigma_1=2.651$ 。图 6-14 和图 6-15 为加入摩擦补偿的正弦响应，可以看出补偿后位置跟踪的平顶现象与速度过零现象均消失。不加补偿项时，位置与速度的跟踪误差最大值分别为 2×10^{-2} rad 和 0.35rad/s，如图 6-16 和图 6-17 所示。加入摩擦补偿项后，位置与速度的误差最大值降为 7.8×10^{-4} rad 和 4×10^{-2} rad/s，如图 6-18 和图 6-19 所示，可见跟踪效果有了显著提升，速度与位置跟踪误差分别降低到原误差的 10% 和 11%。

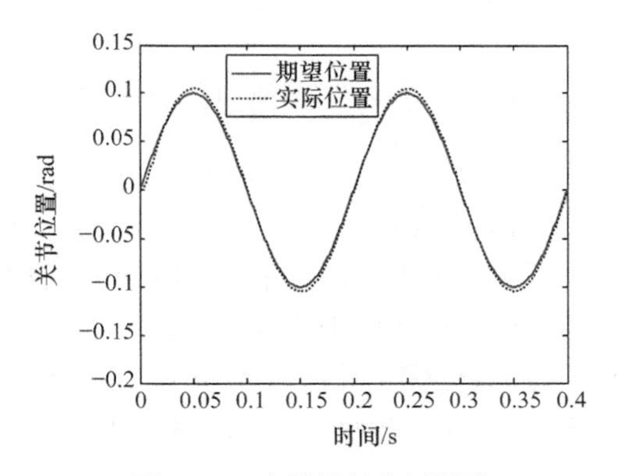

图 6-14　含补偿的位置跟踪

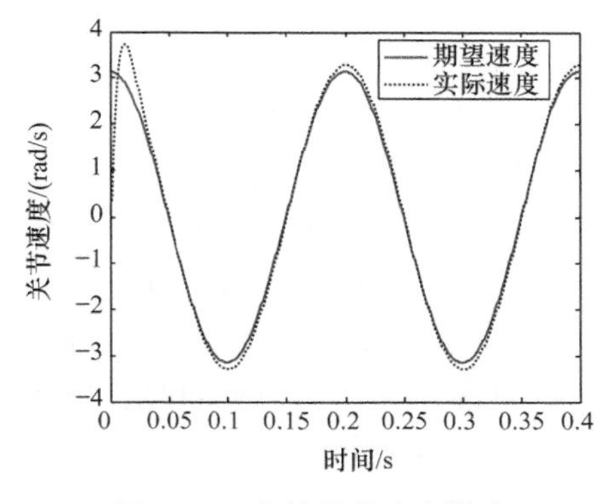

图 6-15　含补偿的速度跟踪

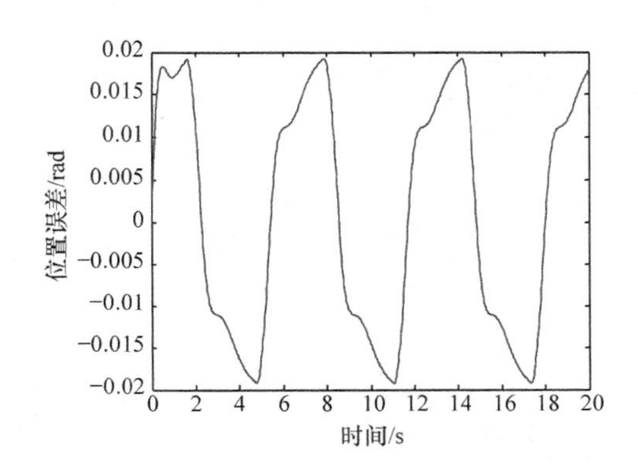

图 6-16　不含补偿的位置跟踪误差

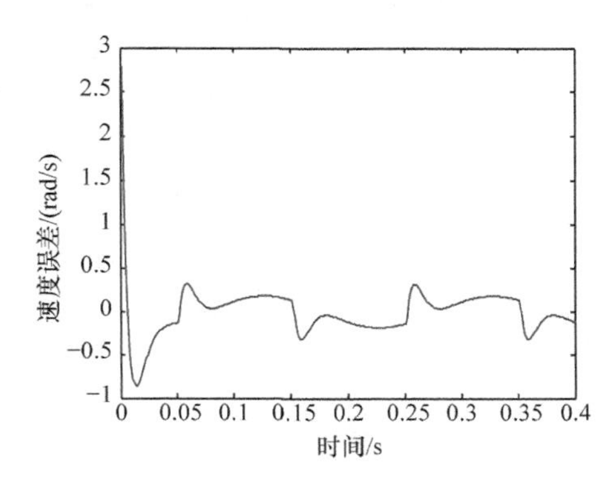

图 6-17　不含补偿的速度跟踪误差

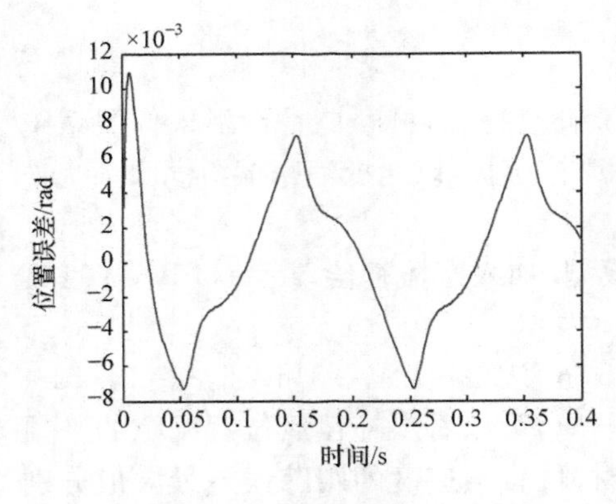

图 6-18　含补偿的位置跟踪误差

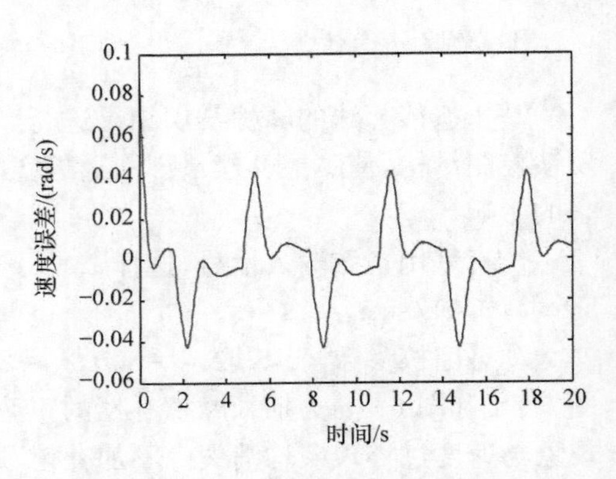

图 6-19　含补偿的速度跟踪误差

3. 迟滞辨识仿真

基于 Preisach 模型构造迟滞非线性系统，系统的权重函数为 $\mu(\alpha,\beta)=1+\frac{1}{25^4}\alpha^2+\frac{5}{25^4}\beta^2$，输入信号为 $u(t)=0.5(1+\sin 5t)\exp(-0.1t)$，非局部记忆迟滞算子选为二次函数，即

$$f_H[u,B[u]](t)=f_H[u_p]+\mathrm{sgn}(u-u_p)(u-u_p)^2 \tag{6-89}$$

基于三层神经网络建立神经网络迟滞逆模型，分别以线性函数和 Logsig 函数作为输出层和隐含层的激励函数，隐含层神经元个数选择 15(参考模型的泛化性能和辨识能力)。神经网络权值的训练方法采用数值优化算法(LM 算法)，训练环境为 MATLAB R2012a，把迟滞的输入和输出数据归一化到[0,1]对网络训练，迭代次数 epochs＝500。

图 6-20 为基于神经网络的 Preisach 迟滞单环逼近效果仿真图。图 6-21 为速

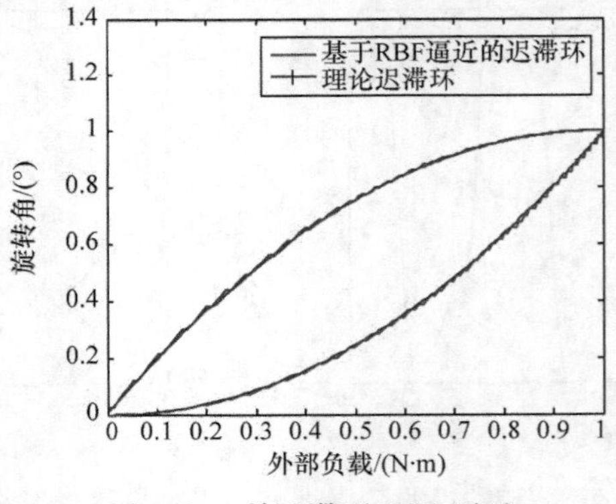

图 6-20　单迟滞环 RBF 逼近

度由 0 到 1 处于上升阶段时的正向误差，图 6-22 为速度由 1 变为 0 下降阶段的逆向误差。正向误差最大值为 7×10^{-4} rad，逆向误差最大为 6×10^{-4} rad。

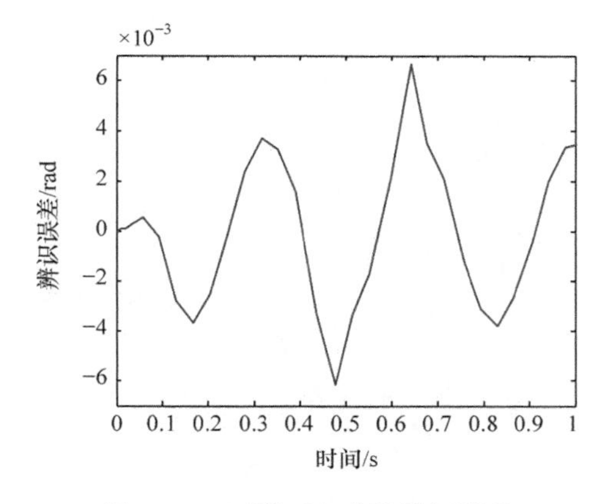

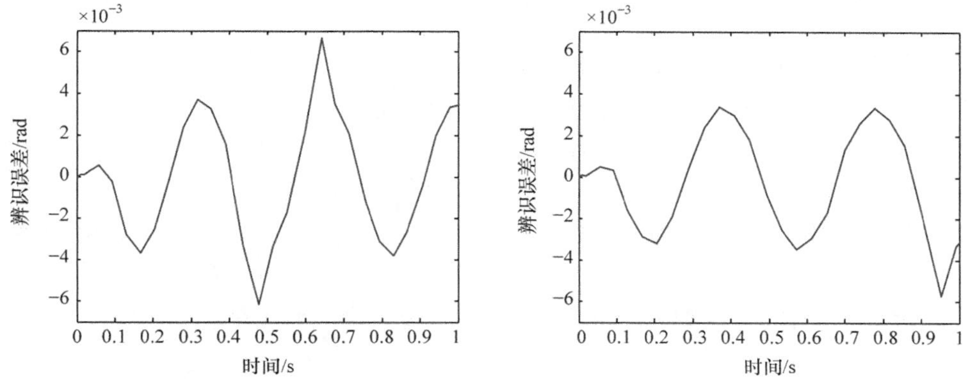

图 6-21　迟滞环上升段辨识误差

图 6-22　迟滞环下降段辨识误差

4. 迟滞补偿仿真

考虑满足式(6-65)的非线性迟滞系统，即

$$\begin{cases}\dot{x}_1=x_2\\ \dot{x}_2=\cos(0.1+0.1x_2^2)+x_1x_2+bu(t)\\ y=x_1\end{cases}$$

采用训练神经网络迟滞模型进行迟滞分析，采集输入、输出数据的周期为 0.01s。RBF 网络的 c_{ij} 按网络输入值的范围取值，取 $c_{ij}=0.10$，$\sigma_j=0.50$，$i=2$，$j=5$，神经网络权值初始值取 0。

控制律为式(6-70)，适应律取式(6-73)，$\boldsymbol{Q}=\begin{bmatrix}500 & 0\\ 0 & 500\end{bmatrix}$，$k_d=20$，$k_p=10$ 适应参数为 $\gamma=100$。

加入滑模控制器，进行系统正弦曲线跟踪，位置信号为 $y=0.1\sin t$。图 6-23 为位置与速度跟踪曲线。图 6-24 为位置跟踪误差，误差最大值在 10^{-2} 以内。未加补偿时，误差曲线如图 6-25 所示，位置跟踪误差的最大值为 0.018，误差降低到不采用滑模控制器时误差的 10%，跟踪精度显著提高。如图 6-26 所示为控制输入信号。

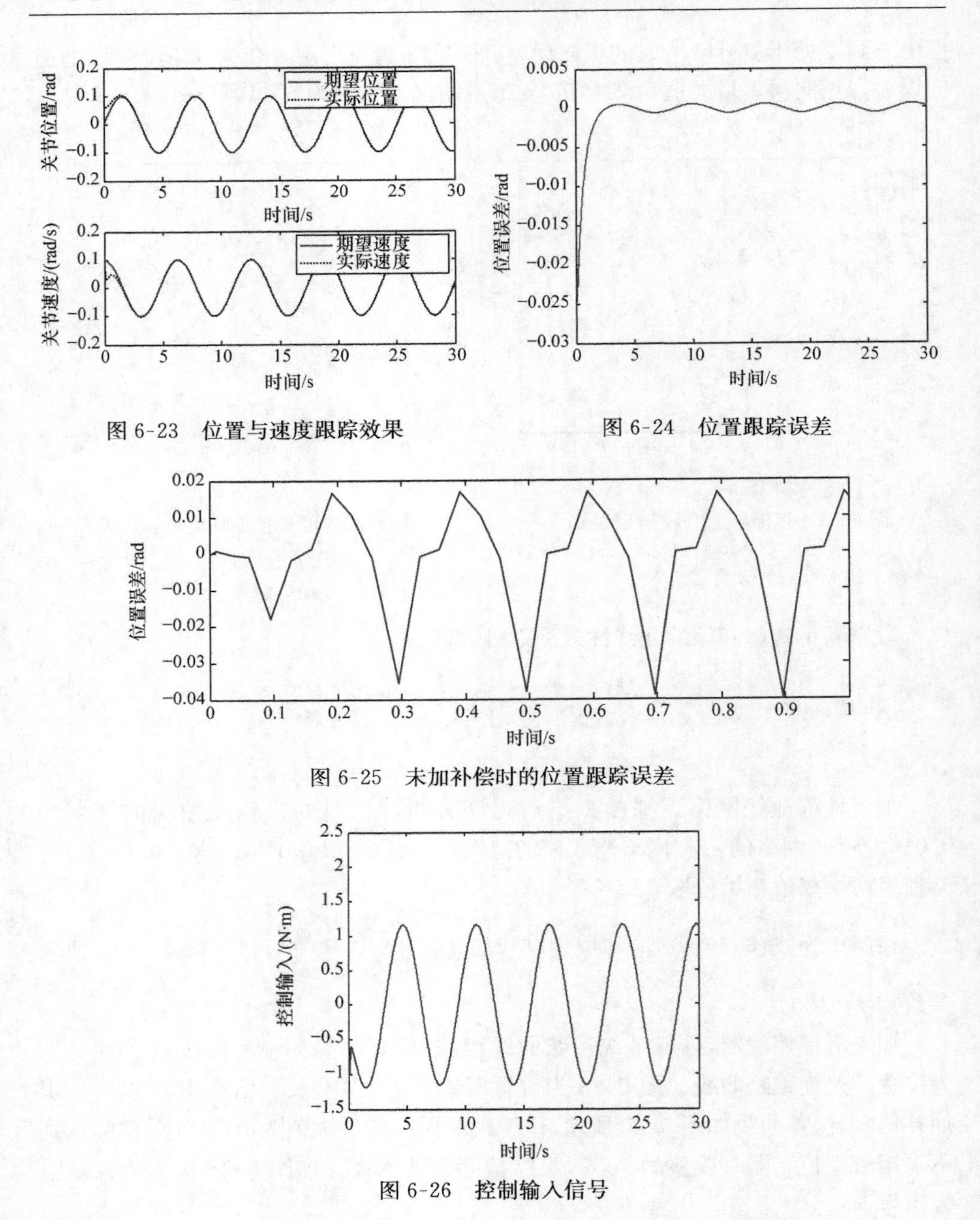

图 6-23　位置与速度跟踪效果

图 6-24　位置跟踪误差

图 6-25　未加补偿时的位置跟踪误差

图 6-26　控制输入信号

6.4　动态时变约束下关节运动控制策略

在实际控制中，摩擦与迟滞往往是同时存在的，因此在进行关节的控制时，有必要同时考虑两个因素的影响。本节同时考虑摩擦与迟滞非线性对关节控制的影响，设计全局滑模补偿控制器(global sliding mode controller,GSMC)并进行前馈补偿，进而提高系统的控制性能。

跟踪控制的目的是设计一个 $u(t)$ 消除摩擦与迟滞的影响，使得当时间 $t\to\infty$ 时，$x(t)$ 跟踪一个特定的轨迹 $x_d(t)$，即 $x(t)\to x_d(t)$。

将系统辨识所得的摩擦和迟滞的参数值，与 GSMC 相结合，可以得到控制律，即

$$u=k_1\left[-ce_2-a\dot{\theta}+\hat{\sigma}_0\hat{z}_0+\hat{\sigma}_1\dot{\theta}-\hat{\sigma}_1\frac{\dot{\theta}}{g(\dot{\theta})}\hat{z}_1+b\dot{\theta}_{\mathrm{eq}}\right]+k_2\frac{1}{g(x)}[-\hat{f}(x)+\ddot{y}_d+\boldsymbol{K}^{\mathrm{T}}\boldsymbol{E}] \tag{6-90}$$

其中，k_1 和 k_2 分别为摩擦与迟滞权值，不同的取值代表摩擦迟滞对系统的影响大小不同，若 $k_1=k_2$，则摩擦与迟滞对系统有相同程度的非线性影响，若 $k_1>k_2$，则摩擦对系统的影响更大；若 $k_1<k_2$，则迟滞对系统的影响处于主导地位。

令

$$F_m=-ce_2-a\dot{\theta}+\hat{\sigma}_0\hat{z}_0+\hat{\sigma}_1\dot{\theta}-\hat{\sigma}_1\frac{\dot{\theta}}{g(\dot{\theta})}\hat{z}_1+b\dot{\theta}_{\mathrm{eq}} \tag{6-91}$$

$$F_n=\frac{1}{g(x)}[-\hat{f}(x)+\ddot{y}_d+\boldsymbol{K}^{\mathrm{T}}\boldsymbol{E}] \tag{6-92}$$

其中，F_m 和 F_n 分别代表摩擦迟滞的观测值。

稳定性分析如下。

控制律取 $k_1=k_2=1$，定义李雅普诺夫函数为

$$V=\frac{1}{2}be^2+\frac{1}{2}\sigma_0\bar{z}_0^2+\frac{1}{2}\sigma_1\bar{z}_1^2+\frac{1}{2\beta_0}\bar{\sigma}_0^2+\frac{1}{2\beta_1}\bar{\sigma}_1^2+\frac{1}{2\beta}\bar{\sigma}^2 +\frac{1}{2}\boldsymbol{E}^{\mathrm{T}}\boldsymbol{P}\boldsymbol{E}+\frac{1}{2\gamma}(\hat{\boldsymbol{W}}-\boldsymbol{W}^*)^{\mathrm{T}}(\hat{\boldsymbol{W}}-\boldsymbol{W}^*) \tag{6-93}$$

可导出下式，即

$$\dot{V}=-ce_2^2-\sigma_0\frac{\dot{\theta}}{g(\dot{\theta})}\bar{z}_0^2-\sigma_1\frac{\dot{\theta}}{g(\dot{\theta})}\bar{z}_1^2-\frac{1}{2}\boldsymbol{E}^{\mathrm{T}}\boldsymbol{Q}\boldsymbol{E} +\boldsymbol{E}^{\mathrm{T}}\boldsymbol{P}\boldsymbol{b}\omega+\frac{1}{\gamma}(\hat{\boldsymbol{W}}-\boldsymbol{W}^*)^{\mathrm{T}}[\dot{\hat{\boldsymbol{W}}}+\gamma\boldsymbol{E}^{\mathrm{T}}\boldsymbol{P}\boldsymbol{b}\boldsymbol{h}(x)] \tag{6-94}$$

令

$$\dot{V}_1=-ce_2^2-\sigma_0\frac{\dot{\theta}}{g(\dot{\theta})}\bar{z}_0^2-\sigma_1\frac{\dot{\theta}}{g(\dot{\theta})}\bar{z}_1^2 \tag{6-95}$$

$$\dot{V}_2=-\frac{1}{2}\boldsymbol{E}^{\mathrm{T}}\boldsymbol{Q}\boldsymbol{E}+\boldsymbol{E}^{\mathrm{T}}\boldsymbol{P}\boldsymbol{b}\omega+\frac{1}{\gamma}(\hat{\boldsymbol{W}}-\boldsymbol{W}^*)^{\mathrm{T}}[\dot{\hat{\boldsymbol{W}}}+\gamma\boldsymbol{E}^{\mathrm{T}}\boldsymbol{P}\boldsymbol{b}\boldsymbol{h}(x)] \tag{6-96}$$

由于 $g(\dot{\theta})>0$，因此 $\dot{V}_1\leqslant-ce_2^2$，$\dot{V}_1$ 是非正的，可以保证误差 e_2，观测器误差 $\bar{z}_0$、$\bar{z}_1$

及 $\bar{\sigma}$、$\bar{\sigma}_0$、$\bar{\sigma}_1$ 都是全局一致有界的。由 e_1 和 e_2 定义，e_1 是保证有界的，同时根据 θ_d 和 θ_{eq} 的定义，可以保证 θ_{eq}、θ、$\dot{\theta}$ 一致有界。$\dot{\boldsymbol{V}}_2$ 通过选取最小逼近误差 ω 非常小的神经网络，可以实现 $\dot{\boldsymbol{V}}_2\leqslant\boldsymbol{0}$。以上即可保证系统的全局稳定性。

将设计的控制器用于系统前馈补偿，被控对象为空间机械臂关节的动力学模型式(6-1)和式(6-2)，关节的模型参数与摩擦模型的参数分别如表 6-4 和表 6-5 所示。

表 6-4 关节仿真参数

惯量 1/(kg·m²)	惯量 2/(kg·m²)	刚度/(N·m/rad)	电机阻尼/(N·ms/rad)	减速比
2.5×10^{-3}	3.2×10^{-4}	5500	0.002	60

表 6-5 LuGre 摩擦模型参数

σ_0/(N·m/rad)	σ_1/(N·ms/rad)	F_c/(N·m)	F_s/(N·m)	V_s/(rad/s)	α/(N·ms/rad)
300	2.5	0.28	0.34	0.01	0.02

在滑模控制器中加入摩擦与迟滞前馈补偿项，关节迟滞密度函数取为 $\mu(\alpha,\beta)=1+\frac{1}{25^4}\alpha^2+\frac{5}{25^4}\beta^2$，仿真时间为 3s。加入补偿后的一阶轴与二阶轴的位置和速度跟踪曲线如图 6-27 和图 6-28 所示。图 6-29 与图 6-30 分别是两轴的跟踪误差。在跟踪约 2s 后，误差趋于稳定且二阶轴的位置跟踪误差要比一阶轴稍大一些，这是由于两阶轴之间存在着不可避免的间隙，导致二阶轴的扭转角要落后一阶轴的扭转角。

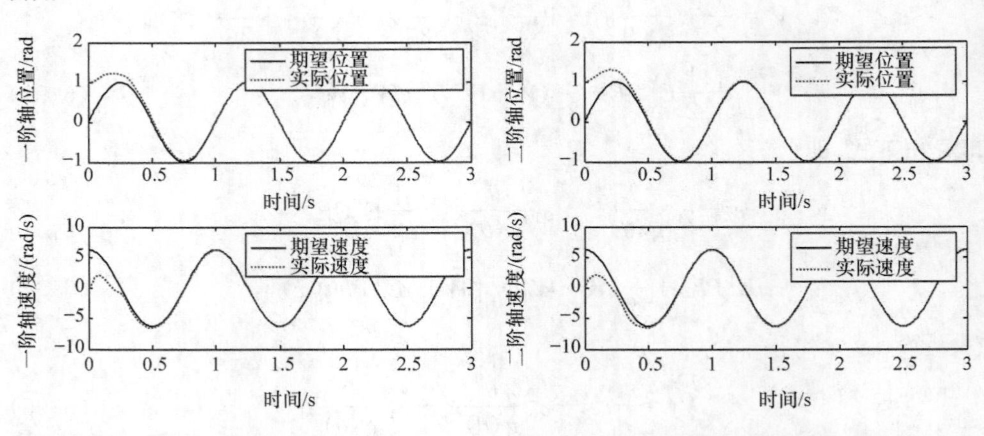

图 6-27 一阶轴的速度与位置跟踪　　图 6-28 二阶轴的速度与位置跟踪

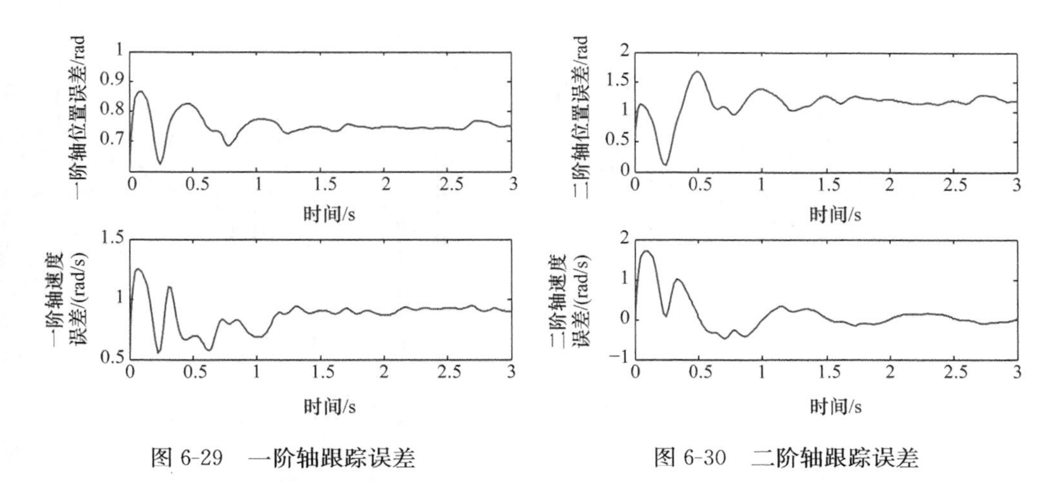

图 6-29　一阶轴跟踪误差　　图 6-30　二阶轴跟踪误差

针对一阶轴,分别运用 PID 控制与全局自适应滑模补偿两种方法进行控制,进行位置跟踪。跟踪效果分别如图 6-31 和图 6-32 所示。跟踪误差如图 6-33 与图 6-34 所示。由仿真图可以看出,PID 控制的跟踪误差很明显,并且跟踪误差大,系统不稳定,而滑模控制下系统的跟踪误差较 PID 控制大大减小,增强了系统的稳定性,有助于提高系统控制精度。

通过误差对比,GSMC 控制效果远优于单纯使用 PID 控制的效果,误差仅为 PID 控制的约 10%。图 6-35 和图 6-36 分别为 PID 控制与基于 GSMC 控制的输入信号对比。可见,GSMC 控制输入信号仅为 PID 控制的 20%即可,可以大大减小能量的损耗,提高控制精度。

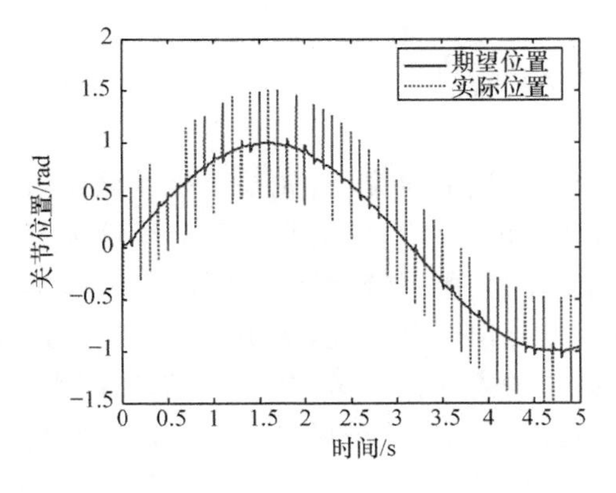

图 6-31　基于 PID 控制的位置跟踪曲线

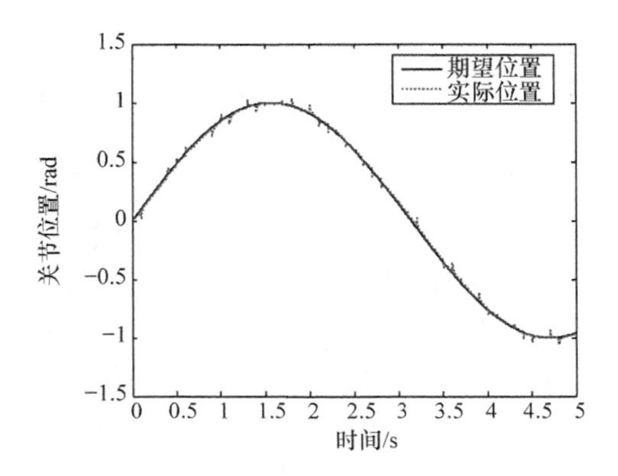

图 6-32　基于 GSMC 控制的位置跟踪

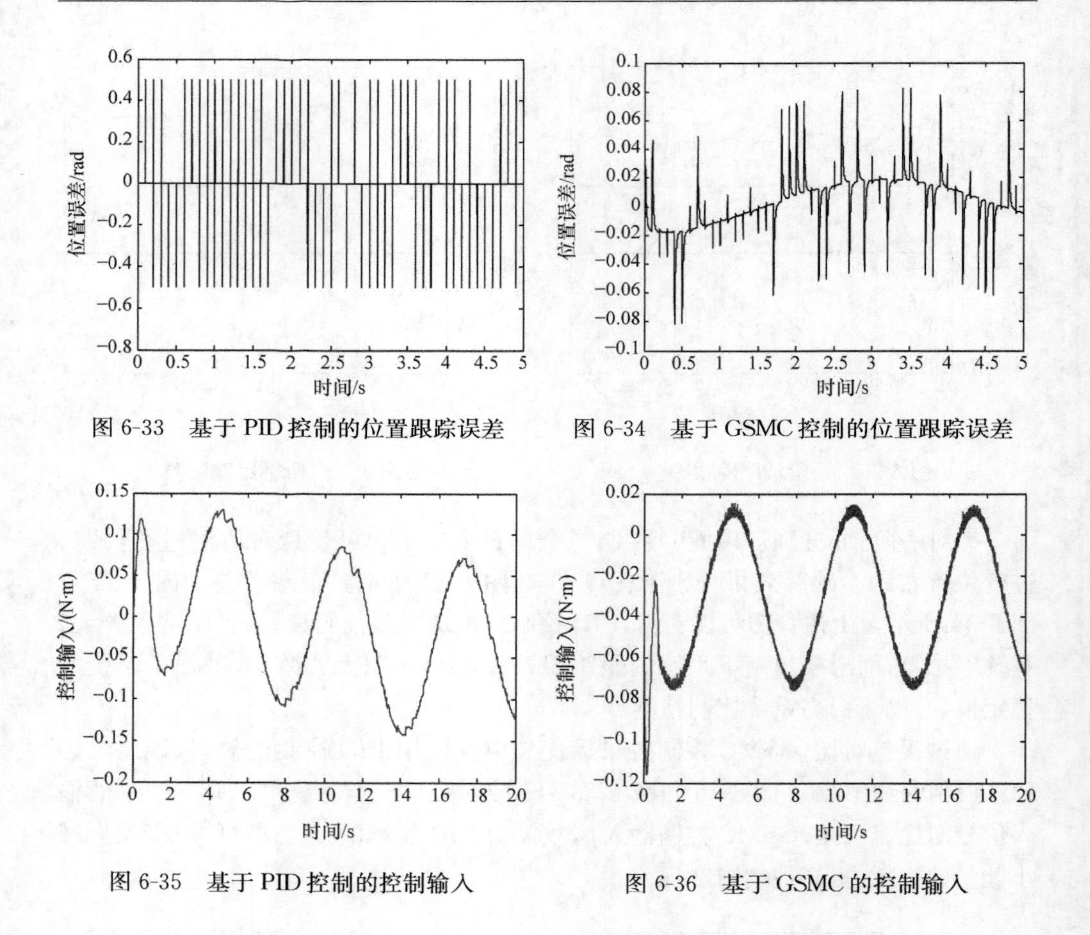

图 6-33　基于 PID 控制的位置跟踪误差

图 6-34　基于 GSMC 控制的位置跟踪误差

图 6-35　基于 PID 控制的控制输入

图 6-36　基于 GSMC 的控制输入

6.5　本章小结

本章展开时变约束下空间机械臂运控控制方法的研究，首先基于机械臂关节非线性特性及影响其运动控制精度的因素，并考虑关节的摩擦和迟滞非线性环节建立空间机械臂关节动力学模型。针对严重影响伺服系统控制的非线性现象，本章随后对空间机械臂关节的摩擦与迟滞辨识与补偿展开研究，使用相关算法进行摩擦与迟滞模型的参数辨识和补偿以提高系统的鲁棒性。考虑摩擦与迟滞因素，本章最后提出动态时变约束下关节控制策略，设计了一种全局滑模补偿控制器并进行前馈补偿，从而提高系统的控制性能。

第 7 章　空间机械臂故障自处理与参数调整策略

7.1　引　　言

太空环境复杂多变，空间机械臂在轨服役过程中，不可避免地会发生关节故障，进而影响空间机械臂的操作性能。本章首先通过对机械臂关节故障的预测方法进行研究，并对关节故障对机械臂的影响进行分析，提出空间机械臂在关节故障下的自处理策略。其次，分析评估机械臂故障后的性能指标，并完成故障机械臂的运动学模型重构。再次，为使空间机械臂在关节故障后仍具有完成在轨任务的能力，对机械臂运动轨迹进行新的规划，并进一步对轨迹进行优化。在关节失效瞬间，机械臂关节将发生参数突变，直接影响后续任务的可完成性和控制精度，因此为了使机械臂在关节故障锁定后能够继续沿着原有的轨迹运动并完成任务，本章最后对因关节参数突变而带来的振动影响进行研究，并提出一种基于动力学可操作度的参数突变抑制方法。

7.2　空间机械臂关节故障自处理策略分析

空间机械臂的故障类型有多种，引发的后果也各不相同，轻则影响在轨任务完成效果，重则导致机械臂完全失效。因此，对空间机械臂的在轨健康状况进行监控，及时发现故障并实现故障的自主处理，对于提升空间机械臂在轨性能、提升任务完成效率、延长在轨服役周期具有重要的实际应用价值。

关节失效预测方法与影响分析流程如图 7-1 所示。

首先，通过异常诊断模块对来自传感器等监测模块的数据进行分析，针对故障种类繁多的特点，基于空间机械臂在轨故障树，利用可靠性影响因素分析，建立以关节位置信息、关节力矩信息、关节速度信息三大控制变量为故障预测指标的预测体系，开展空间机械臂关节故障预测研究，实现在轨故障的准确判别。

然后，针对故障类型，对机械臂的操作能力和灵巧性进行分析，并在此基础上实现对空间机械臂在轨任务的可完成性评估。引入使用可靠性概念，以故障后任务完成概率最大化和任务可完成时效果最优为目标，建立空间机械臂容错控制策略，最终形成包含故障预测、故障分析、任务评估及容错控制在内的故障自处理策略。

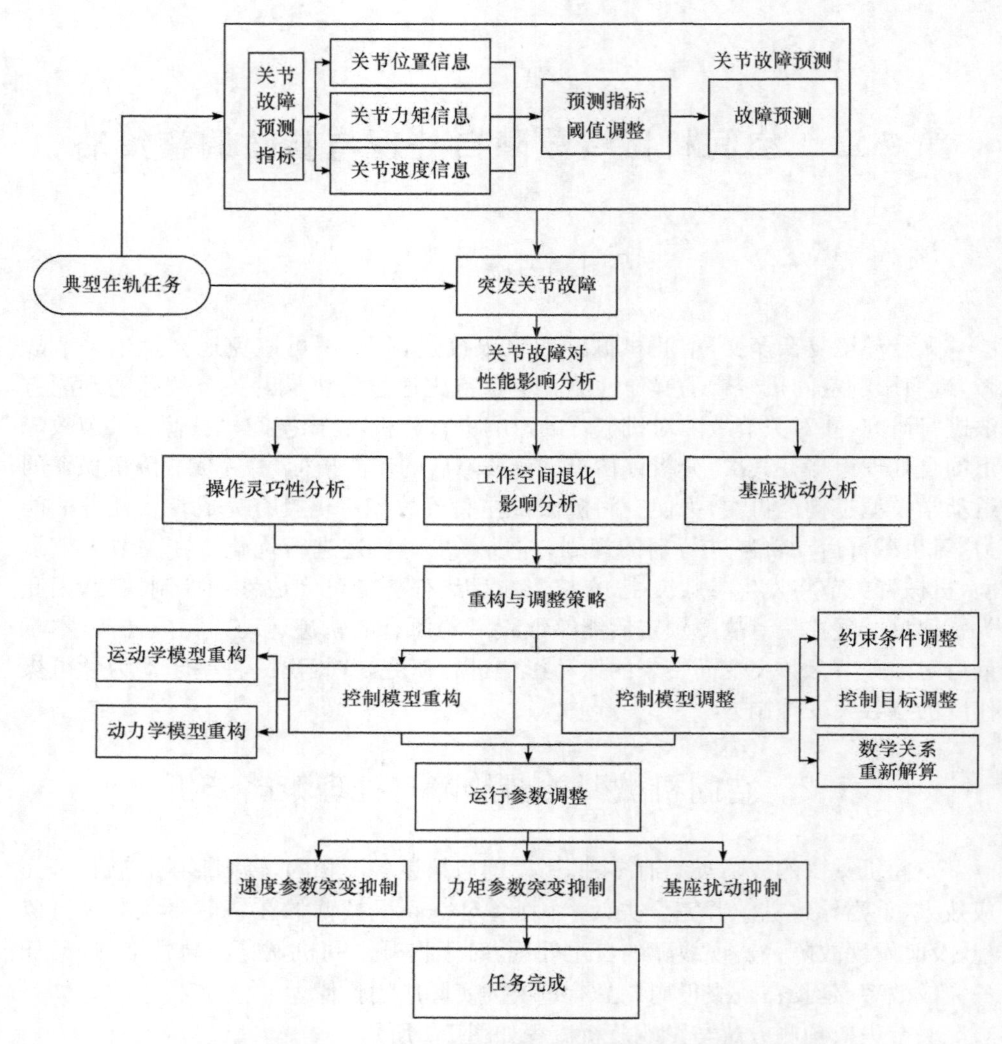

图 7-1 关节失效预测方法与影响分析技术路线

最后，若故障源功能失效，则进行故障自处理，包括对机械臂进行控制模型的在线调整、重构和参数突变抑制调整。机械臂的模型重构主要包括运动学模型和动力学模型重构，在线调整既包含控制模型的调整，也包含对运行参数的调整。针对控制模型的调整包括约束条件的调整、控制目标的调整、参数数学关系的重新梳理和数学模型的重新解算。针对运动参数的调整，主要包含由于关节故障或者模型重构导致的运行参数突变的调整，通过引入补偿项实现突变的抑制，使空间机械臂在模型重构和调整过程中具有平滑特性。

7.3　空间机械臂故障后性能评估

空间机械臂的运动容错性能是指其对关节故障的承受能力。空间机械臂具有全局运动容错能力是指在任意时刻任意关节发生故障后，均能找到连通初始点和任务点的连续关节角序列，使机械臂仍然可以继续完成预期在轨操作任务。准确评估空间机械臂容错性能，有利于明确其在轨操作任务的可靠性，对于机械臂的运动轨迹规划与选取具有重要的指导作用，是完成全局容错轨迹优化的重要前提。

基于关节故障自处理策略，本节进一步开展对空间机械臂故障后性能指标的研究。衡量机械臂容错性能的指标主要有表征其位姿可达性的容错空间与表征其灵巧性的退化可操作度等。本节首先简单介绍机械臂工作空间的概念，并基于蒙特卡罗法分析机械臂的容错空间。然后，为实现传统容错空间的有效拓展，融入关节可靠性，进而提出空间机械臂的可靠容错空间。最后，系统介绍可操作度与基于任务方向的退化可操作度，并利用退化可操作度分析关节故障后机械臂的灵巧性。

7.3.1　基于蒙特卡罗法的机械臂容错空间分析

空间机械臂工作空间是指机械臂末端所能够达到的全部位姿的集合，由机械臂正向运动学可获得 n 自由度机械臂工作空间的数学描述，即

$$W=\{f(\boldsymbol{q})\,|\,\boldsymbol{q}=(q_1,q_2,\cdots,q_{n-1},q_n),q_i^{\min}\leqslant q_i\leqslant q_i^{\max},i=1,2,\cdots,n\}\in\mathbf{R}^m \tag{7-1}$$

其中，m 和 n 分别为机械臂操作空间和关节空间维度，$n>m$；W 为机械臂的 m 维工作空间；$\boldsymbol{q}=(q_1,q_2,\cdots,q_{n-1},q_n)$为机械臂关节角序列；$q_i^{\max}$ 和 $q_i^{\min}$ 分别表示第 i 个关节的运动上下限；$f(\boldsymbol{q})$为机械臂的正向运动学映射关系。

当空间机械臂执行在轨任务的过程中发生单关节故障后，通过机械装置或者其他方式锁定出现故障的机械臂关节是有效可靠的应对措施。空间机械臂的容错空间是指机械臂任一关节发生故障时，机械臂仍然具备完成操作任务能力的工作空间。图 7-2 是空间机械臂容错空间分析流程，其分析步骤如下。

① 根据空间机械臂的构型和连杆参数建立出现故障前空间机械臂的运动学模型，并输入所有关节的运动角度范围约束。

② 针对出现关节故障锁定的空间机械臂关节 i，将其运动范围约束条件由原来的$[\theta_i^{\min},\theta_i^{\max}]$改变为锁定瞬间的 θ_i^k。这时原空间机械臂自由度数由 n 变为 $n-1$。基于空间机械臂工作空间求解方法得到当前的退化工作空间 W^i。

③ 采用步骤②中的思想得到其他关节故障下的退化工作空间 W^k 等。

④ 将 n 个退化工作空间求交集即可得到空间机械臂的容错空间。具体方法为分别求出空间机械臂每个退化工作空间 W^i 的 Z 方向极大值 $z^i_{\max}$ 和极小值 $z^i_{\min}$，并取所有$[z^i_{\min},z^i_{\max}]$的交集得到$[z^{\text{all}}_{\min},z^{\text{all}}_{\max}]$，将其等分为 M 份并将每个对应的退化工作空间分成 M 层。将每层所有的点投影到 $z^k=z^{\text{all}}_{\min}+k\Delta z(k=1,2,\cdots,M)$上，基于空间机械臂工作空间边界曲线求解方法得到每层的边界条件，求所有相同层 z^k 中的边界交集得到空间机械臂容错空间分层边界条件，最后将得到的所有边界条件和云图绘制得到空间机械臂的容错空间云图。

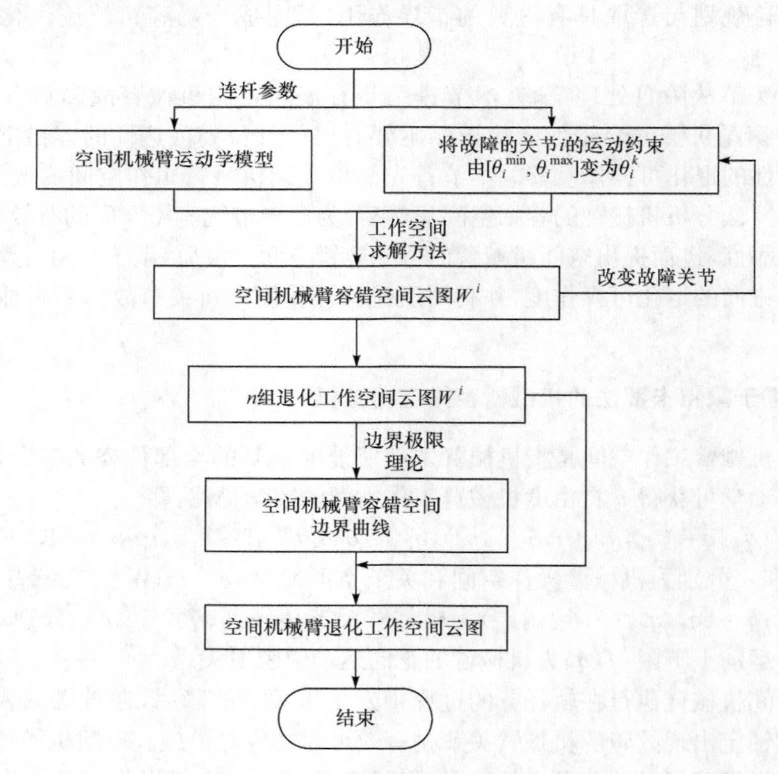

图 7-2　空间机械臂容错工作空间分析流程图

7.3.2　基于关节可靠性的可靠容错工作空间

在评价体系中，关节失效后的容错空间直接决定机械臂的规划任务点能否到达。而单关节失效的传统容错空间相对于普通的工作空间过于狭小，极大地限制了任务目标点和轨迹形状的设置，并且由于机械臂在运动过程中关节失效具有不确定性和突发性，因此无视关节失效概率而在容错空间中设置任务，虽然可以确保关节失效后任务完成，却极大地限制了可执行任务的范围，浪费机械臂的运动资源。因此,本节融入关节可靠性,提出空间机械臂的可靠容错空间,实现传统容错空间的有效拓展。

一般的,机械臂的操作空间被简单地分为容错空间和非容错空间。对应于关节 i,其失效后机械臂的工作空间 W 会发生退化,退化为 ${}^{i}W$,称为 i 阶退化工作空间。机械臂的容错空间可以表述为各个退化工作空间的交集,即

$$\widetilde{W}=\bigcap_{i}{}^{i}W \tag{7-2}$$

由上式可以看出,传统的容错空间是各退化工作空间的交集,表征机械臂末端在任意一个关节发生故障后仍可到达的区域。若想规划一条具有容错性能的路径,可以在容错空间内设置轨迹点。然而,容错空间相比于工作空间的覆盖范围非常小,这大大限制了机械臂可执行任务的能力。为了拓展容错空间,在此引入可靠容错空间的概念,将关节的可靠性引入容错空间的分析中,将其重新划分。首先,根据不同关节故障的情况划分容错空间。对于 n 自由度机械臂,各个关节的可靠度(正常工作的概率)为 r_i,则容错空间可划分为如下几类区域集合,即

$$\begin{aligned}
&{}^{(n)}S=\bigcap_{i=1}^{n}{}^{i}W\\
&{}^{(n-1)}S=\bigcap_{i=1,i\neq j}^{n}{}^{i}W-{}^{j}W\\
&{}^{(n-2)}S=\bigcap_{i=1,i\neq j_1,i\neq j_2}^{n}{}^{i}W-{}^{j_1}W-{}^{j_2}W\\
&\quad\vdots\\
&{}^{(k)}S=\bigcap_{i=1,i\neq j_1,\cdots,j_k}^{n}{}^{i}W-\bigcup_{u=1}^{k}{}^{j_u}W\\
&{}^{0}S=W-\bigcap_{i=1}^{n}{}^{i}W
\end{aligned} \tag{7-3}$$

各区域如图 7-3 所示。区域集 ${}^{(k)}S$ 表示任意 k 个关节故障后所得的各退化工作空间的交集减去剩余关节故障后所得的各退化空间的并集,对于区域集 ${}^{(k)}S$,存在 C_n^k 个子区域,每个区域对应不同的可达概率。该区域的可达概率可以通过关节可靠度求得,即

$$cr({}^{(k)}S)=\Big(\prod_{i=1,i\neq j_1,\cdots,j_k}^{n}r_i\Big)\cdot\Big(\prod_{u=1}^{k}(1-r_{j_u})\Big)+\prod_{i=1}^{n}r_i \tag{7-4}$$

为了更好地表征各区域对于容错的意义,在此引入条件概率的概念,一个区域的条件概率表示该区域在确定有一个关节发生失效的情况下的可达概率。因此,条件概率被定义为机械臂发生单关节失效的概率。若机械臂的可达区域定义为 $\hat{W}$,则单关节失效的概率为

$$p(\hat{W})=\sum_{j=1}^{n}\left((1-r_j)\cdot\prod_{i=1,i\neq j}^{n}r_i\right) \tag{7-5}$$

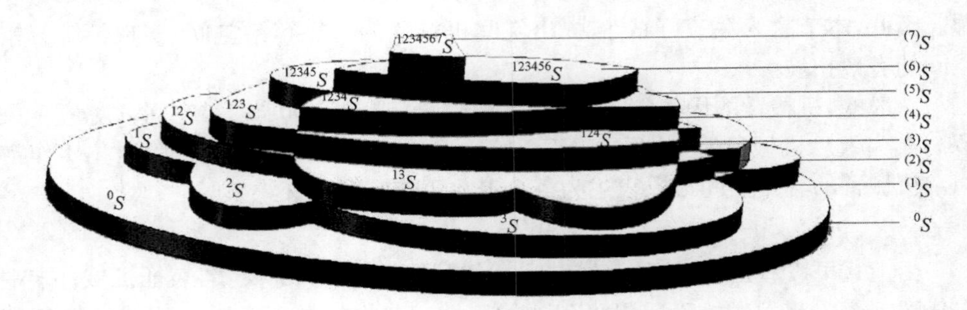

图 7-3　可靠容错空间各区域示意图

在利用条件可靠度表征各区域的可达概率时，有 $cr(^{(n)}S)=1$，表示在任意一个关节失效后，该区域总是可达的；$\mathrm{cr}(^{0}S)=0$ 表示任何一个关节失效后，该区域总是不可达的。这样就可以在[0,1]进行表述。可靠度和条件可靠度间的变换关系为

$$\mathrm{cr}(\cdot)=\left(r(\cdot)-\prod_{i=1}^{n}r_i\right)/p(\hat{W}) \tag{7-6}$$

根据式(7-5)和式(7-6)，可以得到每个区域的条件概率，即

$$\mathrm{cr}(^{(k)}S)=\left(\left(\prod_{i=1,i\neq j_1,\cdots,j_k}^{n}r_i\right)\cdot\left(\prod_{u=1}^{k}(1-r_{j_u})\right)\right)\Bigg/\sum_{j=1}^{n}\left((1-r_j)\cdot\prod_{i=1,i\neq j}^{n}r_i\right) \tag{7-7}$$

同时，对于各个区域的条件概率存在如下关系，即

$$\mathrm{cr}(^{(k)}S)=\mathrm{cr}(^{j_1j_2\cdots j_k}S)=\sum_{i=1}^{k}\mathrm{cr}(^{j_i}S) \tag{7-8}$$

则机械臂每个区域的可达条件概率如表 7-1 所示。

假设空间机械臂各关节正常工作的概率相同且为 0.95，则对于每一类区域集内的子区域都有相同的条件概率。各区域集的条件概率如表 7-2 所示。可以看出，当发生单关节失效后，机械臂退化工作空间的各个子区域的条件概率分布在[0,1]，而传统的容错空间$^{(7)}S$只是工作空间的很小一部分。如果为了考虑机械臂任务的容错特性而把任务点设置传统容错空间，会大大限制机械臂的运动能力。本节考虑关节失效概率将机械臂的退化工作空间划分，并得到每个区域的条件概率。设定容错可靠性阈值，如 0.8，则区域$^{(6)}S+^{(7)}S$为可靠容错空间。在这个空间中，运行的任务满足可靠性需求，且相比传统的容错空间$^{(7)}S$，实现了容错空间的极大拓展，使得机械臂保证运动能力的同时具有一定容错能力。

表 7-1　空间机械臂可靠容错子空间条件概率计算表

区域	条件概率
${}^{(0)}S$	0
${}^{(1)}S$	$\left(\left(\prod_{i=1,i\neq j_1}^{n} r_i\right)\cdot(1-r_{j_1})\right)\Big/\sum_{j=1}^{n}\left((1-r_j)\cdot\prod_{i=1,i\neq j}^{n} r_i\right)$
${}^{(2)}S$	$\left(\left(\prod_{i=1,i\neq j_1,j_2}^{n} r_i\right)\cdot(1-r_{j_1})(1-r_{j_2})\right)\Big/\sum_{j=1}^{n}\left((1-r_j)\cdot\prod_{i=1,i\neq j}^{n} r_i\right)$
${}^{(k)}S$	$\left(\left(\prod_{i=1,i\neq j_1,\cdots,j_k}^{n} r_i\right)\cdot\left(\prod_{u=1}^{k}(1-r_{j_u})\right)\right)\Big/\sum_{j=1}^{n}\left((1-r_j)\cdot\prod_{i=1,i\neq j}^{n} r_i\right)$
${}^{(n)}S$	1

表 7-2　空间机械臂区域集的条件概率

区域	条件概率
${}^{(0)}S$	0
${}^{(1)}S$	0.1428
${}^{(2)}S$	0.2857
${}^{(3)}S$	0.4286
${}^{(4)}S$	0.5714
${}^{(5)}S$	0.7143
${}^{(6)}S$	0.8571
${}^{(7)}S$	1

本节利用空间机械臂关节可靠性的概念，计算不同关节故障对应的容错工作空间条件可靠性，进而引入可靠容错工作空间的概念，以作为机械臂末端执行任务轨迹可靠性的评价依据。并基于可靠容错空间的概念，实现了空间机械臂在可能发生关节失效条件下的可达空间的有效拓展，不仅在任务规划时考虑机械臂规划的容错性能，也可以保证足够范围的目标任务点设置空间，进而扩大具有较高任务完成可靠率的容错工作空间范围，使得机械臂即使在运动过程中发生关节失效，仍然能够以高概率(条件概率)完成任务，提高了末端任务规划的可行性和任务执行的可靠性。

7.3.3　基于可操作度指标的空间机械臂灵巧性分析

1. 可操作度

空间机械臂关节角速度向末端速度的映射关系通常由式(7-9)表示，即

$$\dot{\boldsymbol{x}}=\boldsymbol{J}(\boldsymbol{q})\dot{\boldsymbol{q}} \tag{7-9}$$

其中,$\dot{\boldsymbol{x}}=(\boldsymbol{v}^{\mathrm{T}}\quad \boldsymbol{\omega}^{\mathrm{T}})\in \mathbf{R}^{m\times 1}$为机械臂末端在操作空间中的广义速度矢量;$\boldsymbol{v}\in \mathbf{R}^{m_1\times 1}$为机械臂末端速度矢量;$\boldsymbol{\omega}\in \mathbf{R}^{m_2\times 1}$为角速度矢量;$\dot{\boldsymbol{q}}\in \mathbf{R}^{m\times 1}$为关节角速度;$\boldsymbol{J}=(\boldsymbol{J}_v^{\mathrm{T}}\quad \boldsymbol{J}_\omega^{\mathrm{T}})\in \mathbf{R}^{m\times n}$为速度雅可比矩阵,$\boldsymbol{J}_v\in \mathbf{R}^{m_1\times n}$,$\boldsymbol{J}_\omega\in \mathbf{R}^{m_2\times n}$,$m_1+m_2=m$,对冗余空间机械臂,$m<n$。

对于关节空间的单位速度球体,即

$$\dot{\boldsymbol{q}}^{\mathrm{T}}\dot{\boldsymbol{q}}=1 \tag{7-10}$$

速度雅可比矩阵 $\boldsymbol{J}(\boldsymbol{q})$可将其映射到操作空间速度椭球,即

$$\dot{\boldsymbol{x}}^{\mathrm{T}}[\boldsymbol{J}(\boldsymbol{q})\boldsymbol{J}^{\mathrm{T}}(\boldsymbol{q})]^{\dagger}\dot{\boldsymbol{x}}=1 \tag{7-11}$$

Yoshikawa 利用雅可比矩阵定义了机械臂的可操作度指标[16],用来表征其操作能力和灵活性,即

$$W(\boldsymbol{q})=\sqrt{\det(\boldsymbol{J}(\boldsymbol{q})\boldsymbol{J}^{\mathrm{T}}(\boldsymbol{q}))} \tag{7-12}$$

对雅可比矩阵进行奇异值[17](SVD)分解可得下式,即

$$\boldsymbol{J}(\boldsymbol{q})=\boldsymbol{U}\Sigma\boldsymbol{V}^{\mathrm{T}} \tag{7-13}$$

其中,$\boldsymbol{U}\in \mathbf{R}^{m\times m}$;$\boldsymbol{V}\in \mathbf{R}^{n\times n}$均为正交矩阵。

$\Sigma=\begin{bmatrix}\sigma_1 & & 0\\ & \ddots & \\ 0 & & \sigma_m\end{bmatrix}\in \mathbf{R}^{m\times n}$,$\sigma_1\geqslant\sigma_2\geqslant\cdots\geqslant\sigma_{m-1}\geqslant\sigma_m\geqslant 0$。为 $\boldsymbol{J}(\boldsymbol{q})$的奇异值,由式(7-13),有

$$W(\boldsymbol{q})=\sigma_1\sigma_2\cdots\sigma_m \tag{7-14}$$

由式(7-11)～式(7-14)可知,机械臂末端速度在操作空间形成的 $\mathbf{R}^m$ 椭球,其主轴的长度为 $\sigma_1,\sigma_2,\cdots,\sigma_m$,主轴方向为 $\boldsymbol{U}$ 的列向量,其体积为

$$W(\boldsymbol{q})\times(\pi^{m/2}/\Gamma((m/2)+1)) \tag{7-15}$$

其中,$\Gamma(\cdot)$为 Gamma 函数。

综上可见,机械臂的可操作度与操作空间速度椭球的体积成正比,$\sigma_1,\sigma_2,\cdots,\sigma_m$ 的大小反映在相应主轴方向由关节空间向操作空间的传速能力(机械臂运动能力)的体现,即可操作度是机械臂向各方向运动能力的综合衡量,能够表征机械臂的整体灵活性。

当机械臂关节构型已知时,可以通过分析可操作度,获取其向不同方向的运动能力,从而进行末端速度优化;当末端运动情况已知时,对于冗余度空间机械臂,具有无穷多组关节构型与之对应,以可操作度为优化目标函数代入关节轨迹优化算法,通过提高可操作度数值,实现对关节构型的优化,从而能达到关节轨迹优化的目的。因此,可操作度指标作为衡量机械臂运动性能的重要指标,在机械臂轨迹优化方面应用非常广泛。

2. 基于任务方向的退化可操作度

虽然将机械臂可操作度作为优化目标函数，能够实现对机械臂轨迹优化的目的，但由于可操作度是综合考量机械臂在各主轴方向的运动能力，优化可操作度实际上是使可操作度椭球的体积尽量大，综合优化其在各方向上的运动能力，追求的是一种各向同性的灵巧性。对于空间在轨操作任务，其末端轨迹运行速度和方向通常已知，仍以可操作度为优化指标进行关节轨迹优化则会浪费其在任务方向上的优化能力，甚至削弱机械臂在特定任务方向上的运动能力。

因此，为获得任务方向上较好的操作能力，使机械臂能够以较小的关节速度获得末端在任务方向上较大的运动能力。本节在可操作度的基础上建立基于任务方向的可操作度指标，进而考虑单关节故障情况，引入基于任务方向的退化可操作度作为优化机械臂关节轨迹的容错性能指标。

设操作空间机械臂末端运动速度表示为

$$\dot{\boldsymbol{x}}=A\boldsymbol{p} \tag{7-16}$$

其中，A 为速度大小；$\boldsymbol{p}=(\cos\alpha_1 \quad \cos\alpha_2 \quad \cdots \quad \cos\alpha_m)^{\mathrm{T}}\in\mathbf{R}^{m\times 1}$ 为速度矢量的单位向量，$\alpha_1,\alpha_2,\cdots,\alpha_m$ 分别为速度矢量与参考坐标轴正向间夹角。

将式(7-16)代入式(7-11)，有

$$A^2\boldsymbol{p}^{\mathrm{T}}[\boldsymbol{J}(\boldsymbol{q})\boldsymbol{J}^{\mathrm{T}}(\boldsymbol{q})]^{\dagger}\boldsymbol{p}=1 \tag{7-17}$$

由式(7-17)显然可知，A 越大代表机械臂在运动方向上运动能力越强，因此定义基于任务方向的可操作度为

$$\mathrm{DW}(\boldsymbol{q})=1/\sqrt{\boldsymbol{p}^{\mathrm{T}}(\boldsymbol{J}(\boldsymbol{q})\boldsymbol{J}^{\mathrm{T}}(\boldsymbol{q}))^{\dagger}\boldsymbol{p}} \tag{7-18}$$

可通过优化 $\mathrm{DW}(\boldsymbol{q})$ 提高机械臂在任务方向 $\boldsymbol{p}$ 上所允许的最大 A，即提高机械臂在任务方向的运动能力。在基于任务方向可操作度的基础上，考虑第 i 个关节发生故障锁定后，由雅可比矩阵摄动理论，此时机械臂雅可比矩阵退化为

$$\boldsymbol{J}_i=(j_1,\cdots,j_{i-1},j_{i+1},\cdots,j_n) \tag{7-19}$$

此时引入基于任务方向的退化可操作度为

$$\mathrm{DW}_i(\boldsymbol{q})=1/\sqrt{\boldsymbol{p}^{\mathrm{T}}(\boldsymbol{J}_i(q)\boldsymbol{J}_i^{\mathrm{T}}(\boldsymbol{q}))^{\dagger}\boldsymbol{p}} \tag{7-20}$$

考虑对全关节的容错性能进行优化，对式(7-20)进行改进为

$$\mathrm{FDW}(\boldsymbol{q}) = \sum_{i=1}^{n}[k_i\times \mathrm{DW}_i(\boldsymbol{q})] \tag{7-21}$$

其中，k_i 为对各关节的优化权值系数，可根据对各关节的重视程度进行调整。

至此，本节建立了基于任务方向的退化可操作度指标，并考虑全关节容错情况对其进行了改进，作为在给定末端运动轨迹条件下，优化关节轨迹的容错性能指标。后续将以此作为优化指标之一，进一步完成空间机械臂全局容错轨迹优化。

3. 可操作度与空间机械臂灵巧性关系分析

机械臂的灵巧性通常可以用可操作度表示，当关节故障之后，机械臂的雅可比矩阵会发生退化，此时的灵巧性可以用退化可操作度表示。利用可操作度可以反映机械臂在路径规划过程中的灵巧性变化情况，同时还可以表征某关节故障后机械臂的灵巧性变化情况。

根据前面对可操作度定义和基本概念的描述，利用可操作度可以衡量空间机械臂灵活性。可操作度 W 的值越大表示系统的灵活性越好，当 $W=0$ 时，表示空间机械臂当前正处于奇异位形。可操作度性能指标可以综合评价冗余度空间机械臂的各向灵活性，是运动学层面较常用的优化指标之一。

基于可操作度椭球法，实验仿真七自由度空间大型机械臂路径规划任务过程中关节故障对机械臂可操作度的影响。任务规划参数如下。

初始构型：[$-50°$，$-170°$，$150°$，$-60°$，$130°$，$170°$，$0°$]。

目标位姿：[9.6m，0m，3m，-1rad，-0.5rad，-2rad]。

规划时间：20s。

故障时刻：10s。

故障关节：2 关节。

分析其可操作度的变化，可以得到机械臂在执行该路径规划任务时的可操作度曲线，如图 7-4(a)所示。图 7-4(b)是机械臂在 10s 时刻关节 2 发生故障时的可操作度曲线。可以看到，发生故障之后，机械臂的可操作度大幅降低。图 7-5(a)为关节 2 在不同时刻变化时机械臂可操作度变化曲线，图 7-5(b)为不同关节在相同时刻发生故障之后引起的可操作度变化。

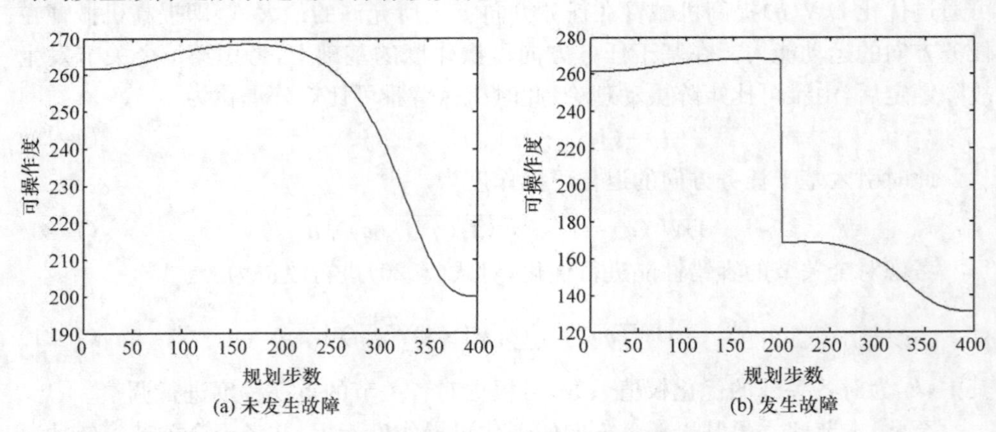

(a) 未发生故障　　(b) 发生故障

图 7-4　机械臂可操作度变化曲线

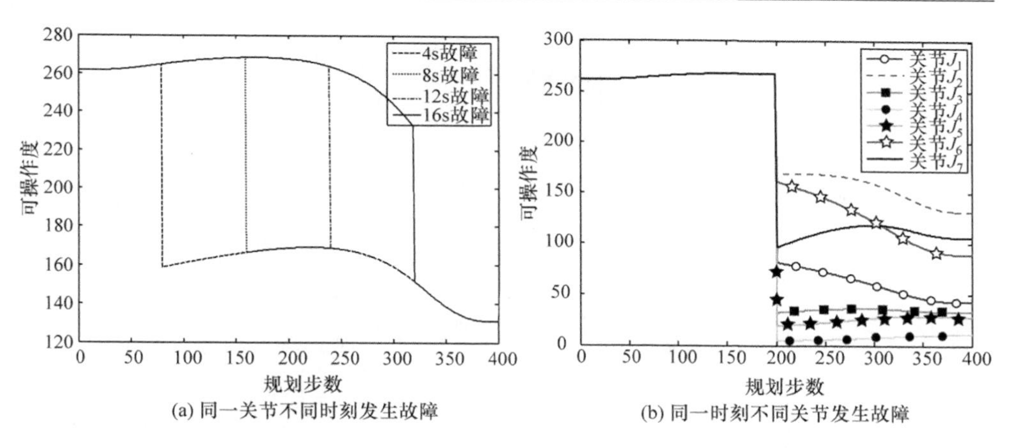

(a) 同一关节不同时刻发生故障　(b) 同一时刻不同关节发生故障

图 7-5　机械臂在不同时刻、不同关节发生故障的可操作度变化

通过对图 7-4 和图 7-5 的综合分析可以发现，空间机械臂在无故障状态下，随着任务接近完成，其可操作度会不断下降，但是整体保持在一个较高的水平，可以用此评价机械臂的灵巧性能。机械臂一旦发生故障，由于冗余度退化，其可操作度会在故障时迅速降低，灵巧性减弱，即故障后可到达的区域和方向均发生退化，可以用此来评价机械臂故障后是否会达到奇异位型（若可操作度在某时刻降低为 0，则表示陷入奇异位型，应该考虑重新规划任务目标点）。相同关节故障时刻不同对机械臂的可操作度及灵巧性没有显著影响。不同关节在相同时刻故障，对于机械臂的可操作度影响不同。由图 7-5(b)可以看出，J_3、J_4、J_5 故障时可操作度下降幅度较大，对机械臂可操作度影响显著，J_2 次之，而其他关节故障时对机械臂可操作度影响较低。

7.4　空间机械臂故障后模型重构方法

空间大型机械臂通常为具有三轴平行特殊构型的七自由度空间机械臂，可以采用 DH 参数方法进行空间机械臂运动学模型重构。将空间机械臂单关节锁定的情况分为锁定前端关节、中部关节和末端关节三类进行研究，可以得到不同关节锁定情况下的重建坐标系并获得对应 DH 参数。在此基础上，通过 MATLAB 仿真进行空间机械臂的路径规划，验证所得运动学模型的有效性及正确性。分析流程如图 7-6 所示。

7.4.1　关节和连杆的标号规则

当某一关节锁定时，七自由度冗余空间机械臂退化为六自由度空间机械臂。为了使用统一方法解决问题，我们首先规定六自由度空间机械臂杆件和关节的标号规则（图 7-7 和图 7-8）。

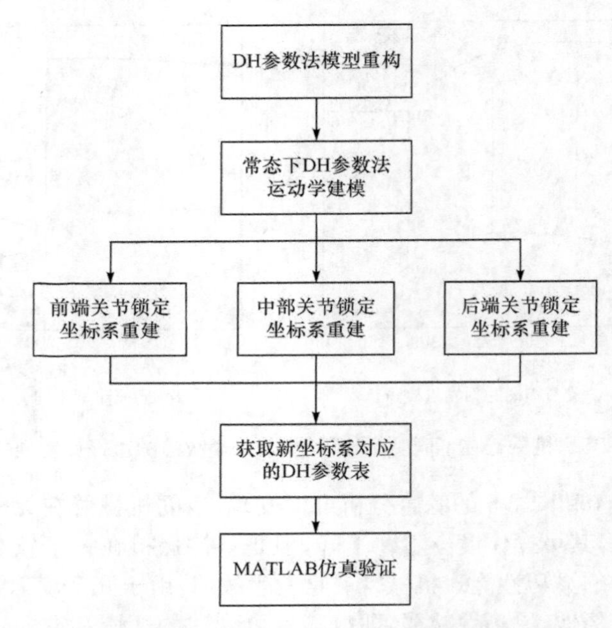

图 7-6 DH 参数方法运动学模型重构流程图

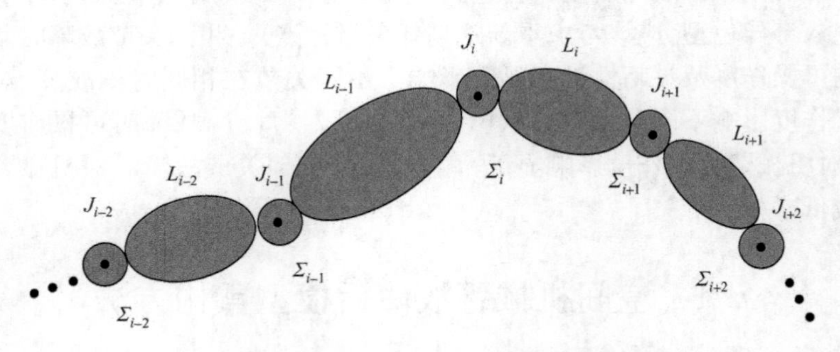

图 7-7 机械臂常态下关节与连杆标号

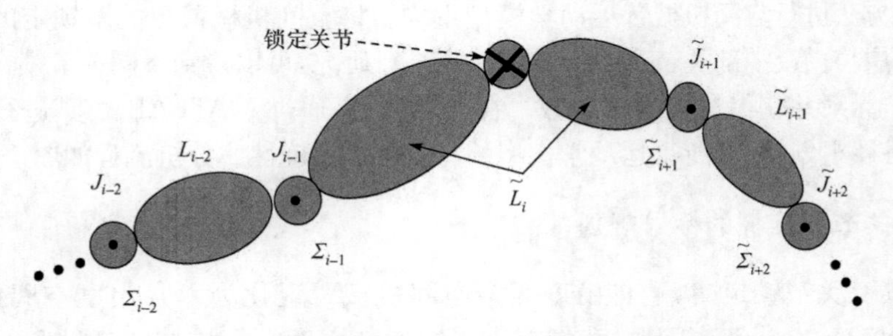

图 7-8 机械臂故障状态关节与连杆标号

常态下的七自由度空间机械臂标号规定如图 7-7 所示。关节 $J_i(i=1,2,\cdots,n)$连接 L_{i-1}和 L_i；$\Sigma_i(i=0,2,\cdots,n)$是 L_i 的体坐标系。当 J_i 锁定时，连杆 L_{i-1}和 L_i 固定在一起成为一个新的杆件，记为 $\widetilde{L}_i$。其他关节和连杆的标号如图 7-8 所示，关节和对应杆件的标号不变，只是添加了“～”符号。

7.4.2 基于 DH 参数方法运动学建模

七自由度空间机械臂的 DH 坐标系如图 7-9 所示，其中 z_{i-1}是第 i 个关节的转轴。相应的 DH 参数如表 7-3 所示，其中参数 a 和 d 表示机械臂连杆长度参数。

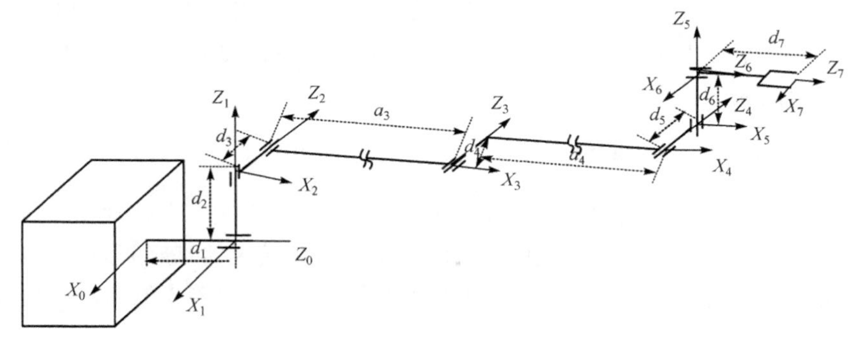

图 7-9　七自由度空间机械臂构型图

表 7-3 中 a_{i-1}是从 Z_{i-1}到 Z_i 沿着 X_{i-1}的距离；d_i 是从 X_{i-1}到 X_i 沿着 Z_i 的距离；α_{i-1}是从 Z_{i-1}到 Z_i 绕着 X_{i-1}旋转的角度；θ_i 是从 X_{i-1}到 X_i 绕着 Z_i 旋转的角度。进而可以推导出机械臂各个连杆的齐次变换矩阵，则末端坐标系 Σ_n 到参考坐标系 Σ_0 的齐次变换矩阵为

$$
{}^{i-1}\boldsymbol{T}_i=\begin{bmatrix} \cos\theta_i & -\sin\theta_i & 0 & \alpha_{i-1} \\ \sin\theta_i\cos\alpha_{i-1} & \cos\alpha_{i-1}\cos\theta_i & -\sin\alpha_{i-1} & -d_i\sin\alpha_{i-1} \\ \sin\theta_i\sin\alpha_{i-1} & \cos\theta_i\sin\alpha_{i-1} & \cos\alpha_{i-1} & d_i\cos\alpha_{i-1} \\ 0 & 0 & 0 & 1 \end{bmatrix} \tag{7-22}
$$

表 7-3　空间机械臂 DH 参数表

连杆 i	$\theta_i/(°)$	$\alpha_{i-1}/(°)$	a_{i-1}/m	d_i/m
1	0	90	0	0.6
2	90	−90	0	0.5
3	0	0	5	0.5
4	0	0	5	0.5
5	0	90	0	0.5
6	−90	−90	0	0.5
7	0	0	0	0.6

1. 空间机械臂运动学正解

运动学正解是空间机械臂关节空间到末端操作空间的映射，在已知空间七自由度大型机械臂关节角和航天器基座姿态时，可求得空间七自由度大型机械臂末端的位姿。

假设基座姿态在惯性系中的位姿为 PEc，将 PEc 转换成相对应的齐次矩阵 $\boldsymbol{T}_{cI}$。此外，根据 DH 参数及坐标系之间的变换关系可以求得从机械臂末端到机械臂根部的齐次变化矩阵${}_e^n\boldsymbol{T}$，从机械臂根部到基座坐标系的变化矩阵为${}_0^c\boldsymbol{T}$，此时的关节角序列为 $\boldsymbol{\theta}=\{\theta_1,\theta_2,\cdots,\theta_{n-1},\theta_n\}$，末端的位姿为${}_e^I\boldsymbol{T}=\boldsymbol{T}_{cI}\,{}_0^C\boldsymbol{T}_1^0\boldsymbol{T}(\theta_1)\,{}_2^1\boldsymbol{T}(\theta_2)\cdots{}_{n-1}^{n-2}\boldsymbol{T}_n^{n-1}\boldsymbol{T}(\theta_n)\,{}_e^n\boldsymbol{T}$。由此即可求出在给定的航天器基座姿态和关节角下，空间七自由度大型机械臂的末端位姿，得到运动学正解。

2. 空间机械臂运动学逆解

空间七自由度大型机械臂的运动学逆解是机器人控制的基础，其目的是将工作空间内机器人末端的位姿转化成对应的关节变量和航天器基座姿态。通过运动学逆解可以实现对机器人末端执行器的空间位姿控制，在机器人的运动分析、离线编程、轨迹控制中都有重要的应用。

在固定基座控制模式下，空间七自由度大型机械臂末端速度 $\boldsymbol{v}_\omega=[\boldsymbol{v}_e,\boldsymbol{\omega}_e]^{\mathrm{T}}$ 与关节速度 $\dot{\boldsymbol{\theta}}$ 存在如下关系，即

$$\begin{bmatrix}\boldsymbol{v}_e\\\boldsymbol{\omega}_e\end{bmatrix}=\boldsymbol{J}_m\dot{\boldsymbol{\theta}}\tag{7-23}$$

其中，$\boldsymbol{J}_m$ 为机械臂的雅可比矩阵。

由式(7-23)可得出固定基座模式下，空间七自由度大型机械臂速度级的运动学逆解，即

$$\dot{\boldsymbol{\theta}}=\boldsymbol{J}_m^{\dagger}\begin{bmatrix}\boldsymbol{v}_e\\\boldsymbol{\omega}_e\end{bmatrix}\tag{7-24}$$

3. 空间机械臂雅可比矩阵求解

空间大型机械臂系统由航天器基座和七自由度机器人组成。为了研究空间七自由度大型机械臂运动学模型，建立如图 7-10 所示的简化模型。

图 7-10 中的符号说明如下。

Σ_I 为惯性坐标系。

Σ_B 为机械臂基座坐标系。

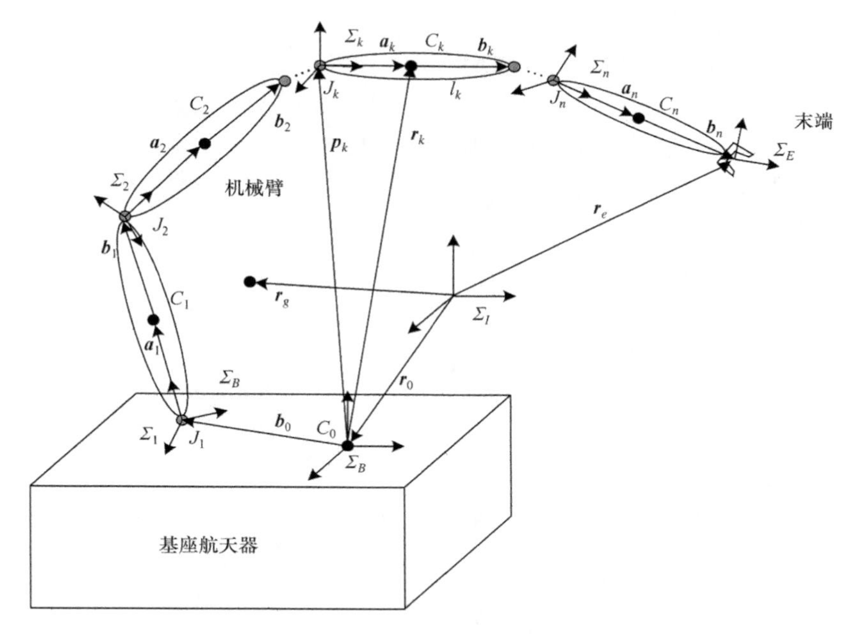

图 7-10　空间机械臂模型图

Σ_E 为工具坐标系。

Σ_k 为机械臂第 k 杆坐标系($k=1,2,\cdots,7$)。

C_0 为基座航天器质心。

C_k 为机械臂第 k 杆质心($k=1,2,\cdots,7$)。

J_k 为连接机械臂第 $k-1$ 杆和第 k 杆之间的关节 ($k=1,2,\cdots,7$)。

$\boldsymbol{l}_k$ 为连接 J_k 到 J_{k+1} 的向量。

$\boldsymbol{a}_k$ 为连接 J_k 到 C_k 的向量($k=1,2,\cdots,7$)。

$\boldsymbol{b}_0$ 为基座航天器质心到机械臂第一关节的向量。

$\boldsymbol{b}_k$ 为连接 C_k 到 J_{k+1} 的向量($k=1,2,\cdots,7$)。

$\boldsymbol{r}_0$ 为基座航天器质心位置向量。

$\boldsymbol{r}_k$ 为机械臂第 k 杆质心位置向量($k=1,2,\cdots,7$)。

$\boldsymbol{r}_e$ 为机械臂末端位置向量。

$\boldsymbol{r}_g$ 为系统的质心位置向量。

$\boldsymbol{p}_k$ 为 J_k 的位置向量。

除上述符号，推导中还需用到如下符号。

${}^I\boldsymbol{z}_k$ 为惯性系中机械臂第 k 关节轴线方向的单位向量(Σ_k 的 z 轴单位向量)。

m_k 为机械臂第 k 杆的质量($k=1,2,\cdots,7$)。

M 为系统的总质量。

$\boldsymbol{I}_0$ 为基座航天器惯性张量。

$\boldsymbol{I}_k$ 为机械臂第 k 杆的惯性张量($k=1,2,\cdots,7$)。

$\boldsymbol{q}_m=[q_{m1},q_{m2},\cdots,q_{m7}]^{\mathrm{T}}\in\mathbf{R}^{n\times 1}$ 为关节空间关节角位置向量。

$\boldsymbol{q}_b=[q_{b1},q_{b2},q_{b3}]^{\mathrm{T}}\in\mathbf{R}^{3\times 1}$ 为基座航天器姿态角。

$\boldsymbol{x}_b$ 为基座航天器的位姿向量。

$\boldsymbol{x}_e$ 为机械臂末端的位姿向量。

$\boldsymbol{v}_0$ 为基座航天器质心速度。

$\boldsymbol{v}_k$ 为机械臂第 k 杆质心速度。

$\boldsymbol{v}_e$ 为机械臂末端速度。

$\boldsymbol{\omega}_0$ 为基座航天器姿态角速度。

$\boldsymbol{\omega}_k$ 为机械臂第 k 杆角速度。

$\boldsymbol{\omega}_e$ 为机械臂末端角速度。

惯性系下,机械臂第 k 杆质心位置向量为

$$
{}^{I}\boldsymbol{r}_k={}^{I}\boldsymbol{r}_0+{}^{I}\boldsymbol{b}_0+\sum_{i=1}^{k}{}^{I}\boldsymbol{a}_i+\sum_{i=2}^{k}{}^{I}\boldsymbol{b}_{i-1},\quad k=1,2,\cdots,7 \tag{7-25}
$$

惯性系下,机械臂末端位置向量为

$$
{}^{I}\boldsymbol{r}_e={}^{I}\boldsymbol{r}_0+{}^{I}\boldsymbol{b}_0+\sum_{i=1}^{7}{}^{I}\boldsymbol{l}_i={}^{I}\boldsymbol{r}_0+\sum_{i=1}^{7}{}^{I}\boldsymbol{a}_i+\sum_{i=0}^{7}{}^{I}\boldsymbol{b}_i \tag{7-26}
$$

机械臂第 k 杆质心速度为

$$
\begin{aligned}
{}^{I}\boldsymbol{v}_k&={}^{I}\dot{\boldsymbol{r}}_k\\
&={}^{I}\boldsymbol{v}_0+{}^{I}\boldsymbol{\omega}_0\times({}^{I}\boldsymbol{r}_k-{}^{I}\boldsymbol{r}_0)+{}^{I}\boldsymbol{v}_k^{B}\\
&={}^{I}\boldsymbol{v}_0+{}^{I}\boldsymbol{\omega}_0\times({}^{I}\boldsymbol{r}_k-{}^{I}\boldsymbol{r}_0)+\sum_{i=1}^{k}({}^{I}\boldsymbol{z}_i\times({}^{I}\boldsymbol{r}_k-{}^{I}\boldsymbol{p}_i)\dot{q}_{mi}),\quad k=1,2,\cdots,7
\end{aligned} \tag{7-27}
$$

机械臂末端速度为

$$
\begin{aligned}
{}^{I}\boldsymbol{v}_e&={}^{I}\dot{\boldsymbol{r}}_e\\
&={}^{I}\boldsymbol{v}_0+{}^{I}\boldsymbol{\omega}_0\times({}^{I}\boldsymbol{r}_e-{}^{I}\boldsymbol{r}_0)+{}^{I}\boldsymbol{v}_e^{B}\\
&={}^{I}\boldsymbol{v}_0+{}^{I}\boldsymbol{\omega}_0\times({}^{I}\boldsymbol{r}_e-{}^{I}\boldsymbol{r}_0)+\sum_{i=1}^{k}({}^{I}\boldsymbol{z}_i\times({}^{I}\boldsymbol{r}_e-{}^{I}\boldsymbol{p}_i)\dot{q}_{mi})
\end{aligned} \tag{7-28}
$$

机械臂第 k 杆质心角速度为

$$
{}^{I}\boldsymbol{\omega}_k={}^{I}\boldsymbol{\omega}_0+{}^{I}\boldsymbol{\omega}_k^{B}={}^{I}\boldsymbol{\omega}_0+\sum_{i=1}^{k}({}^{I}\boldsymbol{z}_i\dot{q}_{mi}),\quad k=1,2,\cdots,7 \tag{7-29}
$$

机械臂末端角速度为

$$
{}^{I}\boldsymbol{\omega}_e={}^{I}\boldsymbol{\omega}_0+{}^{I}\boldsymbol{\omega}_e^{B}={}^{I}\boldsymbol{\omega}_0+\sum_{i=1}^{7}({}^{I}\boldsymbol{z}_i\dot{q}_{mi}) \tag{7-30}
$$

令

$$\boldsymbol{J}_{L7}=[{}^I\boldsymbol{z}_1\times({}^I\boldsymbol{r}_e-{}^I\boldsymbol{p}_1),{}^I\boldsymbol{z}_2\times({}^I\boldsymbol{r}_e-{}^I\boldsymbol{p}_2),\cdots,{}^I\boldsymbol{z}_7\times({}^I\boldsymbol{r}_e-{}^I\boldsymbol{p}_7)] \tag{7-31}$$

$$\boldsymbol{J}_{A7}=[{}^I\boldsymbol{z}_1,{}^I\boldsymbol{z}_2,\cdots,{}^I\boldsymbol{z}_7] \tag{7-32}$$

$$\boldsymbol{J}_{Lk}=[{}^I\boldsymbol{z}_1\times({}^I\boldsymbol{r}_k-{}^I\boldsymbol{p}_1),{}^I\boldsymbol{z}_2\times({}^I\boldsymbol{r}_k-{}^I\boldsymbol{p}_2),\cdots,{}^I\boldsymbol{z}_k\times({}^I\boldsymbol{r}_k-{}^I\boldsymbol{p}_k),0,\cdots,0] \tag{7-33}$$

$$\boldsymbol{J}_{Ak}=[{}^I\boldsymbol{z}_1,{}^I\boldsymbol{z}_2,\cdots,{}^I\boldsymbol{z}_k,0,\cdots,0],\quad k=1,2,\cdots,7 \tag{7-34}$$

可以推算出下式，即

$$\begin{bmatrix}{}^I\boldsymbol{v}_e\\{}^I\boldsymbol{\omega}_e\end{bmatrix}=\begin{bmatrix}\boldsymbol{E}_3 & {}^I\boldsymbol{r}_{0e}^{\times}\\0 & \boldsymbol{E}_3\end{bmatrix}\begin{bmatrix}{}^I\boldsymbol{v}_0\\{}^I\boldsymbol{\omega}_0\end{bmatrix}+\begin{bmatrix}\boldsymbol{J}_{L7}\\\boldsymbol{J}_{A7}\end{bmatrix}\dot{\boldsymbol{q}}_m \tag{7-35}$$

令

$$\boldsymbol{J}_b=\begin{bmatrix}\boldsymbol{E}_3 & {}^I\boldsymbol{r}_{0e}^{\times}\\0 & \boldsymbol{E}_3\end{bmatrix} \tag{7-36}$$

$$\boldsymbol{J}_m=\begin{bmatrix}\boldsymbol{J}_{L7}\\\boldsymbol{J}_{A7}\end{bmatrix} \tag{7-37}$$

在固定基座模式下，其位置和姿态均受控，即 $\boldsymbol{v}_0$ 和 $\boldsymbol{\omega}_0$ 均为 $\boldsymbol{0}$，则此模式下的运动微分方程可表示为

$$\dot{\boldsymbol{x}}_e=\dot{\boldsymbol{J}}_m\dot{\boldsymbol{q}}_m \tag{7-38}$$

7.4.3　单关节锁定下的模型重构

1. 锁定前端或后端关节的模型重构

当关节 J_1 锁定时，连杆 L_1 和基座 L_0 组成一个新的连杆，J_1 后的关节标记为 $\tilde{J}_2\sim\tilde{J}_7$。相关的连杆和坐标系标记为 $\tilde{L}_2\sim\tilde{L}_7$，$\tilde{\Sigma}_1\sim\tilde{\Sigma}_7$，$\tilde{\Sigma}_1$ 对应 $\tilde{L}_1$；Σ_0 和 L_0 保持原有方向。重构前后的 DH 系分别如图 7-11 和图 7-12 所示，根据定义 DH 参数可以很容易地获得关节 J_1 锁定情况下的 DH 参数，如表 7-4 所示。关节 J_2、J_6、J_7 锁定的情况与关节 J_1 锁定的情况类似，在此不做详细说明。

需要特殊说明的是，在关节 J_1 发生故障时，基坐标系发生改变，因此要进行坐标变换，建立原基坐标系与故障后基坐标系之间的关系，变换矩阵为

$$\boldsymbol{T}_0^1=\begin{bmatrix}\cos\theta_1 & -\sin\theta_1 & \sin\theta_1 & 0\\\sin\theta_1 & 0 & -\cos\theta_1 & 0\\0 & 1 & 0 & d_{10}\\0 & 0 & 0 & 1\end{bmatrix} \tag{7-39}$$

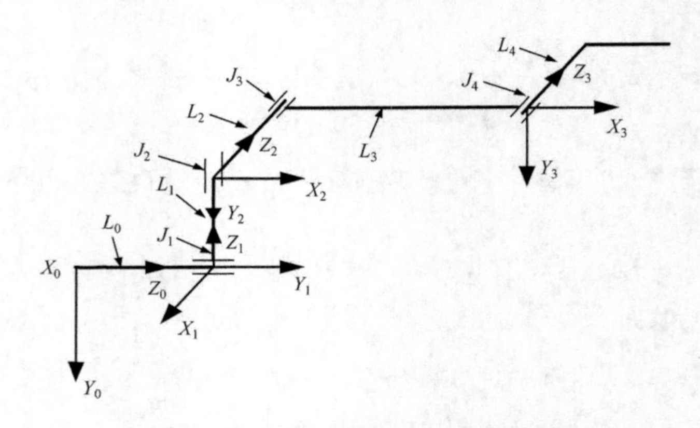

图 7-11　机械臂常态下关节与连杆标号

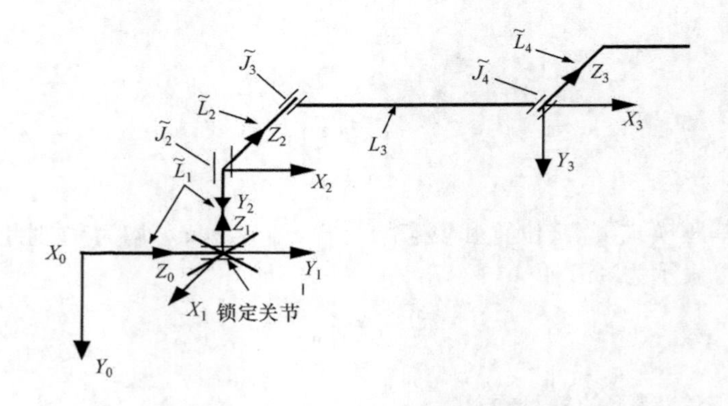

图 7-12　关节 J_1 锁定下关节与连杆标号

表 7-4　关节 J_1 锁定的 DH 参数表

连杆 i	$\theta_i/(°)$	$\alpha_{i-1}/(°)$	a_{i-1}/m	d_i/m
1	—	—	—	—
2	90	−90	0	d_{20}
3	0	0	a_{30}	d_{30}
4	0	0	a_{40}	d_{40}
5	0	90	0	d_{50}
6	−90	−90	0	d_{60}
7	0	0	0	d_{70}

同理，在关节 J_7 发生故障时，末端坐标系发生改变，因此要进行坐标变换，建立原末端坐标系与故障后末端坐标系之间的关系，变换矩阵为

$$
\boldsymbol{T}_6^7=\begin{bmatrix} 0 & -1 & 1 & 0 \\ 1 & 0 & 0 & 0 \\ 0 & 1 & 0 & d_{10} \\ 0 & 0 & 0 & 1 \end{bmatrix} \tag{7-40}
$$

2. 锁定中部关节的模型重构

(1) 锁定第三关节

当关节 J_3 锁定时，连杆 L_3 和 L_2 重新构成一个新杆 $\widetilde{L}_3$。发生故障的关节之前的关节为 J_1 和 J_2，之后的关节为 $\widetilde{J}_4 \sim \widetilde{J}_7$。$\widetilde{L}_3$ 坐标系为 $\widetilde{\Sigma}_3$，L_2 和 Σ_2 的方向保持不变，如图 7-13 所示。为了方便理解，关节 J_3 锁定下的俯视图如图 7-14 所示，关节 J_3 锁定的方向为 β_3。很明显，$\widetilde{\Sigma}_3$ 的原点取决于 β_3，a_2 和 d_2 是 β_3 的函数。

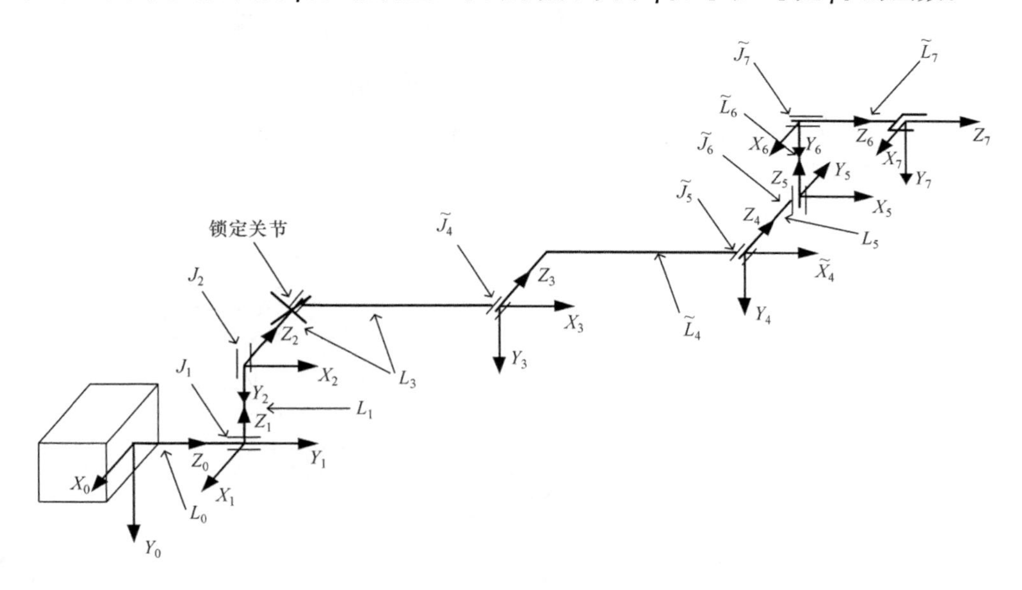

图 7-13　关节 J_3 锁定下的关节重构

相反，$\widetilde{\Sigma}_3$ 和 $\widetilde{\Sigma}_4$ 是独立于 β_3 的。因此，a_4 和 d_4 的值与 a_{40} 和 d_{40} 相同。根据 DH 参数方法规则，$\tilde{z}_3$ 应该同时垂直于 z_1 和 $\tilde{z}_4$。重构参数为

$$a_2=a_{30}\cos\beta_3 \tag{7-41}$$

$$d_2=d_{20}-a_{30}\sin\beta_3 \tag{7-42}$$

$$\theta_4=\beta_3 \tag{7-43}$$

(2) 锁定第四关节

当关节 J_4 锁定时，连杆 L_4 和 L_3 重新构成一个新杆 $\widetilde{L}_4$，发生故障的关节之前

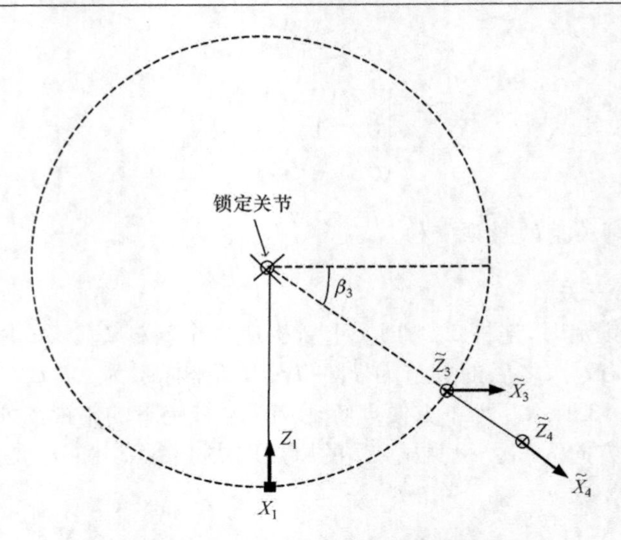

图 7-14　关节 J_3 锁定下的俯视图

的关节为 $J_1 \sim J_3$，之后的关节为 $\widetilde{J}_5 \sim \widetilde{J}_7$。$\widetilde{L}_4$ 坐标系为 $\widetilde{\Sigma}_4$，L_3 和 Σ_3 的方向保持不变，如图 7-15 所示。

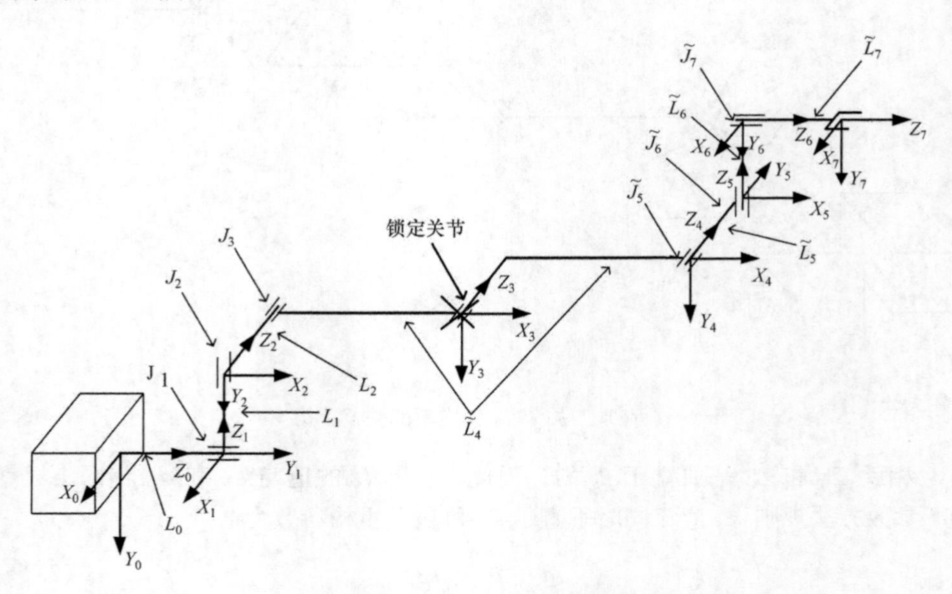

图 7-15　关节 J_4 锁定下的关节重构

为了方便理解，关节 J_4 锁定下的俯视图如图 7-16 所示，关节 J_4 锁定的方向为 β_4。明显，$\widetilde{\Sigma}_4$ 的原点取决于 β_4，a_3 是 β_4 的函数。$\widetilde{\Sigma}_4$ 的原点与 $\widetilde{\Sigma}_5$ 相同，a_5 和 d_5 永远为 0。

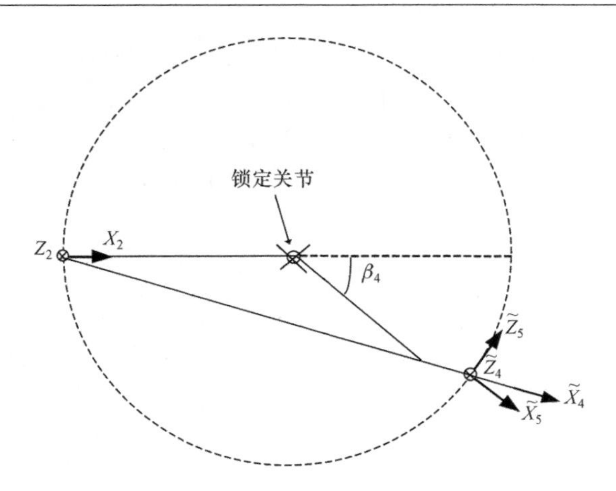

图 7-16 关节 J_4 锁定下的俯视图

与此相反，z_3 和 $\tilde{z}_4$ 平行，因此 $\tilde{x}_4$ 为 z_3 和 $\tilde{z}_4$ 的公法线，得到的参数为

$$a_3=\sqrt{a_{30}^2+a_{40}^2-2a_{30}a_{40}\cos(\pi-\beta_4)} \tag{7-44}$$

$$\theta_3=\beta_4 \tag{7-45}$$

$$\theta_5=\pi+\beta_4/2 \tag{7-46}$$

(3) 锁定第五关节

当关节 J_5 锁定时，连杆 L_4 和 L_5 重新构成一个新杆 $\tilde{L}_5$。六个关节为 $J_1\sim J_4$ 和 $\tilde{J}_6$、$\tilde{J}_7$，连杆是 $L_0\sim L_3$ 和 $\tilde{L}_5\sim\tilde{L}_7$。$\tilde{L}_5$、$\Sigma_3$、$\tilde{\Sigma}_5$ 和 $\tilde{\Sigma}_6$ 的坐标系如图 7-17 所示。

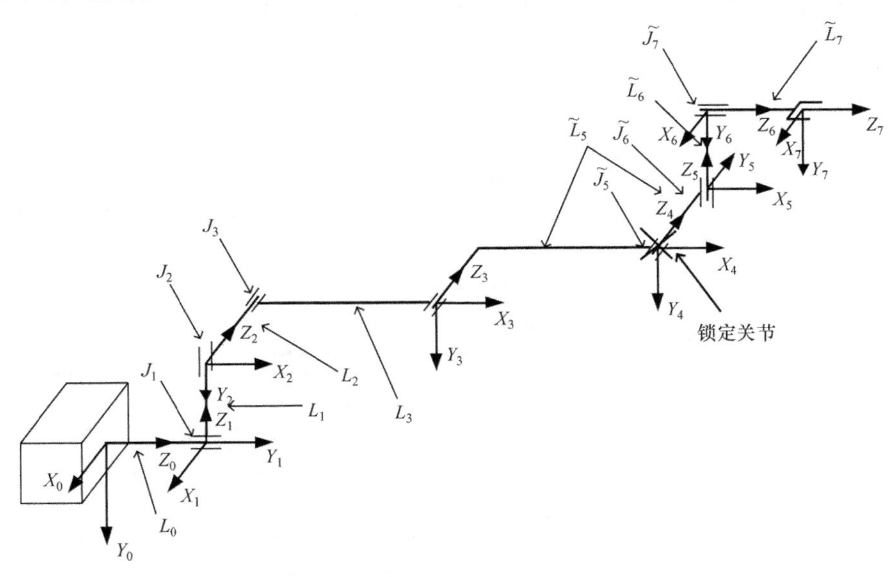

图 7-17 关节 J_5 锁定下的关节重构

为了方便理解，关节 J_5 锁定下的俯视图如图 7-18 所示，关节 J_5 锁定方向为 β_5，可以是 0°～360°的任意值。Σ_3 的原点在关节 J_4，z_3 的方向平行于 J_4 的正方向。根据 DH 参数方法规则，z_5 的方向与 $\widetilde{J}_6$ 转轴的方向平行。先确定 $\tilde{z}_3$ 和 z_5 的公法线，$\widetilde{\Sigma}_5$ 的原点为 $\tilde{z}_5$ 和公法线的交点。对于不同的 β_5 值，$\widetilde{\Sigma}_5$ 的方向为一个圆形，半径为 a_{40}。

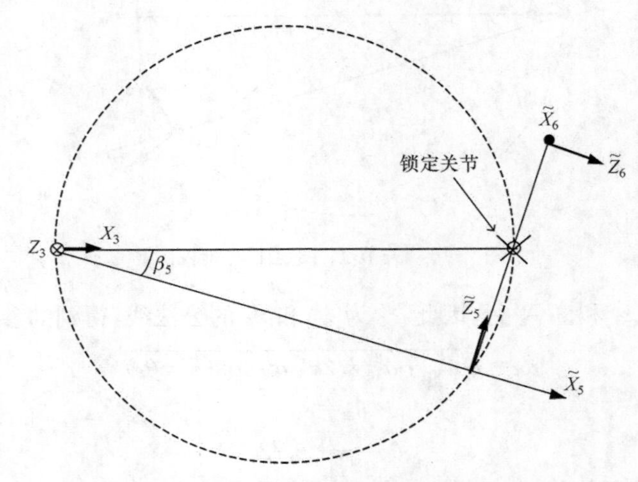

图 7-18　关节 J_5 锁定下的俯视图

相反，$\tilde{z}_6$ 的方向平行于 $\widetilde{J}_7$ 的转轴。$\widetilde{\Sigma}_6$ 的原点位置是 $\tilde{z}_5$ 和 $\tilde{z}_6$ 的交点。半径为 a_{60} 的圆形表示 $\widetilde{\Sigma}_6$ 原点的可能位置。综上，可以获得关节 J_5 锁定情况下的 DH 参数，部分参数为

$$\theta_4=\beta_5 \tag{7-47}$$

$$a_4=a_{40}\cos\beta_5 \tag{7-48}$$

$$d_6=d_{60}+a_{40}\sin\beta_5 \tag{7-49}$$

根据锁定不同关节的重构 DH 坐标系和相应的 DH 参数，可整理出 DH 参数总表来描述六自由度空间机械臂的 DH 参数，如表 7-5 所示，其中 $k(k=1\sim7)$表示锁定关节的标号，β_k 表示关节 J_k 锁定的位置。

表 7-5　单关节锁定的 DH 参数总表

连杆 i	$\alpha_i/(°)$	a_i/m	$\theta_i/(°)$	d_i/m
1	$\alpha_1=\begin{cases}90+\beta_2(k=2)\\90(k=3,\cdots,7)\end{cases}$	$a_1=\begin{cases}d_{20}(k=2)\\0(k=3,\cdots,7)\end{cases}$	$\theta_1=\begin{cases}-90(k=2)\\0(k=3,\cdots,7)\end{cases}$	$d_1=d_{10}(k=2,\cdots,7)$
2	$\alpha_2=-90(k=1,3,\cdots,7)$	$a_2=\begin{cases}a_{30}\cos\beta_3(k=3)\\0(k=1,4,\cdots,7)\end{cases}$	$\theta_2=90(k=1,3,\cdots,7)$	$d_2=\begin{cases}d_{20}-a_{30}\sin\beta_3(k=3)\\d_{20}(k=1,4,\cdots,7)\end{cases}$

续表

连杆 i	$\alpha_i/(°)$	a_i/m	$\theta_i/(°)$	d_i/m
3	$\alpha_3=0(k=1,2,4,\cdots,7)$	$a_3=\begin{cases}(a_{30}^2+a_{40}^2-2a_{30}a_{40}\cos(\pi-\beta_4))^{1/2}(k=4)\\a_{30}(k=1,2,5,6,7)\end{cases}$	$\theta_3=\begin{cases}90(k=2)\\\beta_4/2(k=4)\\0(k=1,5,6,7)\end{cases}$	$d_3=\begin{cases}d_{30}+d_{40}(k=4)\\d_{30}(k=1,3,5,\cdots,7)\end{cases}$
4	$\alpha_4=\begin{cases}90(k=5)\\0(k=1,2,3,6,7)\end{cases}$	$a_4=\begin{cases}a_{40}\cos(\beta_5)(k=5)\\a_{40}(k=1,2,3,6,7)\end{cases}$	$\theta_4=\begin{cases}\beta_3(k=3)\\\beta_5(k=5)\\0(k=1,2,6,7)\end{cases}$	$d_4=\begin{cases}d_{30}+d_{40}(k=3)\\d_{40}+d_{50}(k=5)\\d_{40}(k=1,2,6,7)\end{cases}$
5	$\alpha_5=\begin{cases}-90+\beta_6(k=6)\\90(k=1,\cdots,4,7)\end{cases}$	$a_5=\begin{cases}d_{60}(k=6)\\0(k=1,\cdots,4,7)\end{cases}$	$\theta_5=\begin{cases}\beta_4/2(k=4)\\-90(k=6)\\0(k=1,2,3,7)\end{cases}$	$d_5=d_{50}(k=1,\cdots,4,6,7)$
6	$\alpha_6=-90(k=1,\cdots,5,7)$	$a_6=0(k=1,\cdots,5,7)$	$\theta_6=-90(k=1,\cdots,5,7)$	$d_6=\begin{cases}d_{60}+a_{40}\sin\beta_5(k=5)\\d_{60}(k=1,\cdots,4,7)\end{cases}$
7	$\alpha_7=0(k=1,\cdots,6)$	$a_7=0(k=1,\cdots,6)$	$\theta_7=\begin{cases}90(k=6)\\0(k=1,\cdots,5)\end{cases}$	$d_7=d_{70}(k=1,\cdots,6)$

7.4.4　数值仿真验证

常态下，空间机械臂七个关节均未损坏，以直线规划为例模拟空间机械臂路径规划过程，设定初始关节角为[−50°，−170°，150°，−60°，130°，170°，0°]，期望末端位姿为[9.6m，0m，3m，−1rad，−0.5rad，−2rad]，空间机械臂规划周期为 20s，控制周期为 0.05s。末端轨迹路线如图 7-19 所示。

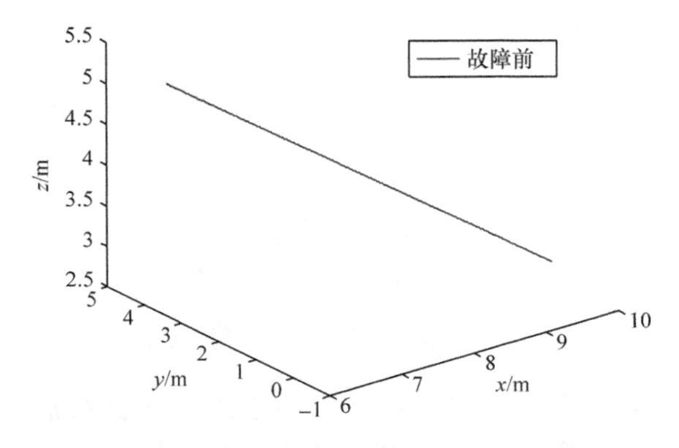

图 7-19　常态下的直线规划

选取与常态相同的路径规划任务，设定关节在10s时发生故障锁死。由于空间机械臂关节故障后会发生工作空间退化，因此针对预期轨迹任务，基于蒙特卡罗方法求取空间机械臂各关节在10s时发生故障锁死的退化工作空间，并采用阈值判定法检验出预期任务轨迹均能落入对应的退化工作空间内，即关节故障后可以采用模型重构策略继续完成后续任务。

在此基础上，关节故障锁定后，采用运动学模型重构处理策略，不同关节故障后DH参数如表7-5所示。由于在重构空间机械臂故障后的DH参数时，可将其关节分为三类进行考虑，因此这里选择三个具有代表性的关节（J_2、J_3和J_6），给出其数值仿真结果图，如图7-20～图7-22所示。由图可知，故障前后的末端轨迹曲线重合为一条直线，因此能够验证路径规划符合直线规划。

表7-6 空间机械臂末端轨迹比较表

	末端位姿/m或rad						末端偏差/m
期望值	9.6000	−0.0000	3.0000	−1.0000	−0.5000	−2.0000	—
常态	9.5935	−0.0033	2.9982	−1.0009	−0.5007	−1.9994	0.008
锁定关节J_2	9.5962	−0.0032	2.9985	−1.0001	−0.5005	−1.9999	0.005
锁定关节J_3	9.6006	−0.0017	2.9858	−1.0008	−0.4995	−2.0018	0.014
锁定关节J_6	9.5968	−0.0003	2.9972	−1.0008	−0.5002	−1.9998	0.004

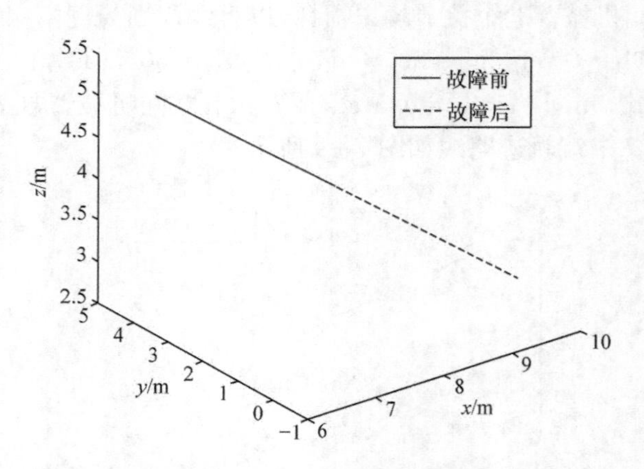

图7-20 关节J_2锁定下的末端轨迹曲线

表7-6为空间机械臂末端轨迹的比较。可知各关节故障后，采用基于DH参数方法的模型重构处理策略，空间机械臂仍然能够继续完成预期路径规划任务，且末端点与预期位置的误差数量级在10^{-3}m左右，验证了单关节故障锁定后重构DH参数的正确性。

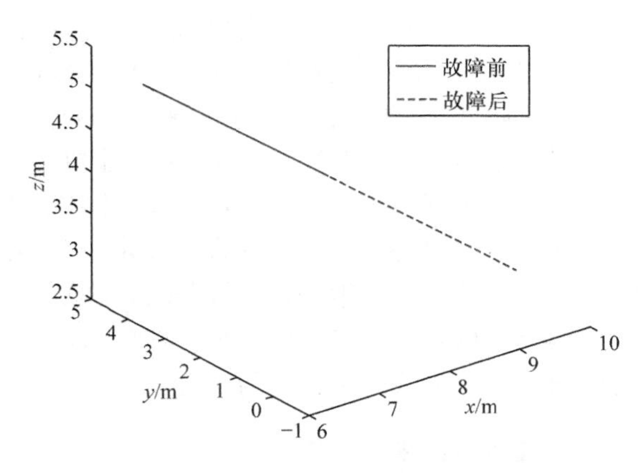

图 7-21　关节 J_3 锁定下的末端轨迹曲线

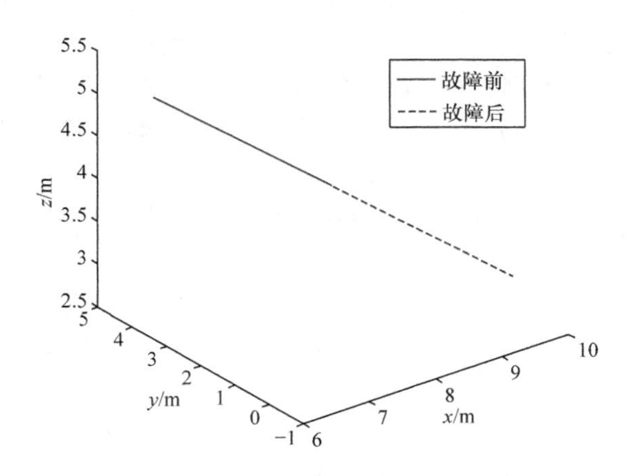

图 7-22　关节 J_6 锁定下的末端轨迹曲线

7.5　考虑故障容错性能的空间机械臂轨迹优化

基于空间机械臂故障后模型重构方法和路径规划的数值仿真，本节首先介绍对于给定末端运动轨迹求解其全关节构型群组的过程，然后在此基础上，以全关节容错构型群组取值范围为优选关节角序列的约束条件，进一步开展对空间机械臂全局容错轨迹优化的研究。

为在容错构型群组内优选获得一条连通初始点和任务点的连续关节角序列，使机械臂任意关节在任意时刻发生故障后，仍然可以完成预期在轨操作任务。首先，需要在容错构型群组内获得能够连通末端运动轨迹始、末点的所有连续关节角序列。为此，本节引入 5 次多项式对关节角度进行插值遍历，研究在容错构型群组内获取连续关节轨迹的问题。进而，以任务方向可操作度为容错性能指标，综合考虑空间机械臂任务执行过程中运动约束、环境约束等约束条件，以及太空环境中能源稀缺、任务时间宝贵等实际问题，使得在优化容错性能指标的同时，需要引入多约束准则、多优化目标对关节容错轨迹开展进一步优化。因此，本节面向直线末端运动轨迹跟踪任务，引入关节角度、角速度、角加速度及避障作为约束准则，任务方向可操作度及任务能耗作为优化目标，建立多约束多优化目标容错轨迹优化模型，通过对优化模型进行分析，合理构建决策变量，采用多目标粒子群算法开展多目标最优解集求解的研究。最后，以空间七自由度大型机械臂为仿真对象，开展相关数值仿真实验，验证容错轨迹优化方法的可行性与正确性。

7.5.1　空间机械臂关节构型集合求解方法

研究对象为典型三轴连续平行机械臂，且各关节均为转动关节，由图 7-9 所示的空间七自由度大型机械臂构型，满足机械臂具有封闭解的充分条件。本节在不考虑关节限位等机构物理约束和避障、能量最小等二次约束的条件下，设定各关节运动范围为$-180°\sim180°$，选定关节 J_1 为自运动变量，即在给定关节 J_1 角度值的条件下，求解其他关节角解析表达式。

对于给定的末端位姿$(x_E,y_E,z_E,\alpha,\beta,\gamma)$，可以获得其相对惯性系的位姿转换矩阵${}^0_7\boldsymbol{T}$，即

$$
{}^0_7\boldsymbol{T}=\begin{bmatrix} \mathrm{c}\alpha\mathrm{c}\beta\mathrm{c}\gamma-\mathrm{s}\alpha\mathrm{s}\gamma & -\mathrm{c}\alpha\mathrm{c}\beta\mathrm{s}\gamma-\mathrm{s}\alpha\mathrm{c}\gamma & \mathrm{c}\alpha\mathrm{s}\alpha & x_E \\ \mathrm{s}\alpha\mathrm{c}\beta\mathrm{c}\gamma+\mathrm{c}\alpha\mathrm{s}\gamma & -\mathrm{s}\alpha\mathrm{c}\beta\mathrm{s}\gamma+\mathrm{c}\alpha\mathrm{c}\gamma & \mathrm{s}\alpha\mathrm{s}\beta & y_E \\ -\mathrm{s}\beta\mathrm{c}\alpha & \mathrm{s}\beta\mathrm{c}\gamma & \mathrm{c}\beta & z_E \\ 0 & 0 & 0 & 1 \end{bmatrix} \tag{7-50}
$$

其中，(x_E,y_E,z_E)表示机械臂末端在惯性系的位置；(α,β,γ)为采用 ZYX 欧拉角表示的机械臂末端在惯性系的姿态；$\mathrm{c}\alpha=\cos\alpha$，$\mathrm{c}\beta=\cos\beta$，$\mathrm{c}\gamma=\cos\gamma$，$\mathrm{s}\alpha=\sin\alpha$，$\mathrm{s}\beta=\sin\beta$，$\mathrm{s}\gamma=\sin\gamma$。为后续计算方便，定义

$$
{}^0_7\boldsymbol{T}=\begin{bmatrix} n_x & o_x & a_x & p_x \\ n_y & o_y & a_y & p_y \\ n_z & o_z & a_z & p_z \\ 0 & 0 & 0 & 1 \end{bmatrix} \tag{7-51}
$$

因为末端位姿为给定值，式(7-51)所示的位姿齐次矩阵中各值均为已知。同时，由机械臂 DH 坐标系及 DH 参数，可获得各连杆坐标系之间的位姿转换矩阵关系，如式(7-22)所示。由此可推导出下式，即

$$
{}^0_7\boldsymbol{T}={}^0_1\boldsymbol{T}\,{}^1_2\boldsymbol{T}\cdots{}^6_7\boldsymbol{T}=f(\theta_1,\theta_2,\cdots,\theta_7) \tag{7-52}
$$

由于选定了关节 J_1 旋转角度为自运动变量，因此在求解过程中确定其值为 θ_1。下面采用逆变换方法分离已知变量，求解其他关节角的解析表达式。将式(7-

52)左乘矩阵$({}_1^0\boldsymbol{T})^{-1}$可得下式,即

$$({}_1^0\boldsymbol{T})^{-1}{}_7^0\boldsymbol{T}={}_2^1\boldsymbol{T}\cdots{}_7^6\boldsymbol{T} \tag{7-53}$$

对于给定的七自由度机械臂,通过设定机械臂关节 J_1 的角度 θ_1,可获得与其末端位姿对应的各关节角的解析解表达式,建立末端位姿与关节构型的完备映射关系,图 7-23 为 $\theta_1\sim\theta_7$ 的求解流程。可见,随着自运动变量 θ_1 在其运动约束内的遍历,可获得满足末端位姿的全部关节构型集合,表现在关节空间即为相应末端位姿的自运动流形。图 7-24 给出了设定一组 θ_1 后各关节逆解的对应关系与组合分布情况。

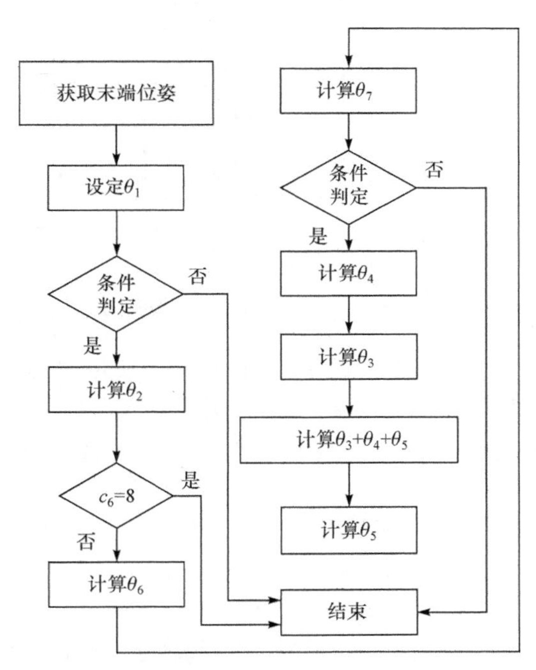

图 7-23　七自由度机械臂位置级逆解求解流程

7.5.2　基于多项式插值的关节轨迹规划

对应末端运动轨迹序列点的关节容错构型群组可以由机械臂运行过程中自运动变量(关节 J_1 角度)的取值范围来表征。为进一步开展关节空间的容错轨迹优化研究,需要解决关节容错构型群组的连通问题,找到容错构型群组内能够连通任务始、末点且具有连续性的全部关节轨迹(关节角序列)。因此,本节引入 5 次多项式插值对关节 J_1 角度进行插值遍历,即

$$\theta_1(t)=a_0+a_1t+a_2t^2+a_3t^3+a_4t^4+a_5t^5 \tag{7-54}$$

其中,t 为机械臂运动时间;$\theta_1(t)$ 为 t 时刻关节 J_1 角度,为多项式系数;$a_0\sim a_5$ 以

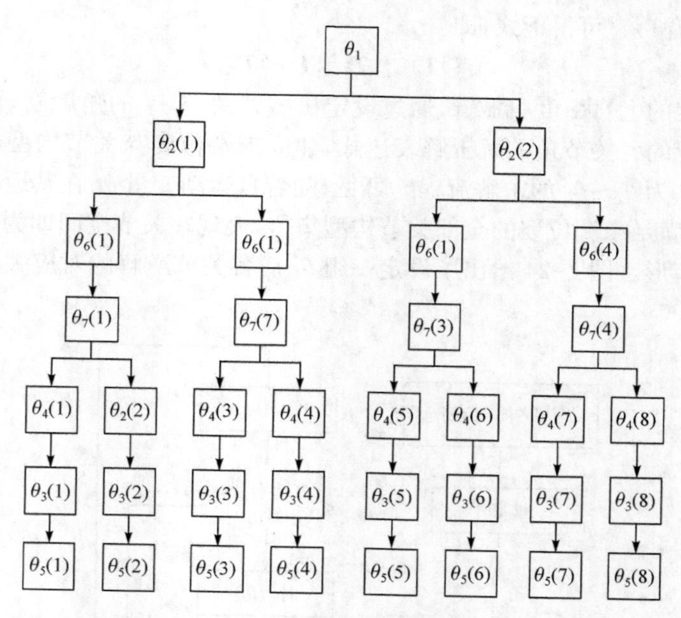

图 7-24　七自由度机械臂位置级逆解分布示意图

容错构型群组内关节 J_1 的各时刻运动范围为约束，通过调整多项式系数的取值，理论上可在容错构型群组内遍历获得全部连续关节轨迹。由于其他关节角度与关节 J_1 角度存在对应关系，因此只需对关节 J_1 进行插值遍历，其他关节角度可随之获得。

由式(7-54)可进一步求得机械臂关节速度和关节角加速度，即

$$\dot{\theta}_1(t)=a_1+2a_2t+3a_3t^2+4a_4t^3+5a_5t^4 \tag{7-55}$$

$$\ddot{\theta}_1(t)=2a_2+6a_3t+12a_4t^2+20a_5t^3 \tag{7-56}$$

建立关节多项式插值表达式后，需要对各系数进行求解，由于需要遍历所有可能的关节轨迹，因此不指定任务始、末点构型，将其同时列入优化范畴。考虑末端运动轨迹始、末点关节角速度、角加速度约束为

$$\begin{aligned}\dot{\theta}_1(0)=\dot{\theta}_1(t_z)=0\\ \ddot{\theta}_1(0)=\ddot{\theta}_1(t_z)=0\end{aligned} \tag{7-57}$$

其中，t_z 为末端运动轨迹的总规划时间。

由于式(7-54)～式(7-56)中的未知系数为 6 个，而式(7-57)给出 4 个约束条件，因此选取 a_0 和 a_3 为自变量。显然，a_0 独立于其他参数，联立式(7-55)～式(7-57)可得下式，即

$$a_1=a_2=0 \tag{7-58}$$

$$a_4=-\frac{3a_3}{2t_z} \tag{7-59}$$

$$a_5 = \frac{3a_3}{5t_z^2} \tag{7-60}$$

综上，对于关节 J_1 进行的 5 次多项式插值规划，可通过变换 a_0 和 a_3 获得满足末端运动轨迹的不同关节轨迹，将 a_0 和 a_3 作为轨迹优化控制参数进行求解，可获得满足优化目标的关节轨迹。

7.5.3 基于多目标粒子群的全局容错轨迹优化过程

由于空间机械臂执行在轨操作任务过程中，需要严格遵守其运动约束(如关节角度、角速度、角加速度、力矩等约束等)、环境约束(如空间机械臂与自身、太空舱、障碍物的避碰约束等)等条件。同时，考虑太空环境能源稀缺、任务执行时间非常宝贵，因此规划具有较高效率、较低能耗的运动轨迹对于提高空间机械臂的可靠性，增加其服役寿命具有很强的现实意义。综上，对于给定末端运动轨迹，在其容错构型群组内获得连续关节轨迹后，进行容错轨迹优化是一个需要综合考虑多约束多优化目标的过程。

1. 多约束多目标的全局容错轨迹优化模型分析

除将容错构型群组取值范围作为约束条件，本节综合考虑实际操作任务过程中需要考虑的典型约束条件及优化目标，建立多约束多目标的全局容错轨迹优化模型。

(1) 约束条件分析

空间机械臂初始点与终止点角速度、角加速度约束条件为

$$H_1 = \begin{cases} \dot{\theta}_i(0) = \dot{\theta}_i(t_z) = 0 \\ \ddot{\theta}_i(0) = \ddot{\theta}_i(t_z) = 0 \end{cases}, \quad i = 1, 2, \cdots, n \tag{7-61}$$

空间机械臂运动过程中关节角度、角速度、角加速度约束条件为

$$H_2 = \begin{cases} q_{\min} \leqslant \theta_i \leqslant q_{\max} \\ v_{\min} \leqslant \dot{\theta}_i \leqslant v_{\max}, \quad i = 1, 2, \cdots, n \\ a_{\min} \leqslant \ddot{\theta}_i \leqslant a_{\max} \end{cases} \tag{7-62}$$

由于在实际问题中，当障碍物位置已知时，末端避障需要在前期任务布置和轨迹选取阶段完成，而机械臂臂杆的避障则可以通过碰撞检测算法和碰撞干涉分析来完成，其结果最终均体现在关节构型集合中。因此，为简化约束条件表达，统一用式(7-63)中关节角度约束来同时体现避障和容错构型群组约束。

(2) 优化目标

满足约束条件的前提下，以任务方向可操作度、末端运动轨迹规划时间及任务总体能量消耗为优化目标。

① 基于任务方向退化可操作度指标最优。采用基于任务方向的退化可操作度为容错性能指标，由粒子群算法的优化原理可知，其优化目的是使优化目标最小，因此建立任务方向可操作度优化目标函数为

$$f_1=\int_{t_0}^{t_z}[1/FDW(\boldsymbol{q})]=\int_{t_0}^{t_z}\left[1\Big/\sum_{i=1}^{n}(k_i\times DW_i(\boldsymbol{q}))\right] \tag{7-63}$$

其中，t_0 为机械臂运动的起始时刻。

② 能量最优。在空间环境中，由于航天系统较为复杂，且空间飞行器的负载有限，无法携带更多能源，因此可供机械臂利用的能源往往有限。以能量最优为目的，是为了降低机械臂系统的能耗，以满足机械臂长时间工作的需求。在求解关节力矩的基础上，根据对关节输出功率的计算，可以提出能量最优目标函数，即

$$f_2=\sum_{i=1}^{n}\int_{t_0}^{t_z}[\dot{q}_i(t)\tau_i(t)]^2\mathrm{d}t \tag{7-64}$$

综上分析，容错轨迹搜索策略可以概括为

$$\begin{cases}\text{find} & a_0,a_3\\ \min & f_1,f_2\end{cases} \tag{7-65}$$
$$\text{s. t. } H_1,H_2$$

2. 多目标粒子群基本原理

对于多目标优化问题，由于大多数情况下优化目标之间无法比较或者存在相互制约的关系，单个目标的最优往往造成其他优化目标性能降低。因此，无法像单目标优化问题一样找到使目标函数最优的唯一解，目标规划法、约束法、加权法等将多优化目标问题转化为单优化目标问题进行求解的思路，其优化效果往往无法令人满意。目前，多目标遗传算法[18]是解决多优化目标问题效果较好的方法，其中多目标粒子群算法以其解算、收敛速度快与计算精度高等优点受到广泛关注。本章选用多目标粒子群算法解决多约束多优化目标的容错轨迹优化问题。

(1) Pareto 最优解集描述

多目标遗传算法的优化思路是通过调整各优化目标函数的关系，寻找使各优化目标函数尽量最优的解集，这组最优解集是权衡了多个优化目标的折中情况，称为非支配解或 Pareto 最优解。在实际选解过程中，需要依靠具体问题优化需求和经验知识进行决策。Pareto 最优解集作为多优化目标的最后结果，这里对其基本原理及求解过程进行简单阐述。

① 定义 Pareto 支配关系。$x^1(x^0>x^1)$当且仅当

$$
\begin{aligned}
&f_i(x^0) \geqslant f_i(x^1), \quad i=1,2,\cdots,m \\
&f_i(x^0) > f_i(x^1), \quad \exists i \in \{1,2,\cdots,m\}
\end{aligned} \tag{7-66}
$$

则称解 x^0 支配解 x^1。

② Pareto 最优解。不存在 x^1 使 $x^1 > x^0$，则称解 x^0 是 Pareto 最优解。

③ Pareto 最优解集。所有 Pareto 最优解的集合 $P_s = \{x^0 \mid \neg \exists x^1 > x^0\}$。

(2) 基于 Pareto 支配关系的多目标粒子群优化流程

多目标粒子群算法是一种模拟鸟类觅食的人工智能算法，优化问题的每个解（决策变量取值）都被看做一个粒子，每个粒子有自己的飞行速度和位置，当粒子群中第 j 个粒子在搜索区域内向第 k 代“演化”时，其“飞行”速度和取值更新为

$$v_{k-1}^j = v_{k-1}^j + a_1 \eta_1 (p_{\text{best}}^j - x_{k-1}^j) + a_2 \eta_2 (p_{\text{best}} - x_{k-1}^j) \tag{7-67}$$

$$x_k^j = x_{k-1}^j + v_{k-1}^j \tag{7-68}$$

其中，v_k^j 和 x_k^j 分别是粒子 j 在第 k 代中的“飞行”速度和取值；p_{best}^j 是粒子 j 曾经取过的最好的目标函数值；p_{best} 是全部粒子曾经取到的最好的目标函数值；a_1 和 a_2 是用来限制粒子取值步长的参数；η_1 和 η_2 是取值[0,1]的独立随机变量。

算法中各粒子起始于决策变量搜索区域内任意随机数，将粒子位置代入适应度函数中（优化问题的优化目标），求解各粒子的适应度值（优化目标取值），按照 Pareto 支配关系，将每次迭代中的非支配解存储到外部档案中，同时更新外部档案。直到完成全部迭代，算法终止，外部档案中的全部非劣解即为 Pareto 最优解集。基于最优解集的多目标粒子群算法步骤流程如下。

① 设置粒子种群数、迭代次数、初始化粒子种群，获得粒子随机速度和位置。

② 根据粒子位置计算适应度函数，求解各粒子的适应度函数值。

③ 按照 Pareto 支配关系定义，将每代非支配解存储到外部档案中。

④ 将粒子前一时刻的位置和速度代入式(7-67)和式(7-68)，更新下一代粒子速度和位置。

⑤ 更新外部档案。

⑥ 若迭代次数不满足，则返回②继续进行，否则算法终止，获得 Pareto 最优解集。

(3) 容错轨迹优化求解步骤

至此，基于多目标粒子群的关节空间容错轨迹优化技术路线如图 7-25 所示。

具体求解过程阐述如下。

① 对于给定的笛卡儿空间末端运动轨迹，选定末端速度规划方式，获得离散的末端运动轨迹序列点，求解满足序列点的容错构型群组，获得关节 J_1 的角度取值范围。

② 在取值范围内采用 5 次多项式插值规划方式对容错构型群组进行遍历，获得关节空间容错轨迹序列，选定多项式系数为决策变量，根据关节角取值范围约束

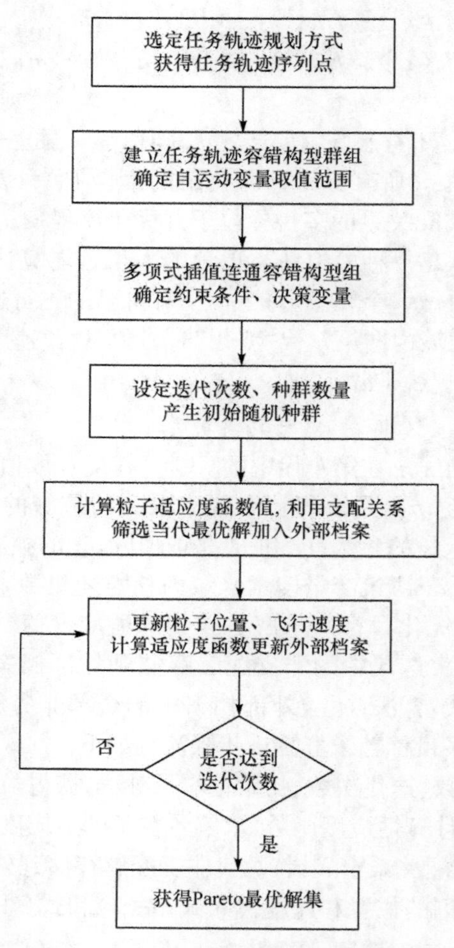

图 7-25　关节空间容错轨迹优化技术路线

给定决策变量搜索范围，设定多目标粒子群算法迭代次数、初始粒子数，随机产生初始种群。

③ 将其代入式(7-54)～式(7-56)中，计算获得关节角度、角速度、角加速度，综合考虑机械臂运动约束和环境约束条件，将满足约束条件的解作为初始解；根据式(7-63)和式(7-64)计算各粒子适应度函数值，利用支配关系对粒子进行筛选，将非受支配粒子位置保留，加入外部档案。

④ 根据式(7-67)和式(7-68)更新粒子的飞行速度和位置，并计算各粒子的适应度值，更新外部档案。

⑤ 若迭代次数未达到最大迭代次数，则返回步骤④，否则所得外部档案即为 Pareto 最优解集。

7.5.4 数值仿真验证

以空间七自由度大型机械臂为研究对象，其 DH 坐标系如图 7-9 所示，DH 参数如表 7-3 所示，动力学参数如表 7-7 所示。

表 7-7 空间七自由度大型机械臂动力学参数表

参数		连杆 1	连杆 2	连杆 3	连杆 4	连杆 5	连杆 6	连杆 7
质量/kg		30	30	70	75	30	30	40
质心位置 ${}^{i}\boldsymbol{P}_i$/m		0	−0.265	2.9	2.7	0	0	0
		−0.265	0	0	0	0	0	0
		0	0	0	0.5	0.265	0.265	0.6
惯性矩阵 $\boldsymbol{I}_k$/(kg·m^2)	I_{xx}	0.98	0.57	1.32	1.91	0.98	0.98	5.18
	I_{yy}	0.57	0.98	197.2	243.4	0.98	0.98	5.18
	I_{zz}	0.98	0.98	197.2	242.9	0.57	0.57	0.75
	I_{xy}	0	0	0	0	0	0	0
	I_{yz}	0	0	0	0	0	0	0
	I_{zx}	0	0	0	−4	0	0	0

设定机械臂末端运动轨迹起点位姿为[6.5m，4.3m，5.0m，−1rad，−0.3rad，−2.4rad]，终点位姿为[9.6m，0m，3m，−1rad，−0.5rad，−2rad]，进行两点间直线路径规划，采用带抛物线过渡的圆弧梯形速度规划方法规划末端速度，规划时间为 20s，加速时间为 5s，单步控制周期为 0.05s。

利用式(7-66)中轨迹优化策略，进行容错轨迹优化工作，其中仿真参数设置如下。

关节角限位：$q_{\min}=-180°$，$q_{\max}=180°$。

关节角速度约束：$v_{\min}=-0.5\text{rad/s}$，$v_{\max}=0.5\text{rad/s}$。

关节角加速度约束：$a_{\min}=-0.5\ \text{rad/s}^2$，$a_{\max}=0.5\text{rad/s}^2$。

关节驱动力矩约束：$\tau_{\min}=-100\text{N}\cdot\text{m}$，$\tau_{\max}=-100\text{N}\cdot\text{m}$。

初始种群数：Pop＝200。

最大遗传代数：Gen＝100。

决策变量搜索范围：$a_0\in[50,100]$，$a_3\in[-0.3,0.4]$。

得到其 Pareto 前沿分布如图 7-26 所示。由图可知，靠近 A 点时，空间机械臂在本次运动中的可操作度性能较优，而靠近 C 点时，其能量性能较优。B 点附近的最优解折中考虑二者优化情况，在实际选解过程中，需要根据任务需求，以及经验进行决策。为了具体分析 Pareto 前沿里不同优化方案对于七自由度空间机械臂运动的影响，分别选取 A、B、C 处一个最优解，统计如表 7-8 所示。

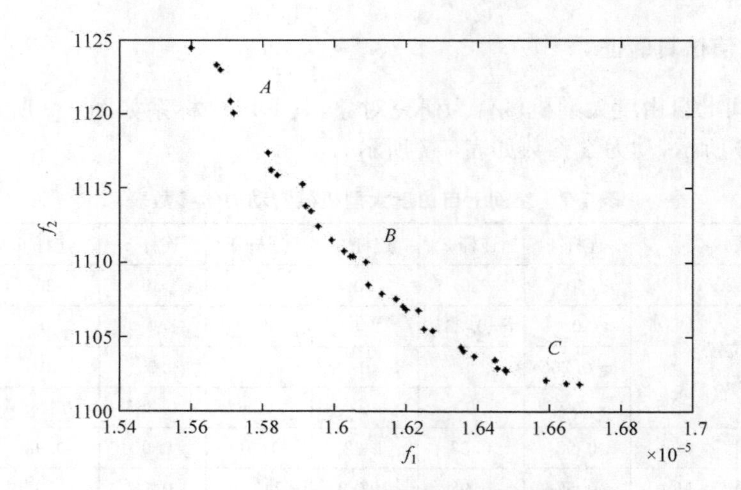

图 7-26 可操作度能力最优的 Pareto 最优解集

表 7-8 不同方案下优化结果

优化方案序号	决策变量		优化目标	
	a_0	a_3	f_1	f_2
A	58.94	−0.0482	1.5709×10^{-5}	1120.9
B	55.62	−0.0440	1.6052×10^{-5}	1110.5
C	51.50	−0.0387	1.6477×10^{-5}	1102.8

由表 7-8 可见，由于 A 和 C 靠近 Pareto 最优解集的两个极端，分别代表两个优化目标分别相对较优时，空间机械臂运动所对应的参数组合，而在 B 方案中，对可操作度的优化优于 C 方案，但对能量的优化优于 A 方案。此时，空间机械臂具有相对最优的综合性能。实际上，对于 Pareto 最优解集合，所有的解都是有效的。为检验轨迹容错能力，选用 B 方案中的参数，采用闭环控制策略实现路径规划(式(7-69))，追踪期望末端轨迹及全局容错轨迹，同时设定不同时刻不同关节发生故障，仿真结果如图 7-27 和图 7-28 所示。

$$\dot{\boldsymbol{q}}=\boldsymbol{J}(\boldsymbol{q})^{\dagger}(\dot{\boldsymbol{p}}+\alpha(\boldsymbol{p}-\boldsymbol{x}))+\beta(\boldsymbol{I}-\boldsymbol{J}(\boldsymbol{q})^{\dagger}\boldsymbol{J}(\boldsymbol{q})(\boldsymbol{q}_{ft}-\boldsymbol{q})) \tag{7-69}$$

其中，$\boldsymbol{p}$ 和 $\boldsymbol{x}$ 分别为末端实际轨迹和末端期望轨迹；$\boldsymbol{q}_{ft}$ 和 $\boldsymbol{q}$ 分别为全局容错轨迹和实际关节角度；α 和 β 为比例控制系数，仿真中选取 0.25。

关节故障发生后，删除故障关节对应的雅可比矩阵一列。

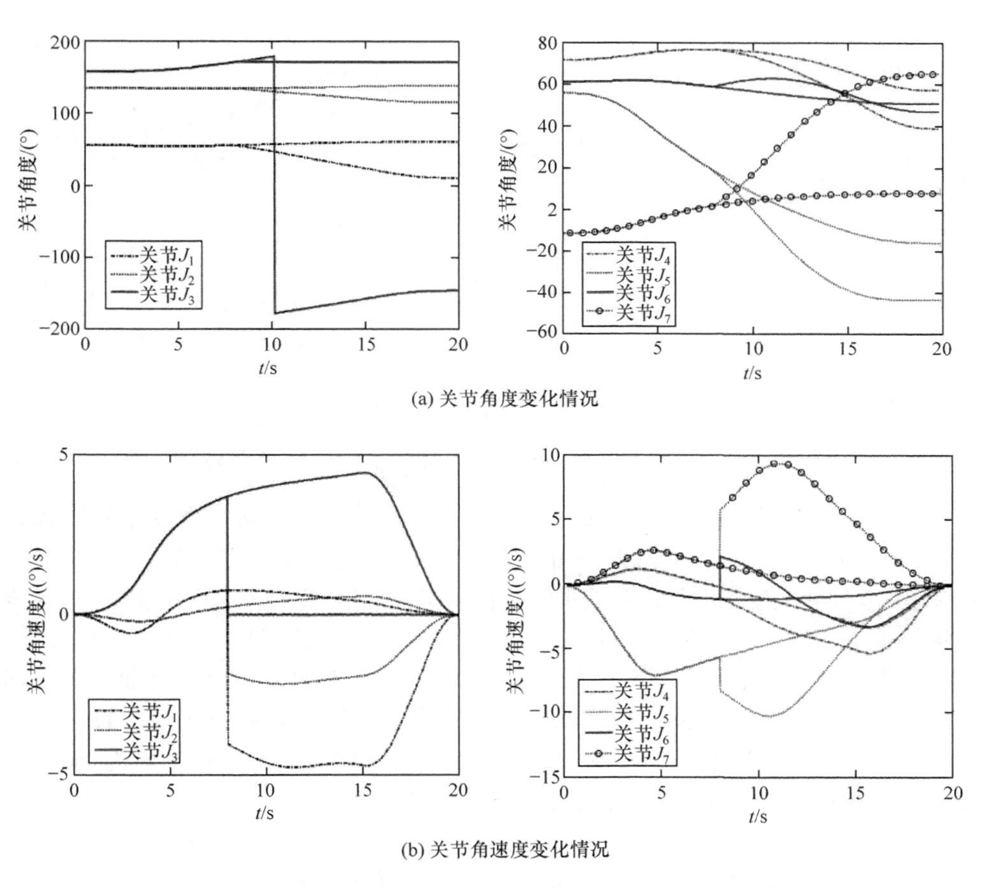

(a) 关节角度变化情况

(b) 关节角速度变化情况

图 7-27　全局容错关节轨迹(仿真针对关节 J_3 8s 时故障)

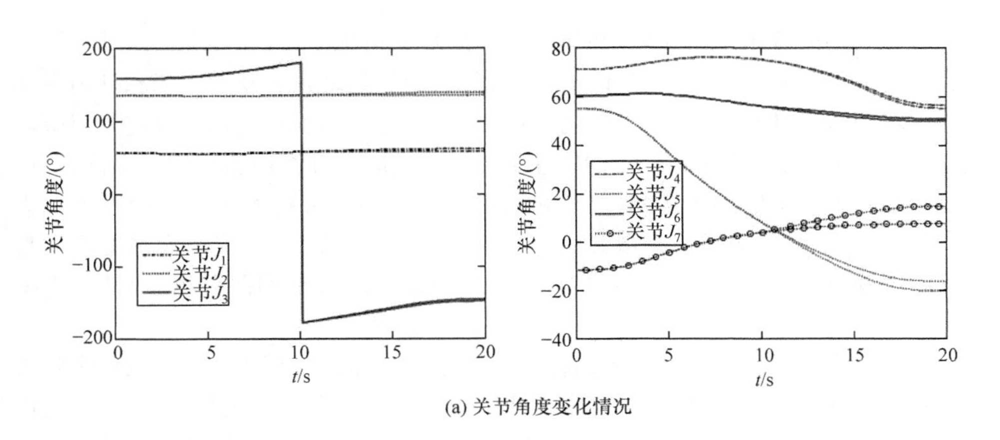

(a) 关节角度变化情况

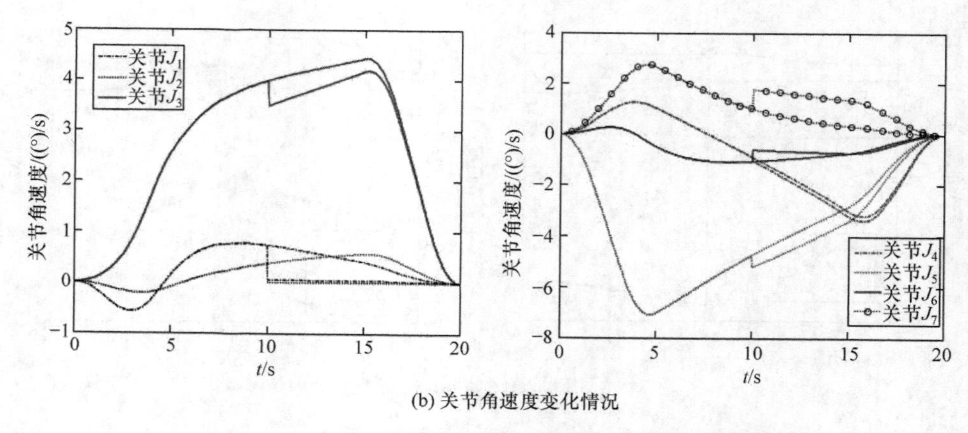

(b) 关节角速度变化情况

图 7-28　全局容错关节轨迹(仿真针对关节 J_2 10s 时故障)

由仿真结果可知,采用优化后关节轨迹进行路径规划,当关节发生故障锁定后,健康关节通过关节角度的调整可以继续完成预期任务,通过关节角度变化曲线可见,关节故障发生后,关节角度过渡平滑,从而实现关节位置的平滑切换,证明容错策略的有效性。其中关节 J_3 在故障时刻角度出现的较大跳变为关节限位导致,并不会带来实际关节驱动过程中的突变问题。同时,健康关节角速度通过突变调整(图 7-27 和图 7-28 中关节角速在故障时刻发生了跳变),补偿了故障锁定关节角速度。在规划过程中,末端轨迹跟踪偏差经记录均在 1.3×10^{-3} m 左右,验证了选取的容错轨迹对于全关节、各时刻的容错能力。

7.6　关节故障后参数突变抑制方法

对于空间七自由度机械臂,在某一关节故障的情况下,若仅要求其末端达到三个位置自由度,则认为机械臂故障后处于冗余状态,此时其运动学逆解和动力学逆解有多解的特点,即对应一组关节角速度或关节力矩对应有多组解,且这多组解对应相同的末端速度和末端力,这种特性是由于零空间的存在而造成的。由此,可以构造零空间关节速度或零空间关节力矩补偿项,对整个过程的关节速度及关节力矩进行修正,以达到对关节参数突变进行抑制的目的。由于关节速度突变产生瞬变的加速度,对应产生瞬变的惯性力,当对关节速度的突变抑制后,相应地也能抑制惯性力产生的突变。

为了完成单一关节故障下的路径规划任务,需要满足如下约束:机械臂实际末端轨迹对规划轨迹无偏差、机械臂末端速度或力矩无突变。在此基础上,以实现机械臂关节速度和关节力矩突变最小化为优化目标。为此,本节提出一种基于机械臂退化可操作度的梯度投影方法,在保证无末端速度、力突变和末端轨迹跟踪精度的前提下，优化机械臂失效后的关节速度，实现关节速度和力突变最小化。

本节首先针对故障后的冗余度机械臂的关节速度和力矩的突变抑制方法展开研究，然后将以空间机械臂典型在轨任务中的空载操作和负载操作为研究对象，开展关节发生锁死失效后的运动可靠性优化控制，并基于速度和力矩参数突变抑制控制方法，分别建立空间机械臂空载操作和负载操作的优化控制模型。

7.6.1 基于动力学可操作度的冗余度机械臂关节参数突变抑制

基于运动学可操作度和动力学可操作度的概念，求解运动学可操作度和动力学可操作度梯度，并根据机械臂运动学和动力学零空间的特点，构造关节速度和关节力矩补偿项，对关节速度和关节力矩分别进行抑制。运动学可操作度梯度和动力学可操作度梯度的求解主要是对每一关节求偏导，分别表征机械臂故障前后对应关节的运动学和动力学灵活性，其值越大表示灵活性越好，可以用来作为修正关节参数突变的修正权重。对关节速度突变的抑制能够抑制由惯性力突变而引起的关节力矩突变，而另一方面关节力矩抑制通过补偿项完成。

下面介绍冗余度机械臂运动学可操作度和动力学可操作度的概念。运动学可操作度定义为 $w_{\mathrm{KFT}}=\sqrt{\det(\boldsymbol{J}\boldsymbol{J}^{\mathrm{T}})}$，利用可操作度可以衡量空间机械臂灵活性。可操作度 w 的值越大表示系统的灵活性越好，当 $w=0$ 时表示空间机械臂当前正处于奇异位形，机械臂灵活性最差，雅可比矩阵非满秩。可操作度性能指标可以综合评价冗余度空间机械臂的各向灵活性，是运动学层面较为常用的优化指标之一。

对于将故障关节锁定的空间机械臂而言，系统自由度数减少，原来空间机械臂雅可比矩阵出现退化。通常使用退化可操作度作为空间机械臂故障状态下的优化指标，退化可操作度可表示为 ${}^{k}w_{\mathrm{KFT}}=\sqrt{\det({}^{k}\boldsymbol{J}{}^{k}\boldsymbol{J}^{\mathrm{T}})}$，其中 ${}^{k}\boldsymbol{J}$ 是退化雅可比矩阵。退化可操作度 ${}^{k}w_{\mathrm{KFT}}$ 能够反映空间机械臂在关节 k 出现故障后系统灵活性，换言之就是机械臂忍受机械臂关节故障的能力。${}^{k}w_{\mathrm{KFT}}$ 本身的值越大，说明退化后空间机械臂所处的新构型对关节 k 出现故障的容忍能力越强。

同样，机械臂的动力学可操作度的定义为 $w_{\mathrm{DFT}}=\sqrt{\det((\boldsymbol{J}\boldsymbol{H}^{-1})(\boldsymbol{J}\boldsymbol{H}^{-1})^{\mathrm{T}})}$，式中 $\boldsymbol{H}$ 为机械臂惯性矩阵，$\boldsymbol{J}$ 为雅可比矩阵。上式给出了机械臂动力学可操作度的数学描述。当第 k 个关节失效时，令 ${}^{k}\boldsymbol{J}$ 和 ${}^{k}\boldsymbol{H}$ 分别为对应的退化雅可比矩阵（删除 $\boldsymbol{J}$ 的第 k 列）和退化惯性矩阵（删除 $\boldsymbol{H}$ 的第 k 行和第 k 列），可得关节失效后机械臂退化动力学可操作度 ${}^{k}w_{\mathrm{DFT}}$ 为

$$
{}^{k}w_{\mathrm{DFT}}=\sqrt{\det(({}^{k}\boldsymbol{J}(\boldsymbol{q}){}^{k}\boldsymbol{H}(\boldsymbol{q})^{-1})({}^{k}\boldsymbol{J}(\boldsymbol{q}){}^{k}\boldsymbol{H}(\boldsymbol{q})^{-1})^{\mathrm{T}})} \tag{7-70}
$$

对运动学可操作度和动力学可操作度求梯度，再利用该梯度构造零空间项，就是梯度投影法。

1. 关节速度突变抑制

对于关节速度突变的抑制，首先需要求解运动学可操作度梯度，根据运动学可操作度定义 $w_{\mathrm{KFT}}=\sqrt{\det(\boldsymbol{J}\boldsymbol{J}^{\mathrm{T}})}$，其梯度可表示为

$$\nabla w_{\mathrm{KFT}}(\boldsymbol{q})=\frac{\partial w_{\mathrm{KFT}}}{\partial \boldsymbol{q}}=\left(\frac{\partial w_{\mathrm{KFT}}}{\partial \boldsymbol{q}_1},\cdots,\frac{\partial w_{\mathrm{KFT}}}{\partial \boldsymbol{q}_i},\cdots,\frac{\partial w_{\mathrm{KFT}}}{\partial \boldsymbol{q}_n}\right)^{\mathrm{T}},\quad i=1,2,\cdots,n \tag{7-71}$$

其中，对第 i 个关节求导为

$$\frac{\partial w_{\mathrm{KFT}}}{\partial \boldsymbol{q}_i}=\frac{\partial\sqrt{\det(\boldsymbol{J}\boldsymbol{J}^{\mathrm{T}})}}{\partial \boldsymbol{q}_i}=\frac{\partial(\det(\boldsymbol{J}\boldsymbol{J}^{\mathrm{T}}))/\partial \boldsymbol{q}_i}{2\sqrt{\det(\boldsymbol{J}\boldsymbol{J}^{\mathrm{T}})}}=\frac{\partial(\det(\boldsymbol{J}\boldsymbol{J}^{\mathrm{T}}))/\partial \boldsymbol{q}_i}{2w_{\mathrm{KFT}}} \tag{7-72}$$

若令 $\boldsymbol{Jp}=\boldsymbol{J}\boldsymbol{J}^{\mathrm{T}}$，则 $\boldsymbol{Jp}_i$ 表示 $\boldsymbol{Jp}$ 的第 i 列，根据式(7-72)有

$$\frac{\partial(\det(\boldsymbol{Jp}))}{\partial \boldsymbol{q}_i}=\sum_{j=1}^{n}\det\left(\boldsymbol{Jp}_1,\cdots,\frac{\partial \boldsymbol{Jp}_j}{\partial \boldsymbol{q}_i},\cdots,\boldsymbol{Jp}_n\right) \tag{7-73}$$

其中，$\frac{\partial \boldsymbol{Jp}_j}{\partial \boldsymbol{q}_i}=\left(\frac{\partial \boldsymbol{Jp}}{\partial \boldsymbol{q}_i}\right)_j$ 表示 $\frac{\partial \boldsymbol{Jp}}{\partial \boldsymbol{q}_i}\in\mathbf{R}^{r\times r}$ 的第 j 列，又有

$$\frac{\partial \boldsymbol{Jp}}{\partial \boldsymbol{q}_i}=\frac{\partial(\boldsymbol{J}\boldsymbol{J}^{\mathrm{T}})}{\partial \boldsymbol{q}_i}=\frac{\partial \boldsymbol{J}}{\partial \boldsymbol{q}_i}\boldsymbol{J}^{\mathrm{T}}+\boldsymbol{J}\left(\frac{\partial \boldsymbol{J}}{\partial \boldsymbol{q}_i}\right)^{\mathrm{T}} \tag{7-74}$$

式中，$\frac{\partial \boldsymbol{J}}{\partial \boldsymbol{q}_i}\in\mathbf{R}^{n\times r}$。

结合式(7-71)和式(7-72)，可以得到机械臂退化可操作度对关节角 i 的偏导数，即

$$\frac{\partial W}{\partial \boldsymbol{q}_i}=\sum_{j=1}^{n}\det\left(\boldsymbol{Jp}_1,\cdots,\left(\frac{\partial \boldsymbol{J}}{\partial \boldsymbol{q}_i}\boldsymbol{J}^{\mathrm{T}}+\boldsymbol{J}\left(\frac{\partial \boldsymbol{J}}{\partial \boldsymbol{q}_i}\right)^{\mathrm{T}}\right)_j,\cdots,\boldsymbol{Jp}_n\right)\Big/2W \tag{7-75}$$

至此，结合式(7-70)可以得到动力学可操作度梯度，根据退化可操作度定义 ${}^{k}w_{\mathrm{KFT}}=\sqrt{\det({}^{k}\boldsymbol{J}\,{}^{k}\boldsymbol{J}^{\dagger})}$，可得退化动力学可操作度梯度为

$$\nabla^{k}w_{\mathrm{KFT}}(\boldsymbol{q})=\frac{\partial^{k}w_{\mathrm{KFT}}}{\partial \boldsymbol{q}}=\left(\frac{\partial^{k}w_{\mathrm{KFT}}}{\partial \boldsymbol{q}_1},\cdots,\frac{\partial^{k}w_{\mathrm{KFT}}}{\partial \boldsymbol{q}_i},\cdots,\frac{\partial^{k}w_{\mathrm{KFT}}}{\partial \boldsymbol{q}_n}\right)^{\mathrm{T}},\quad i=1,2,\cdots,n,i\neq k \tag{7-76}$$

完成梯度求解，就能引入经过零空间补偿项修正后的关节速度，即

$$\begin{cases}\dot{\boldsymbol{q}}=\boldsymbol{J}^{\dagger}\dot{\boldsymbol{x}}+k_c\cdot(\boldsymbol{I}-\boldsymbol{J}^{\dagger}\boldsymbol{J})\cdot\nabla w_{\mathrm{KFT}}\\ {}^{k}\dot{\boldsymbol{q}}=({}^{k}\boldsymbol{J})^{\dagger}\dot{\boldsymbol{x}}+\boldsymbol{k}_c\cdot(\boldsymbol{I}-({}^{k}\boldsymbol{J})^{\dagger}({}^{k}\boldsymbol{J}))\cdot\nabla^{k}w_{\mathrm{KFT}}\end{cases} \tag{7-77}$$

这种基于退化可操作度梯度优化关节速度突变的方法称为退化可操作度的梯度投影法，能够实现关节失效引发的关节速度突变抑制最小化。此外，该方法并非是在关节失效之后才引入关节速度优化项，而是在机械臂路径规划任务的规划阶段即引入优化项。因此，该方法是一种先验优化控制，能够有效提升机械臂路径规

划任务的容错性能，且能够应对任意时刻任意关节的突发关节失效。

2. 关节力矩突变抑制

对于关节力矩突变的抑制，与关节速度突变抑制类似，首先也需求解运动学可操作度梯度，根据动力学可操作度的定义 $w_{\mathrm{DFT}}=\sqrt{\det((\boldsymbol{J}\boldsymbol{H}^{-1})(\boldsymbol{J}\boldsymbol{H}^{-1})^{\mathrm{T}})}$，其梯度可表示为

$$\nabla w_{\mathrm{DFT}}(\boldsymbol{q})=\frac{\partial w_{\mathrm{DFT}}}{\partial \boldsymbol{q}}=\left(\frac{\partial w_{\mathrm{DFT}}}{\partial \boldsymbol{q}_1},\cdots,\frac{\partial w_{\mathrm{DFT}}}{\partial \boldsymbol{q}_i},\cdots,\frac{\partial w_{\mathrm{DFT}}}{\partial \boldsymbol{q}_n}\right)^{\mathrm{T}},\quad i=1,2,\cdots,n \tag{7-78}$$

则动力学可操作度对每个关节的偏导数可以表示为

$$\frac{\partial w_{\mathrm{DFT}}}{\partial \boldsymbol{q}_i}=\frac{\partial\sqrt{\det(\boldsymbol{J}(\boldsymbol{H}^{\mathrm{T}}\boldsymbol{H})^{-1}\boldsymbol{J}^{\mathrm{T}})}}{\partial \boldsymbol{q}_i}=\frac{\partial(\det(\boldsymbol{J}(\boldsymbol{H}^{-1}(\boldsymbol{H}^{-1})^{\mathrm{T}})\boldsymbol{J}^{\mathrm{T}}))/\partial \boldsymbol{q}_i}{2W_{\mathrm{DFT}}} \tag{7-79}$$

令 $\boldsymbol{M}(\boldsymbol{q})=\boldsymbol{J}(\boldsymbol{q})\boldsymbol{H}(\boldsymbol{q})^{-1}$，则式(7-79)可以表示为

$$\frac{\partial w_{\mathrm{DFT}}}{\partial \boldsymbol{q}_i}=\frac{\partial\sqrt{\det(\boldsymbol{M}\boldsymbol{M}^{\mathrm{T}})}}{\partial \boldsymbol{q}_i}=\frac{\partial(\det(\boldsymbol{M}\boldsymbol{M}^{\mathrm{T}}))/\partial \boldsymbol{q}_i}{2W_{\mathrm{DFT}}} \tag{7-80}$$

其中

$$\frac{\partial(\det(\boldsymbol{M}\boldsymbol{M}^{\mathrm{T}}))}{\partial \boldsymbol{q}_i}=\sum_{j=1}^{n}\det\left[(\boldsymbol{M}\boldsymbol{M}^{\mathrm{T}})_1\quad(\boldsymbol{M}\boldsymbol{M}^{\mathrm{T}})_2\quad\cdots\quad\frac{\partial(\boldsymbol{M}\boldsymbol{M}^{\mathrm{T}})_j}{\partial \boldsymbol{q}_i}\quad\cdots\quad(\boldsymbol{M}\boldsymbol{M}^{\mathrm{T}})_n\right] \tag{7-81}$$

式中，$\frac{\partial(\boldsymbol{M}\boldsymbol{M}^{\mathrm{T}})_j}{\partial \boldsymbol{q}_i}=\left(\frac{\partial(\boldsymbol{M}\boldsymbol{M}^{\mathrm{T}})}{\partial \boldsymbol{q}_i}\right)_j$，即表示$\frac{\partial(\boldsymbol{M}\boldsymbol{M}^{\mathrm{T}})}{\partial \boldsymbol{q}_i}$的第 j 列，且有

$$\frac{\partial(\boldsymbol{M}\boldsymbol{M}^{\mathrm{T}})}{\partial \boldsymbol{q}_i}=\frac{\partial \boldsymbol{M}}{\partial \boldsymbol{q}_i}\boldsymbol{M}^{\mathrm{T}}+\boldsymbol{M}\left(\frac{\partial \boldsymbol{M}}{\partial \boldsymbol{q}_i}\right)^{\mathrm{T}} \tag{7-82}$$

为了对式(7-82)进行求解，需要对$\frac{\partial \boldsymbol{M}}{\partial \boldsymbol{q}_i}$进行求解，即

$$\frac{\partial \boldsymbol{M}}{\partial \boldsymbol{q}_i}=\frac{\partial(\boldsymbol{J}\boldsymbol{H}^{-1})}{\partial \boldsymbol{q}_i}=\frac{\partial \boldsymbol{J}}{\partial \boldsymbol{q}_i}\boldsymbol{H}^{-1}+J\,\frac{\partial \boldsymbol{H}^{-1}}{\partial \boldsymbol{q}_i} \tag{7-83}$$

通过求解$\frac{\partial \boldsymbol{J}_f}{\partial \boldsymbol{q}_i}$和$\frac{\partial \boldsymbol{H}^{-1}}{\partial \boldsymbol{q}_i}$，可以实现对动力学可操作度梯度的求解，因此对第 i 个关节的偏导数为

$$\frac{\partial w_{\mathrm{DFT}}}{\partial \boldsymbol{q}_i}=\frac{\sum_{j=1}^{n}\det\left((\boldsymbol{M}\boldsymbol{M}^{\mathrm{T}})_1,\cdots,\left(\frac{\partial \boldsymbol{M}}{\partial \boldsymbol{q}_i}\boldsymbol{M}^{\mathrm{T}}+\boldsymbol{M}\left(\frac{\partial \boldsymbol{M}}{\partial \boldsymbol{q}_i}\right)^{\mathrm{T}}\right)_j,\cdots,(\boldsymbol{M}\boldsymbol{M}^{\mathrm{T}})_n\right)}{2W_{\mathrm{DFT}}} \tag{7-84}$$

由此可以完成动力学可操作度梯度的求解，而对于故障后的退化动力学可操作度梯度，有

$$\frac{\partial^k w_{\mathrm{DFT}}}{\partial \boldsymbol{q}_i}=\frac{\sum\limits_{j=1,j\neq k}^{n}\det\left(({}^k\boldsymbol{M}\boldsymbol{M}^{\mathrm{T}})_1,\cdots,\left(\frac{\partial^k \boldsymbol{M}^k}{\partial \boldsymbol{q}_i}\boldsymbol{M}^{\mathrm{T}}+{}^k\boldsymbol{M}\left(\frac{\partial^k \boldsymbol{M}}{\partial \boldsymbol{q}_i}\right)^{\mathrm{T}}\right)_j,\cdots,({}^k\boldsymbol{M}\boldsymbol{M}^{\mathrm{T}})_n\right)}{2^k W_{\mathrm{DFT}}} \tag{7-85}$$

求解出动力学可操作度梯度，就能构造零空间力矩补偿项对关节力矩进行修正，即

$$\begin{cases}\boldsymbol{\tau}=(\boldsymbol{J}_f)^{\dagger}\boldsymbol{F}_e+k_t\cdot(\boldsymbol{I}-(\boldsymbol{J}_f)^{\dagger}(\boldsymbol{J}_f))\cdot\nabla w_{\mathrm{DFT}}\\ {}^k\boldsymbol{\tau}=({}^k\boldsymbol{J}_f)^{\dagger}\boldsymbol{F}_e+k_t\cdot(\boldsymbol{I}-({}^k\boldsymbol{J}_f)^{\dagger}({}^k\boldsymbol{J}_f))\cdot\nabla^k w_{\mathrm{DFT}}\end{cases} \tag{7-86}$$

由此对整个过程的关节力矩进行修正，以抑制关节力矩的突变。由于对关节力矩突变的抑制是分为两部分进行的，分别选择修正系数 k_c 和 k_t，便能完成两种关节力矩突变的抑制控制。因此，以力矩突变最小为目标的函数也应分为两种，即

$$\begin{aligned}f_1(t)&=\min\|\boldsymbol{\tau}_1(t+\Delta t)-\boldsymbol{\tau}_1(t)\|\\ f_2(t)&=\min\|\boldsymbol{\tau}_2(t+\Delta t)-\boldsymbol{\tau}_2(t)\|\end{aligned} \tag{7-87}$$

当两个目标函数值都达到最小，则此时的修正系数 k_c 和 k_t 最优，整体的关节突变抑制达到最好。接下来，进行数值仿真验证，验证以上理论的正确性。

3. 数值仿真

以空间七自由度机械臂为研究对象，选定图中字母表示的尺寸为 $a=0.6\text{m}$、$b=0.5\text{m}$、$c=0.5\text{m}$、$d=5\text{m}$、$e=5\text{m}$、$f=0.5\text{m}$、$g=0.5\text{m}$、$h=0.5\text{m}$ 和 $k=0.6\text{m}$，每一连杆的质量为 $m_1=42.5\text{kg}$、$m_2=42.5\text{kg}$、$m_3=70\text{kg}$、$m_4=70\text{kg}$、$m_5=42.5\text{kg}$、$m_6=42.5\text{kg}$ 和 $m_7=42.5\text{kg}$。

对故障前后机械臂末端进行多项式速度规划和直线路径规划，假设规划总时间为 20s，起始点欧拉角位姿[6.494m，4.338m，5.014m，－0.990rad，－0.307rad，－2.415rad]，终止点欧拉角位姿[9.600m，0，3.000m，－1.000rad，－0.500rad，－2.000rad]，单步规划时间为 0.05s，并同时要求机械臂末端提供 $\boldsymbol{F}_e=[20\text{N}, 20\text{N}, 20\text{N}]$ 的力（由于只考虑末端位置，因此不考虑末端力矩）。

当不加任何修正时，直接取 $a_5=0$，则机械臂末端速度和轨迹变化如图 7-29 和图 7-30 所示。

同样完成机械臂故障后处于冗余状态的多项式速度规划及直线规划，且机械臂末端也达到了目标位置点。由于机械臂关节故障锁死，锁死关节将不再对末端速度做贡献，因此故障后的雅可比矩阵的故障关节对应列也需要置为零。换言之，雅可比矩阵同样发生了摄动，这必然会引起机械臂其余关节速度和关节力矩产生突变。同样，关节力矩突变由关节速度突变而产生的惯性力及克服外带负载时雅可比矩阵的摄动两部分组成。故障前后机械臂关节速度变化情况如图 7-31 所示。

可见关节速度在故障时刻的确发生了突变，且故障关节的角速度突变为零，这是由雅可比矩阵摄动引起的。由于速度突变属于阶跃突变，势必在故障时产生一

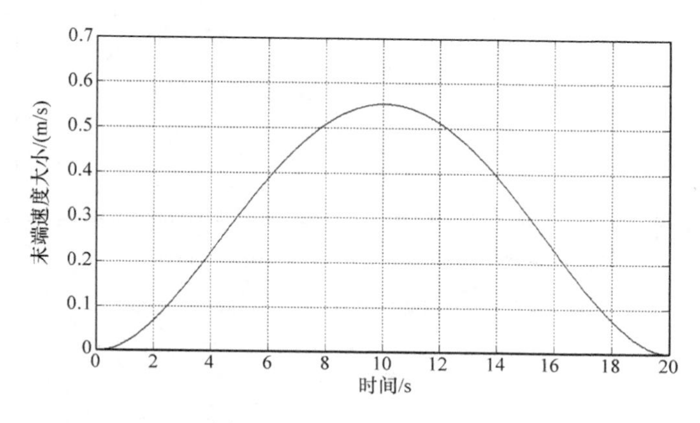

图 7-29　$a_5=0$ 时末端速度

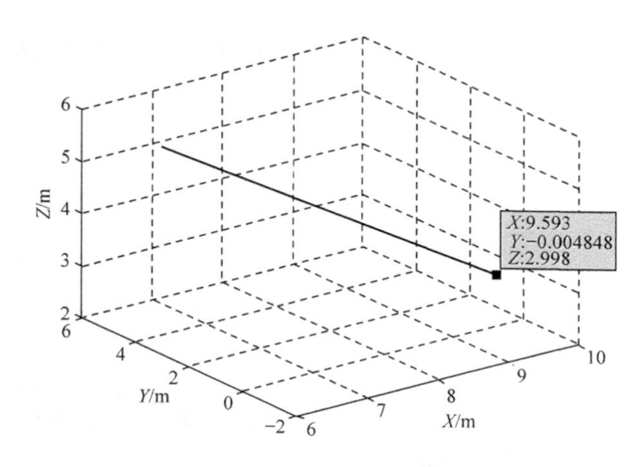

图 7-30　$a_5=0$ 时末端轨迹

个加速度，同样该加速度的形式为脉冲跳变，该加速度会引起机械臂产生附加的惯性力，而机械臂关节为了克服这个瞬间产生的惯性力，会发生力矩突变，与外带负载无关。利用牛顿-欧拉动力学方程(空间机械臂不考虑重力项)，可以得到机械臂为克服这一瞬变惯性力的关节力矩，如图 7-32 所示。

图 7-33 便是关节速度突变而引起的关节力矩突变，这符合加速度脉冲跳变的规律，可以求出关节力矩突变。当考虑外带负载时，机械臂驱动外负载也会产生一组关节力矩，该组关节力矩的计算与位置雅可比矩阵有关。由于故障发生时，雅可比矩阵产生摄动，因此关节力矩也会产生突变，当机械臂受外负载的力为 $\boldsymbol{F}_e=$ [20N,20N,20N]时，外力导致的机械臂关节力矩突变如图 7-33 所示。

机械臂关节为克服瞬变的惯性力而产生的力矩突变为[34.350N·m　-68.691N·m　23.648N·m　-1.516N·m　-0.775N·m　3.550N·m

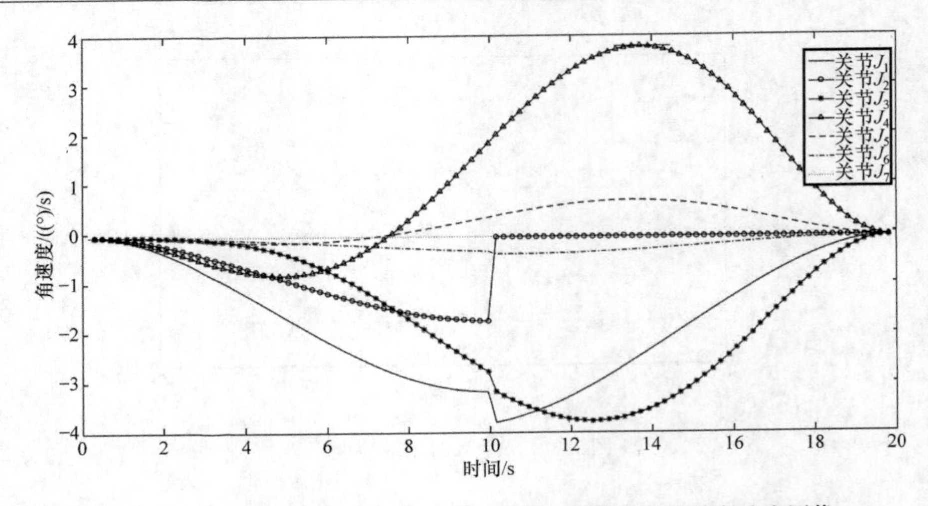

图 7-31　$a_5=0$ 且 10s 时关节 J_2 故障的冗余度机械臂关节角速度图像

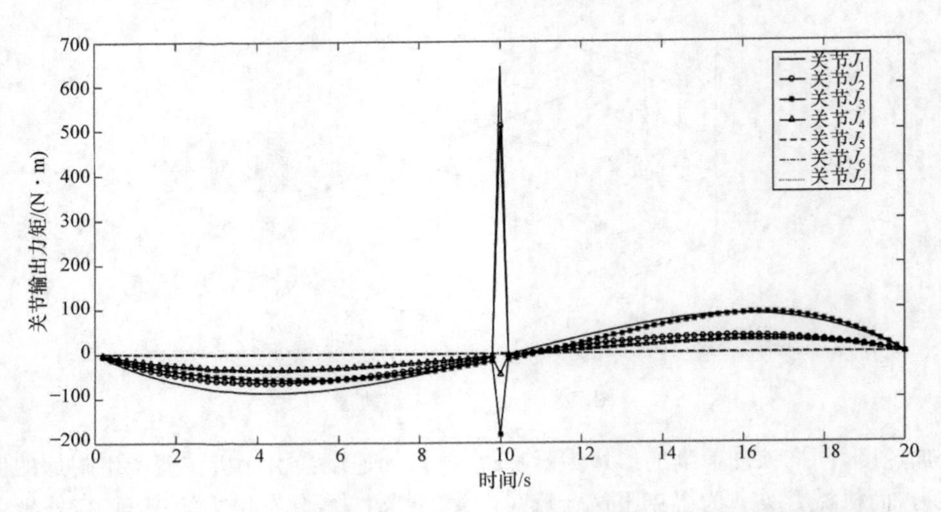

图 7-32　$a_5=0$ 且 10s 时关节 J_2 故障的冗余度机械臂关节力矩图像(惯性力部分)

0.000N · m]。由此可见,关节 $J_1\sim J_3$ 力矩的突变较大,而关节 $J_4\sim J_6$ 力矩的突变较小,甚至可以认为是没有突变,关节 J_7 本身的力矩值很小,突变可不计。可以假设,当故障前后关节力矩变化量小于 1N · m 时,可认为关节力矩未发生突变,也不用对该关节再进行修正。

接下来对机械臂关节速度突变进行抑制,利用式(7-87)的关节速度补偿项对关节力矩进行修正,主要是通过对修正系数 k_c 的选取,使关节力矩突变达到最小。经过多次尝试,当取 $k_c=0.0039$ 时,故障后的空间机械臂关节速度和关节力矩图像如图 7-34 和图 7-35 所示。

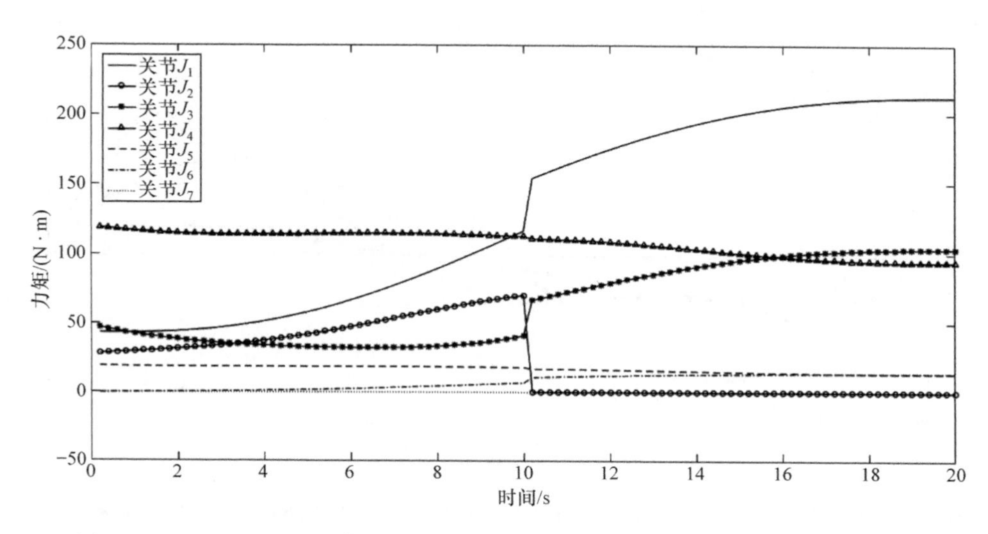

图 7-33　$a_5=0$ 且 10s 时关节 J_2 故障的非冗余度机械臂关节力矩图像(外力部分)

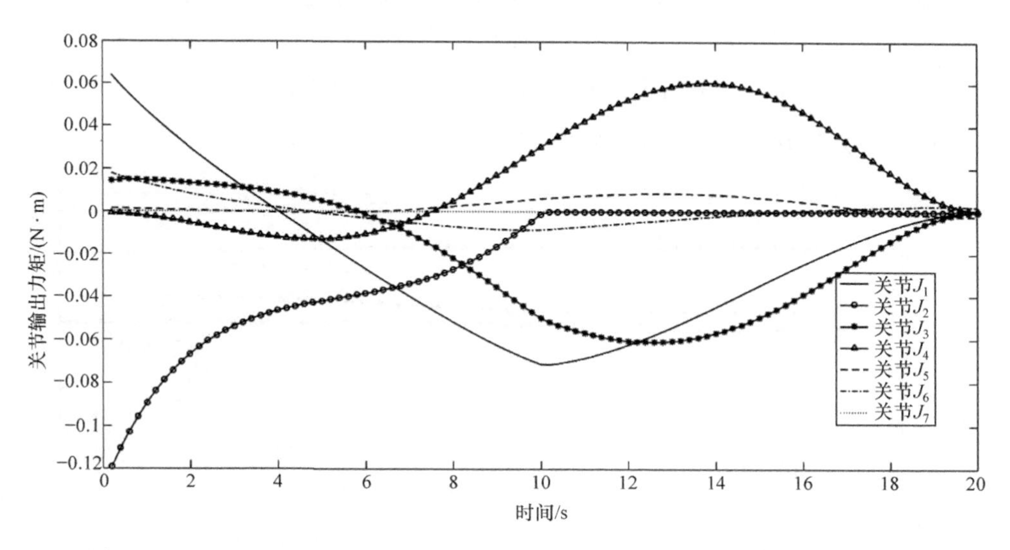

图 7-34　$a_5=0$ 且 10s 时关节 J_2 故障的冗余度机械臂关节角速度图像(修正后)

可见通过构造机械臂关节速度零空间项,对关节速度突变产生了抑制效果,同时对关节力矩突变也产生了抑制效果,然而并未将关节速度突变抑制为零,这是由关节速度依旧存在突变造成的,但抑制效果也十分明显。此时的最优目标函数为

$$f_1(t)=\min\|\boldsymbol{\tau}_1(t+\Delta t)-\boldsymbol{\tau}_1(t)\|=14.04\text{N}\cdot\text{m} \tag{7-88}$$

在对故障后机械臂关节速度进行修正后,接下来构造动力学零空间补偿项,对

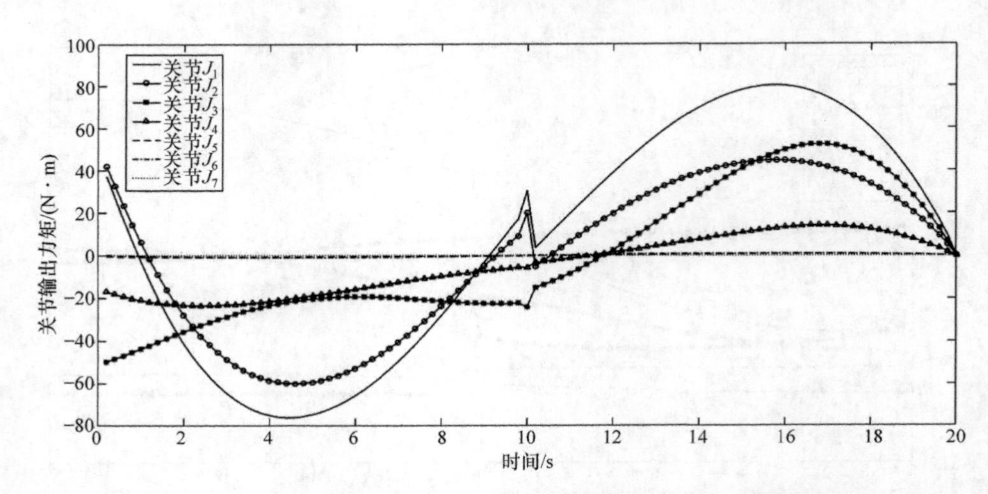

图 7-35 $a_5=0$ 且 10s 时关节 J_2 故障的冗余度机械臂关节力矩图像(惯性力部分修正后)

关节力矩进行修正,主要也是对修正系数 k_t 的选取,经过多次尝试,发现当 $k_t=-0.80\times10^8$ 时,力矩突变达到最小,目标函数值为

$$f_2(t)=\min\|\boldsymbol{\tau}_2(t+\Delta t)-\boldsymbol{\tau}_2(t)\|=1.0133\text{N}\cdot\text{m} \tag{7-89}$$

对应的关节力矩图像如图 7-36 所示。

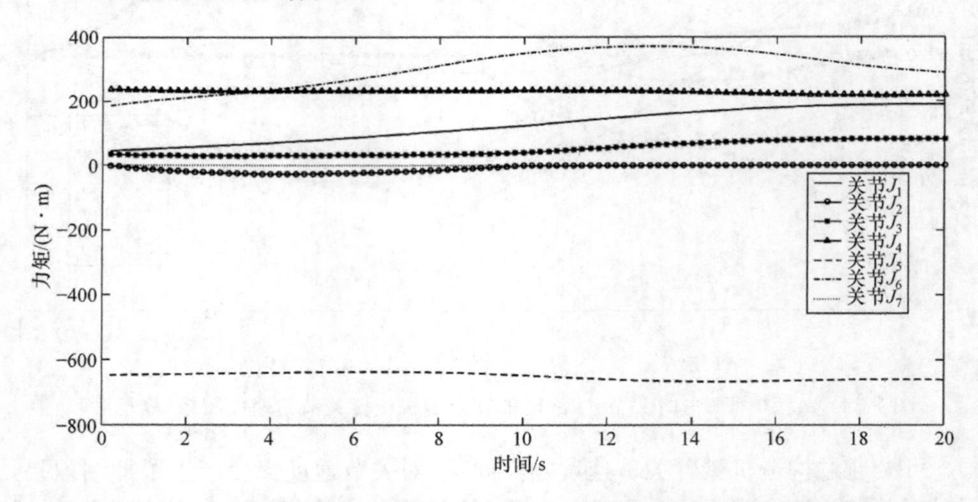

图 7-36 $a_5=0$ 且 10s 时关节 J_2 故障的冗余度机械臂关节力矩图像(外力部分,修正后)

可以看出,关节力矩突变得到了较好的抑制。然而,修正之后,关节 $J_4\sim J_6$ 的力矩明显增大,甚至增大了几十倍,这是不能被接受的。这是因为关节 $J_4\sim J_6$ 的动力学可操作度梯度较大造成的。从图 7-36 和式(7-88)可以看出,故障前后机械

臂的关节 $J_4 \sim J_6$ 的力矩几乎未发生突变，对其的修正也应小一些，因此这时再采用统一的系数 k_t 对所有关节都进行修正是不正确的。可以构造 7 维修正系数对角矩阵，对不同关节取不同的修正系数，分别进行修正，这样得到的结果才更为合理。7 维修正系数对角矩阵为

$$\boldsymbol{k}_t = \begin{bmatrix} k_1 & 0 & 0 & 0 & 0 & 0 & 0 \\ 0 & k_2 & 0 & 0 & 0 & 0 & 0 \\ 0 & 0 & k_3 & 0 & 0 & 0 & 0 \\ 0 & 0 & 0 & k_4 & 0 & 0 & 0 \\ 0 & 0 & 0 & 0 & k_5 & 0 & 0 \\ 0 & 0 & 0 & 0 & 0 & k_6 & 0 \\ 0 & 0 & 0 & 0 & 0 & 0 & k_7 \end{bmatrix} \tag{7-90}$$

选取对角线上的系数，对不同关节分别进行修正。为了保证修正后关节力矩不至增大很多，限定每一关节的额定力矩为 300N · m，减去关节为克服惯性力的力矩最大值 80.35N · m，可得修正后的关节力矩应不超过 219.65N · m。在此约束条件下，选取合适的修正系数，对关节力矩进行修正。

经过多次尝试，对角矩阵为

$$\boldsymbol{k}_t = \begin{bmatrix} -0.80\times10^8 & 0 & 0 & 0 & 0 & 0 & 0 \\ 0 & -0.80\times10^8 & 0 & 0 & 0 & 0 & 0 \\ 0 & 0 & -0.80\times10^8 & 0 & 0 & 0 & 0 \\ 0 & 0 & 0 & -5.50\times10^7 & 0 & 0 & 0 \\ 0 & 0 & 0 & 0 & 0 & 0 & 0 \\ 0 & 0 & 0 & 0 & 0 & -4.00\times10^7 & 0 \\ 0 & 0 & 0 & 0 & 0 & 0 & 0 \end{bmatrix} \tag{7-91}$$

关节力矩变化图像如图 7-37 所示。可以看出，用修正系数对角矩阵对外加负载造成的关节力矩突变进行抑制，不仅能有效地抑制关节力矩的突变，还能有效地解决某些关节的关节力矩增大过多的问题，并且同样能够保证故障后机械臂的末端速度和轨迹不发生改变。关节 J_5 故障前后力矩变化量小于 1N · m，故不对其进行修正。由于采用对角矩阵对每一个关节矩阵进行修正，因此不能再用所有关节突变量范数的方法构造优化函数，而是分别以每个关节力矩突变最小为目标函数。如图 7-37 所示，每一关节的力矩突变为

$$
\begin{aligned}
f_1(t) &= 0.5888\mathrm{N}\cdot\mathrm{m}\\
f_2(t) &= 0.0293\mathrm{N}\cdot\mathrm{m}\\
f_3(t) &= 0.3692\mathrm{N}\cdot\mathrm{m}\\
f_4(t) &= -0.4658\mathrm{N}\cdot\mathrm{m}\\
f_5(t) &= -0.7748\mathrm{N}\cdot\mathrm{m}\\
f_6(t) &= 2.1171\mathrm{N}\cdot\mathrm{m}\\
f_7(t) &= 0.0000\mathrm{N}\cdot\mathrm{m}
\end{aligned} \tag{7-92}
$$

可见每一关节的力矩都得到了抑制，且本身的力矩值在修正前后的变化也不大，符合机械臂运行的基本要求。

由于采用修正系数对角矩阵对故障后的机械臂关节力矩进行修正，需要选择的修正系数从原来的 1 个变成了 7 个，这无形增大了工作量，如果仅靠手动选取，将会浪费很多时间，并且得到的结果不精确。可以看出，对每个系数仅进行了粗选，导致不同关节的力矩突变抑制效果不尽相同。因此，应寻找更好的方法对抑制参数进行优选，提高理论方法的实用性和高效性。可以利用 MATLAB 中的并行运算功能，在一定范围内选择修正系数 k_c 和 k_t，这样可以快速地得到最优修正系数。

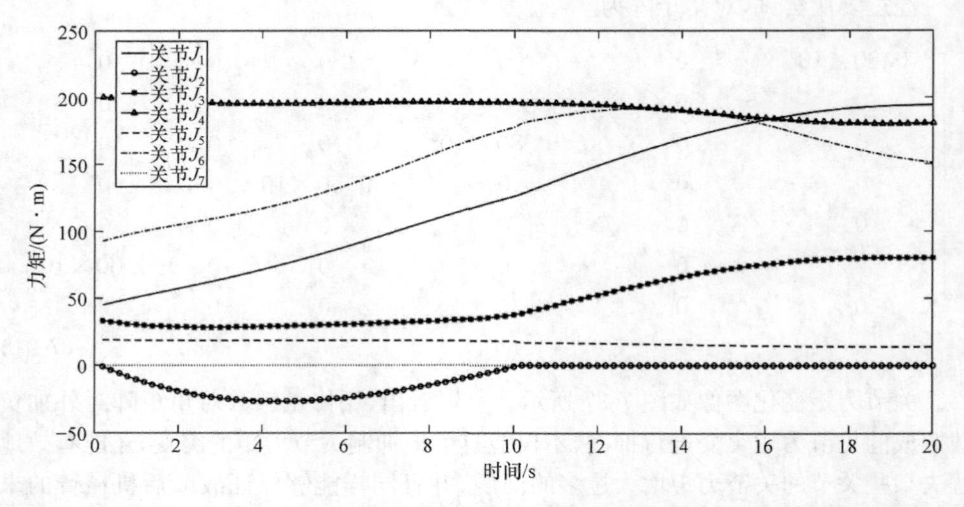

图 7-37 $a_5=0$ 且 10s 时关节 J_2 故障的冗余度机械臂关节力矩图像（外力部分，修正后）

7.6.2 关节失效时空间机械臂参数突变抑制控制策略研究

本节以空间机械臂典型在轨任务中的空载操作和负载操作作为研究对象，开展发生关节锁死失效后的运动可靠性优化控制。基于常态下的空间机械臂运动可靠性优化控制模型进行推广，将关节锁死失效下的空间机械臂运动可靠性优化控制表征为面向多参数突变抑制控制的多目标问题。进而，基于上节开展的速度和力矩参数突变抑制控制方法，分别建立空间机械臂空载操作和负载操作的优化控制模型。

1. 面向关节失效时空载操作的多参数优化控制策略

关节失效后，机械臂本体关节空间和笛卡儿空间的速度与力矩参数均会发生突变，基座部分也会由于运动耦合产生相应的扰动。要实现机械臂关节失效下任务的完成，需要保证机械臂末端速度无突变，而由于空载操作任务对末端力和力矩无需求，因此末端力和力矩突变无严格限制。为了提升机械臂任务的完成效果，减轻关节失效对机械臂机构的损伤和在轨运行的安全，需要抑制关节空间的参数突变。此外，为了保持基座部分的稳定性，需要同时抑制基座扰动。至此，关节失效下的空间机械臂空载操作多参数优化控制的数学模型可以表述为面向空间机械臂末端操作空间、关节运动空间和基座运动空间，开展各空间的速度和力矩的同步优化控制，实现任务可完成条件下的参数最优化。空间机械臂空载操作多参数优化控制示意图如图7-38所示。

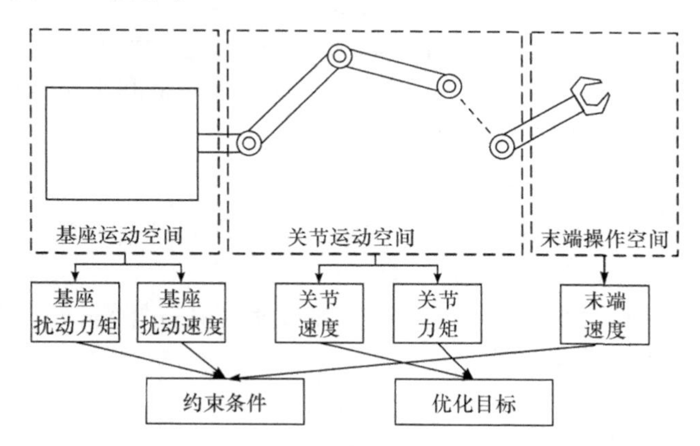

图7-38　空间机械臂空载操作多参数优化控制示意图

根据图7-38，约束可以分为任务约束、参数限位约束和基座稳定性约束。对于空载操作任务，任务约束是确保规划过程中的末端实际位置与规划值相同，即

$$\begin{aligned} h_1(t) &= \boldsymbol{P}_e^a(t) - \boldsymbol{P}_e^n(t) \\ &= \int_{t0}^{t} \boldsymbol{v}_e^a(t)\,\mathrm{d}t - \int_{t0}^{t} \boldsymbol{v}_e^n(t)\,\mathrm{d}t \end{aligned} \tag{7-93}$$

其中，a 和 n 分别表示实际值和理想值。

参数限位约束主要是对空间机械臂关节空间参数极值的限制，主要是针对关节角速度阈值 $\dot{q}_{\max}$、角加速度阈值 $\ddot{q}_{\max}$ 和关节 i 的额定力矩 $\boldsymbol{\tau}_i^r$，可以得到如下表达式，即

$$g_1(t)=\left|(\boldsymbol{J}_b\boldsymbol{J}_{bm}+\boldsymbol{J}_m)^{-1}\begin{bmatrix}\boldsymbol{v}_e(t)\\\boldsymbol{\omega}_e(t)\end{bmatrix}\right|-\dot{q}_{\max} \tag{7-94}$$

$$g_2(t)=|\boldsymbol{M}^{-1}(\boldsymbol{\tau}_m+\boldsymbol{J}_m^{\mathrm{T}}\boldsymbol{F}_e-\boldsymbol{c}_m)|-\ddot{q}_{\max} \tag{7-95}$$

$$g_{3,i}(t)=\boldsymbol{\tau}_i(t)-\boldsymbol{\tau}_i^r,\quad i=1,2,\cdots,n \tag{7-96}$$

基座稳定性约束主要考虑机械臂本体运动会对基座产生耦合扰动，影响基座的稳定性。为此，需要保证规划过程中机械臂基座姿态在阈值允许范围内，利用$p_{b_\max}$和$\psi_{b_\max}$分别表示基座姿态阈值，则基座稳定约束可以表述为

$$g_4(t)=\left|\int_{t0}^{t}(\boldsymbol{J}_b+\boldsymbol{J}_m\boldsymbol{J}_{bm}{}^{-1})^{-1}\begin{bmatrix}\boldsymbol{v}_e(t)\\\boldsymbol{\omega}_e(t)\end{bmatrix}\mathrm{d}t\right|-\begin{bmatrix}\boldsymbol{p}_{b\_\max}\\\boldsymbol{\psi}_{b\_\max}\end{bmatrix} \tag{7-97}$$

关节是空间机械臂的主动控制单元，因此多参数的优化控制是通过对关节参数的调整开展的。其基本思路是在保证其他空间参数突变最小的基础上，最大限度地抑制关节参数突变。根据第5章的分析，需分别针对关节速度和力矩参数建立目标函数。退化之后的向量转化为与为退化之前向量具有相同维度的向量，将该运算推广到退化雅可比矩阵，即通过将雅可比矩阵的退化列置为零向量的方式，使退化后的雅可比矩阵与原矩阵具有相同的维度，即

$${}^k\widetilde{\boldsymbol{J}}_m=[\boldsymbol{j}_1,\cdots,\boldsymbol{j}_{k-1},0,\boldsymbol{j}_{k+1},\cdots,\boldsymbol{j}_n]\in\mathbf{R}^{r\times n} \tag{7-98}$$

基于空间机械臂可操作度梯度，引入雅可比矩阵零空间正交基矩阵，可以构造全任务周期内的关节速度补偿项$\boldsymbol{u}_v\in\mathbf{R}^{n\times 1}$为

$$\boldsymbol{u}_v(t)=\begin{cases}k_c(\boldsymbol{I}-\boldsymbol{J}_m^{\dagger}\boldsymbol{J}_m)\nabla w(\boldsymbol{q}(t)), & t<t_f\\ k_c(\boldsymbol{I}-({}^k\widetilde{\boldsymbol{J}}_m)^{\dagger}({}^k\widetilde{\boldsymbol{J}}_m))\nabla^k\widetilde{w}({}^k\boldsymbol{q}(t)), & t\geqslant t_f\end{cases} \tag{7-99}$$

其中，$t=t_0+s\Delta t, t_0\leqslant t\leqslant t_e, s\in\mathbf{N}$。

基于式(7-101)，对各个控制周期内的关节速度进行补偿，可以得到各控制周期的关节速度递推关系，即

$$\dot{\boldsymbol{q}}(t+\Delta t)=\begin{cases}\boldsymbol{J}_m^{\dagger}\dot{\boldsymbol{x}}_e(t+\Delta t)+\boldsymbol{u}_v(t), & t<t_f\\ {}^k\widetilde{\boldsymbol{J}}_m^{\dagger}\dot{\boldsymbol{x}}_e(t+\Delta t)+\boldsymbol{u}_v(t), & t\geqslant t_f\end{cases} \tag{7-100}$$

以式(7-100)作为关节速度突变最小目标函数的决策变量，即

$$\boldsymbol{Q}=\{\dot{\boldsymbol{q}}(t_0),\dot{\boldsymbol{q}}(t_0+\Delta t),\cdots,\dot{\boldsymbol{q}}(t_0+s\Delta t),\cdots,\dot{\boldsymbol{q}}(t_e-\Delta t)\} \tag{7-101}$$

其中，$0\leqslant s\leqslant(t_e-\Delta t)/\Delta t, s\in\mathbf{N}$。

进而构造关节速度突变最小的目标函数，即

$$f_1(\boldsymbol{Q})=\|\dot{\boldsymbol{q}}(t_f)-\dot{\boldsymbol{q}}(t_f-\Delta t)\| \tag{7-102}$$

空间机械臂的广义关节力矩可以表示为

$$\boldsymbol{\tau}=\boldsymbol{\tau}_v+\boldsymbol{J}_m^{\mathrm{T}}\boldsymbol{F}_e \tag{7-103}$$

可以看出，关节力矩主要由两部分构成，一部分$\boldsymbol{\tau}_v$表示关节驱动力矩，主要用于维持机械臂关节的正常运动；另一部分通过对偶原理用于平衡作用在末端的外力作

用。由于空载操作过程中不存在外力作用，即 $\boldsymbol{F}_e=0$，则关节失效后引发的关节力矩突变主要是由关节运动跳变造成的，根据空间机械臂拉格朗日动力学方程，即

$$\begin{aligned}\Delta\boldsymbol{\tau}&=\|\boldsymbol{\tau}(t_f)-\boldsymbol{\tau}(t_f-\Delta t)\|\\&=\|\boldsymbol{M}(\boldsymbol{q}(t_f))\cdot\ddot{\boldsymbol{q}}(t_f)-\boldsymbol{M}(\boldsymbol{q}(t_f-\Delta t))\cdot\ddot{\boldsymbol{q}}(t_f-\Delta t)\\&\quad+\boldsymbol{c}(\boldsymbol{q}(t_f),\dot{\boldsymbol{q}}(t_f))-\boldsymbol{c}(\boldsymbol{q}(t_f-\Delta t),\dot{\boldsymbol{q}}(t_f-\Delta t))\|\end{aligned}\tag{7-104}$$

由于空间机械臂的关节角度、角速度和角加速度存在耦合关系，因此关节角度和关节角加速度可以用关节速度来表示，即

$$\begin{aligned}\Delta\boldsymbol{\tau}=&\left\|\boldsymbol{M}\left(\int_{t_0}^{t_f}\dot{\boldsymbol{q}}(t)\mathrm{d}t\right)\cdot\frac{\Delta\dot{\boldsymbol{q}}(t_f)}{\Delta t}-\boldsymbol{M}\left(\int_{t_0}^{t_f-\Delta t}\dot{\boldsymbol{q}}(t)\mathrm{d}t\right)\cdot\frac{\Delta\dot{\boldsymbol{q}}(t_f-\Delta t)}{\Delta t}\right.\\&\left.+\boldsymbol{c}\left(\int_{t_0}^{t_f}\dot{\boldsymbol{q}}(t)\mathrm{d}t,\dot{\boldsymbol{q}}(t_f)\right)-\boldsymbol{c}\left(\int_{t_0}^{t_f-\Delta t}\dot{\boldsymbol{q}}(t)\mathrm{d}t,\dot{\boldsymbol{q}}(t_f-\Delta t)\right)\right\|\end{aligned}$$

则 $\Delta\tau$ 也可以表示为以式(7-101)为决策变量的目标函数，即

$$f_2(\boldsymbol{Q})=\|\boldsymbol{\tau}(t_f)-\boldsymbol{\tau}(t_f-\Delta t)\|\tag{7-105}$$

至此，空间机械臂关节失效后空载操作的多参数突变抑制问题可以表述为

$$\begin{aligned}&\min\quad \boldsymbol{y}=f(\boldsymbol{Q})=\{f_1(\boldsymbol{Q}),f_2(\boldsymbol{Q})\}\\&\text{s. t.}\quad h_1(\boldsymbol{Q})=0\\&\qquad\quad g_j(\boldsymbol{Q})\leqslant0,\quad j=1,2,3,4\end{aligned}\tag{7-106}$$

其中，$\boldsymbol{Q}$ 表示整个任务周期内的关节速度集，是求解空载操作关节失效多参数突变抑制问题的决策变量；$\boldsymbol{y}$ 表示目标向量，包含关节速度突变最小化和关节力矩突变最小化两个目标；通过选取合适的决策变量 $\boldsymbol{Q}$，在满足约束 $g_j(\boldsymbol{Q})$ 和 $h_1(\boldsymbol{Q})$ 的条件下，实现目标函数 f_1 和 f_2 最小化。

由式(7-101)和式(7-102)可知，整个任务周期内的关节速度集是由这两个式子确定的。对于典型在轨空载操作任务，其初始构型和目标位姿为确定值，当关节失效时刻已知且作为系统输入时，全任务周期内的关节速度由系数 k_c 唯一地确定。因此，式(7-106)的决策变量可以转化 k_c，则式(7-106)可以转化为

$$\begin{aligned}&\min\quad \boldsymbol{y}=f(k_c)=\{f_1(k_c),f_2(k_c)\}\\&\text{s. t.}\quad h_1(k_c)=0\\&\qquad\quad g_j(k_c)\leqslant0,\quad j=1,2,3,4\end{aligned}\tag{7-107}$$

针对式(7-107)的多目标问题，采用多目标粒子群方法进行求解。基于多目标粒子群方法进行空间机械臂关节失效时空载操作的多参数突变优化控制的流程如图 7-39 所示。

空间机械臂在轨执行任务过程中，关节锁死故障的发生具有突发性和随机性，为了无论何时发生关节故障都能够有效地抑制速度突变，速度补偿项系数需要具有时变性，即随着可能发生故障的时间而变化。为了应对关节失效的突发性，目标

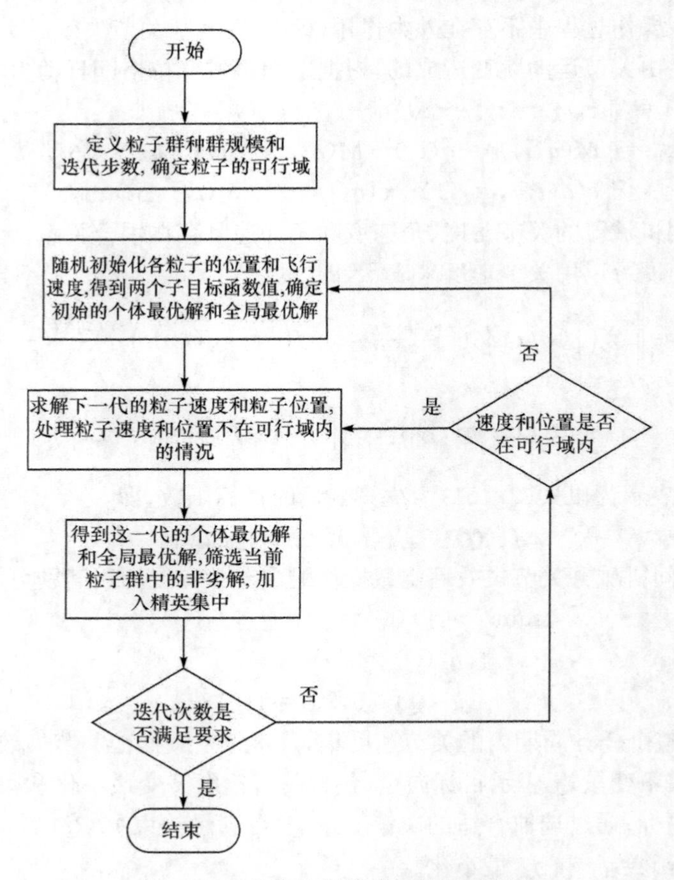

图 7-39　优化控制模型的求解流程图

函数需要变更为整个任务周期内相邻控制周期关节速度偏差的最大值,即

$$\begin{aligned}&f=\max_{t}\|\Delta\dot{\boldsymbol{q}}(t)\|\\&t=\{t_0+\Delta t,t_0+2\Delta t,\cdots,t_e-\Delta t,t_e\}\end{aligned}\tag{7-108}$$

其中,$\Delta\dot{\boldsymbol{q}}(t)$表示 t 时刻与上一时刻的关节速度偏差,即

$$\Delta\dot{\boldsymbol{q}}(t)=\begin{cases}\dot{\boldsymbol{q}}(t)-\dot{\boldsymbol{q}}(t-\Delta t), & t<t_f\\ {}^{k}\widetilde{\dot{\boldsymbol{q}}}(t)-\dot{\boldsymbol{q}}(t-\Delta t), & t=t_f\\ {}^{k}\widetilde{\dot{\boldsymbol{q}}}(t)-{}^{k}\widetilde{\dot{\boldsymbol{q}}}(t-\Delta t), & t>t_f\end{cases}\tag{7-109}$$

对于特定时刻的关节失效,可以得到唯一的 k_c 值使速度突变量最小。为了应对关节失效突发的情况,可以将 k_c 表述为以时间为自变量的函数 $\boldsymbol{k}_c(t)$,此时通过速度补偿后得到的关节速度可以表示为

$$\begin{cases}\dot{\boldsymbol{q}}(t+\Delta t)=\boldsymbol{J}^{\dagger}\dot{\boldsymbol{x}}(t)+\boldsymbol{k}_c(t)(\boldsymbol{I}-\boldsymbol{J}^{\dagger}\boldsymbol{J})\nabla w(\boldsymbol{q}(t)), & t_0\leqslant t<t_f\\ {}^k\dot{\boldsymbol{q}}(t+\Delta t)=({}^k\boldsymbol{J})^{\dagger}\dot{\boldsymbol{x}}(t)+\boldsymbol{k}_c(t)(\boldsymbol{I}-({}^k\boldsymbol{J})^{\dagger}({}^k\boldsymbol{J}))\nabla^k w({}^k\boldsymbol{q}(t)), & t_f\leqslant t\leqslant t_e\end{cases} \tag{7-110}$$

基于此，空间机械臂突发关节失效的优化控制数学模型可以表示为

$$\begin{aligned}&\text{find}\quad \boldsymbol{k}_c(t)\\&\min\quad f=\max_t\|\Delta\dot{\boldsymbol{q}}(t)\|\\&t=\{t_0+\Delta t,t_0+2\Delta t,\cdots,t_0+s\Delta t,\cdots,t_e\}\\&\text{s.t.}\quad \boldsymbol{g}_{i,j}(t)\leqslant 0,\quad i=1,2;j=1,2,\cdots,7\\&\qquad \boldsymbol{h}_k(t)=\boldsymbol{0}^{3\times1},\quad k=1,2;\boldsymbol{0}^{3\times1}\in\mathbf{R}^{3\times1}\end{aligned} \tag{7-111}$$

一般地，机械臂从静止状态开始执行任务，并在任务结束后回到静止状态，因此可以定义空间机械臂在轨任务的边界条件为

$$\begin{cases}\boldsymbol{k}_c(t_0)=0\\ \boldsymbol{k}_c(t_e)=0\end{cases} \tag{7-112}$$

在满足边界条件的前提下，定义速度补偿项系数的多项式函数，即

$$\boldsymbol{k}_c(t)=\sum_{i=0}^{s}a_it^i \tag{7-113}$$

为了计算多项式函数的系数$[a_0,a_1,\cdots,a_s]\in\mathbf{R}^{s\times1}$，假设机械臂某关节在任务执行过程中发生关节失效的概率是均等的，在任务周期内均布地选取一定数量的关节失效时刻 $t_{f1},t_{f2},\cdots,t_{fm}$，并可得到各失效时刻对应的最优关节优化项系数 $k_{c1},k_{c2},\cdots,k_{cm}$，作为拟合 $\boldsymbol{k}_c(t)$ 的样本。将原始数据构成向量 $\boldsymbol{t}^{\text{sam}}=(t_{f1},t_{f2},\cdots,t_{fm})$ 和 $\boldsymbol{k}_c^{\text{sam}}=(k_{c1},k_{c2},\cdots,k_{cm})$，并利用多项式函数拟合方法得到函数 $\boldsymbol{k}_c(t)$，对函数与原始数据的拟合度进行评估，利用各向量元素的方差建立曲线拟合度的评价指标，即

$$e=\sum_{t\in t^{\text{sam}}}\|\boldsymbol{k}_c^{\text{sam}}-\boldsymbol{k}_c(t)\|^2 \tag{7-114}$$

定义拟合度阈值 e_c，当满足 $e\leqslant e_c$ 时，认为曲线拟合度良好，从而得到关节速度优化项系数 $\boldsymbol{k}_c(t)$ 的多项式系数及解析表达；若 $e>e_c$，则可以通过扩大原始数据容量及增加多项式次数等方法重新进行曲线拟合，直至满足阈值要求。整个计算流程如图 7-40 所示。

通过在全任务周期内进行全局速度补偿，能够实现关节锁死故障前的预补偿和故障后的针对性补偿，从而有效地避免当关节故障之后再进行容错操作引发的补偿时延问题。同时，为了有效地考虑关节锁死故障的突发性随机特征，可以将速度补偿项系数调整为以操作时间为自变量的多项式函数，使函数值表征该故障时刻对应的最优常数系数，从而实现无论何时关节故障都能够有效地实现速度突变抑制。多项式函数系数是基于不同故障时刻的最优系数样本拟合得到的，更多的

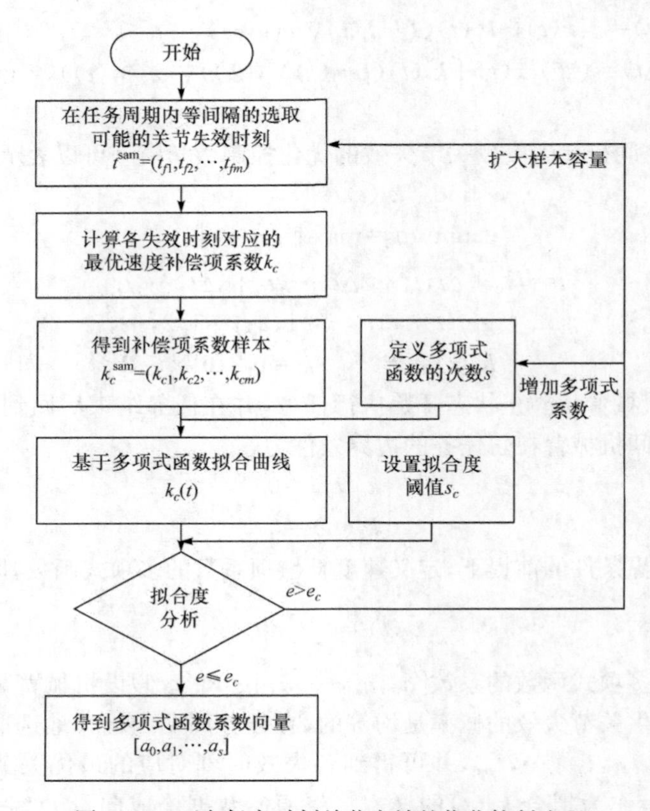

图 7-40 面向任意时刻关节失效的优化控制流程

样本可以得到更精确的拟合函数，同时也意味着样本获取的复杂化。因此，样本位置和样本数量的选取需要根据实际应用情况确定。

针对空间机械臂典型在轨空载任务中发生关节失效的情形，设置任务的参数如表 7-9 所示。常态下空间机械臂执行空载任务的末端轨迹如图 7-41 所示。关节失效后，机械臂的操作空间和关节空间的参数会发生突变，从而影响机械臂完成任务的性能。基于前面章节开展空间机械臂关节失效下的运动可靠性优化控制，以操作空间的速度作为任务约束，以关节空间的速度突变和力矩突变作为优化目标，以补偿项系数 k_c 作为决策变量，利用基于如图 7-39 所示的多目标粒子群方法开展最优决策变量的搜索，多目标粒子群的参数设置如表 7-10 所示。通过迭代解算，可以得到两个目标的 Pareto 前沿，如图 7-42 所示。

表 7-9 空间机械臂空载任务参数

初始点位置/m	中间点位置/m	目标点位置/m	任务时间/s	失效关节	失效时刻/s
[6.459,4.341,5.505]	[4.8,0,1.5]	[9.6,0,3]	20	2	10

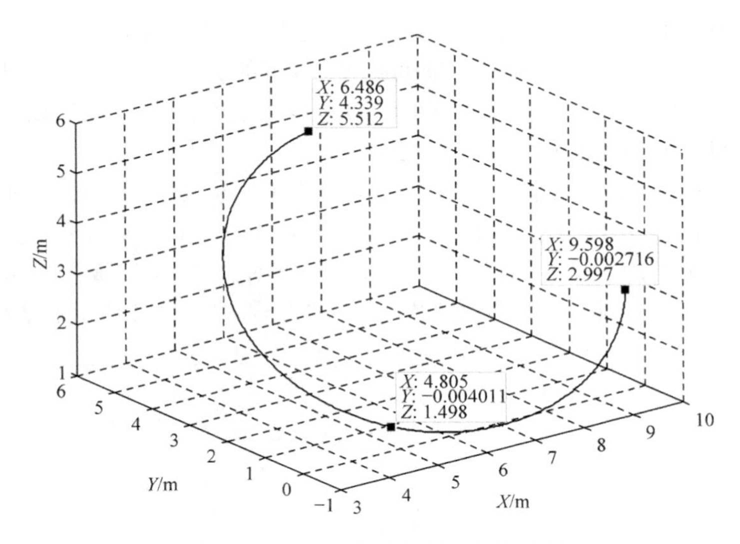

图 7-41　空间机械臂空载任务轨迹图

表 7-10　多目标粒子群参数设置

种群个数(Pop)	最大迭代数(Itmax)	个体认知系数(c_1)	全局认知系数(c_2)	惯性权重(w)
50	50	1.4962	1.4962	0.7298

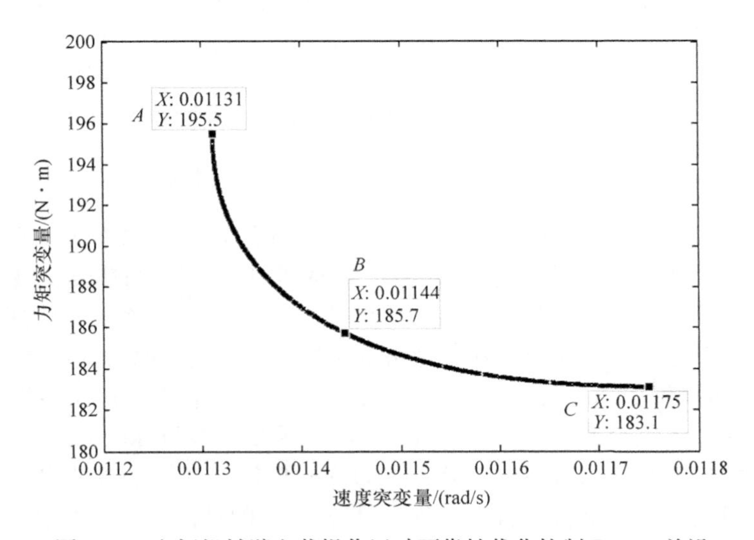

图 7-42　空间机械臂空载操作运动可靠性优化控制 Pareto 前沿

图 7-42 中的每个点都代表一个空载操作运动可靠性优化的非劣解，且无法找到一个既使得速度突变量最小，又使得力矩突变量最小的解。A 点的速度突变量

最小,但力矩的突变量却最大;C 点与 A 点的情况相反,B 点的速度和力矩突变量相对适中。这说明,随着速度突变量的减少,力矩的突变反而会增大,反之亦然。同时也说明,空间机械臂空载操作下的关节速度参数突变与力矩参数突变不存在正比关系,两种突变的抑制方向具有相反性。

在此,给出 A、B、C 三个解下的关节速度突变情况,图 7-43 显示的是关节 J_1 在三个解下的关节速度变化情况,可以清楚地看出,C 解造成的速度突变远比 A 和 B 解大,A 解造成的突变略小于 B 解。三个解对关节 J_1 造成的关节力矩突变情况由于会重叠在一起,在此不再给出,其趋势符合如图 7-42 所示的情况。

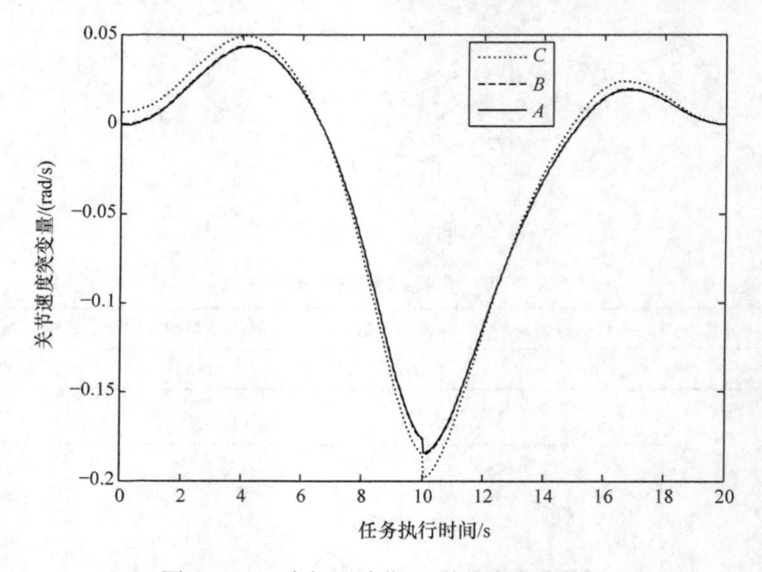

图 7-43　三个解下关节 J_1 的速度变化情况

三个解对关节造成的关节速度和力矩突变情况如图 7-44 所示,其中图 7-44(a)为各关节的速度突变量情况。可以看出,虽然 A 解对应的速度突变目标函数最小,即各关节的速度突变量的平方根最小,但并不意味着每个关节的速度突变量最小,某些关节速度突变量可能比其他解的速度突变量还要略大。关节 J_7 在运动过程中仅对机械臂的末端姿态产生影响,因此在定位操作过程中不发挥作用,因此关节 J_7 不会发生关节速度突变。若既使得关节速度突变目标函数最小,又使得各关节的速度突变量最小,可以根据第 5 章的分析将速度补偿系数变更为对角阵系数,但计算量会根据机械臂的自由度数、多目标求解的种群和迭代次数指数增长。

图 7-44(b)是各关节的力矩突变量情况,与关节速度突变量不同,C 解下各个关节的力矩突变量比其他两个解要小,同时可以看出关节的力矩突变主要集中在前三个关节,而后面的关节 J_4～J_7 的力矩突变量较小。这是因为考虑空间机械臂的构型特点,前三个关节靠近基座,关节之间距离较短,且距其他四个关节较远,在

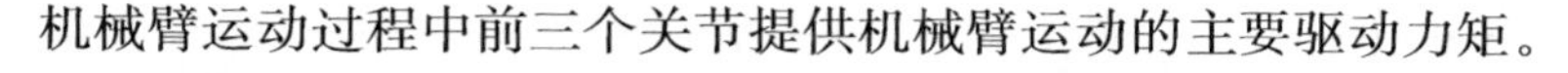

机械臂运动过程中前三个关节提供机械臂运动的主要驱动力矩。

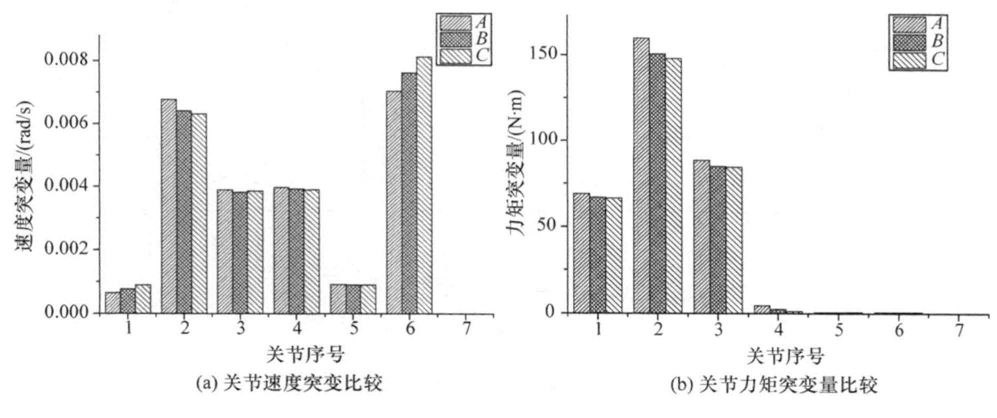

(a) 关节速度突变比较　(b) 关节力矩突变量比较

图 7-44　三个解下各关节的关节速度和力矩突变量比较

2. 面向关节失效时负载操作的多参数优化控制策略

关节失效后，要想保证空间机械臂在轨负载操作的可完成性，需要保证任务执行过程中，机械臂的末端速度无突变，同时满足末端力的输出要求。此外，应该尽可能地降低由于关节失效引发的关节空间速度和力矩突变，并使基座的姿态扰动和力矩扰动维持在一定的范围内，防止基座失稳。因此，关节失效后的空间机械臂负载操作的多参数优化数学模型可以表述为在满足空间操作环境约束、自身约束和任务约束的前提下，以空间机械臂末端操作空间和关节运动空间的速度、力矩参数的同步抑制为目标开展优化控制，以实现关节失效下的负载操作任务完成概率最大化和效果最优化。关节失效下的空载操作优化控制数学模型涉及的变量和关系如图 7-45 所示。

空间机械臂在开展典型负载搬运任务时如图 7-46 所示。当机械臂的末端执行器完成负载抓捕后，机械臂的末端连杆与负载固连，组成等效末端连杆，若负载的质量和惯量与末端连杆相近，则负载操作可等效为空载操作进行分析。事实上，由于机械臂末端执行器抓持着负载运动，末端执行器与负载之间存在 $\boldsymbol{F}_e$，该力是维持负载运动的惯性力。因此，对于负载搬运任务，当负载的质量和惯量与末端连杆相近时，负载对机械臂运动的影响可以等效为作用力 $\boldsymbol{F}_e$。该力是时变的，能够反映负载的运动特性。

定义负载的坐标系为 Σ_0，当机械臂运动时，负载与末端执行器固连，则负载坐标轴方向与末端坐标系方向相同，原点位置不同。令末端执行器相对于惯性系的线速度和角速度用 ${}^I\boldsymbol{v}_e$ 和 ${}^I\boldsymbol{\omega}_e$ 表示，则负载的速度和加速度可以表示为

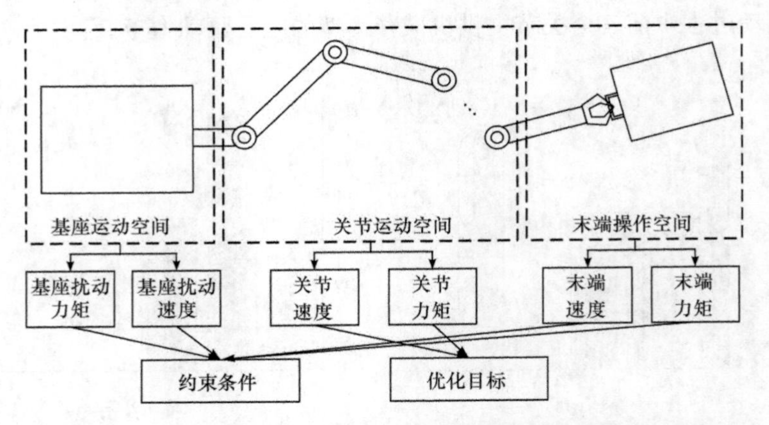

图 7-45　关节失效下空间机械臂负载操作多参数优化控制变量关系

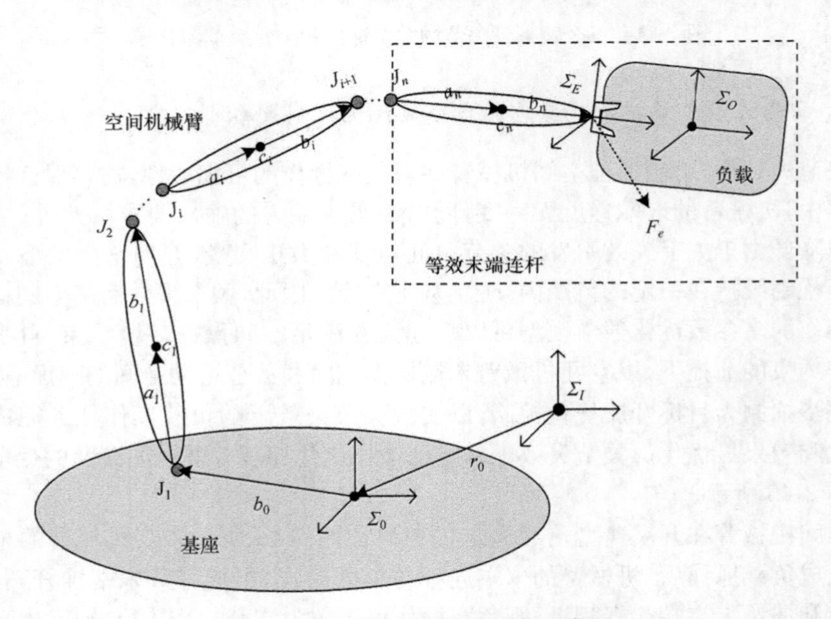

图 7-46　空间机械臂负载操作示意图

$$\begin{cases} {}^I\boldsymbol{v}_0 = \boldsymbol{R}_e^0\,{}^I\boldsymbol{v}_e, & {}^I\boldsymbol{\omega}_0 = \boldsymbol{R}_e^0\,{}^I\boldsymbol{\omega}_e \\ {}^I\dot{\boldsymbol{v}}_0 = \boldsymbol{R}_e^0\,{}^I\dot{\boldsymbol{v}}_e, & {}^I\dot{\boldsymbol{\omega}}_0 = \boldsymbol{R}_e^0\,{}^I\dot{\boldsymbol{\omega}}_e \end{cases} \tag{7-115}$$

基于$\dfrac{\mathrm{d}}{\mathrm{d}t}\left(\dfrac{\partial \boldsymbol{T}}{\partial \dot{\boldsymbol{q}}}\right)-\dfrac{\partial \boldsymbol{T}}{\partial \boldsymbol{q}}=\boldsymbol{F}_0$ 建立负载的拉格朗日动力学方程，负载的广义速度 $\dot{\boldsymbol{q}}=[\boldsymbol{v}_0\quad \boldsymbol{\omega}_0]^{\mathrm{T}}$，负载的质量和惯量用 m_0 和 I_0 表示，则负载坐标系 Σ_0 下得到的负载广义力 $\boldsymbol{F}_0$ 为

$$\boldsymbol{F}_0=\begin{bmatrix} m_0\dot{\boldsymbol{v}}_0 \\ I_0\dot{\boldsymbol{\omega}}_0+\boldsymbol{\omega}_0\times(I_0\boldsymbol{\omega}_0) \end{bmatrix} \tag{7-116}$$

结合式(7-114)和式(7-116),可以得到负载作用的等效力在惯性坐标系 Σ_I 的表示,即

$$\boldsymbol{F}_e=-{}^I\boldsymbol{F}_0=-\begin{bmatrix} \boldsymbol{R}_e^0 m_0{}^I\dot{\boldsymbol{v}}_e \\ I_0(\boldsymbol{R}_e^{0\,I}\dot{\omega}_e)+(\boldsymbol{R}_e^{0\,I}\boldsymbol{\omega}_e)\times(I_0(\boldsymbol{R}_e^{0\,I}\omega_e)) \end{bmatrix} \tag{7-117}$$

末端操作空间的速度等式约束如式(7-95),而末端力/力矩等式约束可以表示为

$$\boldsymbol{h}_2(t)=\boldsymbol{F}_e^a(t)-\boldsymbol{F}_e^d(t) \tag{7-118}$$

式(7-118)表征机械臂末端实际力与任务需求的值相同,$\boldsymbol{F}_e^a$ 和 $\boldsymbol{F}_e^d$ 分别表示空间机械臂末端执行器上外力的实际值和任务需求值。

对于基座的稳定性,在负载操作过程中还应该保证基座的扰动力/力矩满足一定的阈值,令 $\boldsymbol{F}_{b\max}$ 表示基座扰动力/力矩阈值,则扰动力稳定条件可以表示为

$$\boldsymbol{g}_5(t)=|\boldsymbol{M}\cdot\boldsymbol{x}_b(t)+\boldsymbol{c}_b-\boldsymbol{J}_b^{\mathrm{T}}\boldsymbol{F}_e|-\boldsymbol{F}_{b\max} \tag{7-119}$$

在将末端速度和力矩表述为等式约束后,关节失效后的负载操作多参数优化控制的目标函数为关节空间的速度突变和力矩突变函数。速度突变函数 $f_1(\boldsymbol{Q})$ 如式(7-104)所示。对于力矩突变函数,由于负载操作对空间机械臂的末端输出力矩有一定的要求,因此当末端有力作用的情况下,机械臂的关节力矩的组成如式(7-105)所示,$\boldsymbol{\tau}_v$ 用于维持机械臂关节的正常运动;$\boldsymbol{\tau}_f=\boldsymbol{J}_m^{\mathrm{T}}\boldsymbol{F}_e$ 表示机械臂末端作用力基于对偶原理在关节空间的映射。当发生关节失效时,这两部分的力均会发生突变,$\boldsymbol{\tau}_v$ 的突变量如式(7-105)所示,可以表示为以全任务周期内的关节速度集 Q 为自变量的函数。

对于 $\boldsymbol{\tau}_f$,根据关节冲击力矩优化控制分析,可以基于空间机械臂雅可比矩阵的零空间构造力矩补偿项。令 $\hat{\boldsymbol{J}}_m=(\boldsymbol{J}_m^{\mathrm{T}})^{-1}$,引入动力学可操作度 w_D,得到关节失效后的 ${}^k\tilde{\hat{\boldsymbol{J}}}_m$ 和 $\nabla^k\tilde{w}_D$,使关节失效前后的维度统一,即 ${}^k\tilde{\hat{\boldsymbol{J}}}_m$ 和 $\hat{\boldsymbol{J}}_m\in\mathbf{R}^{n\times r}$,$\nabla^k\tilde{w}_D$ 和 $\nabla w_D\in\mathbf{R}^{n\times 1}$,则力矩补偿项 $\boldsymbol{u}_t(t)\in\mathbf{R}^{n\times 1}$ 可以表示为

$$\boldsymbol{u}_t(t)=\begin{cases} \boldsymbol{k}_n(\boldsymbol{I}-\hat{\boldsymbol{J}}_m^{\dagger}\hat{\boldsymbol{J}}_m)\nabla w_D(\boldsymbol{q}(t)), & t<t_f \\ \boldsymbol{k}_n(\boldsymbol{I}-({}^k\tilde{\hat{\boldsymbol{J}}}_m)^{\dagger}({}^k\tilde{\hat{\boldsymbol{J}}}_m))\nabla^k\tilde{w}_D({}^k\boldsymbol{q}(t)), & t\geqslant t_f \end{cases} \tag{7-120}$$

利用式(7-123),可以对 $\boldsymbol{\tau}_f$ 的关节力矩进行补偿,即

$$\boldsymbol{\tau}_f(t+\Delta t)=\begin{cases} (\hat{\boldsymbol{J}}_m)^{\dagger}\boldsymbol{F}_e(t+\Delta t)+\boldsymbol{u}_t(t), & t<t_f \\ ({}^k\tilde{\hat{\boldsymbol{J}}}_m)^{\dagger}\boldsymbol{F}_e(t+\Delta t)+\boldsymbol{u}_t(t), & t\geqslant t_f \end{cases} \tag{7-121}$$

则可以得到如下决策变量,即

$$\boldsymbol{U}=\{\boldsymbol{u}_t(t_0),\boldsymbol{u}_t(t_0+\Delta t),\cdots,\boldsymbol{u}_t(t_0+s\Delta t),\cdots,\boldsymbol{u}_t(t_e-\Delta t)\} \tag{7-122}$$

其中，$0\leqslant s\leqslant(t_e-\Delta t)/\Delta t$，且 $s\in\mathbf{N}$。

于是有

$$\begin{aligned}\Delta\boldsymbol{\tau}_f(\boldsymbol{U})&=\|\boldsymbol{\tau}_f(t_f)-\boldsymbol{\tau}_f(t_f-\Delta t)\|\\&=\|({}^k\tilde{\hat{\boldsymbol{J}}}_m)^{\dagger}\boldsymbol{F}_e(t_f)-\hat{\boldsymbol{J}}_m^{\dagger}\boldsymbol{F}_e(t_f-\Delta t)+k_n\cdot[(\boldsymbol{I}-({}^k\tilde{\hat{\boldsymbol{J}}}_m)^{\dagger k}\tilde{\hat{\boldsymbol{J}}}_m)\\&\quad\cdot\nabla^k\tilde{w}_D({}^k\boldsymbol{q}(t_f))-(\boldsymbol{I}-(\hat{J}_m)^{\dagger}\hat{\boldsymbol{J}}_m)\cdot\nabla w_D(\boldsymbol{q}(t_f-\Delta t))]\|\end{aligned}\tag{7-123}$$

则关节失效后的关节力矩突变函数可以表示为

$$\Delta\boldsymbol{\tau}=\Delta\boldsymbol{\tau}_v+\Delta\boldsymbol{\tau}_f\tag{7-124}$$

从而得到表征关节力矩突变的目标函数为

$$f_2(\boldsymbol{Q},\boldsymbol{U})=\Delta\boldsymbol{\tau}_v(\boldsymbol{Q})+\Delta\boldsymbol{\tau}_f(\boldsymbol{Q},\boldsymbol{U})\tag{7-125}$$

可以看出，对于关节力矩突变的目标函数，其决策变量为以全任务周期内的关节速度集和关节补偿力矩集构成的向量$[\boldsymbol{Q}\quad\boldsymbol{U}]$。综上所述，空间机械臂关节失效后负载操作的多参数突变抑制问题可以表述为

$$\begin{aligned}\min\quad&\boldsymbol{y}=f(\boldsymbol{Q},\boldsymbol{U})=\{f_1(\boldsymbol{Q}),f_2(\boldsymbol{Q},\boldsymbol{U})\}\\\text{s.t.}\quad&h_i(\boldsymbol{Q},\boldsymbol{U})=0,\quad i=1,2\\&g_j(\boldsymbol{Q},\boldsymbol{U})\leqslant0,\quad j=1,2,\cdots,5\end{aligned}\tag{7-126}$$

对于关节速度突变最小的目标函数 $f_1(\boldsymbol{Q})$，当任务信息（初始构型、目标位姿和规划参数）确定时，对于某一时刻 t_f 的关节失效，任务周期内的关节速度集可以被速度补偿系数 k_c 唯一地确定，因此有 $f_1(\boldsymbol{Q})=f_1(k_c)$。对于关节力矩突变函数 $f_2(\boldsymbol{Q},\boldsymbol{U})$，其关节驱动力矩 $\Delta\boldsymbol{\tau}_v$ 部分与补偿后的关节速度相关，可以表征为以 k_c 为自变量的函数；外力平衡力矩 $\Delta\boldsymbol{\tau}_f$ 与关节力矩补偿项相关，该部分受各控制周期内机械臂雅可比矩阵、动力学可操作度梯度和补偿项系数 k_t 的影响。由于雅可比矩阵、动力学可操作度是以关节角度为自变量的函数，可通过速度补偿系数进行调整，因此表征关节力矩突变的目标函数可以表示为

$$f_2(k_c,k_t)=\Delta\boldsymbol{\tau}_v(k_c)+\Delta\boldsymbol{\tau}_f(k_c,k_t)\tag{7-127}$$

则关节失效后负载操作的目标函数可以表述为

$$\begin{aligned}\min\quad&y=f(k_c,k_t)=\{f_1(k_c),f_2(k_c,k_t)\}\\\text{s.t.}\quad&h_i(k_c,k_t)=0,\quad i=1,2\\&g_j(k_c,k_t)\leqslant0,\quad j=1,2,\cdots,5\end{aligned}\tag{7-128}$$

基于多目标粒子群方法进行空间机械臂关节失效时空载操作的多参数突变优化控制的流程与基于多目标粒子群方法进行空间机械臂关节失效时负载操作的多参数突变优化控制流程的区别在于目标函数的不同。针对式(7-131)的多目标问题，可求解如下。

设置空间机械臂典型在轨负载任务为从初始构型到目标位置的直线规划，并假定在规划过程中关节 J_2 发生失效，规划过程将负载对机械臂的力作用是任务执

行时间的函数。为了简化求解过程，在此将负载的力作用等效为机械臂末端的恒力，则典型在轨负责任务的参数如表 7-11 所示。

表 7-11　空间机械臂负载操作任务参数

初始点位置/m	目标点位置/m	负载等效末端力/m
[6.459,4.341,5.505]	[9.6,0,3]	20
任务执行时间/s	失效关节	失效时刻/s
20	2	10

基于式(7-131)开展空间机械臂多参数突变抑制策略，并在 k_c 和 k_t 的可行域内利用多目标粒子群算法进行迭代求解。粒子群算法的参数设置类似于表 7-10，并根据算法的实际运行情况将粒子数调整为 100，最大迭代次数调整为 100，粒子维度调整为 2。同样，基于如图 7-39 所示的多目标粒子群方法开展最优决策变量的搜索，可以得到该问题的 Pareto 前沿如图 7-47 所示。同时，图中给出了具有代表性的三个非劣解 A、B、C，其中 A 对应的速度突变最小，C 对应的力矩突变最小，B 为两者折中。A、B、C 三组非劣解对应的决策变量及速度与力矩突变如表 7-12 所示。

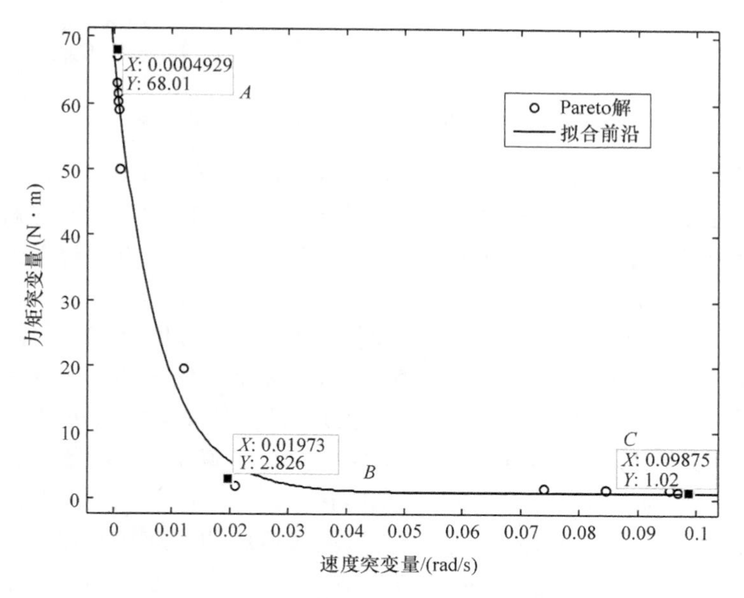

图 7-47　空间机械臂负载操作多参数突变抑制的 Pareto 前沿

表 7-12 三组非劣解对应的决策变量及参数突变量

非劣解	k_c	k_t	速度突变量/(rad/s)	力矩突变量/(N·m)
A	0.39×10^{-3}	1.04×10^{8}	4.9×10^{-4}	68.01
B	1.58×10^{-3}	-1.00×10^{8}	0.01973	2.826
C	-1.03×10^{-3}	0.72×10^{8}	0.09875	1.0205

针对三组非劣解下空间机械臂各关节的速度和力矩突变情况进行深入分析。以关节 J_1 为例,可以得到三组非劣解下的速度变化曲线和力矩曲线分别如图 7-48 所示。

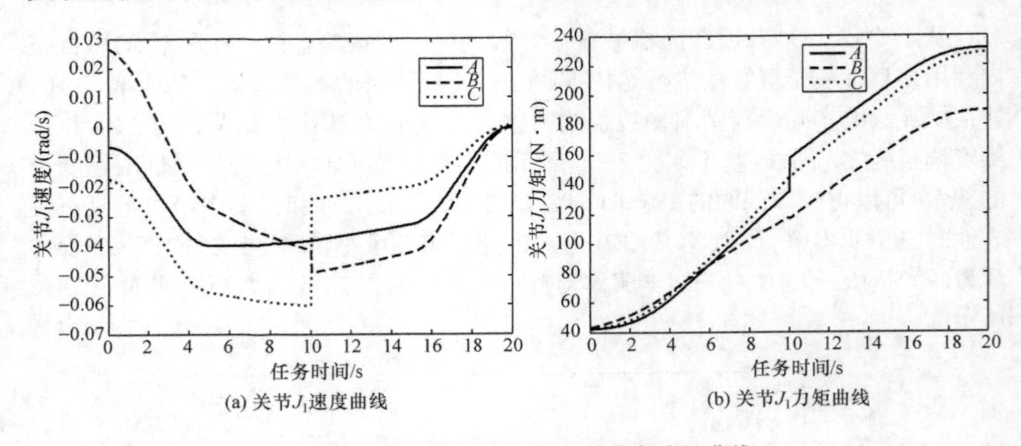

(a) 关节J_1速度曲线　(b) 关节J_1力矩曲线

图 7-48 三组解下的关节 J_1 速度与力矩曲线

可以看出,关节速度突变和力矩突变符合如图 7-47 所示的规律,A 解的速度突变最小,而力矩突变最大,C 解的速度突变最大,但力矩突变最小,B 解折中。为了分析其他关节的速度突变和力矩突变情况,对七个关节在不同解下的突变量进行对比,如图 7-49 所示。

在图 7-49(a)中,与空载操作类似,即使 A 解使得速度突变的目标函数最小,但并不意味着各个关节的速度突变量都最小,目标函数反映的是全部关节速度突变量的综合,该情况同样适用于关节力矩情形,C 解使得力矩突变的目标函数最小,但在关节 $J_3\sim J_5$ 中,C 解造成力矩突变反而比 B 解还大。由图 7-49(b)可知,关节力矩的突变与空载操作时类似,均集中在靠近基座的前三个关节。根据空载操作和负载操作情况可以总结出,由于关节失效造成的速度突变在各个关节中的分布较为平均(除了失效关节),符合将失效关节对末端速度分配到其他健康关节的原理。力矩突变则集中在前三个关节,说明是驱动机械臂在轨运动的主要力输出部件,在对力控制要求较高的任务中,前三个关节的重要性要高于其他关节。

本节以空间机械臂典型在轨任务中的空载操作和负载操作为研究对象,开展

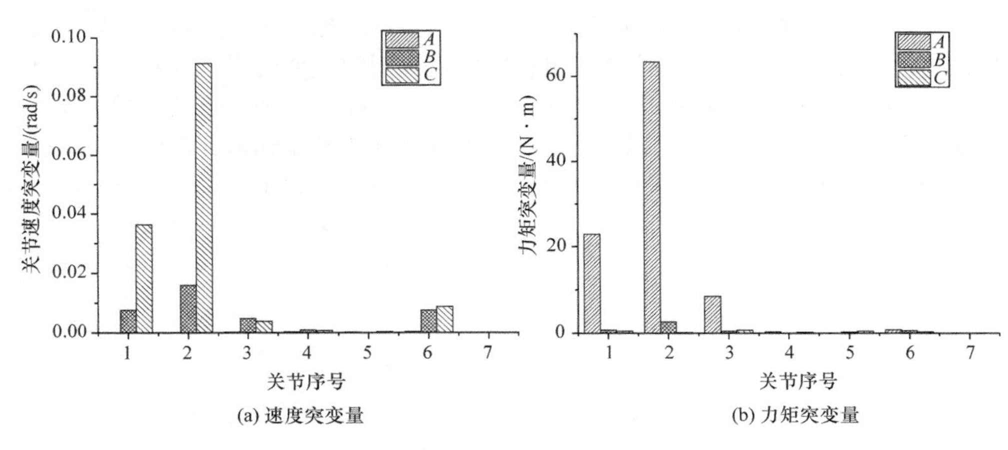

(a) 速度突变量　(b) 力矩突变量

图 7-49　三组解下各关节的速度和力矩突变量对比

关节发生关节锁死失效后的运动可靠性优化控制。基于常态的空间机械臂运动可靠性优化控制模型进行推广，将关节锁死失效下的空间机械臂运动可靠性优化控制表征为面向多参数突变抑制的多目标问题。基于速度和力矩参数突变抑制控制方法，分别建立空间机械臂空载操作和负载操作的优化控制模型。

空载操作过程中无需考虑末端力，基于此特点建立了以末端速度为等式约束、以基座扰动为限位约束、以关节速度突变和力矩突变为优化目标的优化控制模型。同时，由于无末端作用力，关节力矩以关节速度为自变量进行推导，以关节速度的补偿项系数为决策变量，通过在可行域内搜索，能够得到使关节速度突变和力矩突变优化的 Pareto 最优解。对于负载操作，操作过程需要考虑末端力的作用，末端力在优化控制过程中也要作为等式约束。此外，关节力矩包含维持关节运动 $\boldsymbol{\tau}_v$ 和维持末端力 $\boldsymbol{\tau}_f$ 两部分，两部分产生的突变均要进行抑制。$\boldsymbol{\tau}_v$ 突变的抑制方法类似于空载操作，$\boldsymbol{\tau}_f$ 则基于雅可比矩阵零空间建立补偿项，形成以关节速度补偿系数和力矩补偿系数的二维决策变量。基于 MOPSO 方法同样能够实现负载操作下多目标问题的求解。

7.7　本章小结

本章首先研究并分析关节失效的预测方法和影响，对空间机械臂在关节故障下的自处理策略进行系统分析。然后，对机械臂故障后的性能指标加以分析，包括基于蒙特卡罗法的机械臂容错空间、基于关节可靠性的可靠容错工作空间，以及可操作度和基于任务方向的退化可操度等性能指标，并进一步探讨可操作度与空间机械臂灵巧性的关系。本章的主要研究对象为空间七自由度大型机械臂，因此为了方便开展在机械臂关节故障下轨迹优化的研究，本章也系统地分析了故障机械臂的运动学模型重构方法，并实现了机械臂路径规划的数值仿真。针对关节失效瞬间机械臂的速度突变和力矩突变的问题，本章最后提出一种基于动力学可操作度的参数突变抑制方法，并分别建立了空间机械臂空载操作和负载操作的优化控制模型，以此开展关节发生锁死失效后的运动可靠性优化控制。

第8章　总结与展望

伴随着中华人民共和国的成长与发展，中国航天如今已经走过了五十多年的发展历程，创造了“两弹一星”、“载人航天”和“月球探测”等辉煌成就。同时，航天技术也为推动科技进步、国防建设、经济和社会发展发挥了重要作用。随着航天技术的高速发展，航天应用任务的日益增多，航天机构产品的多样化成为必然趋势。目前，我国载人航天工程已经完成了有人、无人入轨返回，多人协同出舱，交会对接等一系列任务，按照载人航天“三步走”的总体发展战略，下一步要建造长期在轨运行的空间站，而从国际空间站建造与运行过程可以预见，空间站机械臂、展开锁定机构、连接分离机构、伺服驱动机构、交会对接机构等航天机构不可或缺。我国深空探测的后续任务要完成月球的“落”和“回”，并开展火星、小行星等的探测，不论是深空探测飞行器，还是月球车、火星车，以及相关的实地探测设备等，也必将应用大量的航天机构产品。

根据国外公布的数据，1980～2005 年，共有 129 个航天器发生的 156 个在轨故障中，机械类故障(90%是机构)占 32%，而 80%的机械类故障导致整体任务的失败，可见航天机构故障是整星的单点失效源。航天器的主要工作环境在太空，同时又要经受地面发射瞬态冲击环境的考验，航天机构工作环境相当严酷。以上特点决定了高可靠、长寿命航天机构将是完成我国载人航天、深空探测等国家重大专项任务的必要前提。然而，航天机构可靠性是典型的多因素、强耦合、高动态、时变可靠性问题，是一个多学科综合交叉的深层次科学问题，现有的研究手段仍欠缺科学性和系统性，其可靠性理论方法亟待创新。

我国一直非常重视航天机构可靠性的研究工作。航天机构使用可靠性系统控制基础理论研究是国家重点基础研究发展计划项目“航天工程中机构可靠性及其动力学和系统控制基础研究”的课题之一。面向实现航天机构在轨服役过程中正常状态执行任务代价最小化、非正常状态完成任务概率最大化、服役周期内机构性能衰减最小化这三类任务，提出一种新的理论方法解决航天机构在轨使用过程中的规划和控制问题。空间机械臂作为一类操作负载高、定位操作精确、通过多种末端执行器能够实现多样操作的航天机构，已经成为航天活动的关键产品，将在空间站构建完成之后，承担空间站日常维护和修缮、机械臂爬行、辅助宇航员出舱等多种在轨任务，在我国未来的空间探索中将起到不可替代的作用。本书选取空间机械臂作为研究对象，开展航天机构可靠性基础理论研究，构建了完整的空间机械臂使用可靠性技术体系。

本书着眼于航天机构使用可靠性系统控制技术体系、航天机构使用可靠性系统控制理论方法研究和航天机构使用可靠性系统控制验证技术研究三大方面，分别在使用可靠性、任务规划层、路径规划层与运动控制层四个层面上，开展了大量基础理论和技术体系研究工作，取得了丰富的科研成果。

(1) 使用可靠性

首先，针对空间机械臂的工作特点，提出一种适用于空间机械臂的使用可靠性描述方法，并根据使用可靠性描述给出可靠度函数。通过使用可靠性评价模块评价系统当前运行状态下的使用可靠度，并反馈至系统的输入端与任务规定的使用可靠度比较，若当前系统使用可靠度不能达到要求时，根据统计过程控制理论设计控制变量调整策略，对系统的控制变量进行修正与调整以提高系统的使用可靠性。通过仿真对可靠性控制方法的有效性进行验证。在上述基于使用可靠度评价的系统控制模型中，由于使用可靠性评价模块对系统使用可靠度进行评价时采用贝叶斯估计等统计学方法，评价的准确性受到参数先验概率及样本数量等多种因素影响。如果评价结果潜在的不准确性通过反馈回路作用在控制系统的输入，将对系统的稳定性带来影响。鉴于此，提出一种引入使用可靠性影响因素的分层系统控制模型。使用任务规划、路径规划和运动控制三个控制层次完成机械臂的基本控制，使用可靠性影响因素以优化目标和优化准则的形式影响和调整三个控制层次，每个控制层次采用不同的策略进行调整或修正，延缓服役期内航天机构性能衰减。当系统出现故障时，使用故障自处理模块对系统状态进行评估，当故障部分处于性能衰减或功能失效两种状态时，分别使用噪声抑制方法或模型重构方法调整控制系统。

(2) 任务规划层

空间机械臂精细操作的复杂性一方面在于空间环境的复杂多变，另一方面也因为空间任务流程复杂而约束繁多。空间机械臂在发射前仅携带少量预规划任务，而服役后还需应对大量突发任务。此外，空间机械臂的精细操作任务还具有多约束特点，除一般的关节角速度、角加速度及末端可达性等，通常还需考虑避障、姿态保持等特殊约束条件。依靠操作人员的经验规划机械臂精细操作任务越发困难。因此，在多种约束条件下，自主确定复杂任务的详细操作步骤是空间机械臂实现精细操作的关键问题。采用数学方法表征物体的状态描述整个空间机械臂工作场景，是规划器自主分析确定复杂任务操作步骤的前提条件。空间机械臂的工作场景包含现场的一切信息，根据数值化信息可以反向完整地复现工作场景。同时，场景信息应当具有可运算性，当机械臂执行完动作，通过一定的运算法则可以描述场景从一种状态转移到另一种状态的变化过程。当空间机械臂工作场景实现参数化后，其任务剖面分析便转化为寻找从初始状态变化到目标状态的算子。为实现这一过程，需根据机械臂的工作能力建立规划域，并基于规划域研究初始到目标状态的复合算子求解方法。结合空间机械臂现有控制器的结构特点，提出一种两层任务规划框架，将任务的逻辑分析和约束限制两个过程分步处理。介绍了基于状态矩阵的机械臂工作场景参数化方法，定义了三类空间机械臂原任务，并推导了对应的状态转移算子，在此基础上基于分层任务网络设计了空间机械臂任务剖面分析规划器。提出一种 A* 算法改进方法，使之适用于机械臂的连续运动特点，提出一种基于简单基本路径的空间机械臂任务中间点规划方法。介绍多臂系统的任务规划，并通过仿真实例展示了任务规划效果。

(3) 路径规划层

空间机械臂常见的轨迹规划有点到点路径规划及轨迹跟踪路径规划两种模式。对于某一类空间任务，只对空间机械臂初始状态及终止状态有所要求，并不关心其末端执行器的运动轨迹，这类任务可以利用点到点的路径规划来实现。例如，空间机械臂从压紧状态运动到展开状态，以及空间机械臂过渡状态之间的转移。该类任务的目的在于机械臂的构型调整，但是末端执行器的运动轨迹可以是任意的。对于另一类任务，对空间机械臂末端执行器的轨迹具有严格要求，这类任务可以利用轨迹跟踪的路径规划方法实现，如空间机械臂目标捕获、空间机械臂辅助对接等。该类任务处于空间操作阶段，末端执行器只有严格跟踪预定轨迹，才能保证任务的实现。面向大负载点到点任务，将大负载轨迹优化问题转化为实现关节力矩、基座扰动和系统能量同时最小的多目标优化问题，并建立相应的多目标优化问题数学模型。采用正弦七次多项式实现关节轨迹的插值，进而根据多项式系数得到决策向量。针对关节空间点到点任务，提出一种基于多目标粒子群优化的多约束多目标轨迹优化算法，算法根据约束方程完成了非支配解的筛选。在此基础上，针对笛卡儿空间点到点任务，建立机械臂末端位置偏差和姿态偏差的优化目标函数，提出一种两阶段求解方法，实现了五目标优化问题的求解。通过数值仿真验证了所提轨迹优化算法的有效性。面向大负载轨迹跟踪任务将轨迹优化问题描述为前后关联且具有链状结构的多阶段决策最优化问题，并建立了相应的最优控制数学模型。将空间机械臂视为非线性的动态系统，完成动力学方程在状态空间的描述。设计包含末端位姿跟踪误差惩罚项、关节力矩/能量优化项，以及基座角速度抑制项的性能指标，进而推导状态依赖黎卡提微分方程，并采用泰勒级数展开方法实现最优控制律的求解。在此基础上，提出权值矩阵的选取方法，进而设计了一种基于 SDRE 控制的轨迹优化算法；结合仿真实例验证了该算法在确保轨迹跟踪任务顺利完成的同时，能够有效提升空间机械臂负载能力。

(4) 运动控制层

空间柔性机械臂执行操作任务时，不仅要求控制器对各关节的位置实现高精度轨迹跟踪，而且必须快速抑制由大柔度臂杆的柔性引发的残余振动，以减少振动衰减的等待时间，提高机械臂的工作效率，减少振动引起的周期性结构损耗，延长机构使用寿命。基于微分几何输入－输出线性化方法建立空间柔性机械臂的全局快速收敛终端滑模控制策略，解决非最小相位系统的鲁棒控制问题，实现仅依靠关节处的驱动电机完成臂杆残余振动的抑制。通过新的坐标变换，重新定义系统的观测输出，将原系统在新坐标系下分解为输入－输出子系统和内部子系统，导出系统的零动力学规范化方程，并讨论系统观测输出位置的选择和零动力学稳定性间的关系。设计了一种全局终端滑模控制策略，使输入-输出子系统在最优的有限时间内快速收敛至零。利用极点配置设计零动态子系统的控制器参数，使其在平衡点附近渐近稳定，从而使整个系统渐近稳定。针对空间机械臂在轨服役过程，不可避免地会发生关节故障，进而影响空间机械臂操作性能的情况，通过对机械臂关节故障的预测方法进行研究并对关节故障对机械臂的影响进行分析，提出空间机械臂在关节故障下自处理策略；其次，分析评估机械臂故障后的性能指标并完成故障机械臂的运动学模型重构；再次，为使空间机械臂在关节故障后仍具有完成在轨任务的能力，对机械臂运动轨迹进行新的规划并进一步对轨迹进行优化。在关节失效瞬间，机械臂关节将发生参数突变，直接影响后续任务的可完成性和控制精度，因此为使机械臂在关节故障锁定后能够继续沿着原有的轨迹运动并完成任务，提出一种基于动力学可操作度的参数突变抑制方法。

我国航天事业取得了世界瞩目的成就，为国民经济和国防建设做出了重要贡献。应该看到，我国的航天整体技术水平与美、俄等航天强国还有很大的差距，国家设立载人航天与深空探测、对地观测、导航等专项将大大促进我国航天技术实力的提升，也对单项技术的研发提出了挑战。航天机构可靠性问题一直是困扰我国航天工程的主要难题之一，突破这一技术瓶颈，是建设航天强国的必然。本书以提高航天机构可靠性为目标，应用系统工程的思想，通过多学科交叉与融合、理论与实验结合，从提高固有可靠性设计分析水平和使用可靠性系统控制能力两个方面，研究航天机构失效机理，以及相关动力学与控制理论方法，建立符合航天机构特点的可靠性基本理论方法，为长寿命、高可靠航天机构的研制提供基础理论保证，对促进高可靠长寿命航天机构研究工作的发展，提高其性能与产品质量，满足载人航天等国家重大专项的需要，具有非常重要的科学意义和工程实用价值。复杂机电产品具有高定位、高投入、高产出和高回报的显著特点，航天机构是一种典型的复杂机电产品，其动态可靠性问题也代表了复杂机电系统的共性问题。本书的研究成果亦可以推广应用到航空、航海等其他行业复杂机电产品的研制中，在提升国家科技核心竞争力方面发挥重要作用。

参 考 文 献

[1] 刘志全.航天器机构的可靠性试验方法[J].中国空间科学技术,2007,(3):39-45.

[2] Laryssa P,Lindsay E,Layi O,et al. International space station robotics:a comparative study of ERA,JEMRMS and MSS[C]//Proceedings of the 7th ESA Workshop on Advanced Space Technologies for Robotics and Automation,2002:1-8.

[3] 吴剑威,史士财,金明河,等.空间机器人关节电磁制动器及其实验研究[J].高技术通讯,2010,20(9):934-938.

[4] Deb K,Pratap A,Agarwal S,et al. A fast and elitist multiobjective genetic algorithm:NSGA-II[J]. IEEE Transactions Evolutionary Computation,2002,6(2):182-197.

[5] She Y,Xu W,Su H,et al. Fault-tolerant analysis and control of SSRMS-type manipulators with single-joint failure[J]. Acta Astronautica,2016,120:270-286.

[6] Abiko S,Uyama N,Ikuta T,et al. Contact dynamic simulation for capture operation by snare wire type of end effector[C]//International Symposium on Artificial Intelligence,Robotics and Automation in Space,2012:51.

[7] Lankarani H M,Nikravesh P E. A contact force model with hysteresis damping for impact analysis of multibody systems[J]. Journal of Mechanical Design,1990,112(3):369-376.

[8] Book W J. Modeling,design,and control of flexible manipulator arms:a tutorial review[C]//Proceedings of the 29th IEEE Conference on Decision and Control,1990:500-506.

[9] 单辉祖.材料力学教程[M].2版.北京:国防工业出版社,1997.

[10] Fikes R E,Nilsson N J. STRIPS:a new approach to the application of theorem proving to problem solving[J]. Artificial Intelligence,1971,2(3-4):189-208.

[11] 魏唯.智能规划方法中启发式搜索策略的研究[D].长春:吉林大学博士学位论文,2013.

[12] Erol K,Hendler J A,Nau D S. Semantics for hierarchical task-network planning[R]. Maryland Univ College Park Inst for Systems Research,1995.

[13] Liu X D,Baoyin H X,Ma X R. Optimal path planning of redundant free-floating revolute-jointed space manipulators with seven links[J]. Multibody System Dynamics,2013,29(1):41-56.

[14] Zitzler E,Thiele L. Multiobjective evolutionary algorithms:a comparative case study and the strength Pareto approach[J]. IEEE Transactions on Evolutionary Computation,1999,3(4):257-271.

[15] Knowles J D,Corne D W. Approximating the non-dominated front using the Pareto archived evolution strategy[J]. Evolutionary Computation,2000,8(2):149-172.

[16] Yoshikawa T. Manipulability of robotic mechanisms[J]. International Journal of Robotics Research,1985,4(2):3-9.

[17] Leon S J,Bica I,Hohn T. Linear Algebra with Applications[M]. New York:Macmillan,1980.

[18] 赖红松,董品杰,祝国瑞.求解多目标规划问题的Pareto多目标遗传算法[J].系统工程,2003,21(5):24-28.